国家示范性高等职业院校建设规划教材

CAD/CAM 技术及 UG 应用

主　编　熊　娟

副主编　刘丽鸿

主　审　颜　伟

黄河水利出版社

·郑州·

内 容 提 要

本书是国家示范性高等职业院校建设规划教材，是为满足国家示范性高职院校四川电力职业技术学院重点建设项目水电站动力设备与管理专业建设的需要，根据教育部水电站动力设备与管理专业及专业群人才培养方案和CAD/CAM技术及UG应用课程标准的要求编写而成的。本书以具有代表性的零件的建模为主线，由浅入深地介绍了CAD/CAM技术的基本知识(项目1)、UG基本操作及曲线的绘制(项目2)、草图技术及应用(项目3)、实体建模技术及应用(项目4)、装配建模技术及应用(项目5)、工程图技术及应用(项目6)、自由曲线和自由曲面技术及应用(项目7)、CAM技术及应用(项目8)、模型渲染和运动仿真技术及应用(项目9)等内容。全书图文并茂，理论与实际融入一体，注重实际应用。每个项目从基本知识和基本技能入手，到任务的具体实施步骤，能帮助读者轻松掌握知识和技能。

本书可供高职高专院校机电一体化专业、机械设计与制造专业、模具专业及其他近机专业等专业教学使用，也可作为企业职工的培训教材及相关专业人员的学习参考书。

图书在版编目(CIP)数据

CAD/CAM技术及UG应用/熊娟主编. —郑州：黄河水利出版社，2013.8 (2015.5 修订重印)

国家示范性高等职业院校建设规划教材

ISBN 978-7-5509-0522-1

Ⅰ.①C… Ⅱ.①熊… Ⅲ.①机械元件-计算机辅助设计-应用软件-高等职业教育-教材②数控机床-加工-计算机辅助设计-应用软件-高等职业教育-教材 Ⅳ.①TH13-39②TG659-39

中国版本图书馆CIP数据核字(2013)第189082号

组稿编辑：王路平　电话 0371-66022212　E-mail：hhslwlp@163.com

出 版 社：黄河水利出版社

地址：河南省郑州市顺河路黄委会综合楼14层　邮政编码：450003

发行单位：黄河水利出版社

发行部电话：0371-66026940、66020550、66028024、66022620(传真)

E-mail：hhslcbs@126.com

承印单位：黄河水利委员会印刷厂

开本：787 mm×1 092 mm　1/16

印张：21

字数：490千字　印数：1 001—3 000

版次：2013年8月第1版　印次：2015年5月第2次印刷

2015年5月修订

定价：45.00元

前 言

本书是根据《教育部关于全面提高高等职业教育教学质量的若干意见》(教高[2006]16号)、《教育部关于推进高等职业教育改革创新引领职业教育科学发展的若干意见》(教职成[2011]12号)等文件精神,在全国水利水电高职教研会的指导下,用中央财政安排的"支持高等职业学校专业建设"项目经费组织编写的教材。

本套教材以学生能力培养为主线,以工作任务为载体,融"教、学、练、做"于一体,适合开展项目化教学,体现了实用性、实践性和创新性等特色,是一套紧密联系生产实际的高职高专教育精品规划教材。

为培养既有一定文化基础和专业理论知识,又具有较强实用能力的技能型人才,职业教育教材的开发不仅要兼顾"必须、够用"的理论知识,更要注重实际操作能力的培养。本书以任务驱动的形式,将一定的理论知识和实际操作相结合,将理论和实践融为一体。

本书以当今CAD/CAM技术应用最广泛、最具竞争力的CAD/CAE/CAM大型集成软件之一UG作为学习对象。UG囊括了产品设计、零件装配、模具设计、NC加工、工程图设计、模流分析、自动测量和机构仿真等多种功能。该软件完全能够改善整体流程以及该流程中每个步骤的效率,广泛应用于航空、航天、汽车、通用机械和造船等工业领域。本书针对UG的每个知识点和功能应用,以具体零件的操作过程为例,详细地描述了其具体的操作方法和步骤,直观明了,浅显易懂。

本书具有以下特点:

(1)连贯性。本书中项目1~3对基本知识和基本技能介绍较多,项目4的螺旋千斤顶零件建模为后面的装配技术及机构运动仿真奠定了基础,这样在学习后面的内容时就可熟练掌握,且可直接引用。

(2)实用性。本书的实例来源于真实的产品,比如小型风扇、螺旋千斤顶,这样更为实用。另外,所附电子文件(该电子文件可由任课老师向出版社索取)给读者提供了虎钳等零件的模型,供练习装配使用。

(3)多样性。因为UG功能很强大,很多UG教材或是只介绍建模,或是只介绍曲面技术,或是重点介绍CAM技术等,本书涵盖以上全部内容。

本书可作为高职高专院校机电一体化专业、机械设计与制造专业、模具专业及其他近机专业等专业的教材,也可作为企业职工及相关专业人员的参考书、培训教材等。

本书编写人员及编写分工如下:项目1、项目2、项目7、项目8由四川电力职业技术学院熊娟编写;项目3由四川交通职业技术学院谢武斌编写;项目4的4.1~4.11、项目5的5.1及5.4~5.7由天津石油职业技术学院刘丽鸿编写;项目4的4.12和项目6由四川电力职业技术学院韩丽娜编写;项目5的5.2由宁波职业技术学院杜陈编写;项目5的5.3由天津石油职业技术学院王双利编写;项目9由四川电力职业技术学院曹宁波编写。本书由熊娟担任主编,并负责全书统稿,由刘丽鸿担任副主编,由四川交通职业技术学院颜伟教授担任主审。

在编写过程中,编者参考和引用了大量的同类文献,在此对相关文献的作者表示感谢。此外,本书的编写和出版得到了黄河水利出版社的大力支持,在此一并表示感谢!由于编者水平有限,本书中错误和遗漏在所难免,恳请广大读者提出宝贵意见。

编　者

2013年6月

目 录

项目1 CAD/CAM技术的基本知识

【学习目标】

1. 掌握CAD/CAM技术的基本概念。
2. 明确CAD/CAM系统的组成。
3. 明确CAD/CAM技术的应用和发展趋势。
4. 掌握图形变换技术的基本原理。
5. 会对简单图形进行变换处理。

【工作任务】

求出三角形 abc 绕点 $A(20,30)$ 旋转 $\alpha=90°$ 后的矩阵及变换后各点的坐标。已知三角形各点坐标分别为 $a(40,40)$, $b(90,40)$, $c(40,60)$,如图1-1所示。

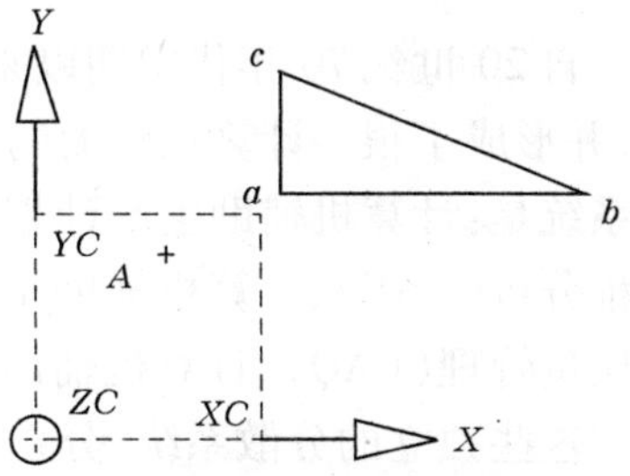

图1-1 三角形

【相关基本知识和基本技能】

随着现代化技术的不断提高,CAD/CAM技术发展迅猛,CAD/CAM技术在实际生产中的应用越来越广,其将产品的数字化模型、工程分析、产品设计、数控编程、模拟加工、生产加工等环节融为一体,进行整个生产周期的全方位预测和控制。在此主要介绍CAD/CAM技术的基本概念、CAD/CAM系统的组成、CAD/CAM技术的应用与发展、CAD的图形处理技术及CAD/CAM技术软件的基本运用等内容。

1.1 CAD/CAM技术的基本概念

1.1.1 CAD(Computer Aided Design——计算机辅助设计)

CAD以计算机为辅助工具来完成产品设计过程中的各项工作,如草图绘制、零件设计、零件装配、装配干涉分析等,并达到提高产品设计质量、缩短产品开发周期、降低产品成本的目的。

1.1.2 CAE(Computer Aided Engineering——计算机辅助工程分析)

CAE以现代计算力学和有限元分析为基础,以计算机仿真为手段,对设计产品进行结构参数、强度、寿命、运动状态及优化性能等方面的工程分析,用于测量与校核产品的可靠性和优化程度。

1.1.3 CAPP(Computer Aided Process Planning——计算机辅助工艺过程设计)

CAPP 以计算机为辅助工具,并根据产品的设计信息、要求及产品制造工艺要求,交互地或自动地确定产品加工方法和方案,例如进行加工方法选择、工艺路线确定、工序设计等。

1.1.4 CAM(Computer Aided Manufacturing——计算机辅助制造)

CAM 有广义和狭义两种定义。广义的 CAM 是指借助计算机来完成从生产准备到产品制造出来的全过程中的各项活动,包括计算机辅助工艺过程设计(CAPP)、工装设计、计算机辅助数控加工编程、生产作业计划、制造过程控制、计算机辅助质量管理(CAQ)与分析、产品数据管理(PDM)等。狭义的 CAM 通常只是指 NC 程序编制,包括刀具路径规划、刀位文件生成、刀具轨迹仿真及 NC 代码生成等。

1.1.5 CAD/CAM 的集成

自 20 世纪 70 年代中期以来,计算机的应用日益广泛,几乎深入到生产过程的所有领域,并形成了很多计算机辅助的分散系统。如果不考虑企业行政管理方面的因素,这些分散系统是:计算机辅助生产计划与控制(CAPACS)、计算机辅助设计(CAD)、计算机辅助工程分析(CAE)、计算机辅助工艺过程设计(CAPP)、计算机辅助制造(CAM)、计算机辅助质量管理(CAQ)、计算机辅助夹具设计(CAFD))等。

这些独立的分散系统,分别在产品设计自动化、工艺过程设计自动化和数控编程自动化等方面起到了重要作用。但是,采用这些各自独立的分散系统不能实现系统之间信息的自动传递和交换。只有当 CAD 系统一次性输入的信息能被后续环节(如 CAPP、CAM)继续应用时才是最经济的。为此,研究者提出了 CAD/CAPP/CAM 集成的概念,并首先致力于 CAD、CAPP 和 CAM 系统之间数据自动传递和转换的研究,以便将业已存在和使用的 CAD、CAPP、CAM 系统集成起来。

所谓 CAD/CAM 的集成,就是将计算机辅助设计(CAD)、计算机辅助工艺过程设计(CAPP)、计算机辅助制造(CAM)及零件加工等有关信息实现自动传递和转换的技术。目前,这一技术已达到实用化水平。

利用数据传递和转换技术实现 CAD 与 CAPP、CAM 集成的基本工作步骤如下:

(1)CAD 系统设计产品结构,绘制产品图样,为 CAPP、CAM 过程准备数据;

(2)经数据转换接口,将产品数据转换成中性文件(如 IGES、STEP 文件);

(3)CAPP 系统读入中性文件,并将其转换为系统所需格式后生成零件工艺过程;

(4)CAD、CAPP 系统生成数控编程所需数据,并按一定标准转换成相应的中性文件;

(5)CAM 系统读入中性文件,并将其转换为本系统所需格式后生成数控程序。

这样所形成的集成系统表达为 CAD/CAPP/CAM,也可简写为 CAD/CAM。

1.1.6 CAD/CAM 系统的基本功能

CAD/CAM 系统要求完成产品结构描述、工程信息表达、工程信息传输与转化、结构及过程的分析与优化和信息管理与过程管理等工作。因此,CAD/CAM 系统应具备以下基本功能。

1.1.6.1 几何造型

几何造型是 CAD/CAM 系统的核心,它为产品的设计、制造提供基本数据,同时也为其他模块提供原始的信息。CAD/CAM 系统应具有二维和三维造型功能,并能实现二维图形与三维图形间的相互转换,具有动态显示、消隐和光照处理的能力。用户不仅能构造各种产品的几何模型,还能随时观察和修改模型或检验零部件装配的结果。

1.1.6.2 计算分析

计算分析是工程设计不可缺少的部分,也是传统设计中一项复杂、烦琐的工作。CAD/CAM 系统正好可以发挥计算机强大的分析计算功能,完成复杂的工程分析计算,如力学分析计算、设计方案的分析评价和几何特性的分析计算。

1.1.6.3 优化设计

CAD/CAM 系统应具有优化求解的功能,也就是在某些条件的限制下,使产品或工程设计中的预定指标达到最优。优化包括总体方案的优化、产品零件结构的优化和工艺参数的优化等。优化是 CAD/CAM 系统中一个重要的组成部分。

1.1.6.4 二维图形(2D 图形)和三维图形(3D 图形)间的转换

图样是工程师的语言,是设计表达的主要形式,而手工绘图也是设计人员最感头疼的事情。CAD/CAM 系统应具有基本的绘图、出图的功能,一方面,应具备将几何造型的三维图形直接转换成二维图形的功能;另一方面,还应具有强大的二维图形的处理功能,包括基本图形元素的生成、图形编辑、尺寸标注、显示控制和书写文字等功能,以生成符合国家标准和生产实际的图样。

1.1.6.5 自动编程

自动编程是根据零件图样的工艺要求,编写零件数控加工程序,并输入计算机自动进行处理,计算出刀具轨迹,输出零件数控代码。自动编程的主要方法有 APT(Automatically Programmed Tool)语言编程和图像编程。图像编程是目前 CAD/CAM 系统常用的一种,只需输入零件的几何信息,以人机交互的方式选择加工工艺信息,计算机即可自动生成刀具轨迹,并能对生成的刀具轨迹进行编辑,通过后置处理,把刀位文件转换成数控机床能执行的数控程序。

1.1.6.6 模拟仿真

模拟仿真是指通过仿真软件,模拟真实系统的运行,以预测产品的性能和产品的可制造性。如数控加工仿真系统,可在软件上实现零件的模拟加工,避免了实际加工中人力、财力、物力的浪费,缩短了生产周期,降低了成本。

1.1.6.7 工程数据库管理

工程数据库是 CAD/CAM 一体化的重要组成部分。由于 CAD/CAM 系统中数据量大,种类繁多,既有几何图形数据,又有属性语义数据,既有产品定义数据,又有生产控制数据,既有静态标准数据,又有动态过程数据,数据结构复杂,所以 CAD/CAM 系统需提供有效的管理手段,支持工程设计与制造全过程的信息流动与交换。通常,CAD/CAM 系统采用工程数据库系统作为统一的数据环境,实现各种工程数据的管理。

1.2　CAD/CAM系统的组成

一个CAD/CAM系统是由计算机与外围设备等硬件,以及控制这些硬件运行的软件组成的。

1.2.1　CAD/CAM硬件系统

典型的CAD/CAM硬件系统的组成如图1-2所示,主要包括以下部分。

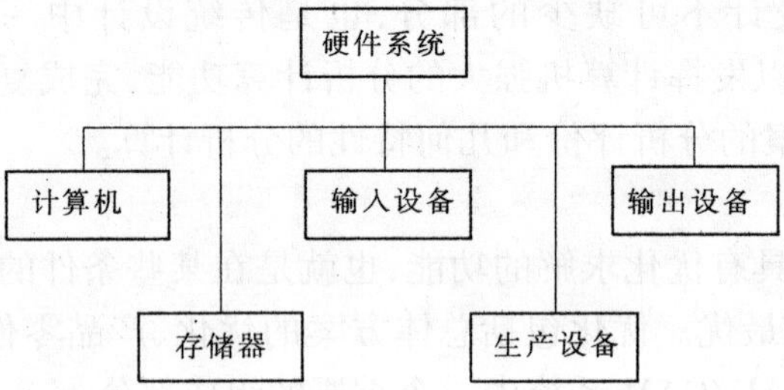

图1-2　CAD/CAM硬件系统的组成

1.2.1.1　计算机

计算机(主机)是硬件系统的核心,CAD/CAM的所有计算、分析和控制都是由主机完成的。主机的类型和性能在很大程度上决定了CAD/CAM系统的使用性能。

1.2.1.2　存储器

存储器用于存储程序和数据,可分为内存储器和外存储器。内存储器容量的大小,直接影响程序的运行速度,而外存储器是内存储器的扩展和后援。常用的外存储器有硬盘、光盘、软盘和磁带等。

1.2.1.3　输入设备

输入设备是将外部数据转换成计算机能识别的编码的装置。常用的输入设备有键盘、鼠标、操纵杆和扫描仪等。其他输入设备还有数字化仪、图形板、光笔、触摸屏、语音输入设备、数据手套和位置传感器等。

1.2.1.4　输出设备

输出设备是将设计数据、文件、图形、程序、指令等显示、输出给执行设备的装置。常用的图形输出设备有显示器、打印机和绘图机等。其他输出设备还有影像设备、语音系统、生产设备接口等。

1.2.1.5　生产设备

生产设备是与生产有关的各种加工、运输、检测等装置。生产设备主要有加工设备(如各类NC机床、加工中心)、物流搬运设备(如搬运机械、机器人)、检测设备(如自动检测装置、对刀仪)等。

有时根据需要,还有通信网络,即计算机网络,它是利用通信线路和通信设备将分散在不同地点的计算机连接起来,按照网络协议进行数据的通信,实现资源共享和协同工作。网络硬件包括适配器(网卡)、传输介质(双绞线、同轴电缆和光缆)、调制解调器等。

1.2.2 CAD/CAM 软件系统

软件系统是 CAD/CAM 系统的核心，其作用是有效地管理和使用硬件，实现人们所需的各种功能。软件的配置水平决定了整个 CAD/CAM 系统的性能。如图 1-3 所示，CAD/CAM 软件系统分为三个层次：系统软件、支撑软件和应用软件。

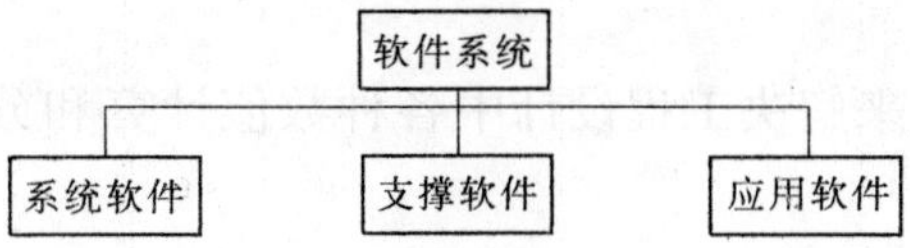

图 1-3 CAD/CAM 软件系统的组成

1.2.2.1 系统软件

系统软件是管理、控制计算机运行的程序的集合，是用户与计算机硬件的连接纽带。值得注意的是，系统软件不是用户的某个具体应用软件，而是着眼于有效管理计算机资源，为用户构造一个良好的工作环境的软件。系统软件主要包括操作系统、编译系统和网络管理软件。

1. 操作系统

操作系统是计算机运行的基础软件，是系统软件的核心。它的主要功能有文件管理、设备管理、内存分配管理、作业管理和中断管理等。操作系统种类很多，在微机上常用的有 DOS、Windows 95/98/2000/NT/XP、UNIX、XENIX 等。

2. 编译系统

编译系统可将用高级语言编写的程序翻译成计算机能够直接执行的机器指令。有了编译系统，许多非计算机专业的工程技术人员可以很容易地应用高级语言编写程序，实现软件的二次开发。目前，国内外应用的高级语言如 FORTRAN、C/C + +、Visual Basic、Pascal、COBOL、LISP、Java 等均有相应的编译系统。

3. 网络管理软件

在微机网络工程中，网络系统软件是必不可少的，它是网络 CAD/CAM 系统主要的工作环境。网络管理软件包括服务器操作系统、文件服务器软件、通信软件等，可进行网络文件系统管理、存储器管理、任务调度、用户间通信和软硬件资源共享等工作。

1.2.2.2 支撑软件

支撑软件是 CAD/CAM 软件系统的重要组成部分，它不是针对具体的应用对象，而是为某一应用领域提供工具或开发环境。通常，支撑软件可以从软件市场上购买，用户也可以自行开发。比较通用的有以下几类。

1. 图形处理软件

图形处理软件可分为图形处理语言及交互式绘图软件两类。

1）图形处理语言

图形处理语言通常以子程序或指令形式提供一整套绘图语句，供用户用高级语言编程时调用。用图形处理语言及高级语言编制的程序，既有较强的计算能力，又有图形显示或绘图功能，但这类图形处理语言往往是由硬件生产厂家提供的，受硬件设备的制约，不像程序设计语言那样具有良好的通用性,推广应用较困难。

2)交互式绘图软件

这类软件不需用户编程,采用人机交互形式(如菜单式)生成图形,进行图形编辑、尺寸标注等图形处理工作。目前在微机上广泛使用的 AutoCAD、CADKEY、CAXA 电子图板、MicroCAD、CADPlan 等就是典型的交互式绘图软件。

2. 计算分析软件

计算分析软件主要用来解决工程设计中各种数值计算和分析问题,这些软件主要有以下几种。

1)数学方法程序库

它提供了常用数学方法的程序,如求解微分方程、线性代数方程、数值积分、有限差分及曲线曲面拟合等数学问题的计算机程序。

2)有限元法结构分析软件

有限元法结构分析软件是利用有限元法进行结构分析的软件。有限元法是一种数值离散化方法,其基本思想是:先把一个原来是连续的物体剖分(离散)成有限个单元,且它们相互连接在有限的节点上,承受等效的节点载荷,并根据平衡条件来进行分析,然后根据变形协调条件把这些单元重新组合起来,成为一个组合体,再综合求解。由于单元的个数是有限的,节点数目也是有限的,所以叫有限元法。有限元分析不仅在理论上比较成熟,而且拥有数量众多的商业化软件。如 ANSYS、SAP、ADINA、NASTRAN 等,它们具有较强的前、后处理功能。

3)优化设计软件

优化设计是在优化数学理论和现代计算技术的基础上,运用计算机寻求设计的最佳方案。优化设计要解决的关键问题:一是建立优化设计数学模型,即确定优化设计的目标函数、约束条件和设计变量;二是选择适当的优化方法。目前,随着优化技术的发展,已产生了许多成熟的算法和相应的优化设计软件。

3. 数据库管理系统

数据库管理系统(DataBase Management System, DBMS)是在操作系统基础上建立的管理数据库的软件。用户使用数据库都通过数据库管理系统,因而它也是用户与数据之间的接口。当前,国内流行的商品化数据库管理系统有 FoxPro、FoxBase、Oracle 等,它们主要用于商业及事务管理,适用于非图形数据。而工程数据库管理系统(Engineering DataBase Management System, EDBMS)才是针对工程数据的特点设置的,对于数据类型及数据关系十分复杂、信息模式多样的 CAD/CAM 工程数据来说,目前还没有一个完善的工程数据库管理系统软件。

4. 模拟仿真软件

模拟与仿真是通过建立计算机模型去分析、研究一个真实系统的,如在产品设计时,实时、并行地模拟产品生产运行的全过程,全方位地预测生产制造中可能出现的问题等。模拟仿真软件包括运动仿真、成型仿真和加工仿真。运动仿真可用于大型装配的运动模拟和干涉检验。成型仿真可用于成型过程的模拟及其质量缺陷的预测。加工仿真可用于数控加工模拟,检验过切、干涉及加工精度等。

5. 文档管理软件

文档管理软件主要用于快速生成设计结果的各种报告、表格、文件、说明等，可以方便地对文本及插图进行各种编辑，并支持汉字处理。

1.2.2.3 应用软件

应用软件是用户为解决某领域内实际问题而开发的程序系统，如模具设计软件、机械零件设计软件、机床设计软件、电器设计软件及汽车、飞机、船舶设计制造专用软件等。在应用软件开发中，技术开发是关键。所谓技术开发，就是用户结合工作的需要对软件进行开发，也就是通常说的“二次开发”。现在，软件的技术开发已成为CAD/CAM从业人员的主要任务之一。

1.2.2.4 典型的机械CAD/CAM软件

随着CAD/CAM技术的迅猛发展，适用于机械行业的商品化应用软件品种繁多、功能各异，下面简要介绍几种应用较广泛的软件。

1. Pro/Engineer软件

Pro/Engineer简称Pro/E，是美国PTC(Paramatric Technology Corporation)公司于1988年推出的一套由设计至制造的参数化CAD/CAM软件。它集零件设计、产品装配、模具开发、NC加工、钣金设计、机构仿真、应力分析和产品数据库管理于一体，以其强大的实体参数化建模功能而著称，广泛用于家电、机械、电子、汽车、航空、航天等行业。

2. UG软件

UG是Unigraphic的简称，是美国EDS(Electronic Data System)公司(麦道公司)开发的CAD/CAM一体化软件，汇集了美国航空、航天及汽车工业丰富的设计经验，可以支持不同的硬件平台。它由CAD、CAE、仿真、开发工具、软件接口、CAM及钣金加工等组成。近年来，该公司成功收购并推出了Solidedge系统，Solidedge已成为CAD/CAM系统中端主导产品。

3. CATIA软件

CATIA是Computer Aided Three - Dimensional Interactive Applications的简称，是法国达索公司研究开发的CAD/CAM一体化软件，具有工程绘图、数控加工编程、计算分析等功能，可方便地实现二维元素和三维元素间的转换，具有平面或空间机构运动学方面的模拟和分析功能，曲线造型功能尤为突出。

4. I - DEAS

I - DEAS是美国机械软件行业先驱SDRC公司的产品，它集产品设计、工程分析、数控加工、塑料模具仿真分析、样机测试及产品数据管理于一体，是高度集成化的CAD/CAE/CAM一体化工具，在国内也有不少用户。近年推出的Master系列，在变量几何参数化功能方面，技术上有新的突破。

5. SolidWorks

SolidWorks是一套基于Windows的CAD/CAE/CAM/PDM桌面集成系统，由美国SolidWorks公司研制开发，于1997年被法国达索公司收购。该软件采用自顶向下的设计方法，可动态模拟装配过程，它采用基于特征的实体建模，具有中英文两种界面，其先进的特征树结构使操作简便、直观。

6. AutoCAD 及 MDT

AutoCAD 系统是美国 Autodesk 公司为微机开发的一个交互式绘图软件,它基本上是一个二维工程绘图软件,具有较强的绘图、编辑、剖面线和图案绘制、尺寸标注以及方便用户二次开发的功能,也具有部分的三维作图造型功能,是目前世界上应用最广的 CAD 软件。

MDT(Mechanical Desktop)是 Autodesk 公司在机械行业推出的基于参数化特征实体造型和曲面造型的微机 CAD/CAM 软件,它将三维造型和二维绘图集成到一个环境下,是介于大型 CAD/CAM 系统与二维绘图系统之间的一种产品,具有很强的设计功能。

国内在 CAD/CAM 系统的研究中也取得了很好的成绩,特别是针对某些专项功能已开发出具有自主版权的商品化软件,如北航海尔软件有限公司开发的 CAXA 电子图板、CAXA—ME 和华中科技大学开发的开目 CAD 等软件,在 CAD 设计、三维造型、数控加工等方面达到了很高水平,在国内企业中得到了较好的应用和推广。

1.2.3 CAD/CAM 系统的配置原则

CAD/CAM 系统的配置主要包括硬件系统的选择,软件系统的选择,硬件、软件系统的匹配,相应的二次开发计划。

配置系统时主要应掌握以下原则。

1.2.3.1 依据工作目标和任务配置系统

使用者应根据所处行业地位、产品设计开发特点和企业综合制造水平来确定系统配置所要达到的目的,是仅仅应用 CAD/CAM 系统使绘图过程自动化,还是为实现产品设计与制造的一体化,解决问题的深度不一样,涉及的关键技术不一样,配置也不一样。所以,首先要明确系统的工作目标,确定系统应完成的任务,以此决定系统的集成应用水平。

1.2.3.2 选择性价比高的 CAD/CAM 系统

根据企业开展的具体的 CAD/CAM 工作任务,首先选择在功能上满足要求的成熟软件。因为选购硬件系统的目的在于协助完成特定的任务,故应先选软件,再配硬件,也就是说,先确定应用方向,再配置硬件设备。硬件设备中关键的是主机及图形输入、输出设备。其次还应根据企业拥有的资金、人员的技术水平、产品的系列化程度及复杂程度和要求产品更新换代速度等具体情况,来选择性价比高的 CAD/CAM 系统。

1.2.3.3 注重系统的可扩充性和二次开发环境

为了保障长期的投资利益,系统的可扩充性是很重要的。扩充性是多方面的,包括 CPU 浮点运算、内存、磁盘、总线、网络及系统软件等。系统是否易于扩充,关键在于它的结构设计是否符合工业标准。选购软件时应考虑二次开发,如是否具备二次开发的可能性、开放性程度、所需开发工具、所需要的环境和编程语言等。有的软件提供专用的二次开发语言,有的软件则采用通用编程语言进行二次开发,前者的专用性强、学习和培训量大,但效率高,而后者刚好相反,且需有高级语言的接口。

1.2.3.4 技术支持与售后服务

选购 CAD/CAM 系统时应优先考虑大公司的产品。这是因为大公司一般具有较强的技术开发能力,容易做到产品的升级及与旧版本的兼容。此外,大公司一般有较好的售后服务，在国内设有维修站和备件库，能提供及时且长期的维修服务，并能及时提供后续工程的支持和技术指导。

1.3 CAD/CAM 技术的应用与发展

1.3.1 CAD/CAM 技术在工业中的应用

CAD/CAM 技术发展到现在已有 50 多年，无论是硬件技术、软件技术还是应用领域都发生了巨大变化。CAD/CAM 技术的发展大致经历了以下三个阶段。

1.3.1.1 单元技术的应用阶段

在这一阶段，针对具体的应用领域，如产品的设计和制造，展开了计算机辅助设计(CAD)、辅助分析(CAE)、辅助工艺过程设计(CAPP)和辅助制造(CAM)等单一功能系统的开发和应用。这些系统各自为政，系统间数据结构不统一，通用性差，难以进行数据的交换和信息的共享。

1.3.1.2 CAD/CAM 集成技术的应用阶段

在这一阶段，出现了通用的 CAD、CAM 系统，系统的功能也迅速增强。如 CAD 系统从二维建模发展到三维建模，并普遍采用特征造型、参数化设计等先进技术，CAD、CAE、CAPP 和 CAM 系统实现了集成或数据交换标准化，形成了 CAD/CAM 一体化技术，并取得了显著的成效。目前，国内的产品设计和制造正处于 CAD/CAM 一体化的迅猛发展中。

1.3.1.3 CIMS 技术推广应用阶段

随着 CAD/CAM 一体化技术在设计和制造等领域的推广和应用，计算机辅助技术在企业生产经营的各个领域得到了快速发展。因此，要求 CAD/CAM 等计算机辅助系统与计算机管理信息系统进行信息交流，这是一个更高层次上的企业内的信息集成，也就是所谓的计算机集成制造系统(Computer Integrated Maunfacturing System，CIMS)。这里的集成，不仅是设计和制造的集成，更是以信息集成为本质的技术、组织机构、人和制造环境的集成。

CIMS 技术的应用正处于推广阶段，如美国的波音公司在新一代 777 客机的研发生产中，运用了 CIMS 技术，实现了飞机的“无图样设计”。美国福特汽车公司在 Ford 2000 发展计划中，用统一的产品信息管理系统把 CAD、CAE、CAM 集成起来，要求其遍布全球的协作厂和供应商统一于该技术信息系统，从而将新车型的开发周期从 18 个月缩短到 12 个月，减少 90% 的实物模型，减少新车试制成本 50%，提高效益 30%。

我国 CAD/CAM 的开发应用水平与世界先进水平相比还有一定的差距，但从 20 世纪 80 年代开始，在 CAD/CAM 一体化技术的研究、开发和应用等方面做了大量工作。近 20 年来，我国工业得到了长足的进步，主要取决于 CAD/CAM 技术的成功应用。可以这样说，CAD/CAM 技术已成为整个工业发展中最具活力、创造效益最高的应用领域。如今，在我国许多行业中，从产品图的自动生成、产品加工的自动编程，到运用 CAE 技术对加工过程进行计算机模拟等，已基本实现了 CAD/CAM 的一体化。

1.3.2 CAD/CAM 技术的发展趋势

CAD/CAM 技术还在发展之中，发展的主要趋势是集成化、智能化、并行化、网络化和标准化。

1.3.2.1 集成化

CIM(Computer Integrated Manufacturing)是 CAD/CAM 集成技术发展的必然趋势。CIM 的最终目标是以企业为对象，借助于计算机和信息技术，使生产中各部分在从经营决策、产品开发、生产准备到生产实施及销售过程中，有关人、技术、经营管理三要素及其形成的信息流、物流和价值流有机集成并优化运行，从而达到产品上市快、高质、低耗、服务好、环境清洁，使企业赢得市场竞争的目的。CIMS 是一种基于 CIM 构成的计算机化、信息化、智能化、集成化的制造系统。它适应多品种、小批量市场的需求，可有效地缩短生产周期，强化人、生产和经营管理联系，减少在制品，压缩流动资金，提高企业的整体效益。所以，CIMS 是未来工厂自动化的发展方向。然而由于 CIMS 是投资大、建设周期长的项目，因此不能一揽子求全，应总体规划、分步实施。分步实施的第一步是 CAD/CAM 集成的实现。

1.3.2.2 智能化

机械设计是一项创造性活动，在这一活动过程中，很多工作是非数据、非算法的。所以，随着 CAD/CAM 技术的发展，除集成化外，将人工智能技术、专家系统应用于 CAD/CAM 系统中，形成智能的 CAD/CAM 系统，使其具有人类专家的经验和知识，具有学习、推理、联想和判断功能及智能化的视觉、听觉、语言能力，从而解决那些以前必须由人类专家才能解决的概念设计问题。这是一个具有巨大潜在意义的发展方向，它可以在更高的创造性思维活动层次上给予设计人员有效的辅助。

另外，智能化和集成化两者之间存在密切联系。为了能自动生成制造过程所需的信息，必须理解设计师的意图和构思。从此意义上讲，为实现系统集成，智能化是不可缺少的研究方向。

1.3.2.3 并行化

并行工程(Concurrent Engineering)是随着 CAD/CAM 技术、CIMS 技术发展提出的一种新哲理、新的系统工程方法。这种方法的思路就是并行地、集成地设计产品及其开发的过程。它要求产品开发人员在设计阶段就考虑产品整个生命周期的所有要求，包括质量、成本、进度、用户要求等，以便最大限度地提高产品开发效率及一次成功率。并行工程的关键是用并行设计方法代替串行设计方法。在串行法中，信息流向是单向的；在并行法中，信息流向是双向的。

1.3.2.4 网络化

所谓计算机网络，就是用通信线路和通信设备将分散在不同地点的多台计算机按一定的网络拓扑结构连接起来。这些功能使独立的计算机按照网络协议进行通信，实现资源共享。CAD/CAPP/CAM 技术日趋成熟，可应用于越来越大的项目。

1.4 图形处理技术

计算机图形处理是利用计算机高速运算能力和实时显示功能处理各类图形信息的技术,包括图形的存储、生成、显示、输出,以及图形的变换、组合、分解和运算,控制绘图仪等图形输出设备完成绘图。

构成图形的要素有两个:一个是几何要素,它刻画图形的点、线、面、体等;另一个是非几何要素,它反映物体表面属性或材质的明暗、灰度、色彩等。

计算机图形与数学中所研究的图形不同,比数学中描述的图形更为具体,但仍是一种抽象图形。例如一只玻璃杯与一只塑料杯只要形状一样,颜色一样,透明度一样,则从计算机图形学的观点来看,它们的图形是一样的。

这里主要讨论图形的几何变换、图形的消隐、图形的光照和图形的裁剪技术。

1.4.1 几个基本概念

1.4.1.1 坐标系统

从定义一个零件的几何外形到在图形设备上生成相应的图形,需要建立相应的坐标系统来描述,并通过坐标变换来实现图形的表达。

1. 用户坐标系

物体所处空间(二维或三维空间)中用以协助用户定义图形所表达物体几何尺寸的坐标系称为用户坐标系,也称世界坐标系,多用右手直角坐标系。

理论上,世界坐标系是无限大且连续的,即它的定义域为实数域($-\infty$, $+\infty$)。

2. 设备坐标系

与图形输出设备相关联,用以定义图形几何尺寸及位置的坐标系称为设备坐标系,也称物理坐标系。设备坐标系是一个二维平面坐标系,通常使用左手直角坐标系。度量单位:像素(显示器)或步长(绘图仪)。如显示器通常为640×400像素、1 024×768像素,绘图仪的步长为1 μm、10 μm等,于是设备坐标系的定义域是整数域,而且是有界的。

1.4.1.2 窗口—视区变换

工程设计中,需要突出图形的某一部分时,可用一个局部视图单独画出来。在计算机图形学里,存在如何把指定的局部图形从整体图形中分离出来,并对这部分图形进行清晰、正确的显示的问题,我们把"窗口"这个词引用到计算机图形学中,即通过在整图中开"窗口"的方法解决上述问题。

窗口就是用户坐标系(世界坐标系)中定义的确定显示内容的一个矩形区域。用矩形左下角点坐标(X_{W1}, Y_{W1})和右上角点坐标(X_{W2}, Y_{W2})确定窗口的大小和位置,如图1-4所示。只有在这个区域内的图形在设备坐标系下才能被输出,窗口外的部分则被裁掉。通过改变窗口的大小、位置和比例,用户可以方便地观察局部图形,控制图形的大小。

除矩形窗口外,还可以定义圆形窗口、多边形窗口等各种窗口,由于矩形窗口定义方便,处理也较为简单,是各种图形软件常用的窗口形式。

视区就是设备坐标系(通常是图形显示器)中定义的一个用于输出所要显示的图形

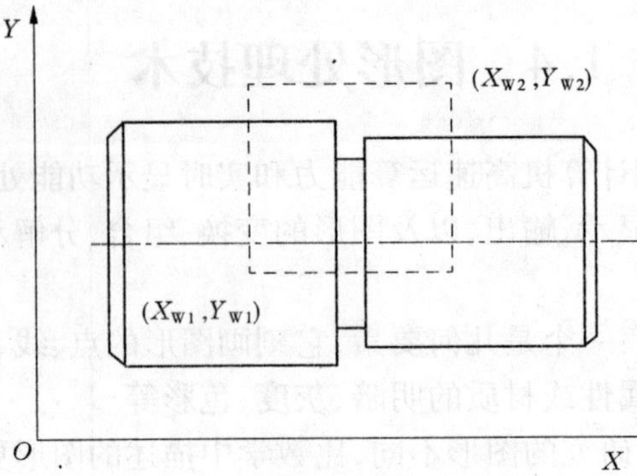

图 1-4 窗口

和文字的矩形区域。用矩形区域左下角点坐标(X_{V1},Y_{V1})和右上角点坐标(X_{V2},Y_{V2})确定视区的大小和位置。视区是一个有限的整数域,它应小于等于屏幕区域,而定义小于屏幕的视区是非常有用的,因为这样可以在同一屏幕上定义多个视区,用来同时显示不同的图形信息。若将窗口中的图形显示在屏幕视区范围内,则视区决定了窗口内的图形在屏幕上显示的位置和大小。

窗口和视区是在不同的坐标系中定义的,窗口中的图形信息在送到视区输出之前,需进行坐标变换,即把用户坐标系的坐标值转化为设备(屏幕)坐标系的坐标值,此变换即窗口—视区变换。

将窗口内某一点(X_W,Y_W)映射到视区的指定位置(X_V,Y_V),如图 1-5 所示,其变换关系如下:

$$X_V = X_{V1} + \frac{X_{V2} - X_{V1}}{X_{W2} - X_{W1}}(X_W - X_{W1})$$

$$Y_V = Y_{V1} + \frac{Y_{V2} - Y_{V1}}{Y_{W2} - Y_{W1}}(Y_W - Y_{W1})$$

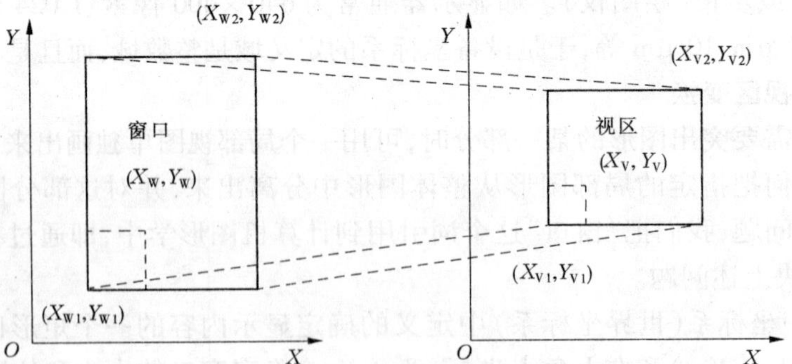

图 1-5 窗口—视区的变换

可见:

(1)若视区大小不变,窗口缩小或放大,则会使图形放大或缩小。

(2)若窗口大小不变,视区缩小或放大,则图形会随之缩小或放大。

(3)若窗口与视区大小相同,则图形大小比例不变。

(4)若视区与窗口纵横比不同,则图形会产生伸缩变形。

1.4.2 图形变换的基本原理

图形变换是指对图形的几何信息经过几何变换后产生新的图形,提出的构造或修改图形的方法。

图形是点的集合,在二维平面中,任何一个图形都可以认为是由点之间的连线构成的。对一个图形作几何变换,实质上就是对一系列点进行变换。

1.4.2.1 点的表示

在二维平面内,一个点通常用它的两个坐标(x,y)来表示,写成矩阵形式则为$[x \quad y]$。点的矩阵通常被称为点的位置向量,以下将采用行向量表示一个点。

1.4.2.2 向量和矩阵的积

若有点$A(x,y)$、$B(x',y')$和矩阵$\boldsymbol{T}=\begin{bmatrix} a & b \\ c & d \end{bmatrix}$,且$\boldsymbol{AT}=\boldsymbol{B}$,则$\boldsymbol{T}$被称为点$A$变成点$B$的变换矩阵。将点的坐标$[x \quad y]$与变换矩阵$\boldsymbol{T}$相乘,变换后点的坐标记作$[x' \quad y']$,则

$$\boldsymbol{B}=\boldsymbol{AT}=[x \quad y]\begin{bmatrix} a & b \\ c & d \end{bmatrix}=[ax+cy \quad bx+dy]=[x' \quad y']$$

即

$$\begin{cases} x'=ax+cy \\ y'=bx+dy \end{cases}$$

1.4.3 二维图形的几何变换

1.4.3.1 齐次坐标的概念

在讨论二维图形的几何变换前,先引入齐次坐标的概念,便于讨论二维图形变换用。

齐次坐标就是将一个n维向量用$n+1$维向量表示 。如$\boldsymbol{A}=[x \quad y]$,可表示为$\boldsymbol{A}=[x \quad y \quad 1]$。

下面讨论二维图形的变换。设变换矩阵如下:

$$\boldsymbol{T}=\begin{bmatrix} a & b & p \\ c & d & q \\ l & m & s \end{bmatrix}$$

1.4.3.2 比例变换

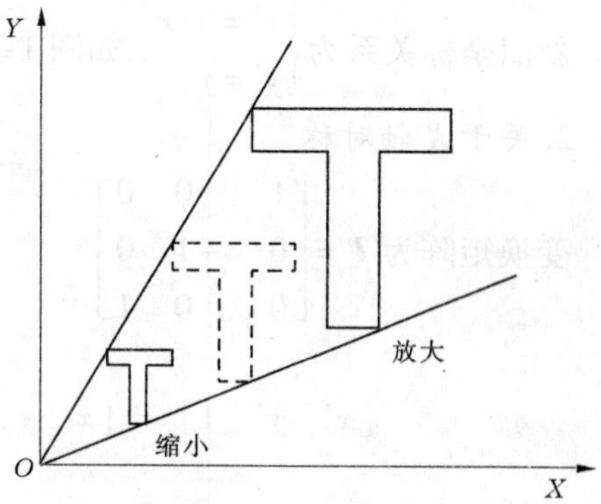

图1-6 比例变换

如图1-6所示,变换矩阵为$\boldsymbol{T}=\begin{bmatrix} a & 0 & 0 \\ 0 & d & 0 \\ 0 & 0 & 1 \end{bmatrix}$

坐标点$(x,y,1)$变换运算:

$$[x' \quad y' \quad 1] = [x \quad y \quad 1]\begin{bmatrix} a & 0 & 0 \\ 0 & d & 0 \\ 0 & 0 & 1 \end{bmatrix} = [ax \quad dy \quad 1]$$

新旧坐标关系为$\begin{cases} x' = ax \\ y' = dy \end{cases}$。

若 $a = d = 1$，为恒等变换，变换后的图形不变。

若 $a = d \neq 1$，大于 1 时为等比例放大，小于 1 时为等比例缩小。

若 $a \neq d$，图形在 x, y 两个坐标方向上以不同的比例变换。

1.4.3.3 对称变换

变换矩阵为 $T = \begin{bmatrix} a & b & 0 \\ c & d & 0 \\ 0 & 0 & 1 \end{bmatrix}$

$$[x' \quad y' \quad 1] = [x \quad y \quad 1]\begin{bmatrix} a & b & 0 \\ c & d & 0 \\ 0 & 0 & 1 \end{bmatrix} = [ax + cy \quad bx + dy \quad 1]$$

根据 a, b, c, d 不同的取值情况，可以获得不同的对称变换。

1. 关于 Y 轴对称

变换矩阵为 $\boldsymbol{T} = \begin{bmatrix} -1 & 0 & 0 \\ 0 & 1 & 0 \\ 0 & 0 & 1 \end{bmatrix}$

$$[x' \quad y' \quad 1] = [x \quad y \quad 1]\begin{bmatrix} -1 & 0 & 0 \\ 0 & 1 & 0 \\ 0 & 0 & 1 \end{bmatrix} = [-x \quad y \quad 1]$$

新旧坐标关系为$\begin{cases} x' = -x \\ y' = y \end{cases}$，如图 1-7 所示，关于 Y 轴对称。

2. 关于 X 轴对称

变换矩阵为 $\boldsymbol{T} = \begin{bmatrix} 1 & 0 & 0 \\ 0 & -1 & 0 \\ 0 & 0 & 1 \end{bmatrix}$

$$[x' \quad y' \quad 1] = [x \quad y \quad 1]\begin{bmatrix} 1 & 0 & 0 \\ 0 & -1 & 0 \\ 0 & 0 & 1 \end{bmatrix} = [x \quad -y \quad 1]$$

新旧坐标关系为$\begin{cases} x' = x \\ y' = -y \end{cases}$，如图 1-8 所示，关于 X 轴对称。

3. 关于原点对称

变换矩阵为 $\boldsymbol{T} = \begin{bmatrix} -1 & 0 & 0 \\ 0 & -1 & 0 \\ 0 & 0 & 1 \end{bmatrix}$

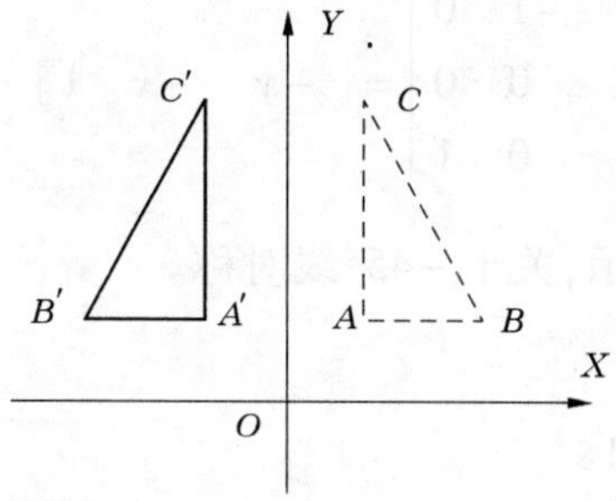

图1-7 关于Y轴对称

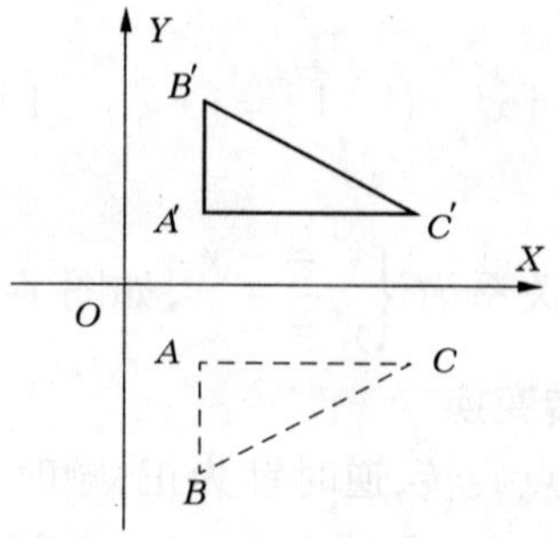

图1-8 关于X轴对称

$$[x' \quad y' \quad 1] = [x \quad y \quad 1]\begin{bmatrix} -1 & 0 & 0 \\ 0 & -1 & 0 \\ 0 & 0 & 1 \end{bmatrix} = [-x \quad -y \quad 1]$$

新旧坐标关系为$\begin{cases} x' = -x \\ y' = -y \end{cases}$,如图1-9所示,关于原点对称。

4. 关于45°线对称

变换矩阵为$\boldsymbol{T} = \begin{bmatrix} 0 & 1 & 0 \\ 1 & 0 & 0 \\ 0 & 0 & 1 \end{bmatrix}$

$$[x' \quad y' \quad 1] = [x \quad y \quad 1]\begin{bmatrix} 0 & 1 & 0 \\ 1 & 0 & 0 \\ 0 & 0 & 1 \end{bmatrix} = [y \quad x \quad 1]$$

新旧坐标关系为$\begin{cases} x' = y \\ y' = x \end{cases}$,如图1-10所示,关于45°线对称。

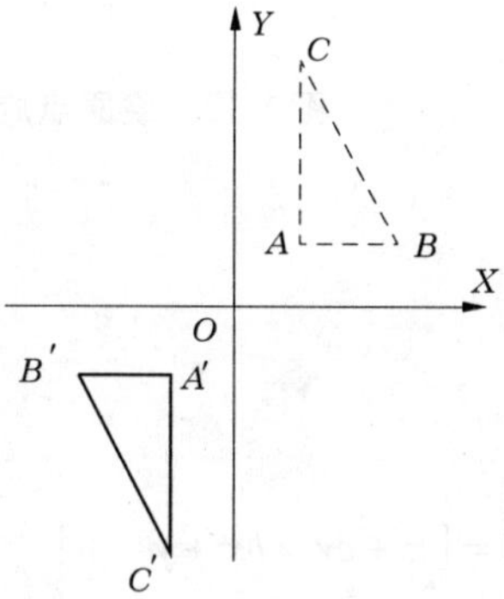

图1-9 关于原点对称

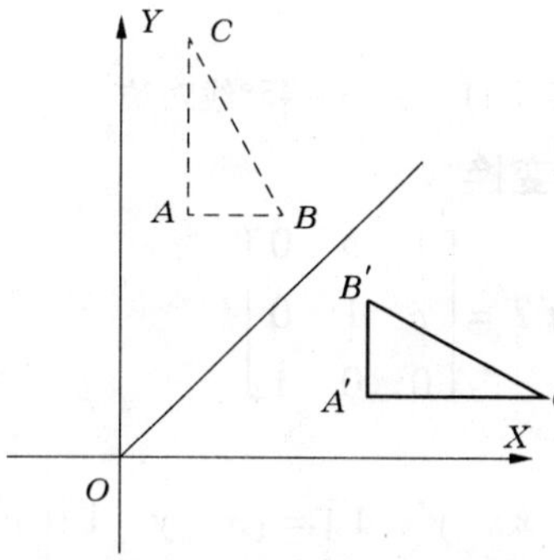

图1-10 关于45°线对称

5. 关于−45°线对称

变换矩阵为$\boldsymbol{T} = \begin{bmatrix} 0 & -1 & 0 \\ -1 & 0 & 0 \\ 0 & 0 & 1 \end{bmatrix}$

$$[x' \quad y' \quad 1]=[x \quad y \quad 1]\begin{bmatrix}0 & -1 & 0\\-1 & 0 & 0\\0 & 0 & 1\end{bmatrix}=[-y \quad -x \quad 1]$$

新旧坐标关系为 $\begin{cases}x'=-y\\y'=-x\end{cases}$,如图 1-11 所示,关于 -45°线对称。

1.4.3.4 **旋转变换**

绕坐标原点旋转,逆时针为正,顺时针为负。

变换矩阵为 $\boldsymbol{T}=\begin{bmatrix}\cos\alpha & \sin\alpha & 0\\-\sin\alpha & \cos\alpha & 0\\0 & 0 & 1\end{bmatrix}$

$$[x' \quad y' \quad 1]=[x \quad y \quad 1]\begin{bmatrix}\cos\alpha & \sin\alpha & 0\\-\sin\alpha & \cos\alpha & 0\\0 & 0 & 1\end{bmatrix}=[x\cos\alpha-y\sin\alpha \quad x\sin\alpha+y\cos\alpha \quad 1]$$

新旧坐标关系为$\begin{cases}x'=x\cos\alpha-y\sin\alpha\\y'=x\sin\alpha+y\cos\alpha\end{cases}$,如图 1-12 所示,绕原点旋转。

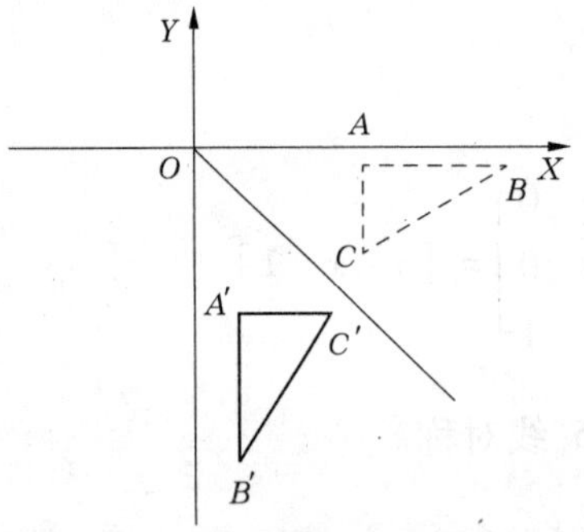

图 1-11 关于 -45°线对称

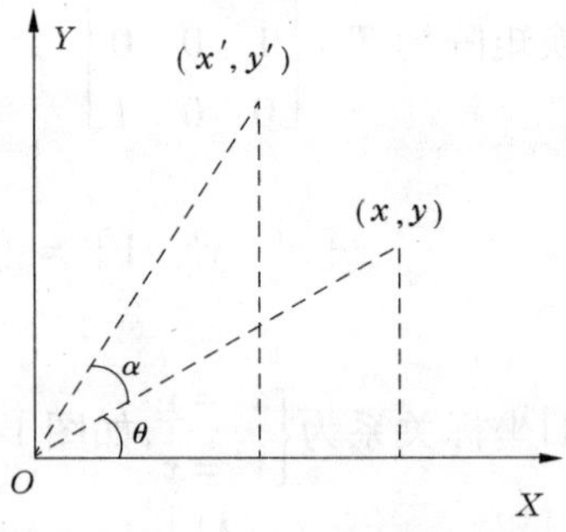

图 1-12 绕原点旋转

1.4.3.5 **错切变换**

变换矩阵为 $\boldsymbol{T}=\begin{bmatrix}1 & b & 0\\c & 1 & 0\\0 & 0 & 1\end{bmatrix}$

$$[x' \quad y' \quad 1]=[x \quad y \quad 1]\begin{bmatrix}1 & b & 0\\c & 1 & 0\\0 & 0 & 1\end{bmatrix}=[x+cy \quad bx+y \quad 1]$$

新旧坐标关系为$\begin{cases}x'=x+cy\\y'=bx+y\end{cases}$,如图 1-13 所示,错切变换。

其中,c 为 x 方向错切系数;b 为 y 方向错切系数。

(1)当 $b=0$ 时, $x'=x+cy$, $y'=y$。y 坐标不变, $c>0$ 时,则沿 $+x$ 方向错切;$c<0$ 时,则沿 $-x$ 方向错切。

(2)当 $c=0$ 时, $x'=x$, $y'=bx+y$。x 坐标不变,$b>0$ 时,则沿 $+y$ 方向错切;$b<0$ 时,

则沿 $-y$ 方向错切。

1.4.3.6 平移变换

变换矩阵为 $\boldsymbol{T}=\begin{bmatrix}1&0&0\\0&1&0\\l&m&1\end{bmatrix}$

$$[x' \quad y' \quad 1]=[x \quad y \quad 1]\begin{bmatrix}1&0&0\\0&1&0\\l&m&1\end{bmatrix}=[x+l \quad y+m \quad 1]$$

新旧坐标关系为 $\begin{cases}x'=x+l\\y'=y+m\end{cases}$，其中，$l$ 为 x 方向的平移量，m 为 y 方向的平移量。如图 1-14所示为平移变换。

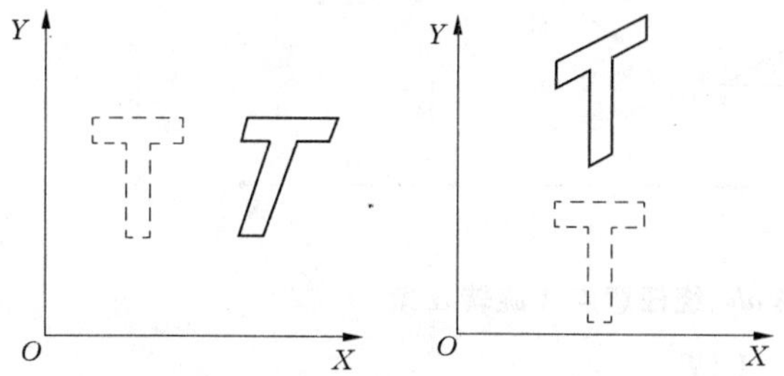

图 1-13 错切变换

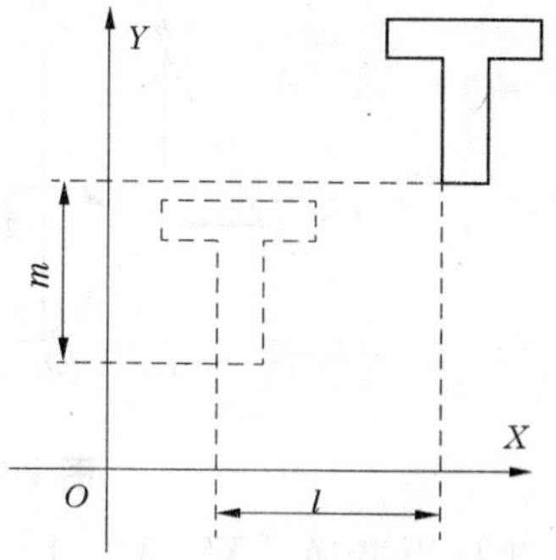

图 1-14 平移变换

1.4.3.7 二维图形基本变换矩阵讨论

矩阵 $\boldsymbol{T}=\begin{bmatrix}a&b&p\\c&d&q\\l&m&s\end{bmatrix}$，则

$\boldsymbol{T}_1=\begin{bmatrix}a&b\\c&d\end{bmatrix}$，实现图形的比例、对称、错切、旋转等基本几何变换。

$\boldsymbol{T}_2=[l \quad m]$，实现图形平移变换。

$\boldsymbol{T}_3=\begin{bmatrix}p\\q\end{bmatrix}$，实现图形透视变换。

$\boldsymbol{T}_4=[s]$，实现图形全比例变换，若 $s>1$，则等比例放大；若 $0<s<1$，则等比例缩小。

1.4.3.8 复合变换

复合变换就是由多种基本变换的组合而实现的变换。

变换矩阵：等于各基本变换矩阵的有序乘积。

例如，三角形 abc 绕任意点 A 旋转 α 角，步骤如下所述：

(1)旋转中心平移到坐标原点，变换矩阵为 $\boldsymbol{T}_{平}$；

(2)绕原点旋转，变换矩阵为 $\boldsymbol{T}_{转}$；

(3)旋转中心平移到原来位置，变换矩阵为 $\boldsymbol{T}_{-平}$。

如图 1-15 所示，三角形 abc 绕任意点 A 旋转 α 角的复合变换矩阵 $\boldsymbol{T}$ 为

$$\boldsymbol{T}=\boldsymbol{T}_{平}\cdot\boldsymbol{T}_{转}\cdot\boldsymbol{T}_{-平}=\begin{bmatrix}1&0&0\\0&1&0\\-x_A&-y_A&1\end{bmatrix}\begin{bmatrix}\cos\alpha&\sin\alpha&0\\-\sin\alpha&\cos\alpha&0\\0&0&1\end{bmatrix}\begin{bmatrix}1&0&0\\0&1&0\\x_A&y_A&1\end{bmatrix}$$

$$=\begin{bmatrix}\cos\alpha&\sin\alpha&0\\-\sin\alpha&\cos\alpha&0\\x_A(1-\cos\alpha)+y_A\sin\alpha&-x_A\sin\alpha+y_A(1-\cos\alpha)&1\end{bmatrix}$$

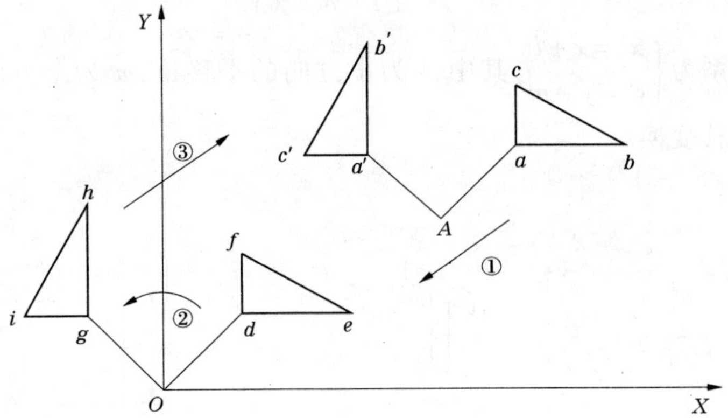

图 1-15　三角形 abc 绕任意点 A 旋转 α 角

坐标点变换：$[X'\quad Y'\quad 1]=[X\quad Y\quad 1]\boldsymbol{T}$

新旧坐标关系为

$$\begin{cases}X'=X\cos\alpha-Y\sin\alpha-x_A\cos\alpha+y_A\sin\alpha+x_A\\Y'=X\sin\alpha+Y\cos\alpha-x_A\sin\alpha-y_A\cos\alpha+y_A\end{cases}$$

1.4.4　三维图形变换

三维图形变换原理与二维图形变换一样，即将一个 n 维向量用 $n+1$ 维向量表示，如 $\boldsymbol{A}=[x\quad y\quad z]$，表示成 $\boldsymbol{A}=[x\quad y\quad z\quad 1]$。但其计算较二维的复杂，在这里主要描述三维图形变换中的比例、对称、错切、平移、旋转变换。

1.4.4.1　比例变换

变换矩阵：

$$\boldsymbol{T}=\begin{bmatrix}a&0&0&0\\0&e&0&0\\0&0&j&0\\0&0&0&1\end{bmatrix}$$

$$[x'\quad y'\quad z'\quad 1]=[x\quad y\quad z\quad 1]\boldsymbol{T}=[ax\quad ey\quad jz\quad 1]$$

新旧坐标关系为

$$\begin{cases}x'=ax\\y'=ey\\z=jz\end{cases}$$

其中，a、e、j 分别为 x、y、z 方向的比例因子。

1.4.4.2 **对称变换**

相对于 xoy 平面、yoz 平面和 xoz 平面三个坐标平面的对称变换矩阵分别为

$$\boldsymbol{T}_{xoy}=\begin{bmatrix}1&0&0&0\\0&1&0&0\\0&0&-1&0\\0&0&0&1\end{bmatrix},\boldsymbol{T}_{yoz}=\begin{bmatrix}-1&0&0&0\\0&1&0&0\\0&0&1&0\\0&0&0&1\end{bmatrix},\boldsymbol{T}_{xoz}=\begin{bmatrix}1&0&0&0\\0&-1&0&0\\0&0&1&0\\0&0&0&1\end{bmatrix}$$

1.4.4.3 **错切变换**

变换矩阵：$\boldsymbol{T}=\begin{bmatrix}1&b&c&0\\d&1&f&0\\h&i&1&0\\0&0&0&1\end{bmatrix}$

$$[x'\quad y'\quad z'\quad 1]=[x\quad y\quad z\quad 1]\begin{bmatrix}1&b&c&0\\d&1&f&0\\h&i&1&0\\0&0&0&1\end{bmatrix}$$

$$=[x+dy+hz\quad bx+y+iz\quad cx+fy+z\quad 1]$$

其中，d、h 为沿 x 方向的错切系数；b、i 为沿 y 方向的错切系数；c、f 为沿 z 方向的错切系数。

1.4.4.4 **平移变换**

变换矩阵：

$$\boldsymbol{T}=\begin{bmatrix}1&0&0&0\\0&1&0&0\\0&0&1&0\\l&m&n&1\end{bmatrix}$$

其中，l、m、n 为 x、y、z 三个坐标方向的平移量。

1.4.4.5 **旋转变换**

(1)绕 x 轴旋转 α 角的变换矩阵 $\boldsymbol{T}_x$(平行于 yoz 平面)：

$$\boldsymbol{T}_x=\begin{bmatrix}1&0&0&0\\0&\cos\alpha&\sin\alpha&0\\0&-\sin\alpha&\cos\alpha&0\\0&0&0&1\end{bmatrix}$$

(2)绕 y 轴旋转 α 角的变换矩阵 $\boldsymbol{T}_y$(平行于 xoz 平面)：

$$\boldsymbol{T}_y=\begin{bmatrix}\cos\alpha&0&-\sin\alpha&0\\0&1&0&0\\\sin\alpha&0&\cos\alpha&0\\0&0&0&1\end{bmatrix}$$

(3)绕 z 轴旋转 α 角的变换矩阵 $\boldsymbol{T}_z$(平行于 xoy 平面)：

$$T_z = \begin{bmatrix} \cos\alpha & \sin\alpha & 0 & 0 \\ -\sin\alpha & \cos\alpha & 0 & 0 \\ 0 & 0 & 1 & 0 \\ 0 & 0 & 0 & 1 \end{bmatrix}$$

1.5 图形消隐技术

三维图形由于投影变换失去了深度信息,往往导致图形的二义性。图 1-16(a)体现的是哪一种情况呢?是图 1-16(b),还是图 1-16(c)?

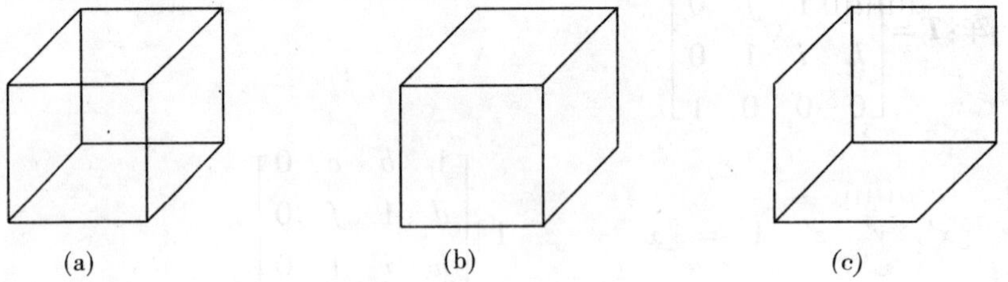

图 1-16 三维图形的二义性示例

1.5.1 图形消隐的基本概念

当沿投影视线观察一个三维物体时,由于物体的某些表面或其他物体的遮挡,某些线段或面不可见,这些不可见的线段或面称为隐藏线或隐藏面。

要消除二义性,就必须在绘图时消除实际不可见的线和面。将这些隐藏线或隐藏面消除的过程称为图形的消隐。查找、确定并消除隐藏线和隐藏面的技术称为消隐技术。

1.5.2 消隐算法的基本测试方法

不同的消隐算法,其策略方法各有特点,但都是以一些基本测试方法为基础的。一种算法中往往会包含一种甚至多种基本测试方法。

基本测试方法有重叠测试 、包含性测试、深度测试、可见性测试。

1.5.2.1 重叠测试

物体各外表面轮廓的线框在透视投影图上是由若干个多边形构成的,外表面之间的遮蔽反映了多边形之间相交或包容关系。重叠测试是用于检查两个多边形是否重叠的,如果不重叠,说明两多边形肯定互不遮挡。这种测试也叫最大最小测试或边界盒测试,它提供了一种快速方法来判断两个多边形不重叠。为提高计算机的处理效率,重叠测试可分为以下两步完成:

第一步,粗筛选,将根本不可能重叠的多边形筛掉。其方法是:找到每个多边形的极值(最大和最小的 x、y 值),然后用一矩形去外接每个多边形,接着检查 x 和 y 方向任意两个矩形是否相交。设两个多边形分别为 A 和 B,如果 A 和 B 的顶点坐标满足如下不等式:

$$x_{\mathrm{Amax}} \leqslant x_{\mathrm{Bmin}}$$

$$y_{\mathrm{Amax}} \leqslant y_{\mathrm{Bmin}}$$

则两个多边形不可能重叠,如图 1-17(a)所示。

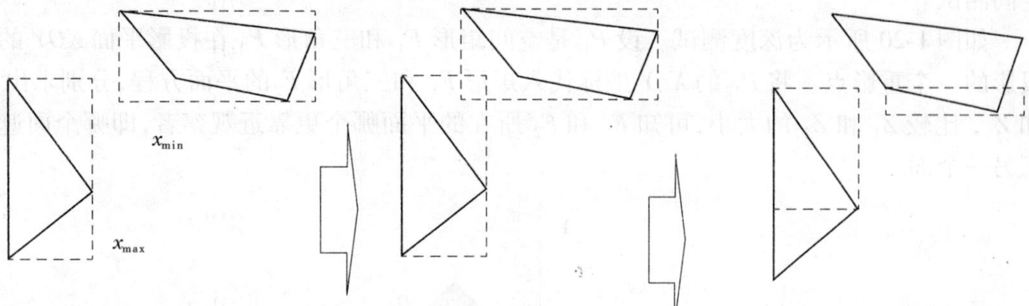

(a)不重叠，不可能互相遮蔽　(b)测试无确定结果　(c)对每条边进行最小最大测试

图 1-17　重叠测试

第二步,如果上述不等式均得不到满足,则这两个多边形有可能重叠。此时,将一个多边形的每一条边与另一个多边形的每条边比较,测试它们是否相交,以此来判别两个多边形是否重叠 。若两个多边形真有重叠关系,则通过两线段求交算法计算其交点,如图 1-17(b)、(c)所示。

1.5.2.2　包含性测试

对于不满足重叠测试的两个多边形,还可能因一个多边形包容在另一个多边形内部而产生相互遮蔽。检验一个多边形是否包容在另一个多边形内部,需要逐个检验该多边形的顶点是否包容在另一个多边形内部。包含性测试即是检查一个给定的点是否位于给定的多边形或多面体内。

可以用两种方法来测试点与多边形的包含关系,即射线交点数算法和夹角求和算法。

如图 1-18 所示为用射线交点数算法测试点 P 与多边形的包含关系。从点 P 作射线,如果与多边形相交为偶数(含 0)点,则点 P 在多边形之外,如果为奇数点,则点 P 在多边形之内。

如图 1-19 所示为用夹角求和算法测试点 P 与多边形的包含关系。点 P 和多边形各顶点连线之间的夹角之和如果等于 0°,则点 P 在多边形之外,如果为 360°,则点 P 在多边形之内。

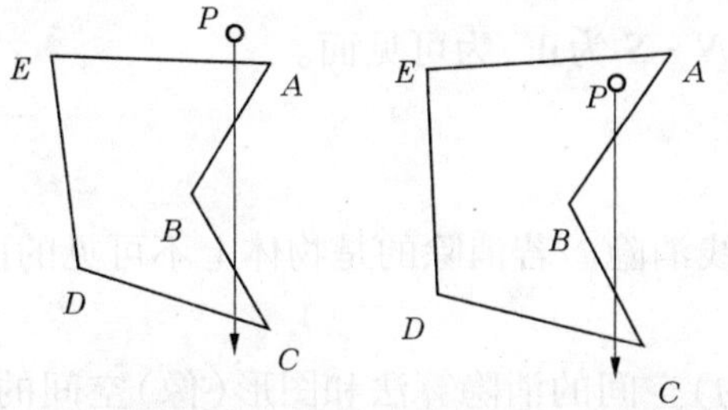

(a)交点数=偶数(含0)　点P在多边形外　(b)交点数=奇数　点P在多边形内

图 1-18　射线交点数算法

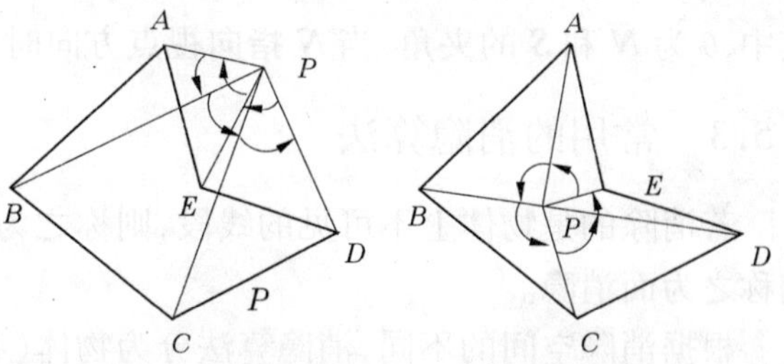

(a)夹角之和=0°　点P在多边形外　(b)夹角之和=360°　点P在多边形内

图 1-19　夹角求和算法

1.5.2.3　深度测试

深度测试是测试一个物体遮挡另一个物体的基本方法。常用的有优先级测试和物体空间测试。

如图 1-20 所示为深度测试。设 P_{12} 是空间矩形 F_1 和三角形 F_2 在投影平面 XOY 的正投影的一个重影点。将 P_{12} 的 X、Y 坐标代入矩形 F_1 和三角形 F_2 的平面方程，分别求出 Z_1 和 Z_2，比较 Z_1 和 Z_2 的大小，可知 F_1 和 F_2 所在的平面哪个更靠近观察者，即哪个面遮挡了另一个面。

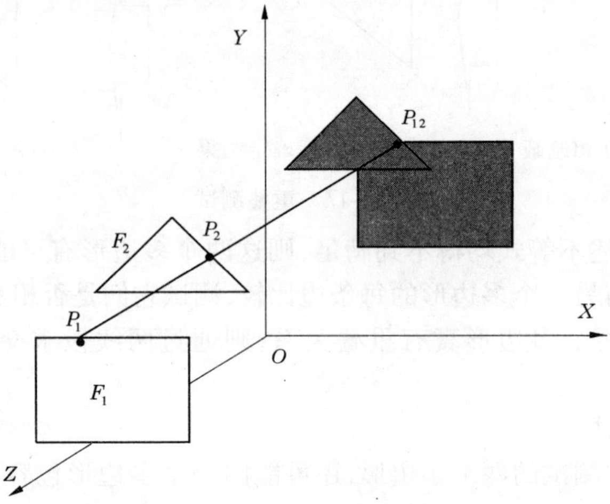

图 1-20　深度测试

若 $Z_1 > Z_2$，则点 P_1 为可见点，F_1 比 F_2 有较高的优先级。

1.5.2.4　可见性测试

可见性测试主要用来判别物体自身哪些部分没有被其自身其他部分遮挡即可见的部分，被其自身其他部分遮挡即不可见的部分。

单一凸性物体表面外法矢指向观察者方向的面是可见的，否则是不可见的。

如图 1-21 所示，定义由观察点至物体方向的视线矢量为 $\boldsymbol{S}$，计算物体表面某点的法矢 $\boldsymbol{N}$ 和视线矢量的点积来判别该点是否可见：

$$\boldsymbol{N} \cdot \boldsymbol{S} = |\boldsymbol{N}| \cdot |\boldsymbol{S}| \cos\theta$$

其中，θ 为 $\boldsymbol{N}$ 和 $\boldsymbol{S}$ 的夹角，当 $\boldsymbol{N}$ 指向视点方向时，$\boldsymbol{N} \cdot \boldsymbol{S}$ 为正，为可见面。

1.5.3　常用的消隐算法

若消除的是物体上不可见的线段，则称之为线消隐。若消除的是物体上不可见的面，则称之为面消隐。

根据消隐空间的不同，消隐算法分为物体（物）空间的消隐算法和图形（像）空间的消隐算法两类。物体（物）空间的消隐算法侧重于景中各物体之间的几何关系，直接在视点坐标系中确定视点不可见的表面区域，将它们表达成同原表面一致的数据结构，如 Catmull 曲面分割算法。图形（像）空间的消隐算法侧重于向屏幕投影后形成的图像，在投影屏幕上以屏幕像素为采样单位，确定投影于每一像素的可见景物表面区域，将其颜色作

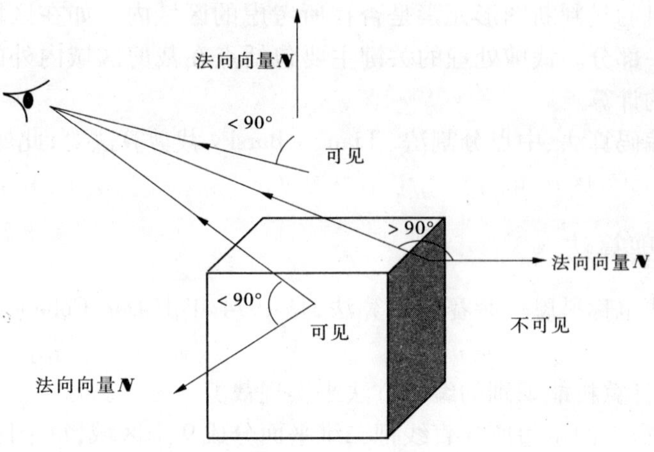

图 1-21　可见性测试

为该像素的显示光亮度,如 Warnock 算法、Z - Buffer 算法、扫描线算法。

物消隐算法和像消隐算法相比,前者精度高,不受显示器分辨率的影响,当物体复杂时,计算时间增加较多,主要用于面消隐。后者精度低,受显示器分辨率的影响,当物体复杂时,相对而言,计算时间增加较少 ,主要用于线消隐。

到目前为止,在众多的消隐算法中,还没有哪一种算法能够适用于所有应用领域,而且随着应用领域的不断扩展,还会有新的算法出现。

1.6　图形裁剪技术

1.6.1　图形裁剪基本概念

实际应用中,面对一幅大的画面,常要求打开一个矩形窗口,以显示指定的部分画面,窗口之内的图形被显示出来,而窗口之外的图形则被裁剪掉,使图形恰当地显示到屏幕上,这种处理技术称为裁剪技术 。

任何图形在显示之前都要经过裁剪工作。平面图形在裁剪时,由于组成图形的每一个基本元素都要经过裁剪,裁剪算法直接影响整个图形系统的效率。其效率的高低常与图形的复杂程度、计算机性能等因素有关,因而要根据实际情况来选择裁剪方法。

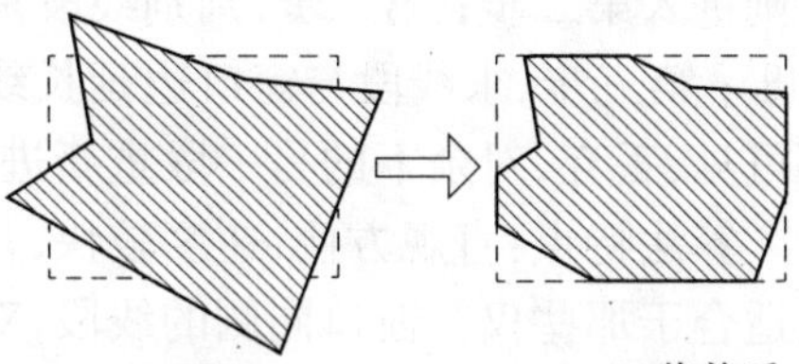

(a)裁剪前　(b)裁剪后

图 1-22　裁剪前后的图形

如图 1-22 所示为裁剪前后的图形。

图形裁剪有二维图形裁剪和三维图形裁剪,这里主要讲二维图形裁剪。用户在平面上定义了一个窗口以后,总希望把落在窗口内的部分图形映射到视区中,而把在窗口以外的图形运用裁剪方法统统裁掉,不予在平面上输出的图形接受该平面上的矩形窗口的裁剪称为二维裁剪。

裁剪的基本目的是判断图形元素是否在所考虑的区域内。如在区域内，则进一步求出在区域内的那一部分。裁剪处理的关键主要包括点在裁剪区域内外的判断、图形与裁剪区域边界交点的计算。

常见算法有编码算法、中点分割法、Liang－Barsky 裁剪算法等，此处主要讲编码裁剪算法。

1.6.2 编码裁剪算法

编码裁剪算法也称科恩—萨赛兰德算法，是 1974 年由 Dan Cohen 和 Lvan Sutherland 提出的。

主要思想：用计算机能识别的编码方法来实现裁剪。

编码方法：由窗口四条边所在直线把二维平面分成 9 个区域，每个区域赋予一个四位编码，称之为区域码。它表示端点与窗口的位置关系。四位编码中最左边的一位为第一位，则编码规则如下所述：

(1)线段端点在上方，第一位为 1，否则为 0；

(2)线段端点在下方，第二位为 1，否则为 0；

(3)线段端点在右边，第三位为 1，否则为 0；

(4)线段端点在左边，第四位为 1，否则为 0。

编码裁剪算法结果如图 1-23 所示。

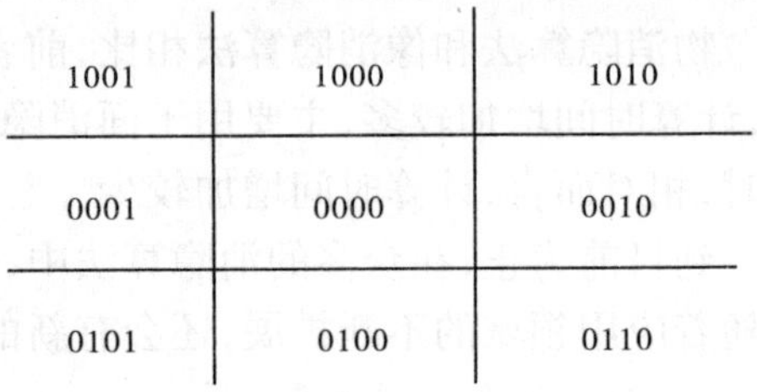

图 1-23 编码裁剪算法结果

显然，如果线段两个端点的四位编码全为 0，则此线段全部在窗口内，可直接接受，如果对线段两个端点的四位编码进行逻辑与(按位乘)运算，结果为非 0，则此线段全部在窗口外，可直接舍弃；否则，这一线段既不能直接接受，也不能直接舍弃，它可能与窗口相交。此时，需要对线段进行再分割，即找到与窗口一个边框的交点。根据交点位置，也赋予四位编码，并对分割后的线段进行检查，或者接受，或者舍弃，或者再次进行分割。重复这一过程，直到全部线段均被舍弃或被接受。

算法步骤：第一步，判别线段两个端点是否都落在窗口内，如果是，则线段完全可见，否则进入第二步；第二步，判别线段是否为显然不可见，如果是，则裁剪结束，否则进行第三步；第三步，求线段与窗口边延长线的交点，这个交点将线段分为两段，其中一段显然不可见，丢弃，对余下的另一段重新进行第一步、第二步判断，直至结束。

算法特点：直观方便，速度较快，是一种较好的裁剪方法。但是由于全部舍弃的判断只适合于那些仅在窗口同侧的线段，对于跨越三个区域的线段就不能一次做出判别而舍弃它们，而对于不满足两个端点的编码均为“0000”或两个端点的编码位逻辑与结果为非 0 的线段，则需把线段再分割，如果分割采用上述求交点的方法，运算效率较低。

【任务实施】

1.7 简单图形变换处理示例

任务分析 由于 A 点不在坐标原点，故该变换属于复合变换。先将 A 点平移到坐标原点，再绕原点旋转 90°，最后将 A 点移动到坐标(20，30)处。实施步骤如下，如图 1-24 所示。

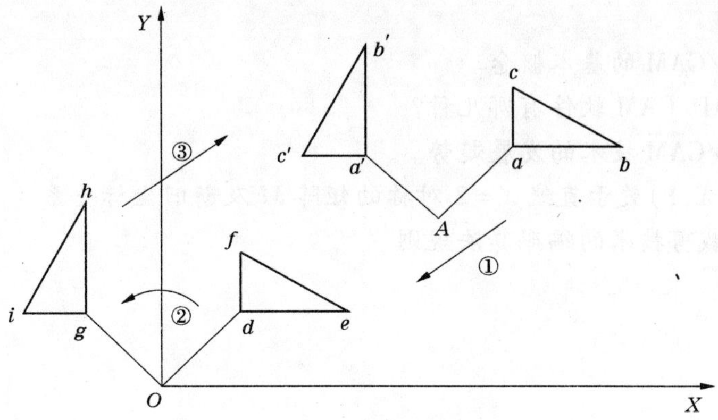

图 1-24 变换结果

(1)求变换矩阵 $\boldsymbol{T}$。

$$\boldsymbol{T}=\boldsymbol{T}_{平}\cdot\boldsymbol{T}_{转}\cdot\boldsymbol{T}_{-平}=\begin{bmatrix}1&0&0\\0&1&0\\-x_A&-y_A&1\end{bmatrix}\begin{bmatrix}\cos\alpha&\sin\alpha&0\\-\sin\alpha&\cos\alpha&0\\0&0&1\end{bmatrix}\begin{bmatrix}1&0&0\\0&1&0\\x_A&y_A&1\end{bmatrix}$$

$$=\begin{bmatrix}0&1&0\\-1&0&0\\50&10&1\end{bmatrix}$$

(2)求变换后各点坐标。

$$\boldsymbol{a}'=[X'\quad Y'\quad 1]=[X\quad Y\quad 1]\boldsymbol{T}=[40\quad 40\quad 1]\begin{bmatrix}0&1&0\\-1&0&0\\50&10&1\end{bmatrix}$$

$$=[10\quad 50\quad 1]$$

则 a' 点坐标为(10，50)。

$$\boldsymbol{b}'=[X'\quad Y'\quad 1]=[X\quad Y\quad 1]\boldsymbol{T}=[90\quad 40\quad 1]\begin{bmatrix}0&1&0\\-1&0&0\\50&10&1\end{bmatrix}$$

$$=[10\quad 100\quad 1]$$

则 b' 点坐标为(10，100)。

$$\boldsymbol{c}'=[X'\quad Y'\quad 1]=[X\quad Y\quad 1]\boldsymbol{T}$$

$$=[40\quad 60\quad 1]\begin{bmatrix}0&1&0\\-1&0&0\\50&10&1\end{bmatrix}$$

$$=[-10\quad 50\quad 1]$$

则 c' 点坐标为(−10，50)。

思考与练习

1. 简述CAD/CAM的基本概念。
2. 常用的CAD/CAM软件有哪几种?
3. 简述CAD/CAM技术的发展趋势。
4. 写出点$A(X,Y)$关于直线$X=2$对称的矩阵$\boldsymbol{M}$及新旧坐标关系。
5. 试述图形裁剪技术的编码算法规则。

项目2 UG基本操作及曲线的绘制

【学习目标】

1. 会UG的基本操作，会使用UG的常用工具。
2. 掌握直线、圆弧和圆的绘制方法。
3. 会结合变换、移动对象、圆角和修剪等功能来绘制复杂的图形。

【工作任务】

完成如图2-1所示二维图形的绘制。

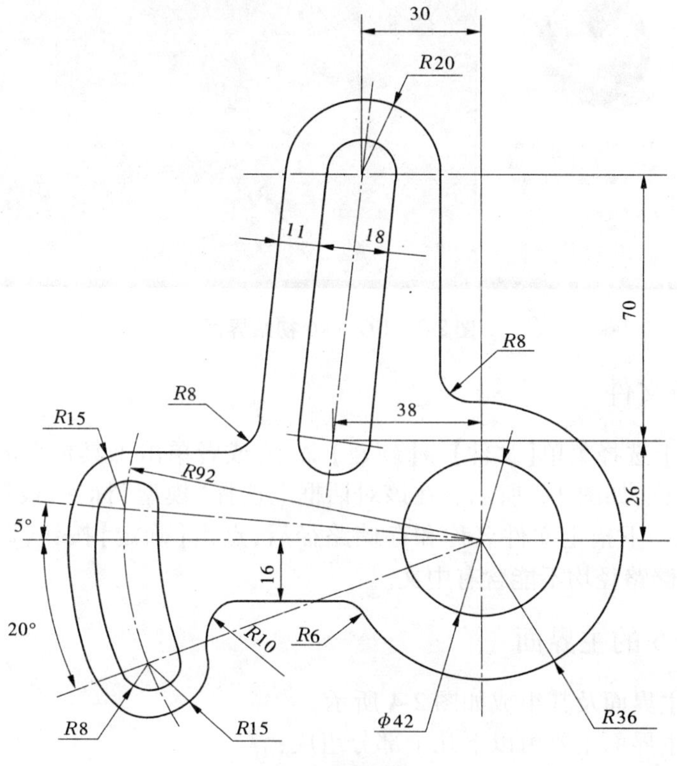

图2-1 二维图形

【相关基本知识和基本技能】

2.1 UG NX基本操作

2.1.1 软件的启动及初始界面

UG NX6启动有以下几种方法：

（1）单击【开始】按钮，选择【所有程序】→【UG NX6】→【NX6】选项，启动 UG NX6；

（2）双击桌面上 UG NX6 的快捷方式图标，启动 UG NX6；

（3）在快捷启动栏中单击 UG NX6 的快捷方式图标，启动 UG NX6；

（4）在 UG NX6 安装目录的 UGⅡ子目录下双击 ugraf. exe 图标，就可启动 UG NX6。

启动 UG NX6 中文版后，其初始界面如图 2-2 所示。

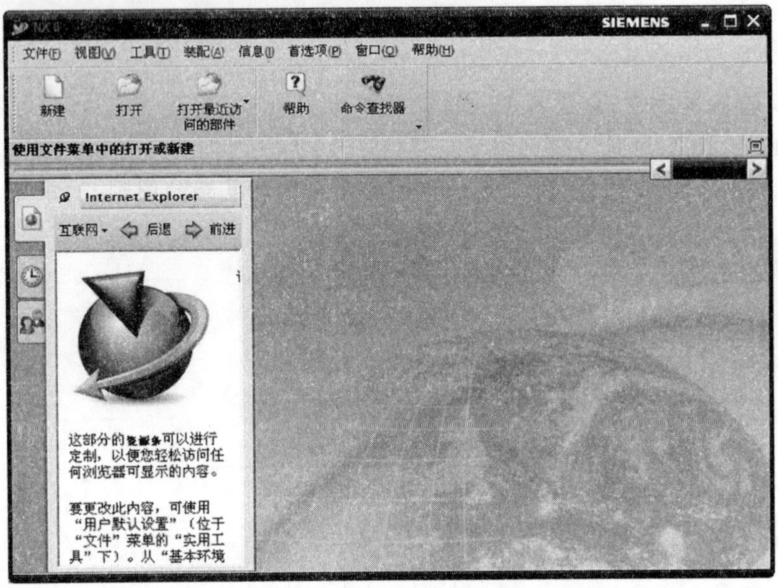

图 2-2　UG NX6 初始界面

2.1.2　创建新文件

在初始界面上选择菜单【文件】→【新建】命令，或者单击工具栏上的【新建】图标，打开【新建】对话框，如图 2-3 所示。在该对话框上选择“模型”标签，设置单位为毫米，并在“新文件名”选项下指定文件名称和存储路径后，点击【确定】按钮，即可进入主界面。注意文件名和存储路径均不能含有中文。

2.1.3　UG NX6 的主界面

UG NX6 的主界面及其组成如图 2-4 所示。

UG NX6 的主界面主要由以下几个部分组成：

（1）标题栏：显示软件版本、当前功能模块、当前文件名、当前工作等信息。

（2）菜单栏：放置 UG NX6 的各功能菜单，不同菜单打开后有不同的命令。软件的所有功能都能在菜单中找到。

（3）工具栏：用于放置软件对应命令图标，每一个图标对应一个命令，可快速执行操作。

（4）绘图区：用于显示模型及相关对象。

（5）提示栏：为用户提示相关的操作信息，是用户与软件交互的重要功能区。

（6）导航条：放置部件导航器、历史记录等，点击不同的图标会弹出不同的导航器，可

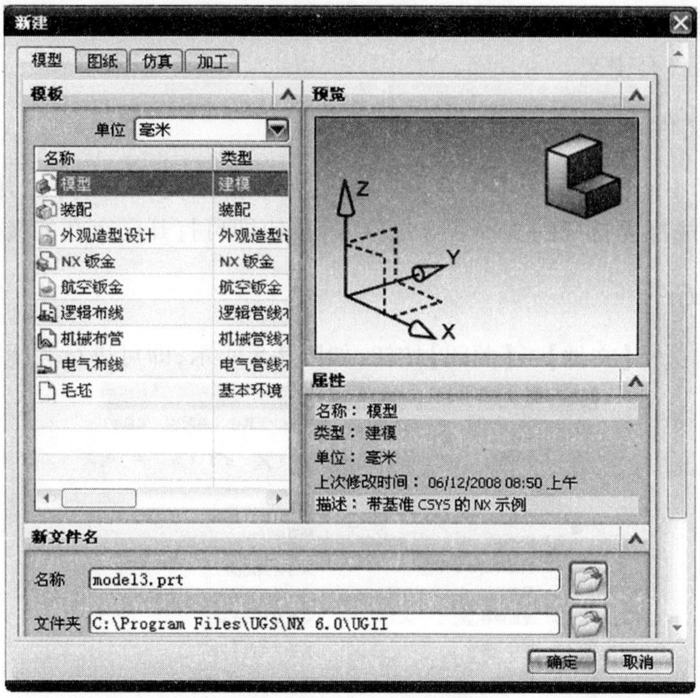

图 2-3 【新建】对话框

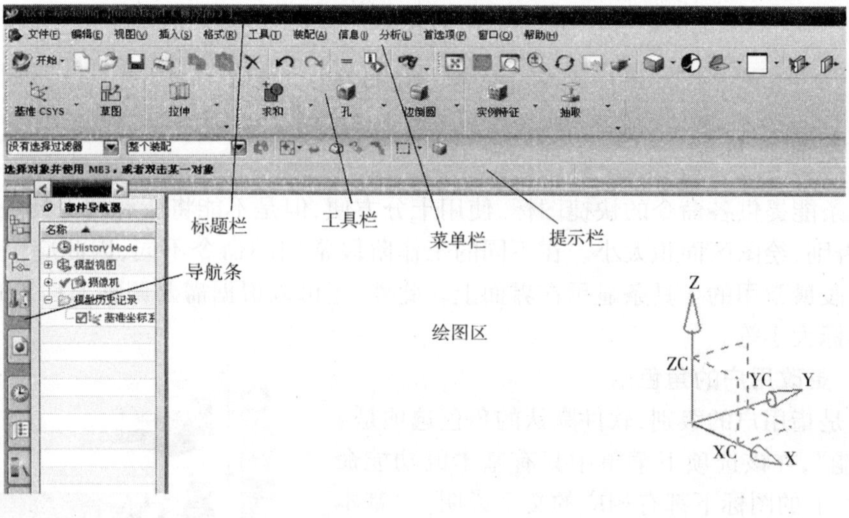

图 2-4 UG NX6 的主界面及其组成

进行相关的操作。

2.1.4 保存文件

在退出软件之前应保存文件。选择菜单栏中的【文件】→【保存】按钮，或者单击工具栏上的【保存】图标，即可将前文件保存，存储路径及文件名与建立该文件时的设置一致。

如果要改变存储路径或文件名，则应选择菜单栏中的【文件】→【另存为】按钮，打开

【另存为】对话框，指定存储路径及文件名后即可将文件保存。与新建文件一样，文件名及存储路径不能含有中文。

2.1.5 打开文件

选择菜单栏中的【文件】→【打开】按钮，或者单击工具栏上的【打开】图标，弹出【打开】对话框，选择要打开的文件后点击【OK】按钮即可打开已存在的文件。

2.1.6 关闭文件

在菜单栏中选择【文件】→【关闭】按钮，如图 2-5 所示，即可进行关闭操作。

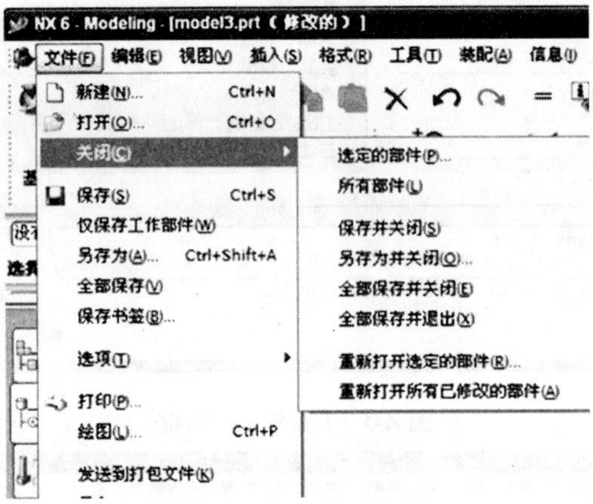

图 2-5 关闭文件

2.1.7 定制工具条

工具条能提供各命令的快捷图标，使用十分方便，但是不能将所有的工具条都显示在界面上，否则，绘图区面积太小。在不同的工作阶段常用的命令不同，因此应根据工作需要将现阶段最常用的工具条显示在界面上。此外，还可以根据需要调整工具条的形式、位置以及图标大小等。

2.1.7.1 更改用户的角色

角色是指用户的级别，软件默认的角色选项是“基本功能”，在该选项下菜单中只有基本的功能命令，工具栏上的图标下都有相应的文字说明。“基本功能”角色适合于初学者使用。但是由于工具栏增加了文字说明后会占据较大的空间，绘图区面积会减小。为保证绘图区足够大，需要更改用户角色。更改用户角色的方法是：点击界面左侧导航条上的【角色】图标，如图 2-6 所示，选择其中的“具有完整菜单的高级功能”选项，这样设置后菜单具有完整菜单的高级功能选项，具有所有的命令，而且工具栏

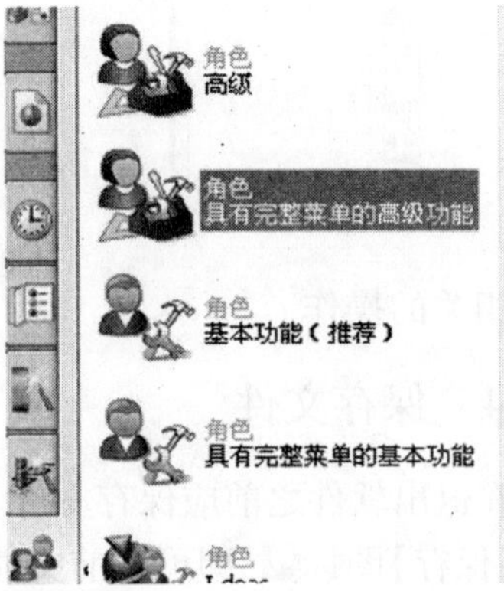

图 2-6 更改用户角色

去掉了文字说明，加大了绘图区的面积。图 2-7 和图 2-8 分别为更改角色前后的工具栏。

图 2-7 更改角色前的工具栏

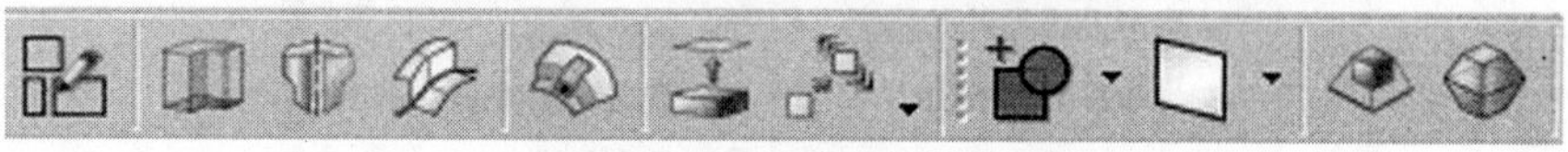

图 2-8 更改角色后的工具栏

2.1.7.2 添加工具栏

添加工具栏的方法较多，最常用的、最简单的方法是将鼠标移动到现有工具栏的任意位置，单击右键，会弹出选择框，将鼠标移动到需要显示的工具栏名称上后单击左键，即可将该工具栏显示在界面上。

2.1.8 视图操作

UG 软件创建的模型需要的命令很多，这里介绍一些常用的。

(1)平移：点击工具栏上的【平移】图标，将鼠标移动到绘图区按住左键不放，即可将模型在窗口中往任意方向进行移动，以方便观察。但是需要注意，此时模型在空间中的位置是没有改变的。

(2)旋转：点击工具栏上的【旋转】图标，将鼠标移动到绘图区模型附近，按住左键拖动鼠标，即可对模型进行旋转，可以从任意角度观察模型。此外，直接按住鼠标滚轮不放，拖动鼠标也可对模型进行旋转。

(3)缩放：工具栏上的缩放图标有两个，一个是【普通缩放】图标，点击该图标后按住左键上下移动鼠标，即可实现缩小、放大；另一个是【窗口缩放】图标，点击该图标后在需要缩放的区域拖出一个窗口，即可将该区域缩放。

(4)更改显示方式：点击工具栏上的显示方式右侧的下拉箭头，弹出如图 2-9 所示的选择项，可根据需要选择不同的显示方式。

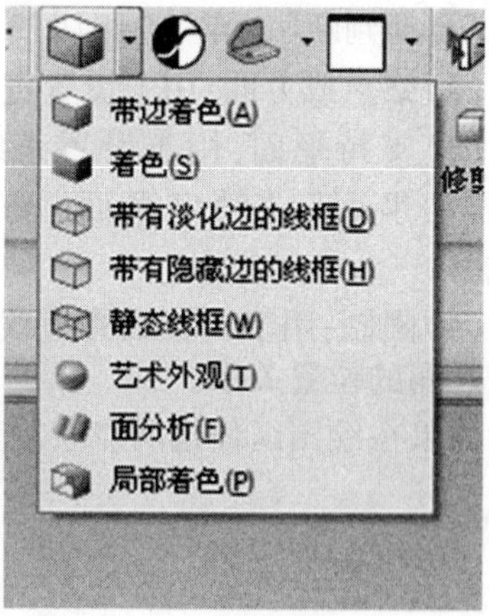

图 2-9 模型的显示方式

2.2 曲线的绘制

利用曲线工具可绘制平面图形用于实体造型，还可绘制空间的曲线用于曲面造型。常用的曲线包括直线、圆、圆弧以及基本曲线等。可通过菜单栏中的【插入】→【曲线】按钮来选择相应的命令，如图 2-10 所示。

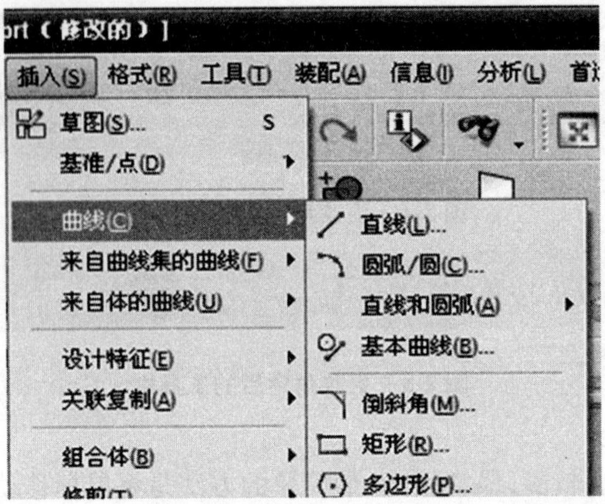

图 2-10　曲线命令的选择

2.2.1　直线

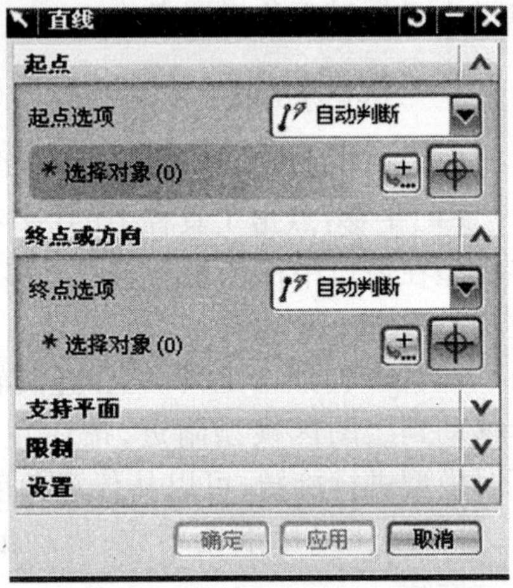

图 2-11　【直线】对话框

启动直线命令的方法是：单击【插入】→【曲线】→【直线】按钮；或者在【曲线】工具栏上单击【直线】图标，即可弹出如图 2-11 所示的【直线】对话框。

该对话框中的各个选项功能说明如下：

(1) 起点：用于指定直线的起点。直线的起点共有"自动判断"、"点"、"相切"3 个选项。

(2) 终点或方向：用于设置直线的终点。

(3) 支持平面：用于设置直线所在的平面，包括"自动平面"、"锁定平面"和"选择平面"3 种方式。

(4) 限制：用于设置最终直线起点、终点与所选择点之间的位置关系。

如果在绘图区任选两点绘制直线，其操作如图 2-12所示，选择起点和终点，再单击对

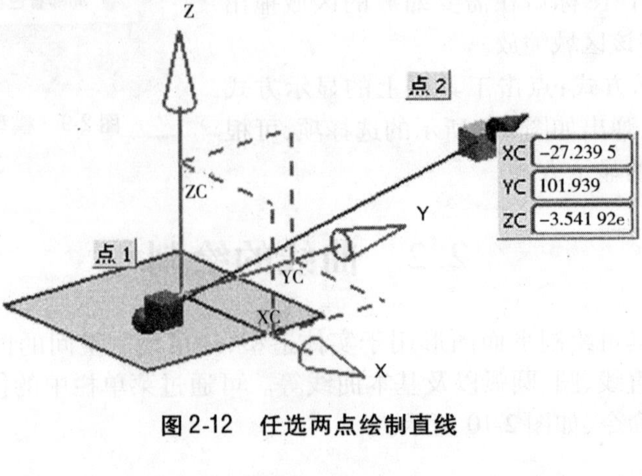

图 2-12　任选两点绘制直线

话框上的【确定】按钮即可。在没有设置支持平面的情况下，绘制的直线默认在 XY 面内。如果需要输入起点和终点的坐标，应单击对话框上的【点构造器】图标，再输入坐标值。此外，也可在绘图区捕捉已存在的点来绘制直线。

图 2-13 【圆弧/圆】对话框

2.2.2 圆弧和圆

圆弧和圆的绘制方法是：单击菜单栏中的【插入】→【曲线】→【圆弧/圆】按钮，或者单击【曲线】工具栏上的【圆弧/圆】图标，即可打开【圆弧/圆】对话框，如图 2-13 所示。

绘制圆和圆弧时，可选择"三点画圆弧"或者"从中心开始的圆弧/圆"两种方法，再在绘图区选择相关的点，即可绘制圆弧或圆，如图 2-14 所示。当需要绘制整圆时，需要在如图 2-13 所示的【圆弧/圆】对话框中的"限制"选项中，设置圆弧的起始角度为 0°，终止角度为 360°。

2.2.3 基本曲线

采用前面介绍的两种方法绘制的直线、圆弧都是关联曲线，而采用基本曲线功能绘制的直线、圆弧及圆角等是非关联曲线。

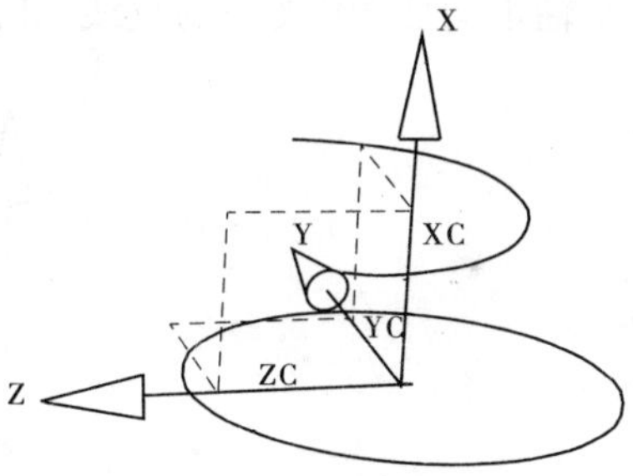

图 2-14 绘制的圆和圆弧

选择菜单栏中的【插入】→【曲线】→【基本曲线】按钮，或者单击【曲线】工具栏上的【基本曲线】图标，即弹出【基本曲线】对话框，如图 2-15 所示。【基本曲线】对话框的各选项分别表示的意义如下：

增量：表示给定点的坐标值是相对上一点的增量值，而不是相对工件坐标系；反之，亦然。

点方法：选取点的捕捉方法。

线串模式：在线串模式时，单击该按钮可以终止连续绘制。

打断线串：在线串模式时，单击该按钮可以终止连续绘制。

平行于：可以绘制与坐标轴或已知曲线平行的直线。

角度增量：确定圆周方向的捕捉间隔。

使用基本曲线功能可绘制直线、圆弧、圆等曲线，还可以进行倒圆角、修剪和编辑参数等操作。下面分别举例。

图 2-15 【基本曲线】对话框

2.2.3.1 绘制直线

点击【基本曲线】对话框上的【直线】图标即可绘制直线，常用的绘制直线方法有两点绘制直线、使用长度和角度绘制直线。

采用两点绘制直线法绘制直线时，可选择已有的点，如图 2-16 所示，选择两段圆弧的圆心绘制直线，也可通过在跟踪条中输入坐标绘制直线，如图 2-17 所示，直线的起点坐标为(0,0,0)，终点坐标为(100,50,40)。

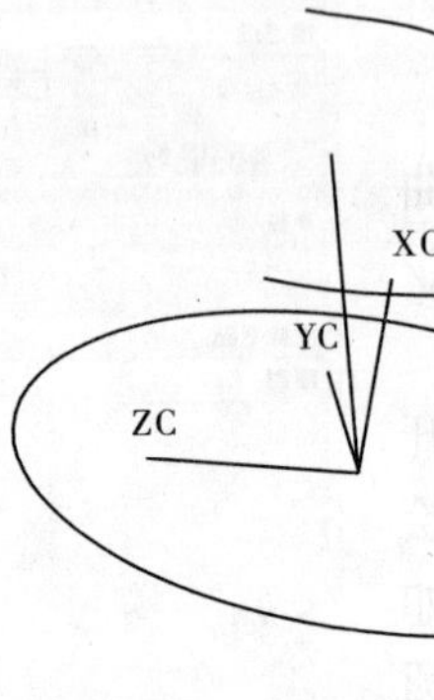

图 2-16　选择现有两点绘制直线

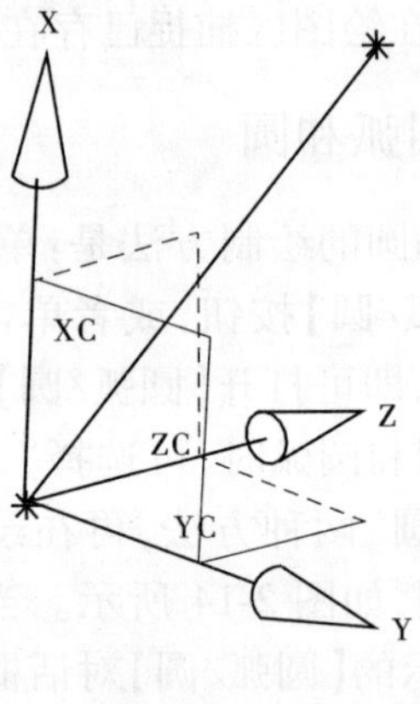

图 2-17　输入两点坐标绘制直线

在绘图过程中用得最多的是根据长度和角度来绘制直线，其操作方法如下：

选择任意点作为直线的起点，在跟踪条中的“长度”选项后的文本框中输入长度 100，再在“角度”选项后的文本框中输入角度 30，单击回车键即可绘制出长度为 100，与 X 轴正向成 30°夹角的直线，如图 2-18 所示。

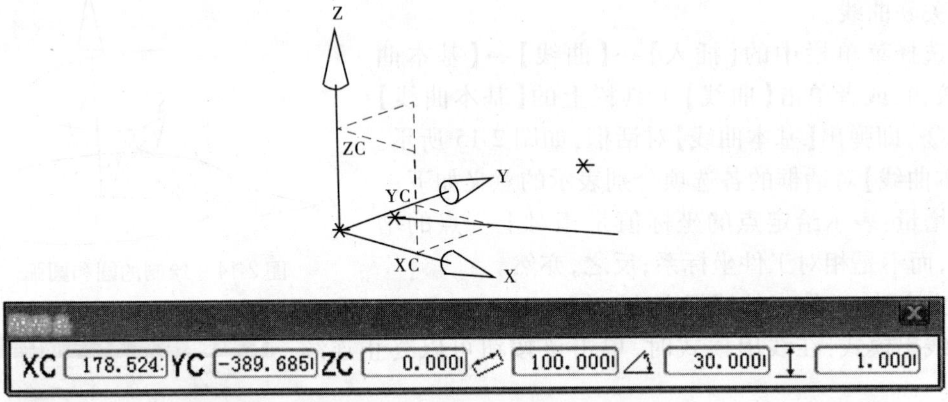

图 2-18　用长度—角度模式绘制直线

除此之外，如果要绘制与坐标轴平行的直线，选择点后再点击【基本曲线】对话框中的“平行于”选项的 XC、YC 或 ZC 按钮，即可绘制出与相应坐标轴平行的直线。

如果需要绘制与已有直线垂直或平行的直线，其方法如下：

单击【基本曲线】对话框中的图标，在主窗口下方的绘制直线工具条中输入直线起点坐标值或在【基本曲线】对话框的【点方式】菜单下选择图标，再在【点构造器】中输入坐标值，然后点击一条已经存在的直线（鼠标避开其特征点，比如端点和中点），移动鼠标，出现提示平行线或垂直线时，在跟踪条中的“长度”选项后的文本框中输入线段的长度，单击回车键即可以完成直线的绘制。

利用【基本曲线】对话框中的直线功能还能绘制角平分线、切线、面的法线等线条，在此不再一一讲述。

2.2.3.2 绘制圆弧

在【基本曲线】对话框中单击【圆弧】图标，即可绘制圆弧。此时，【基本曲线】对话框如图2-19所示，跟踪条如图2-20所示。

常用的圆弧创建方法有两种，下面分别介绍：

(1)用“起点，终点，圆弧上的点”方式绘制圆弧。如图2-19所示，在【基本曲线】对话框中单击图标后，选择该对话框中的“起点，终点，圆弧上的点”选项，然后在窗口绘图区用鼠标拾取三个点，分别作为圆弧的起点、终点和圆弧上的一个点，即可完成圆弧的绘制。

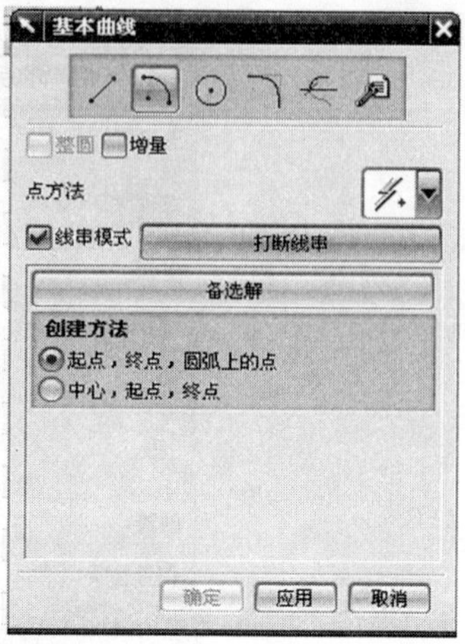

图2-19 【基本曲线】对话框

(2)用“中心，起点，终点”方式绘制圆弧。在【基本曲线】对话框中单击图标后，选择该对话框中的“中心，起点，终点”选项，然后在窗口绘图区拾取圆弧中心点、圆弧的起点以及终点，即可绘制一段圆弧，该圆弧从起点到终点是沿逆时针方向生成的。

图2-20 绘制圆弧跟踪条

2.2.3.3 绘制圆

在【基本曲线】对话框中单击圆图标，启动绘制圆的命令。

圆的绘制方法主要有以下两种：

(1)用“圆心，圆上一点”方式绘制圆。在【基本曲线】对话框中单击图标，用鼠标在绘图区选定一点作为圆心，然后拖动鼠标即可出现圆，再选择一点作为圆上的点，即可绘制一个圆。

(2)用“圆心，半径或直径”方式绘制圆。在【基本曲线】对话框中单击图标，首先在跟踪条的“XC”、“YC”、“ZC”后的文本框中输入圆心坐标值，单击回车键确定圆心坐标，然后在【半径】或【直径】图标后的文本框中输入半径或直径值，单击回车键，即可绘制一个指定圆心和半径(或直径)的圆。

2.2.4 矩形

单击【曲线】工具栏中的【矩形】图标，或选择菜单栏中的【插入】→【曲线】→【矩形】按钮，启动绘制矩形功能。系统弹出如图2-21所示的【点】对话框，用鼠标在绘图区选择两个点，即可创建一个以这两个点为对角点的矩形。

2.2.5 正多边形

单击【曲线】工具栏中的【正多边形】图标，或选择菜单栏中的【插入】→【曲线】→【正多边形】按钮，系统会弹出【多边形】对话框。输入多边形边数后，点击【确定】按钮。

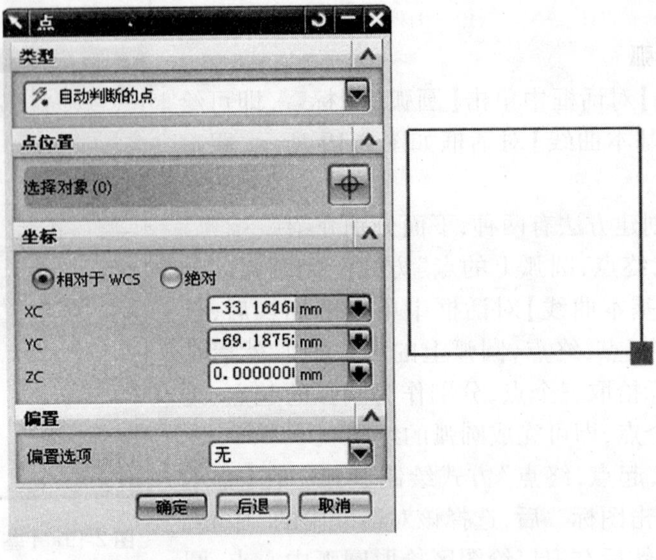

图 2-21 【点】对话框和绘制的矩形

在系统弹出的【多边形】对话框中提供了三种半径定义的方式，如图 2-22 所示。选择“内接半径”选项，弹出【多边形】对话框，如图 2-23(a)所示，输入参数后，单击【确定】按钮，在弹出的【点】对话框后指定正多边形的中心，得出如图 2-23(b)所示的图形。

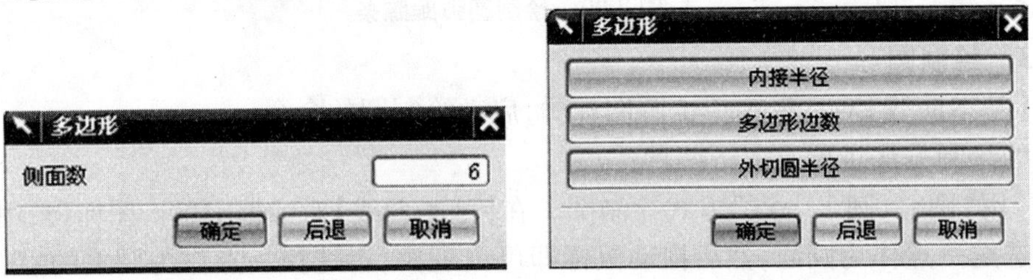

图 2-22 【多边形】对话框

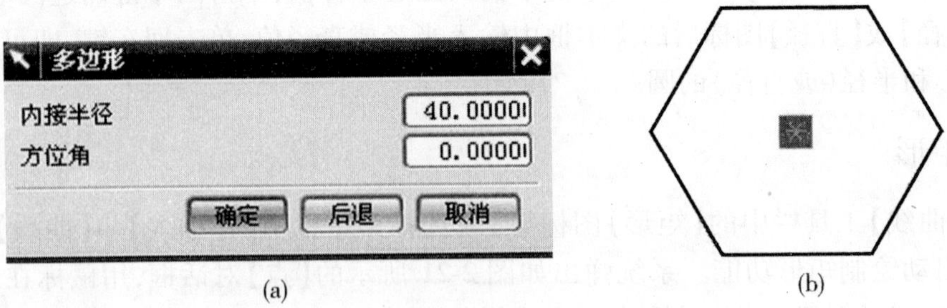

(a) (b)

图 2-23 【多边形】对话框和绘制的正多边形

内接半径：此方法是用正多边形的内切圆来创建多边形。

多边形边数：此方法是用多边形的边长和方位角来创建多边形。

外接圆半径：此方法是用外接圆来创建多边形。

2.2.6　椭圆

选择菜单栏中的【插入】→【曲线】→【椭圆】按钮，或单击【曲线】工具栏上的【椭圆】图标，弹出【点】对话框，选定椭圆中心以后，弹出如图 2-24(a)所示的【椭圆】对话框。在该对话框中输入相关的数值后单击【确定】按钮，即可创建如图 2-24(b)所示的椭圆。

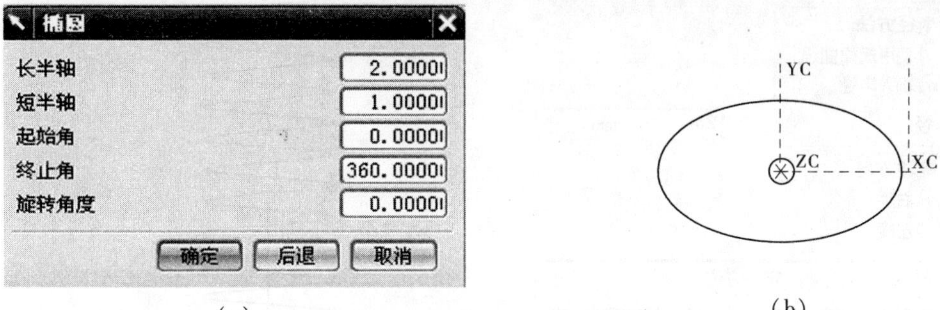

(a)　　　　(b)

图 2-24　【椭圆】对话框和绘制的椭圆

【椭圆】对话框中的椭圆参数的意义如图 2-25 所示。

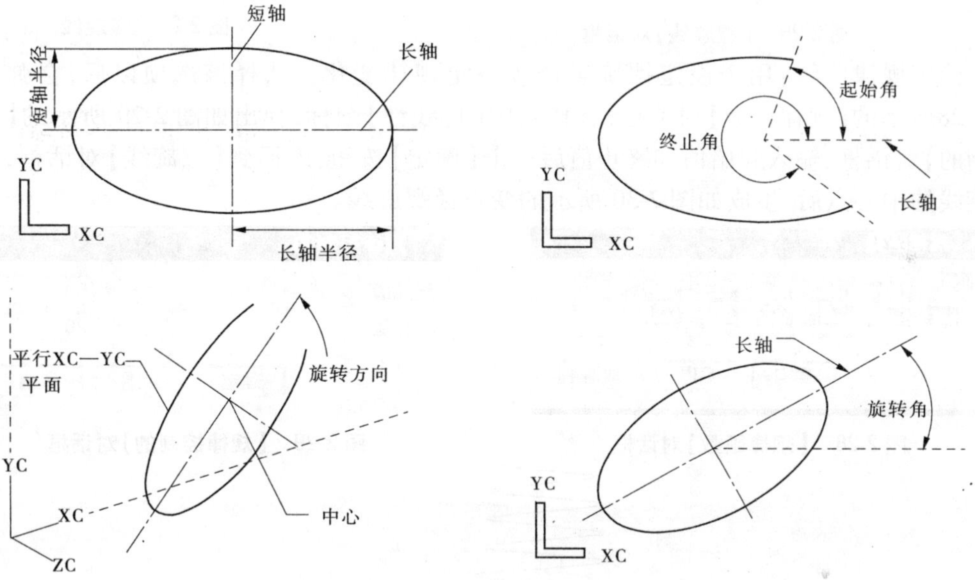

图 2-25　椭圆参数的意义

2.2.7　螺旋线

选择菜单栏中的【插入】→【曲线】→【螺旋线】按钮，或单击【曲线】工具栏上的【螺旋线】图标，弹出如图 2-26 所示的【螺旋线】对话框。

在【螺旋线】对话框中依次输入螺旋线的圈数、螺距，设定螺旋线的旋转方向(右旋或左旋)，选定螺旋半径，设定螺旋线的方位，再单击【确定】按钮，就可以产生一条螺旋线，如图 2-27 所示。

在【螺旋线】对话框中，螺旋线的螺旋半径有以下两种设置方法：

输入半径：用于设定螺旋线半径为一定值，可绘制如图 2-27 所示的一般螺旋线。

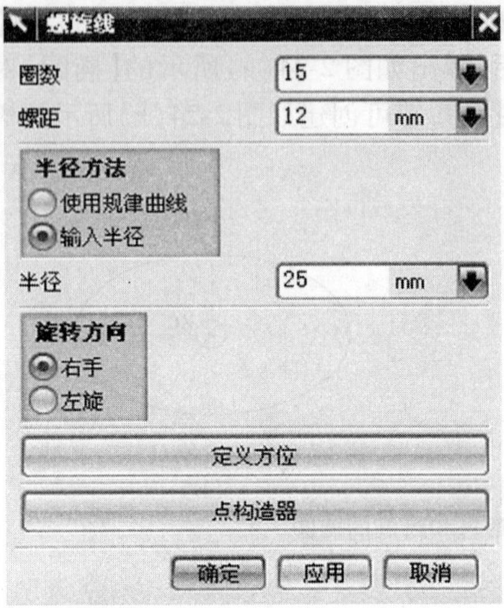

图 2-26　【螺旋线】对话框

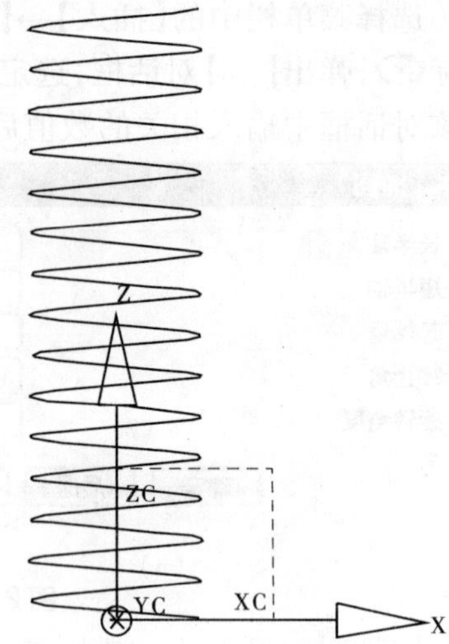

图 2-27　螺旋线

使用规律曲线：用于设定螺旋半径按一定规律变化。选择该选项以后，会弹出如图 2-28所示的【规律函数】对话框，选择其中的【线性】图标，弹出如图 2-29 所示的【规律控制的】对话框，输入起始值和终止值后点击【确定】按钮，返回到【螺旋线】对话框，选定螺旋线的中心点后，生成如图 2-30 所示的变直径螺旋线。

图 2-28　【规律函数】对话框

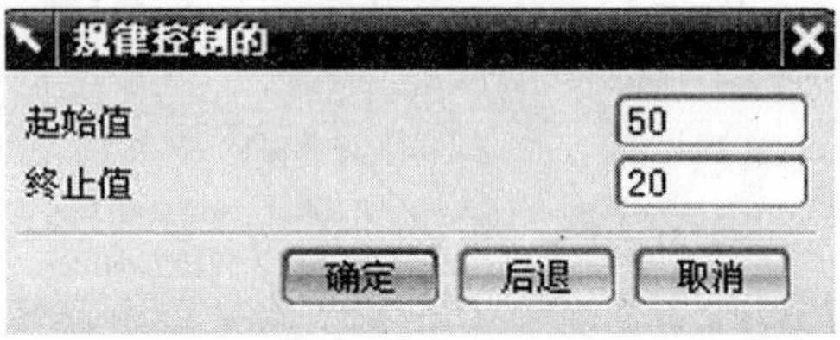

图 2-29　【规律控制的】对话框

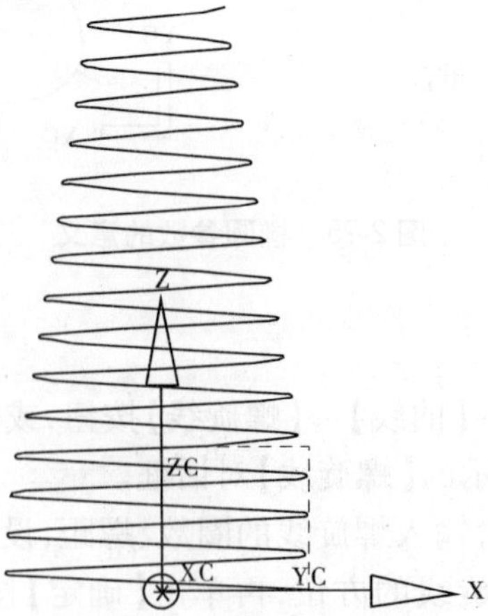

图 2-30　变直径螺旋线

2.3 曲线的编辑

常用的曲线编辑有倒圆角、倒斜角、修剪、分割、编辑长度等。

2.3.1 倒圆角

单击【曲线】工具栏上的【基本曲线】图标，弹出【基本曲线】对话框，单击其中的【倒圆角】图标，弹出如图2-31所示的【曲线倒圆】对话框。该对话框中提供了三种倒圆角方法。

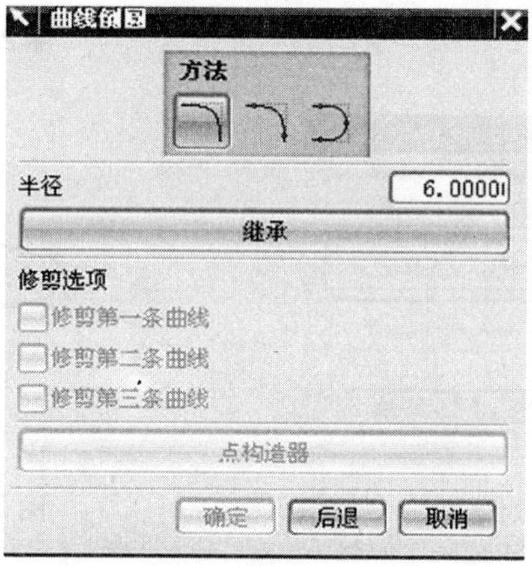

图2-31 【曲线倒圆】对话框

(简单倒圆角)：对两根交叉直线进行倒圆角。

(两曲线倒圆角)：对任意两条曲线倒圆角。

(三曲线倒圆角)：对任意三条曲线倒圆角。

其他几个选项的功能如下。

继承：单击该按钮时，用于继承已有的圆角半径值。

修剪第一条曲线：当选择第二种或者第三种倒圆角方式时，系统才会激活该复选框。选择该选项后，在倒圆角时系统将修剪选择的第一条曲线。

修剪第二条曲线：当选择第二种倒圆角方式时，系统才会激活该复选框。选择该选项后，在倒圆角时系统将修剪选择的第二条曲线。

修剪第三条曲线：只有选择第三种倒圆角方式时，该复选框才会被激活。选择该选项后，则在倒圆角时系统将修剪选择的第三条曲线。

点构造器：执行两曲线倒圆角或三曲线倒圆角时，单击该选项，可以用指定点代替曲线，即在点与点之间或点与曲线之间倒圆角。

具体介绍以下三种常用的倒圆角方式：

(1)两直线之间的倒圆角。在【曲线倒圆】对话框中单击图标，在【半径】框中输入半径值，移动鼠标，使光标球与两条直线相交，光标中心位于圆角中心的大概位置，单击鼠标左键，完成两直线的倒圆角。

(2)两曲线倒圆角。在【曲线倒圆】对话框中单击图标，输入半径值，设置第一条曲线裁剪，第二条曲线不裁剪。一次单击要倒圆角的两条曲线，再在圆角中心的大概位置指定一点，完成两曲线的倒圆角。此时需要注意，选择曲线的顺序不同，倒圆角结果也不一样。

(3)三曲线倒圆角。在【曲线倒圆】对话框中单击图标，输入半径值，设置三条曲线都不裁剪，依次单击如图2-32所示的直线、圆弧、圆，在点击圆弧、圆时系统自动弹出如图2-33所示的对话框，选择“外切”，单击鼠标左键，再指定圆角中心的大概位置，倒圆角结果如图2-34所示。

特别提醒：如果输入的圆角半径小于两曲线间的距离，则操作无效。

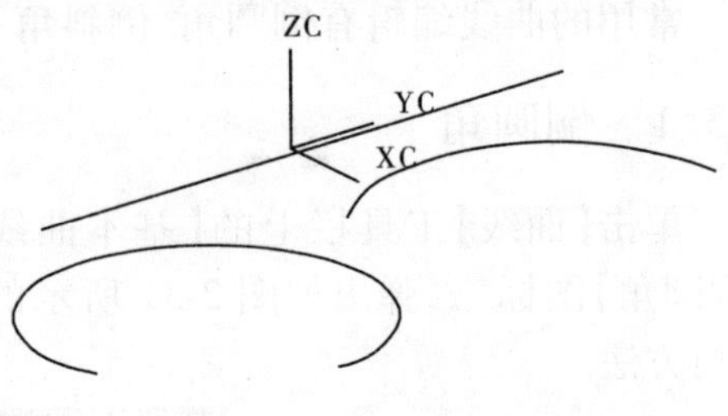

图2-32　三曲线倒圆角

图2-33　【圆角类型】对话框

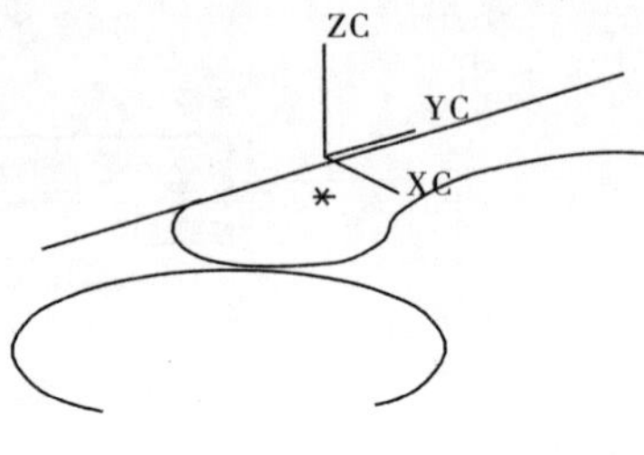

图2-34　倒圆角结果

2.3.2　倒斜角

单击【曲线】工具栏上的【倒斜角】图标，或者单击【插入】→【曲线】→【倒斜角】按钮，启动倒斜角命令，弹出如图2-35所示的【倒斜角】对话框。在该对话框上点击【简单倒斜角】按钮，弹出如图2-36所示的【倒斜角】对话框，输入偏置距离，再用鼠标选中两直线的交点，单击左键，完成倒角。

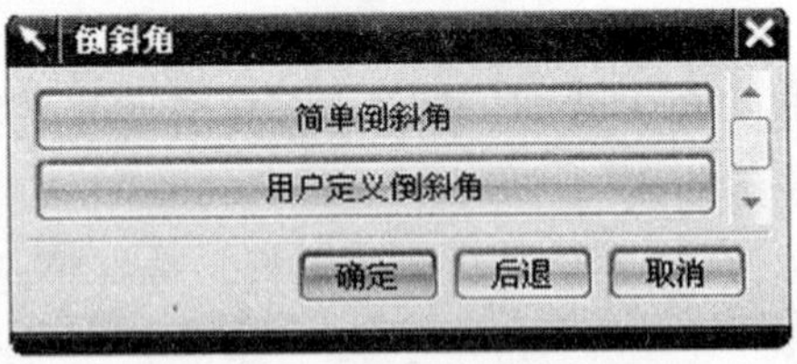

图2-35　【倒斜角】对话框

图2-36　【倒斜角】对话框

在【倒斜角】对话框上点击【用户定义倒斜角】按钮(见图2-35)，则会弹出如图2-37所示的对话框，用于设置倒角时是否修剪，并设置倒角距离和角度。倒斜角结果如图2-38所示。

2.3.3　修剪曲线

在绘制曲线过程中有的线条事先是不能确定长度的，只能先大概绘制，最后使用修剪功能对曲线进行修改。

图 2-37 【倒斜角】对话框

图 2-38 倒斜角结果

单击【编辑曲线】工具栏上的修剪曲线图标，或者在【基本曲线】对话框上单击【修剪曲线】图标，也可单击【编辑】→【曲线】→【修剪】按钮，启动修剪命令，弹出如图 2-39所示的【修剪曲线】对话框。该功能不但可以修剪曲线，还可以延伸曲线。

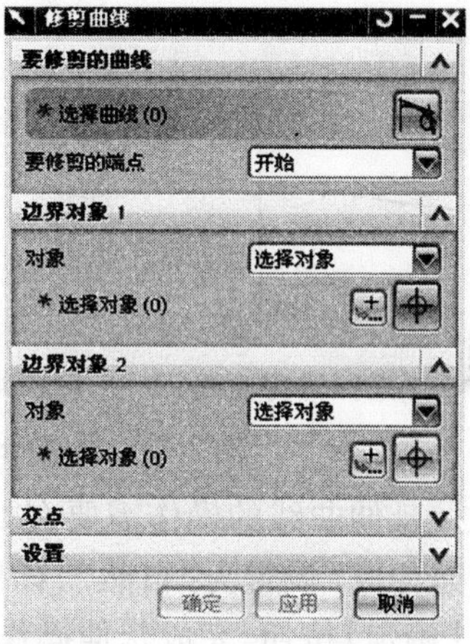

图 2-39 【修剪曲线】对话框

首先在绘图区选择要修剪的曲线，如图 2-40(a)所示，再选择第一边界和第二边界，单击【确定】按钮，即可完成修剪。修剪结果如图 2-40(b)所示。

此时，将中间一段直接修剪后，原直线自动转换成一条虚线，这是因为在【修剪曲线】对话框的"设置"选项中"输入曲线"项选择了"保持"，如图 2-41 所示。如果选择的是"隐藏"，则修剪后原曲线自动隐藏，结果如图 2-42 所示。

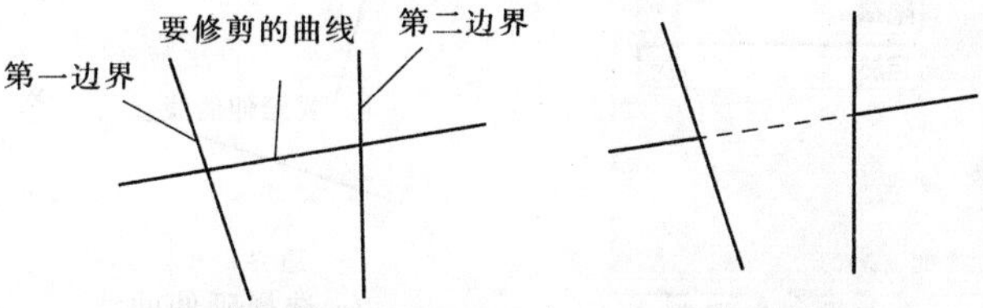

(a)选择曲线及边界　　(b)修剪结果

图 2-40 曲线修剪

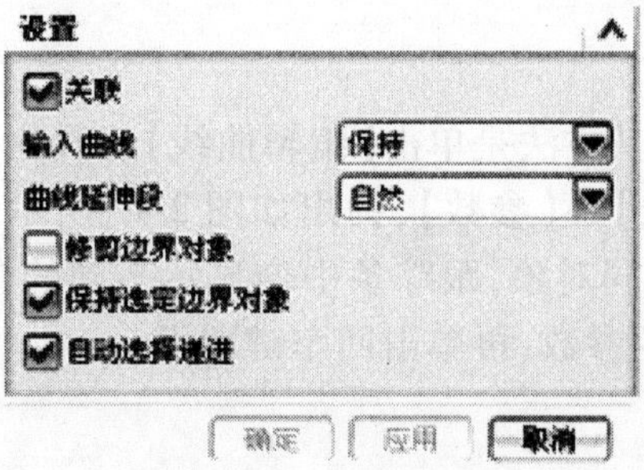

图 2-41 "设置"选项

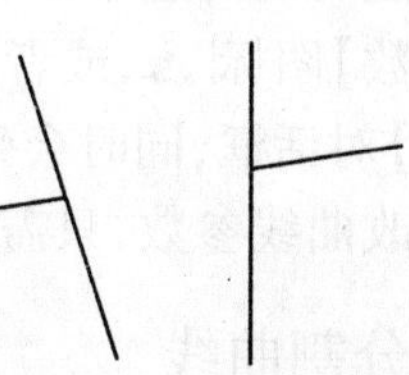

图 2-42 修剪结果

在图 2-41 所示的"设置"选项中,"关联"用于设置修剪结果是否会随边界对象的改变而改变;"修剪边界对象"用于设置修剪时是否要修剪边界对象;"保持选定边界对象"在用同一边界修剪两个或两个以上对象时选中,如果只修剪一个对象,则不选。

在修剪过程中如果只有一个边界,如图 2-43(a)所示,则在选择该边界后直接点击【确定】按钮,即可得到如图 2-43(b)所示的结果。直线和圆弧之间、圆弧和圆弧之间的修剪方式相同。

但是对整圆的修剪必须要有两个边界,否则无法修剪。在一个对象与圆有两个交点的情况下,如果要修剪,那么第一边界和第二边界都是该对象,如图 2-44(a)、(b)所示。

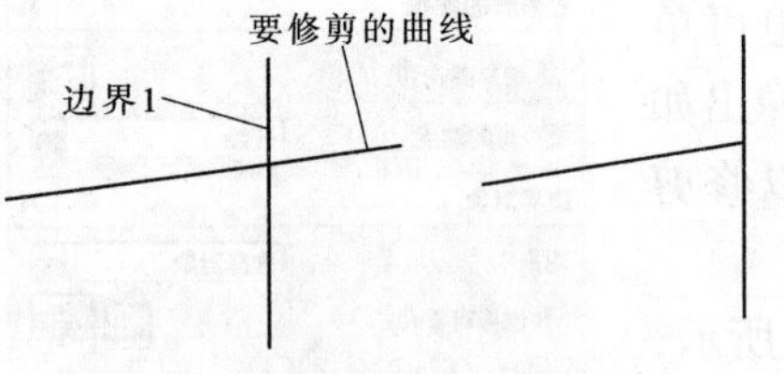

(a)选择修剪曲线　　(b)修剪结果

图 2-43　曲线修剪

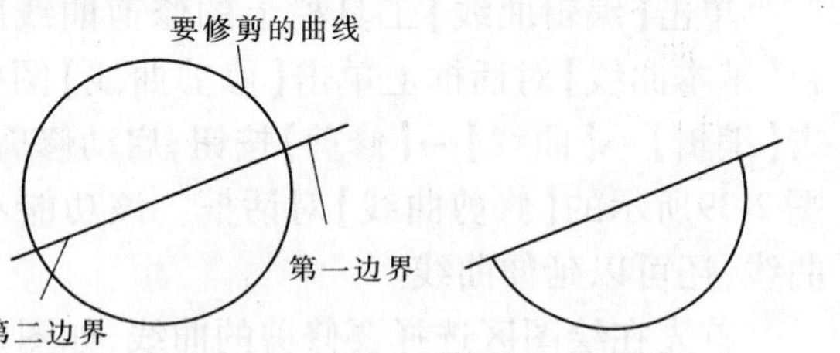

(a)选择修剪曲线　　(b)修剪结果

图 2-44　曲线修剪

延伸曲线的操作需要在如图 2-45 所示的【修剪曲线】对话框的"设置"选项中将"曲线延伸段"设置为"自然",如图 2-46(a)所示,选择要延伸的线后,再选择边界 1,最后单击【确定】按钮,完成延伸操作,结果如图 2-46(b)所示。

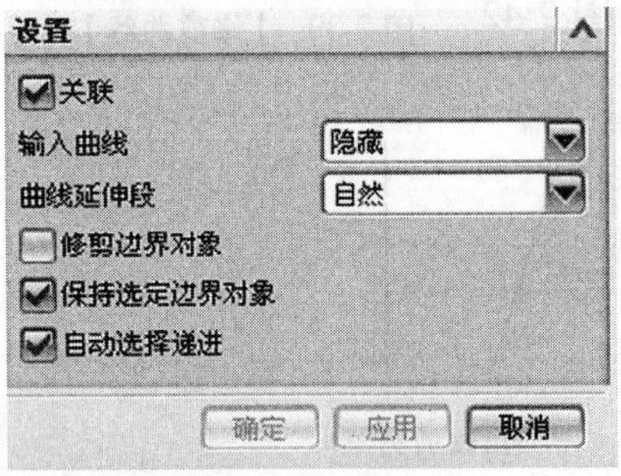

图 2-45　"设置"选项

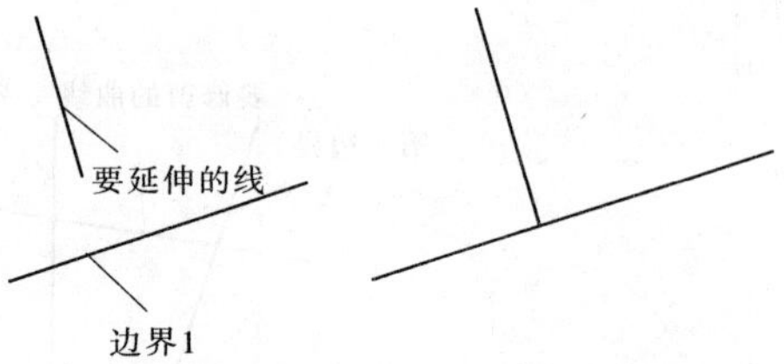

(a)选择延伸曲线　　(b)修剪结果

图 2-46　选择延伸曲线

2.3.4　编辑曲线参数

该功能可以对选中曲线的参数进行修改。其方法是单击【编辑曲线】工具栏上的【编辑曲线参数】图标,或者选择【编辑】→【曲线】→【参数】,弹出如图 2-47 所示的【编辑曲线参数】对话框,同时会弹出跟踪条。选择不同对象,跟踪条中会显示不同的参数。如果需要修改曲线参数,只需在跟踪条中输入新的参数,再单击回车键即可。

2.3.5　分割曲线

分割曲线是指将曲线按指定的方式断开。单击【编辑曲线】工具栏上【分割曲线】图标,或选择【编辑】→【曲线】→【分割】,弹出如图 2-48 所示的【分割曲线】对话框,在该对话框的“类型”选项中点开右侧的下拉菜单即可选择分割方式。选择分割方式后再选择要分割的曲线，然后输入相关的参数，点击【确定】按钮即可完成曲线的分割。

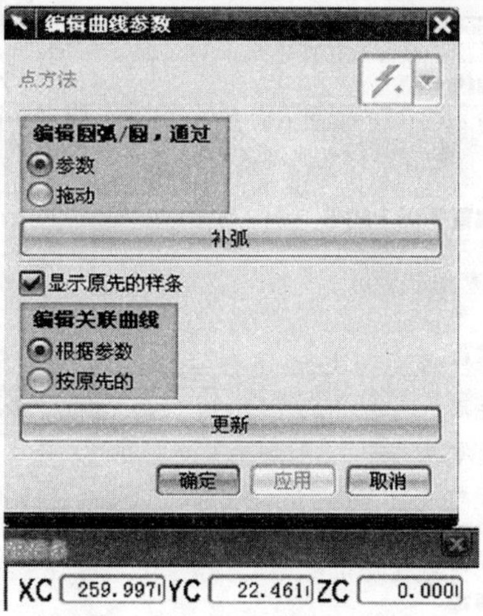

图 2-47 【编辑曲线参数】对话框

图 2-48 【分割曲线】对话框

2.3.6 编辑长度

编辑长度功能用于编辑已有曲线的长度，可以是直线、圆弧、样条曲线等。单击【编辑曲线】工具条上的【曲线长度】图标，或者选择【编辑】→【曲线】→【长度】，弹出如图 2-49所示的【曲线长度】对话框，选择需要更改长度的曲线后，选择更改方式，再输入更改的长度，点击【确定】按钮即可更改曲线的长度。

2.3.7 偏置曲线

偏置曲线功能用于按指定的偏置距离生成与已有曲线相似的线条，偏置的曲线可以是直线、圆、圆弧及直线与圆弧组成的封闭或非封闭的图形。单击【曲线】工具栏上的【偏置曲线】图标，或者选择【插入】→【来自曲线集的曲线】→【偏置】，弹出如图 2-50 所示的【偏置曲线】对话框。首先要选择偏置的对象，再输入偏置距离，指定偏置方向，即可偏置曲线。图 2-51 就是封闭曲线偏置后的效果。

上例中选择的偏置曲线是一个三角形的三条边，因此偏置平面已确定，就是三角形所在的平面。如果偏置的对象只是单一的直线，此时还需要在直线外选一点，这样才能确定偏置平面。单条直线偏置结果如图 2-52 所示。

2.3.8 投影曲线

投影曲线用于将选定的曲线按指定的投影方向投影到某个面上去，投影面可以是平面，也可以是曲面。单击【曲面】工具栏上的【投影曲线】图标，或者选择【插入】→【来自曲线集的曲线】→【投影】，弹出如图 2-53 所示的【投影曲线】对话框。选择要投影的曲线，指定投影方向，并指定投影的面，单击【确定】按钮即可生成投影线。图 2-54 是将一个圆沿一直线方向投影到圆柱面上的结果。

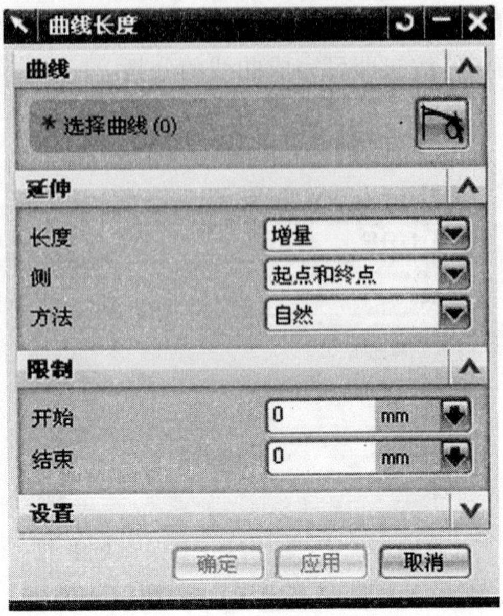

图 2-49 【曲线长度】对话框

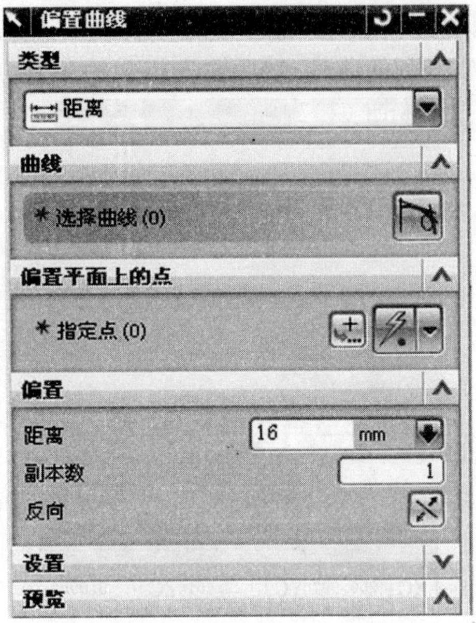

图 2-50 【偏置曲线】对话框

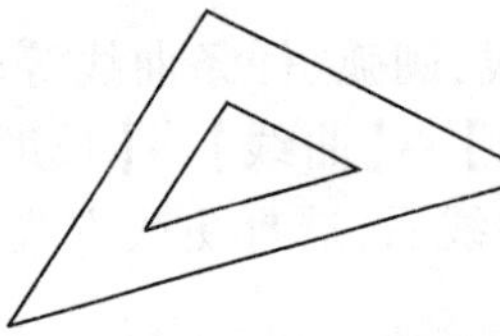

图 2-51 封闭曲线偏置后的效果

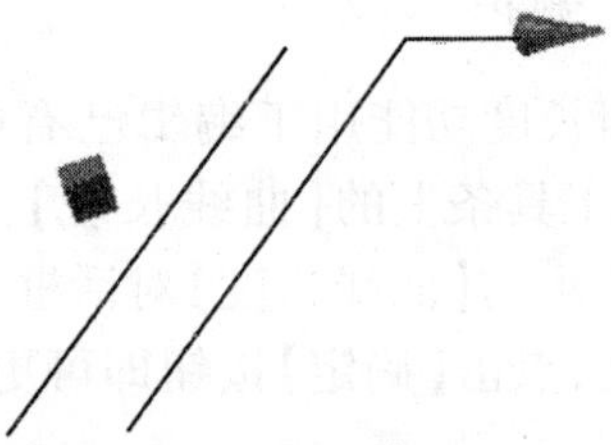

图 2-52 单条直线偏置结果

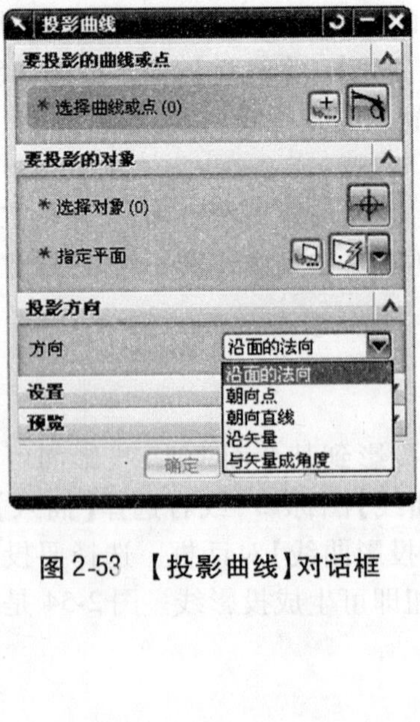

图 2-53 【投影曲线】对话框

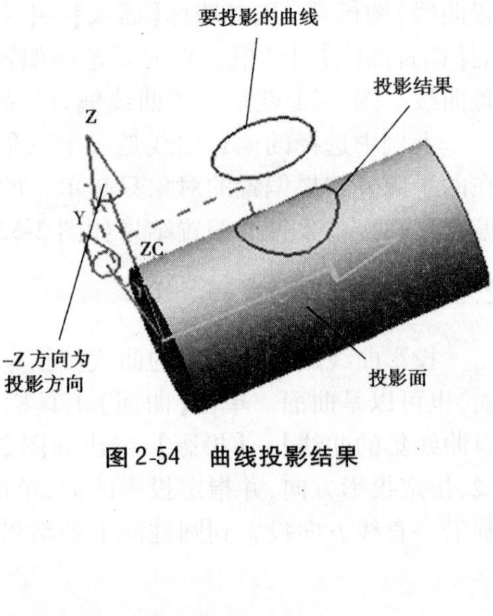

图 2-54 曲线投影结果

由于在【投影曲线】对话框的“设置”选项中选择了“关联”，因此投影得到的曲线与原曲线是相关的，也就是说，如果修改了原曲线，投影曲线也会自动变化。

利用投影曲线可以得到用一般方法无法创建的复杂曲线，常用于绘制复杂曲面。

【任务实施】

2.4　二维图形绘制示例

任务分析　该图为平面图形，由直线、圆弧组成，在绘图过程中需要使用直线、圆、圆弧等绘图命令，还需要使用旋转、偏置以及修剪等编辑命令。通过该图形的绘制，能够掌握直线、圆、圆弧的绘制方法，掌握偏置、圆角、旋转、修剪等编辑命令的操作，为后续的三维造型和曲面造型奠定基础。

绘图前，先确定绘图的思路。根据对该图形的分析，采用先绘制直线、圆弧，再倒圆角，最后修剪的绘图思路。绘制步骤如下：

(1)绘制ϕ42 及 R36 的同心圆。

单击【基本曲线】图标，弹出【基本曲线】对话框，选择其上的【绘制圆】图标，在绘图区用鼠标任选一点作为圆心，如图 2-55 所示，拖动鼠标会出现随鼠标移动而变化的圆，再在跟踪条上的“半径”文本框中输入半径值 36，单击回车键即可绘制出半径为 36 的一个圆。如果圆心需要用坐标定义，则需要在跟踪条中输入圆心坐标值，单击回车键。再捕捉第一个圆的圆心作为第二个圆的圆心，在“直径”文本框中输入直径值 42，单击回车键即可绘制该圆。最终结果如图 2-56 所示。

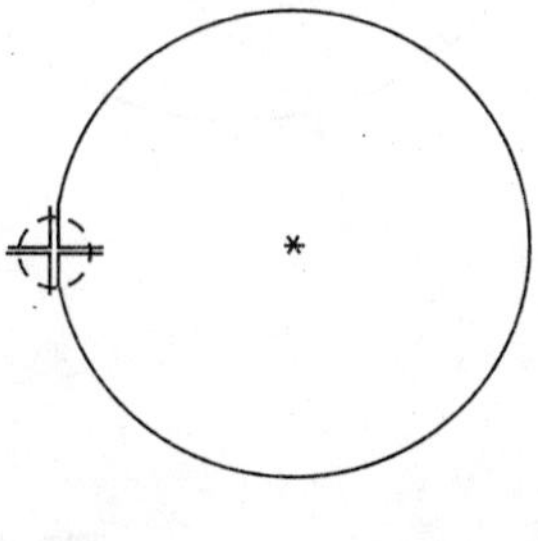

图 2-55　绘制圆

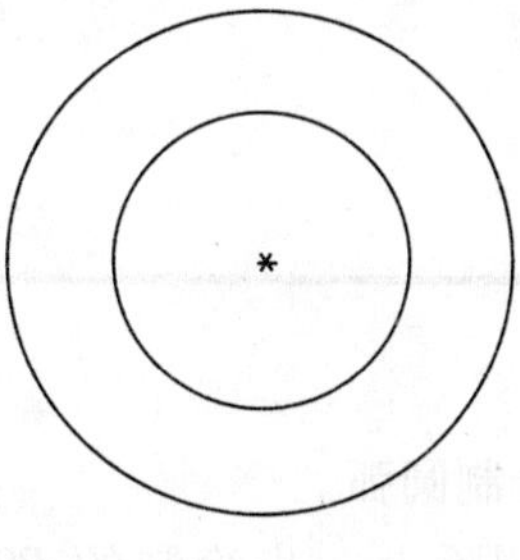

图 2-56　绘制结果

(2)绘制直线。

单击【基本曲线】图标，弹出【基本曲线】对话框，选择其上的【绘制直线】图标，在绘图区用鼠标选择第一步绘制的两个圆的圆心作为起点，在跟踪条的“长度”文本框中输入长度值 107，在“角度”文本框中输入角度值 180°，单击回车键，绘制一条水平向左的直线。用同样的方法绘制长度与第一条直线相等，角度分别为 175°、200°的直线。绘制结果如图 2-57 所示。

(3)绘制圆。

选择圆命令，绘制如图 2-58 所示的 5 个圆，注意圆心及半径。大圆与第一步绘制的圆同心，半径为 92；4 个小圆的圆心在 *R*92 的圆与第二步绘制的两条直线的交点上，半径分别为 15、8。在捕捉圆与直线的交点作为圆心时，如图 2-59 所示，应在【基本曲线】对话框上将“点方法”更换成“交点”模式，再在绘图区选择形成交点的圆和直线，即可捕捉到该交点。

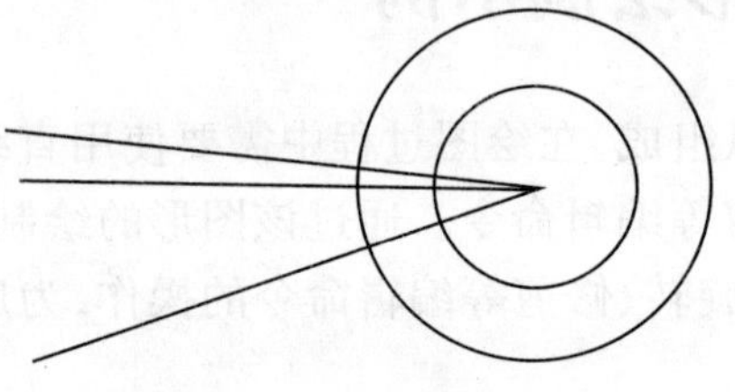

图 2-57　绘制直线

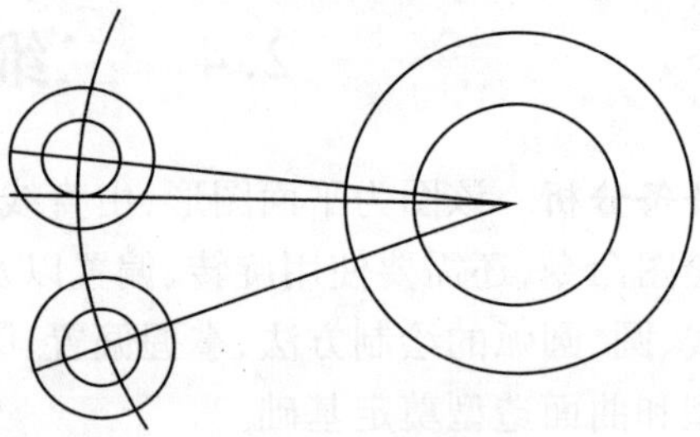

图 2-58　绘制结果

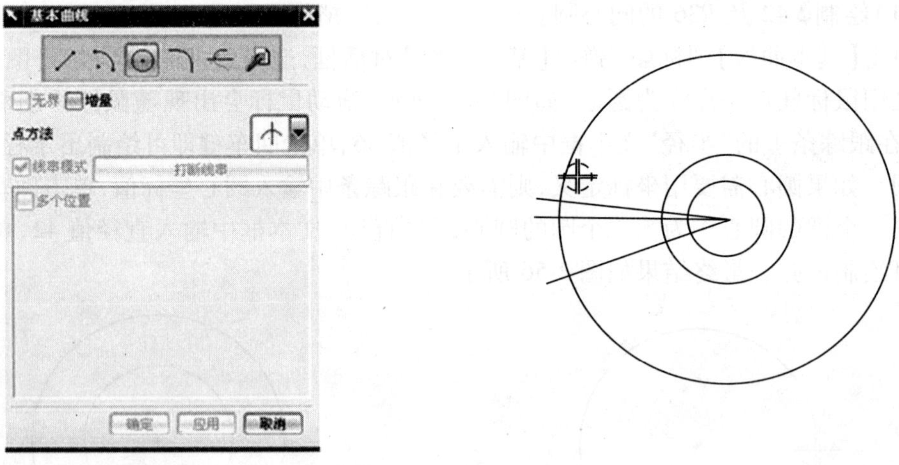

图 2-59　捕捉交点

（4）绘制圆弧。

首先删除上一步绘制的 *R*92 的圆。删除方法是选中该圆，单击键盘上的 Delete 键即可。然后在【基本曲线】对话框中选择【绘制圆弧】图标，并选择“中心、起点、终点”方式，依次捕捉圆心、起点和终点，绘制如图 2-60所示的三段圆弧，此时的“点方法”依然使用“交点”模式，捕捉方法同前一步。

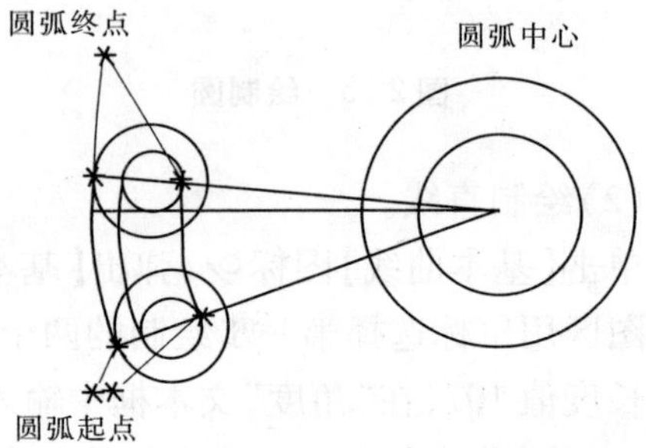

图 2-60　绘制圆弧

（5）绘制上方的倾斜槽。

绘制水平线和竖直线作为辅助线，找到

倾斜槽的中心点,如图2-61所示。

将“点方法”更换为“端点或自动判断”模式。捕捉辅助直线两端点作为圆心,绘制3个圆,并连接倾斜槽的中心斜线,如图2-62所示。

(6)偏置直线。

删除不用的辅助直线。采用偏置曲线命令,根据图形要求距离作出平行直线,如图2-63所示。偏置直线时取消关联,以方便最后删除辅助直线。

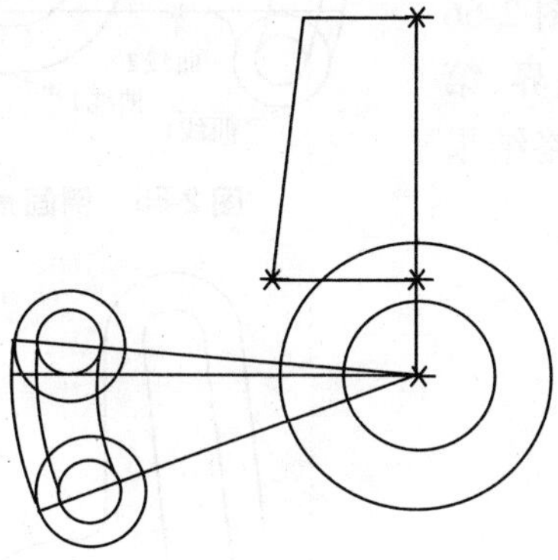

图2-61 绘制辅助直线

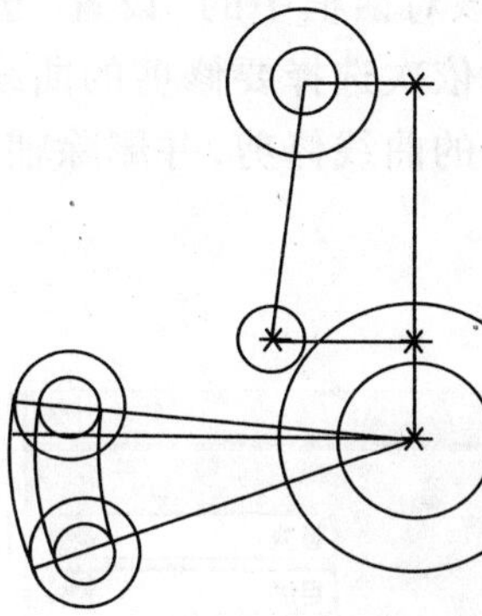

图2-62 绘制圆

(7)绘制水平线和竖直线。

选择直线命令,将“点方法”更换为“象限点”模式,选择图2-64所示的圆的上方的象限点,在“平行于”选项中选择“XC”,更换“点方法”为“自动判断”模式,在右侧大概位置任选一点作为直线终点,绘制水平直线。采用同样的方法绘制右侧竖直直线。

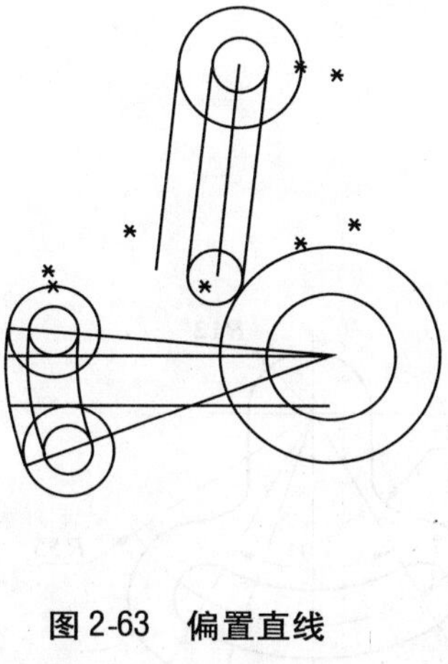

图2-63 偏置直线

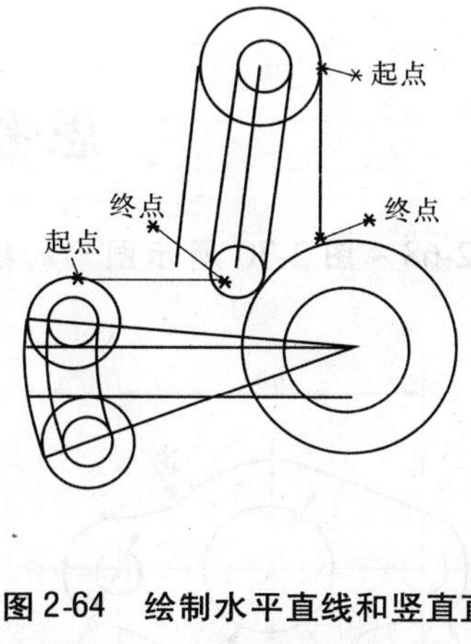

图2-64 绘制水平直线和竖直直线

(8)倒圆角。

选择【基本曲线】对话框上的【倒圆角】图标,在弹出的【曲线倒圆】对话框中选择【两曲线倒圆角】图标,输入圆角半径值8,选择裁剪第一条和第二条曲线,如图2-65所示，再选择两直线倒圆角。

用同样的方法对另外的两个圆角倒角，在倒角时不能裁剪整圆，需要注意灵活确定曲线是否裁剪，同时要输入正确的圆角半径。

(9)修剪曲线。

修剪多余的曲线。选择修剪命令，打开【修剪曲线】对话框，在该对话框中的“设置”选项中按图 2-66 所示进行设置，依次选择要修剪的曲线、第一边界、第二边界，将多余的曲线修剪，并删除辅助线，最终结果如图 2-67 所示。

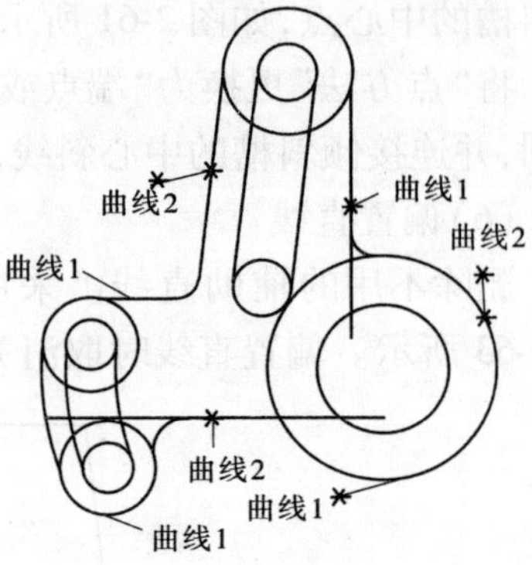

图 2-65 倒圆角

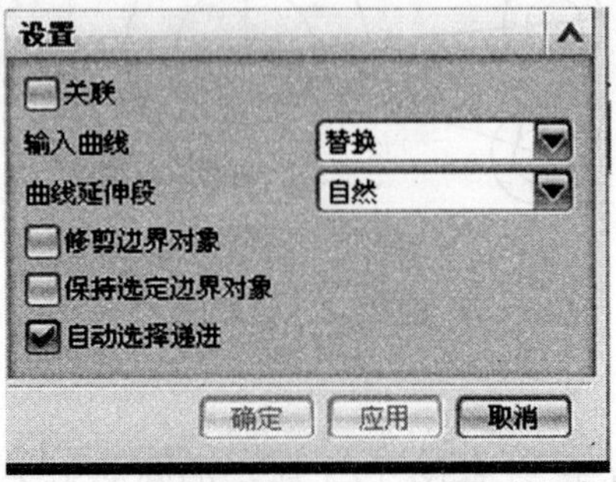

图 2-66 【修剪曲线】对话框

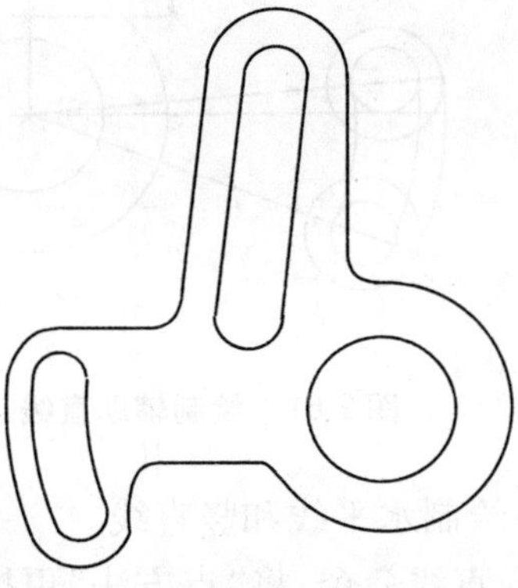

图 2-67 修剪结果

除基本的曲线绘制功能外，UG NX6 还提供了强大的曲线编辑功能，除前面讲到的倒圆角、倒斜角、修剪等操作外，还有曲线的交换、平移等命令。借助于这些功能，可以提高绘图速度。

思考与练习

完成如图 2-68 ~ 图 2-70 所示图形的绘制。

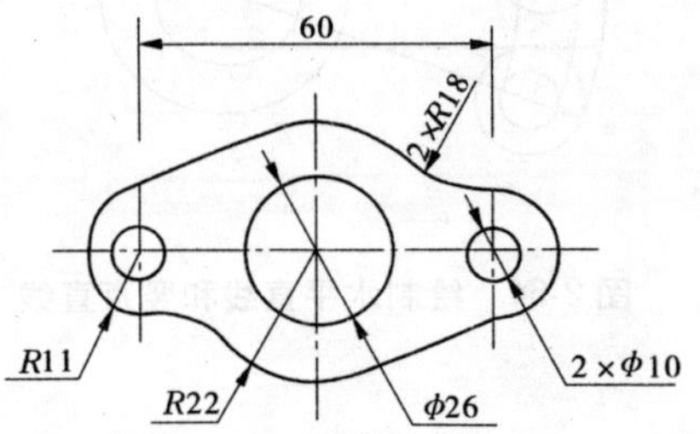

图 2-68

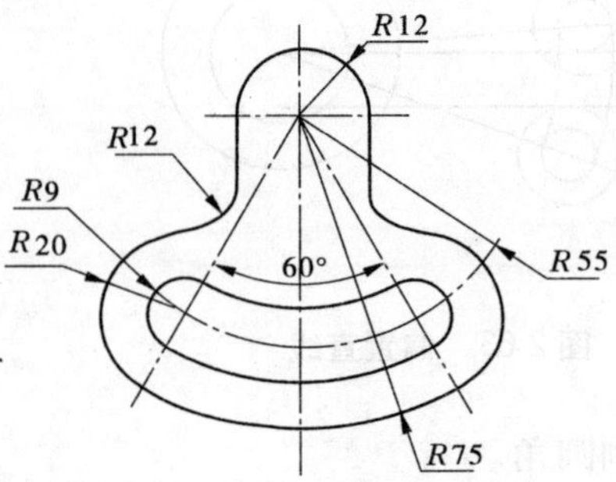

图 2-69

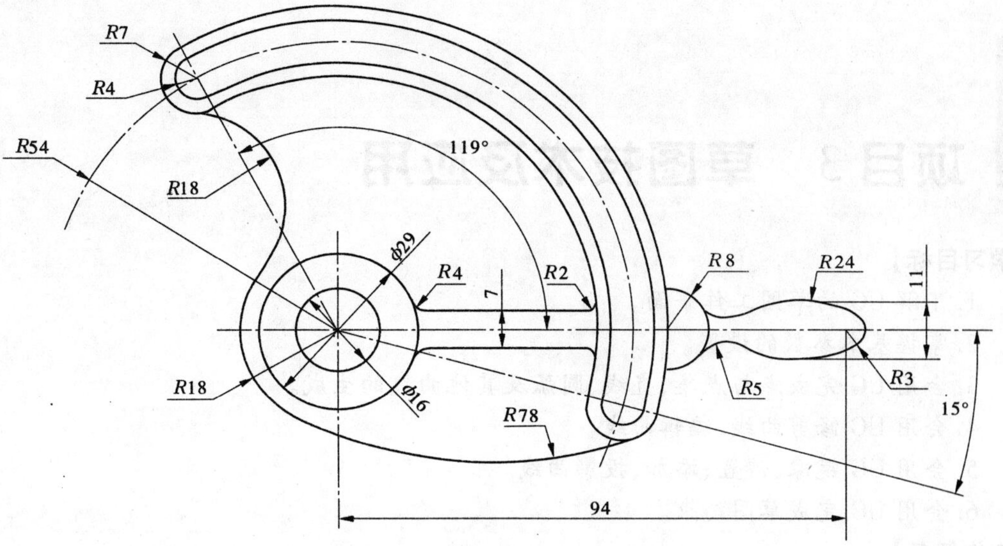

图 2-70

项目 3　草图技术及应用

【学习目标】

1. 了解 UG 的草图工作平面。
2. 掌握基本参数的设置。
3. 会用 UG 完成点与点集、直线、圆弧及其他曲线的生成。
4. 会用 UG 修剪曲线、编辑曲线。
5. 会用 UG 镜像、偏置、添加、投影曲线。
6. 会用 UG 完成草图约束。

【工作任务】

任务　完成拨叉零件图的绘制

要求绘制拨叉的零件草图,写出建立模型的方案和步骤。已知拨叉底板及圆筒基点坐标为(0,0,0),圆筒上小孔直径为 8 mm,拨叉具体尺寸见图 3-1(a),三维外形如图 3-1(b)所示。

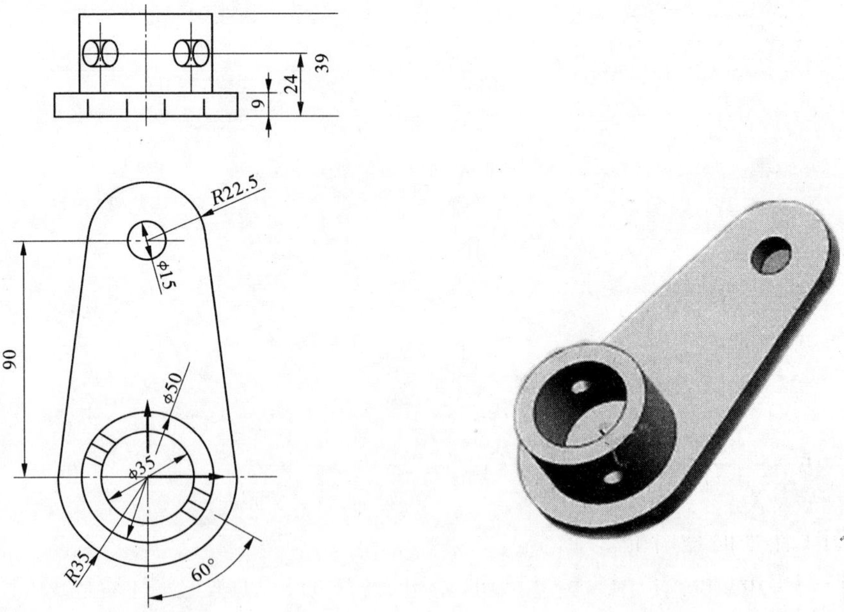

(a)零件图　　　　(b)三维外形

图 3-1　拨叉实体模型

【相关基本知识和基本技能】

创建草图是指在用户指定的平面上创建点、线等二维图形的过程。草图功能是 UG 特征建模的一个重要方法,比较适用于创建截面较复杂的特征建模。一般情况下,用户的三维建模都是从创建草图开始的,即先利用草图功能创建出大略形状,再利用草图的几何和尺寸约束功能,精确设置草图的形状和尺寸。

在此主要介绍在 UG NX6 中创建草图的方法,其中包括基本参数的设置、约束和定位、操作、管理和编辑草图。

3.1 草图的基本环境

只有在草图的基本环境中才能进行草图的创建,也就是说,草图的基本环境是绘制草图的基础。该环境提供了在 UG NX6 中绘制、编辑以及约束等与草图有关的所有工具。

当需要绘制草图时,单击【草图】图标,打开【创建草图】对话框,然后,单击【确定】按钮,即可进入草图环境,如图 3-2 所示。

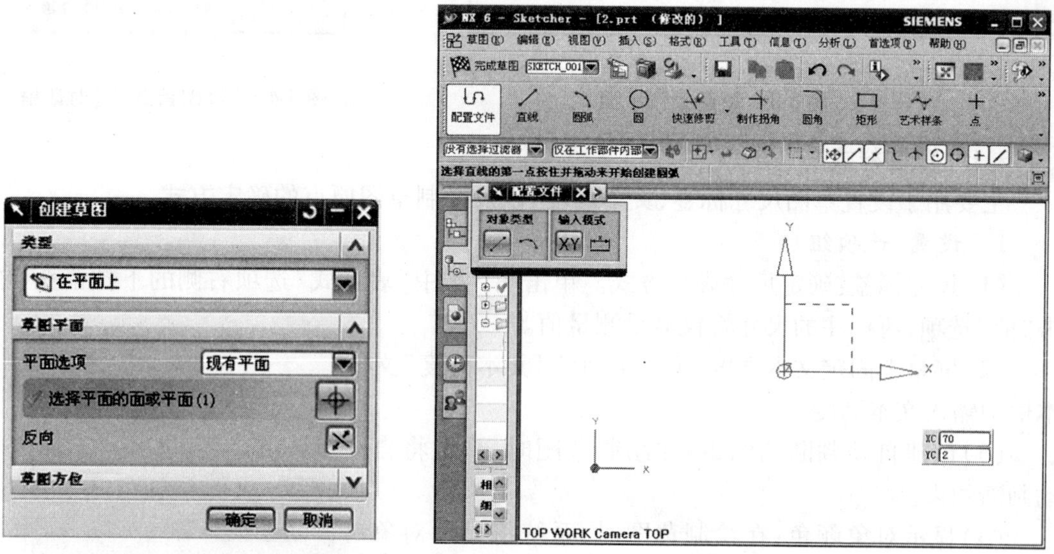

(a) (b)

图 3-2 草图环境

3.1.1 草图工作平面

草图工作平面是用于草图创建、约束和定位、编辑等操作的平面,是创建草图的基础。在菜单栏中单击【插入】→【草图】按钮,或单击【特征】工具栏中的【草图】按钮,系统将弹出草图工作界面,如图 3-3 所示。

3.1.2 设置基本参数

在草图的工作环境中,为了更准确、更有效地绘制草图,需要进行草图文本高度、小数位数和默认前缀名称等基本参数的设置。

单击【首选项】→【草图】选项，弹出【草图首选项】对话框，如图 3-4 所示。主要选项含义如下。

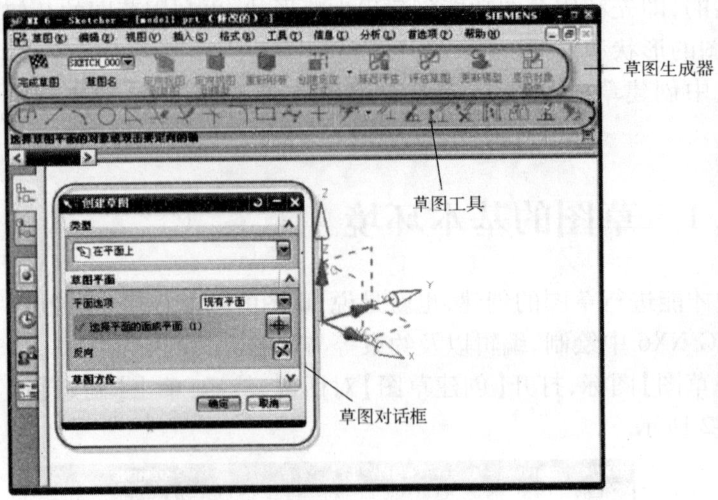

图 3-3　草图工作平面

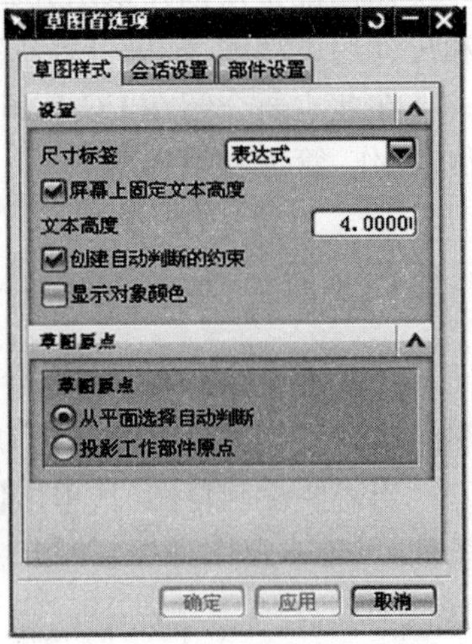

图 3-4　【草图首选项】对话框

3.1.2.1　草图样式

主要用于设置草图尺寸标签、文本高度，以及控制草图原点的确定方式。

1. "设置"选项组

(1) 尺寸标签：确定尺寸表示方式。单击图 3-4 中"表达式"选项右侧的下拉箭头，单击"值"选项，所标注的尺寸将仅显示测量值。

(2) 屏幕上固定文本高度：可在下面的"文本高度"文本框中输入文本高度。

(3) 创建自动判断的约束：在绘制草图时，系统将自动判断约束。

(4) 显示对象颜色：在绘制草图时，系统将显示对象颜色。

2. "草图原点"选项组

该选项组可以用来定义草图原点的位置。

(1) 从平面选择自动判断：在指定原点时，系统将根据平面自动判断原点位置。

(2) 投影工作部件原点：在指定原点时，系统将按照投影点的方式确定原点位置。

3.1.2.2　会话设置

主要用于控制视图方位、捕捉误差范围等，如图 3-5 所示。

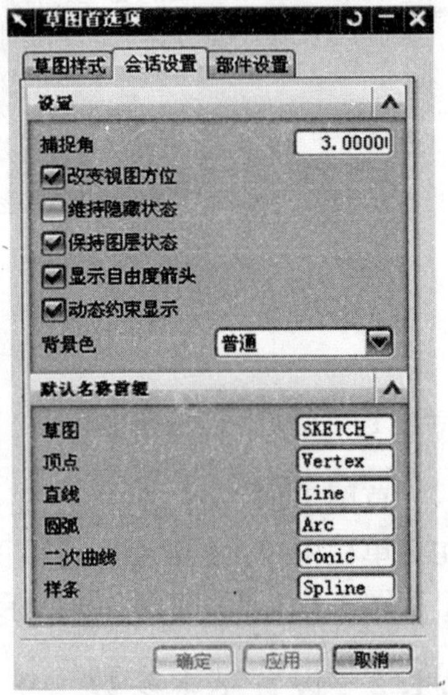

图 3-5　"会话设置"选项卡

1.“设置”选项组

(1)捕捉角:用来控制捕捉误差允许的角度范围。

(2)改变视图方位:选择该复选框,在完成草图绘制并切换到建模环境后,视图方向也将发生改变;禁用该复选框,则切换环境后视图方向不变。

(3)背景色:设置背景色的显示方法。

2.“默认名称前缀”选项组

通过对该选项组中各文本框内容的修改,可以改变各草图元素名称的前缀。

3.1.2.3 部件设置

在该选项卡中单击各类元素后的颜色块,将打开【颜色】对话框,可以对各种元素颜色进行设置,单击【继承自用户默认设置】按钮,将恢复系统默认的颜色,以便选择新的颜色,如图3-6所示。

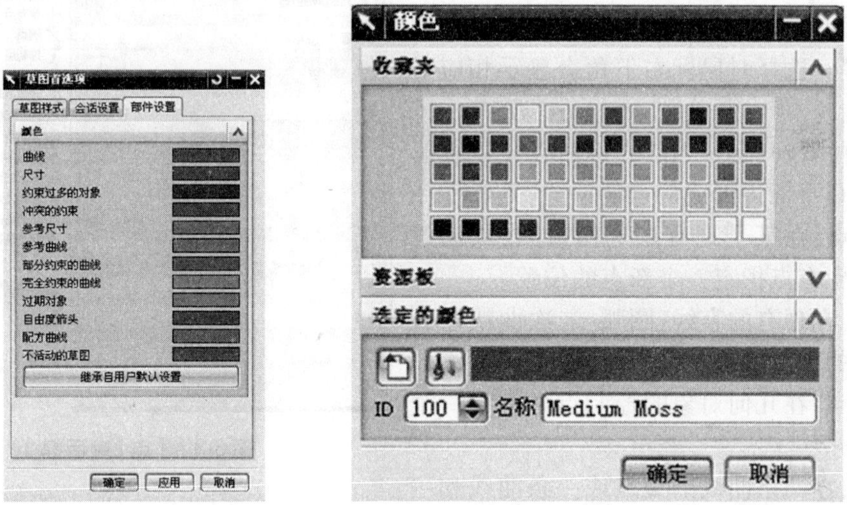

(a) (b)

图3-6 “部件设置”选项卡

3.2 生成曲线

曲线生成功能主要是指生成点、直线、圆弧、样条曲线、二次曲线、平面等几何要素。下面将介绍一些常用曲线的生成操作方法。通过本节的学习,可以完成常用曲线的生成工作。

3.2.1 点和点集

点是最小的几何构造元素。不仅可以使点按一定次序和规律来构造曲线,还可以通过大量的点集来构造曲面。如图3-7所示,点和点集在【曲线】工具栏中。

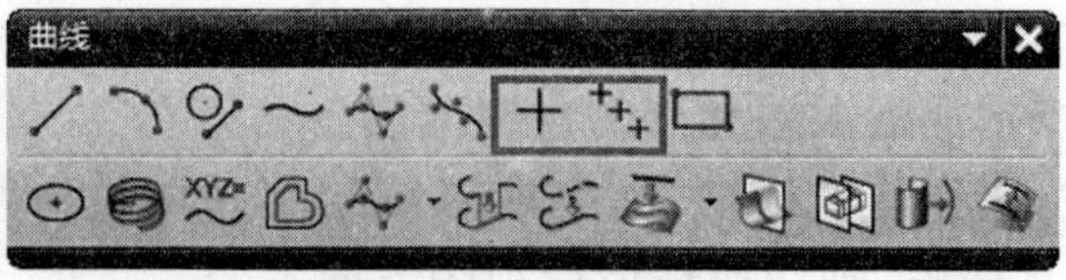

图 3-7　【曲线】工具栏

3.2.1.1　**点**

1. 点构造器

点构造器提供了在三维空间中指定点和创建点对象与位置的标准形式,如图 3-8 所示,主要用于单独创建点或者配合其他功能,如创建直线。

2. 捕捉点的方法

自动判断的点:该选项是最常用的选项,根据光标的位置自动判断是哪种类型点,如端点、交点等。选择时鼠标右下角会显示相应类型的图标。

图 3-8　【点】对话框

光标位置:其实是当前光标所在位置投影至 XC—YC 平面内形成的点的位置。

现有点:在某个现有点上构造点,或通过选择某个现有点指定一个新点的位置。

端点:在现有的直线、圆弧、二次曲线以及其他曲线的端点处指定一个位置。

控制点:在几何对象的控制点处指定一个位置。

交点:在两条曲线的交点或一条曲线和一个曲面或平面的交点处指定一个位置。

圆弧中心/椭圆中心/球心:圆弧、圆、椭圆的圆心和球的球心。

圆弧/椭圆上的角度:在沿着圆弧或椭圆成一定角度的地方指定一个位置。

象限点:在一个圆弧或一个椭圆的四分点处指定一个位置。

点在曲线/边上:在选择的曲线上指定一个位置,并且可以通过设置 U 向参数来更改点在曲线上的位置。

面上的点:在选择的曲面上指定一个位置,并且可以通过设置 U 向参数和 V 向参数来更改点在曲面上的位置。

两点之间:在两点之间指定一个位置。

按表达式:使用【点】对话框中"类型"的表达方式指定点。

3. 输入点的坐标值

如图 3-9 所示,可以指定点是相对于 WCS(工作坐标系)还是相对于绝对(绝对坐标系)。全部设置为 0 即为坐标原点。

4. 点偏置

矩形:选择一个现有点,输入相对于现有点的 X、Y、Z 增量来创建点。

圆柱形：选择一个现有点，输入半径、角度及Z增量来创建点。

球形：选择一个现有点，输入半径、角度1及角度2来创建点。

沿矢量：选择一个现有点和一条直线，并输入距离来创建点。

沿曲线：选择一个现有点和一条曲线，并输入圆弧长或圆弧长的百分比来创建点。

点偏置设置如图3-10所示。

图3-9 点坐标设置

3.2.1.2 点集

点集是指利用现有几何体创建一组与之相对应的点。可以是对已有曲线上点的复制，也可以通过已有曲线的某种属性来生成其他点集。通常利用点集沿曲线、面或者在样条曲线、面的极点处生成点，还可以重新创建样条曲线的定义极点。

单击【曲线】工具栏中的【点集】按钮，进入【点集】对话框，如图3-11所示。系统在该对话框的"类型"下拉列表框中提供了如图3-12～图3-14所示的3种创建点集类型。

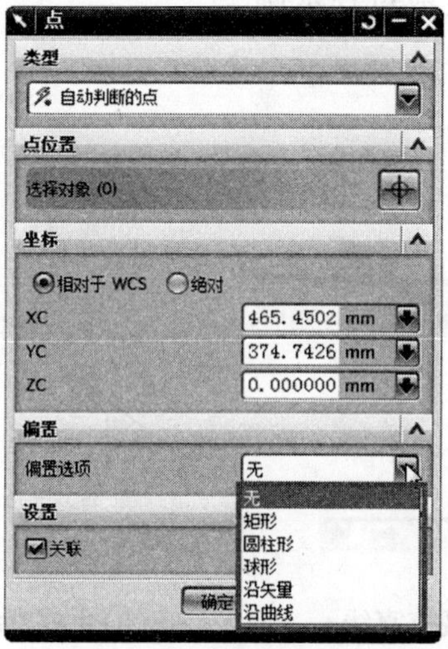

图3-10 点偏置设置

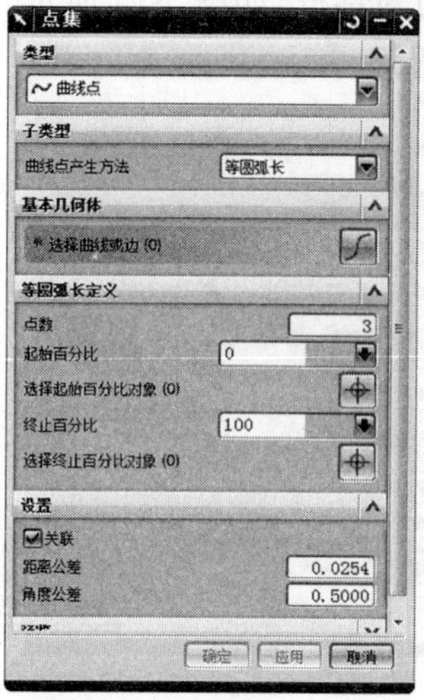

图3-11 【点集】对话框

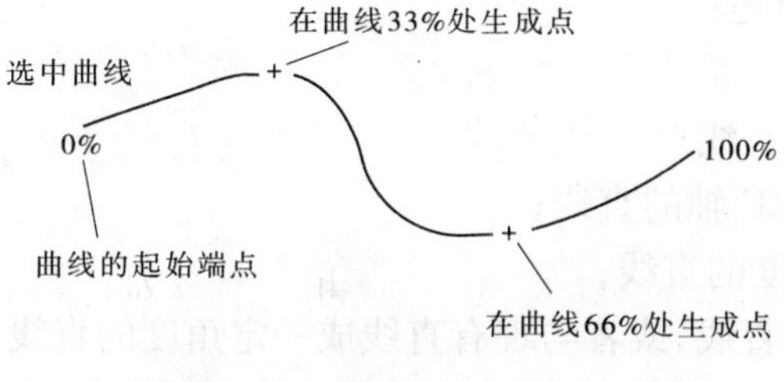

图3-12 在曲线上添加点

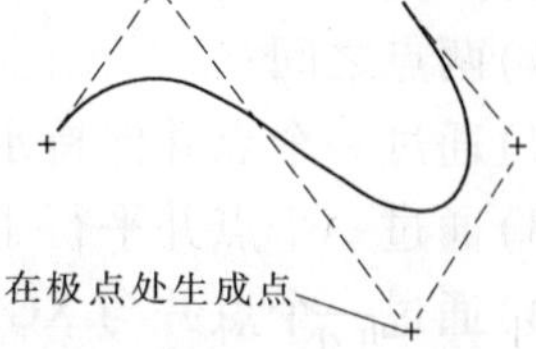

图3-13 创建样条曲线的极点

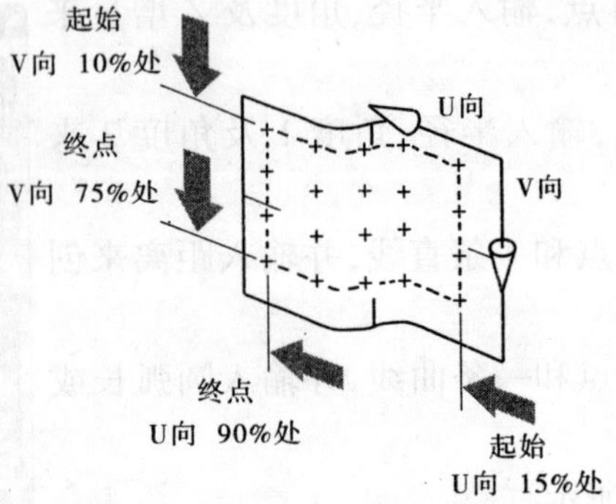

图 3-14　百分比方式创建点集

3.2.2　直线

直线一般是指通过两个点构造的线段。其作为一种基本的构图元素，在实际建模中无处不在。例如，两点连线可以生成一条直线，两个平面相交可以生成一条直线等。

单击【插入】→【曲线】→【直线】按钮，或在【曲线】工具栏中单击【直线】按钮，进入【直线】对话框，如图 3-15 所示。图 3-16 为直线生成过程示例。

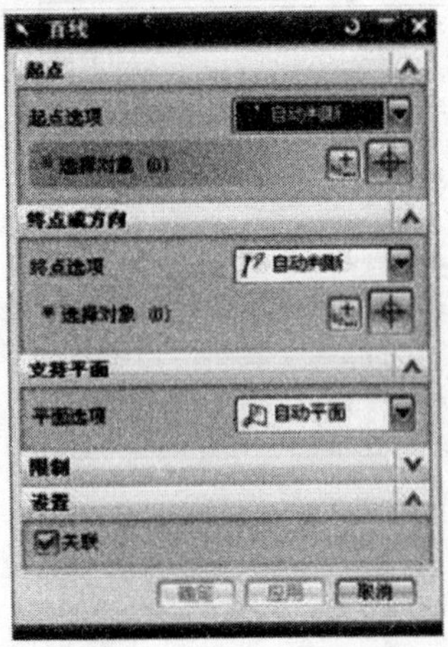

图 3-15　【直线】对话框

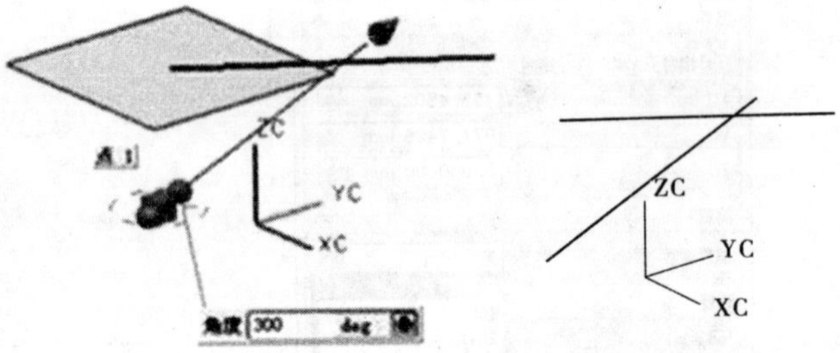

(a) 选择现有直线　　(b) 生成直线

图 3-16　直线生成过程示例

绘制直线的方法有 13 种，分别如下所述：

(1) 两点之间；

(2) 通过一个点并保持水平或竖直的直线；

(3) 通过一个点并平行于 XC、YC 或 ZC 轴的直线；

(4) 通过一个点并与 XC 轴成一定角度的直线；

(5) 通过一个点并平行或垂直于一条直线，或者与现有直线成一定角度的直线；

(6) 通过一个点并与一条曲线相切或垂直的直线；

(7) 与一条曲线相切并与另一条曲线相切或垂直的直线；

(8) 与一条曲线相切并与另一条直线平行或垂直的直线；

(9) 与一条曲线相切并与另一条直线成一定角度的直线；

(10) 平分两条直线间夹角的直线；

(11) 两条平行直线之间的中心线；

(12) 通过一点并垂直于一个面的直线；

(13) 以一定的距离平行于另一条直线的直线。

3.2.3 直线和圆弧

该选项用于使用预定义约束组合方式快速创建关联或非关联直线和曲线。在用户已知直线和曲线的约束关系的条件下，使用该选项比较方便。

单击【直线和圆弧】按钮，进入【直线和圆弧】工具栏，如图 3-17 所示。

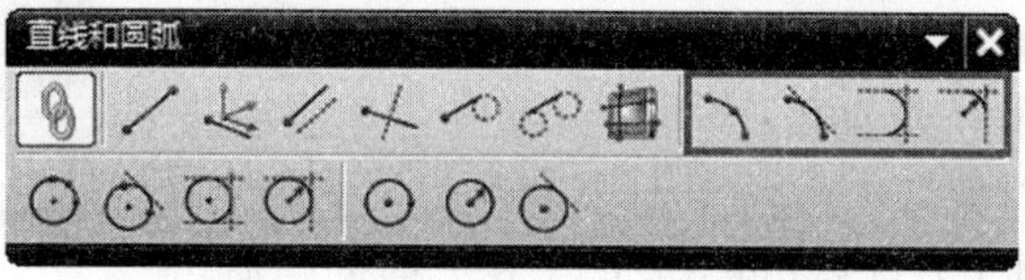

图 3-17 【直线和圆弧】工具栏

用【基本曲线】命令绘制圆弧的方法有两种，分别是：

(1) 起点，终点，圆弧上的点；

(2) 中心，起点，终点。

另外，【直线和圆弧】工具栏也提供了 4 种创建圆弧的命令：【点，点，点】、【点，点，相切】、【相切，相切，相切】和【相切，相切，半径】。图 3-18 为创建圆弧的示例。

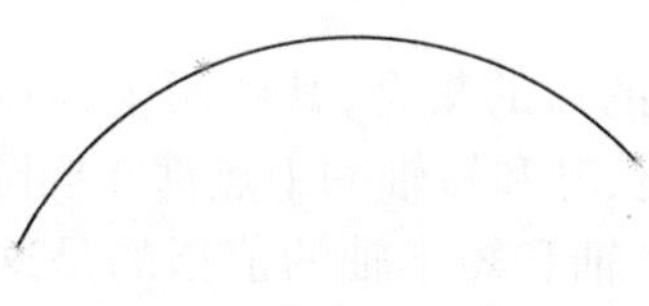

(a) "起点，终点，圆弧上的点"法创建圆弧

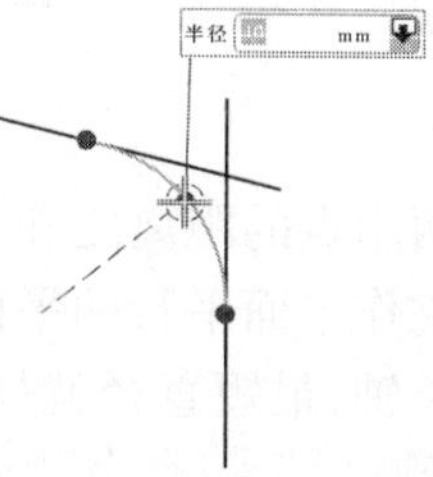

(b) "相切，相切，半径"法创建圆弧

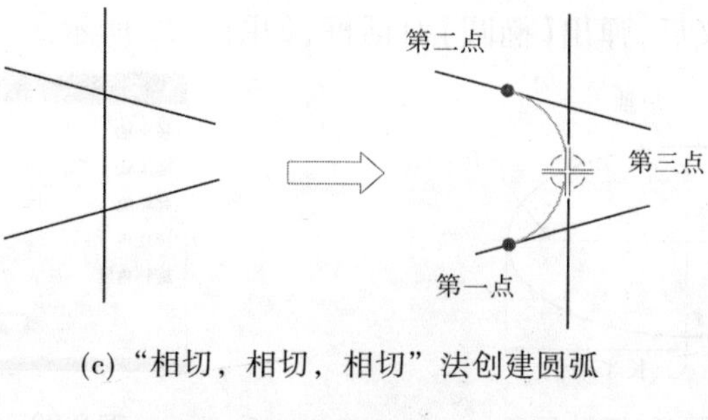

(c) "相切，相切，相切"法创建圆弧

图 3-18 创建圆弧的示例

3. 2. 4　圆弧/圆

圆弧/圆是指在平面上到定点的距离等于定长的一些点(或所有点)的集合。使用此选项可迅速创建关联圆和圆弧特征。所获取的圆弧类型取决于用户组合的约束类型。通过组合不同类型的约束,可以创建多种类型的圆弧。也可以用此选项创建非关联圆弧,但它们是简单曲线,而非特征。

单击【插入】→【曲线】→【圆弧/圆】按钮,或在【曲线】工具栏中单击【圆弧/圆】按钮,进入【圆弧/圆】对话框,如图 3-19所示。

图 3-19　【圆弧/圆】对话框

用【基本曲线】命令绘制圆的方法有 3 种,分别是:

(1)中心点,圆上的点;

(2)中心点,圆的半径或直径;

(3)中心点,相切对象。

此外,【直线和圆弧】工具栏也提供了以下 7 种创建圆的方法:【点,点,点】、【点,点,相切】、【相切,相切,相切】、【相切,相切,半径】、【圆心,点】、【圆心,半径】和【圆心,相切】,各工具按钮如图 3-20 所示。

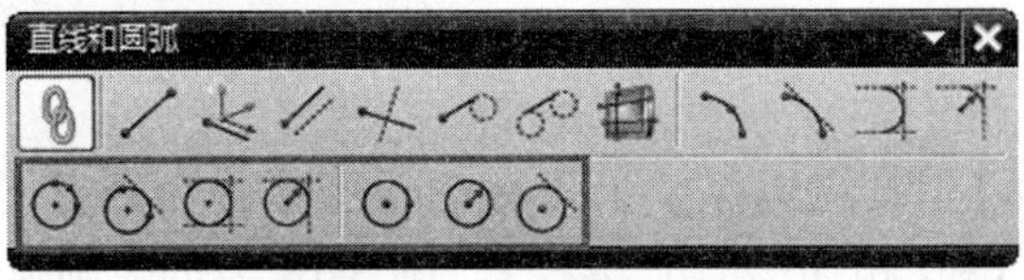

图 3-20　绘制圆工具按钮

3. 2. 5　椭圆

椭圆是指与两定点的距离之和为一指定值的点的集合,其中两个顶点称为焦点。默认的椭圆会在与工作平面平行的平面上创建。长轴和短轴的中点都在椭圆的中心。椭圆的最长直径就是长轴,最短直径就是短轴。长半轴和短半轴的值指的是这些轴长度的一半,如图 3-21 所示。

单击【曲线】工具栏中的【椭圆】按钮,进入【点】对话框,利用该对话框指定椭圆的中心,完成椭圆中心定义后,弹出【椭圆】对话框,如图 3-22 所示。

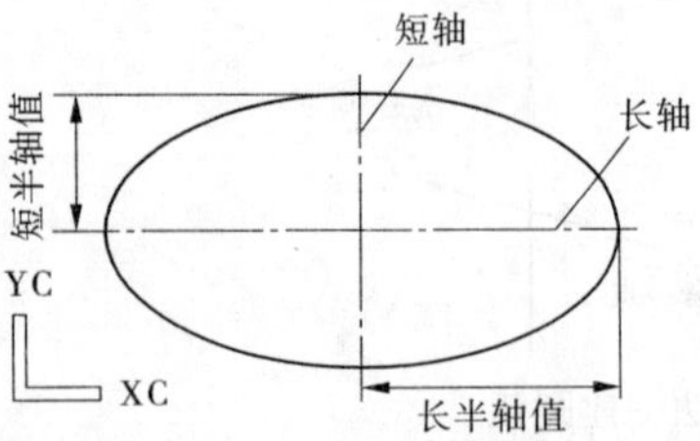

图 3-21　椭圆长、短轴示意

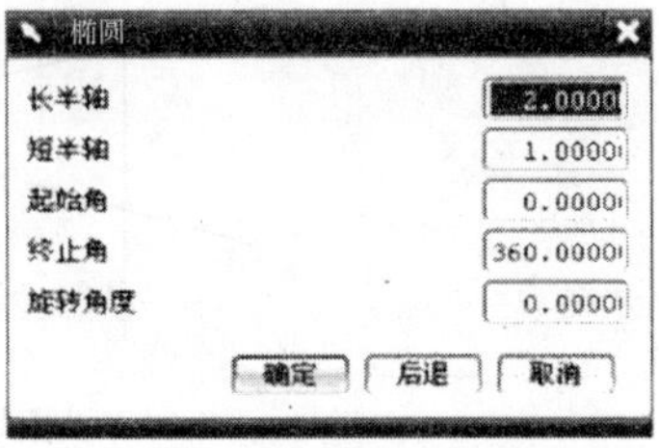

图 3-22　【椭圆】对话框

3.2.6　样条曲线

样条曲线是指给定一组控制点而得到的一条光滑曲线，曲线的大致形状由这些点控制。样条曲线是一种用途广泛的曲线，它不仅能够创建自由曲线和曲面，而且还能精确表达包括圆锥曲面在内的各种几何体的统一表达式。在 UG NX6 中，包括一般样条曲线和艺术样条曲线两种类型。

3.2.6.1　一般样条曲线

一般样条曲线是建立自由形状曲面的基础，能满足绝大部分实际产品设计的要求，广泛应用于汽车、航空以及船舶等制造行业。

单击图标～或单击【插入】→【曲线】→【样条】按钮，打开【样条】对话框，如图 3-23 所示。系统提供了以下 4 种生成一般样条曲线的方式。

1. 根据极点

极点是指用来改变样条曲线的控制定点，它比定义点更能影响样条曲线的形状。该方式通过极点建立样条曲线，即用选定点建立的多边形来控制样条曲线的形状，建立的样条曲线只通过两个端点，不通过中间的控制点，如图 3-24 所示。

图 3-23　【样条】对话框

单击【根据极点】按钮后，系统弹出【根据极点生成样条】对话框，如图 3-25 所示。在该对话框中主要包括以下 4 个功能选项：

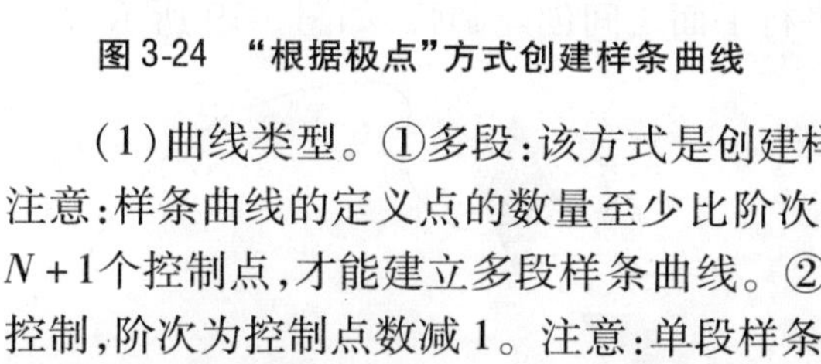

图 3-24　“根据极点”方式创建样条曲线

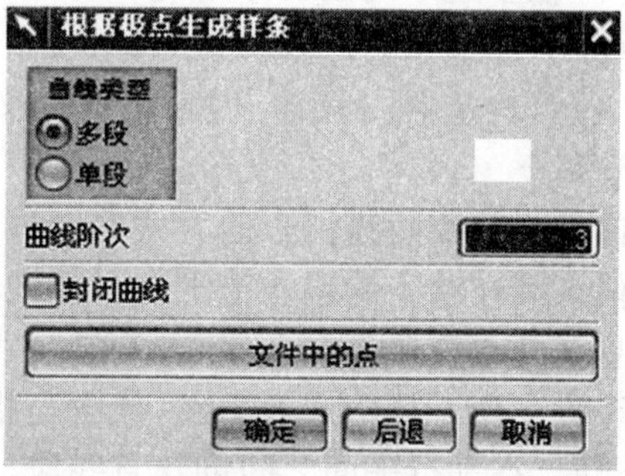

图 3-25　【根据极点生成样条】对话框

（1）曲线类型。①多段：该方式是创建样条曲线最常用的方式，将生成 NURBS 曲线。注意：样条曲线的定义点的数量至少比阶次多 1，即如果曲线阶次为 N，则必须至少设定 $N+1$ 个控制点，才能建立多段样条曲线。②单段：单段样条曲线的阶次由定义点的数量控制，阶次为控制点数减 1。注意：单段样条曲线不能封闭，“封闭曲线”和“曲线阶次”两个选项不被激活。

（2）曲线阶次。用于设置曲线的阶数。当选中【多段】按钮时，该选项才被激活。

（3）封闭曲线。封闭曲线是指终点和起点重合的样条曲线。当选中【多段】按钮时，该选项才被激活。

(4)文件中的点。单击该按钮,可以从已有文件中读取控制点的数据。

2. 通过点

该方式可以精确地控制曲线的形状及尺寸,在逆向工程中常采用此方式得到尺寸最准确的曲线。“通过点”方式创建样条曲线如图 3-26 所示。

单击【通过点】按钮,在打开的【通过点生成样条】对话框中单击【确定】按钮,系统将自动打开新的【样条】对话框,如图 3-27 所示,系统提供了 4 种样条曲线的创建方式。

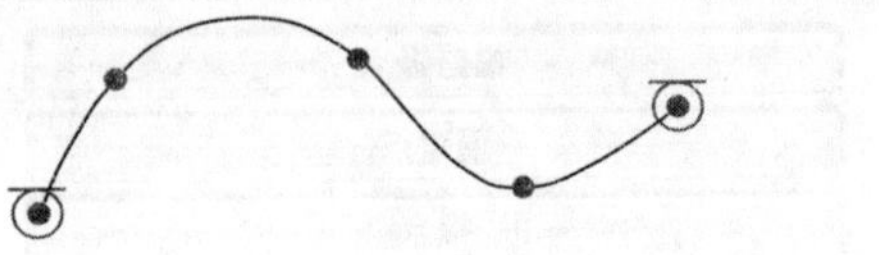

图 3-26 “通过点”方式创建样条曲线

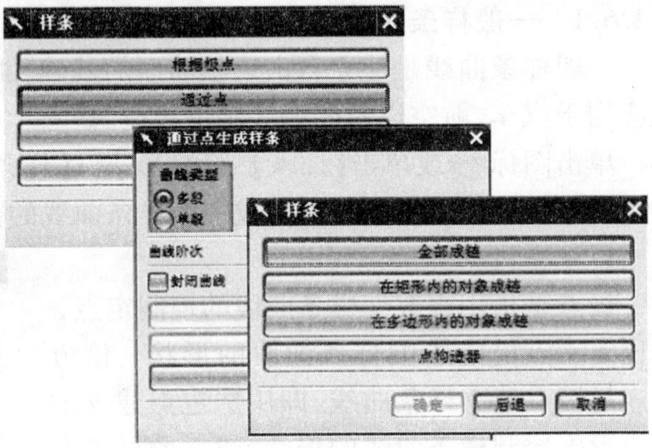

图 3-27 【通过点生成样条】对话框

(1)全部成链:通过选择起点与终点间的点集作为定义点来生成样条曲线。

(2)在矩形内的对象成链:利用矩形框选择样条曲线的点集作为定义点来生成样条曲线。

(3)在多边形内的对象成链:利用多边形选择样条曲线的点集作为定义点来生成样条曲线。

(4)点构造器:利用【点】对话框定义样条曲线的各定义点来生成样条曲线。

3. 拟合

该方式是用曲线拟合的方式确定样条曲线的各中间点,只精确地通过曲线的端点,对于其他点则在给定的误差范围内尽量地逼近,如图 3-28 所示。

4. 垂直于平面

该方式用于从指定点出发,依次与指定的各平面相垂直,绘制一条空间样条曲线。具体创建时,在平行平面之间创建直线段,在非平行平面之间创建圆弧,如图 3-29 所示。

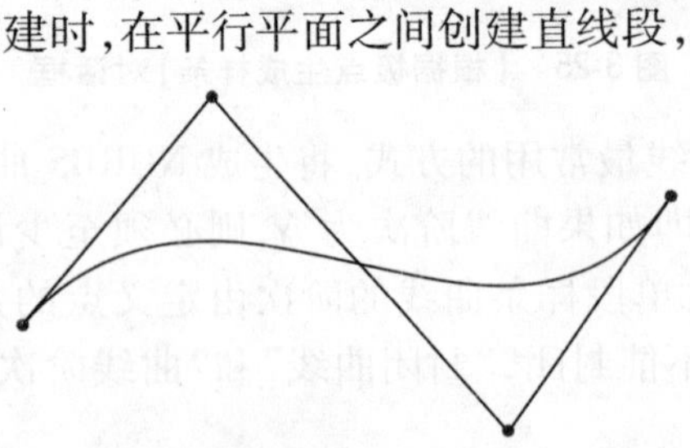

图 3-28 “拟合”方式创建样条曲线

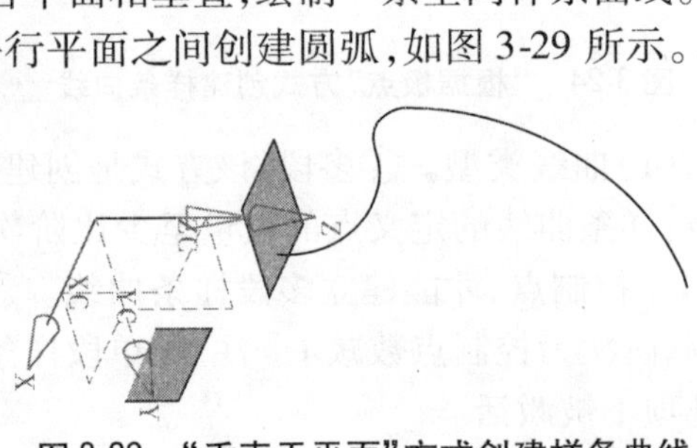

图 3-29 “垂直于平面”方式创建样条曲线

3.2.6.2 艺术样条曲线

艺术样条曲线多用于数字化绘图或动画设计,相比一般样条曲线而言,它是由更多的定义点生成的。

单击图标或单击【插入】→【曲线】→【艺术样条】按钮，打开【艺术样条】对话框，如图3-30所示。同一般样条曲线一样，创建艺术样条曲线也包括“根据极点”和“通过点”两种方式。

3.2.7 螺旋线

螺旋线是一种特殊的规律曲线，应用比较广泛，如机械上的螺杆、螺帽、螺钉和弹簧等零件都具有典型的螺旋线形状。在UG NX6中，螺旋线主要用于螺旋槽特征的扫描轨迹线。

单击图标或单击【插入】→【曲线】→【螺旋线】按钮，打开【螺旋线】对话框，如图3-31所示。各选项的含义如下。

图3-30 【艺术样条】对话框

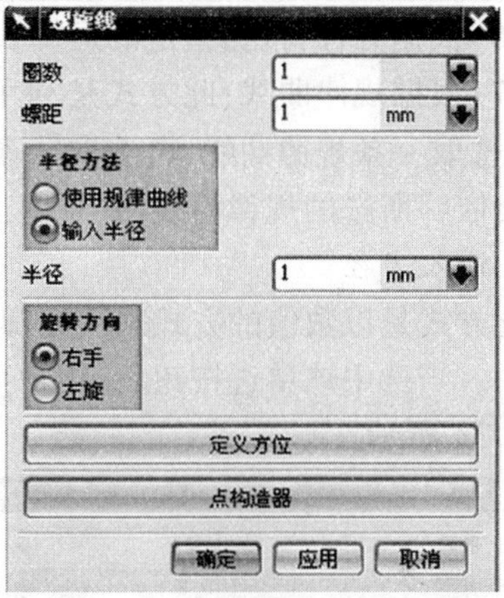

图3-31 【螺旋线】对话框

3.2.7.1 圈数

此文本框用于设置螺旋线旋转的圈数。

3.2.7.2 螺距

此文本框用于设置螺旋线的导程。

3.2.7.3 半径方法

1.使用规律曲线

(1)恒定：用于生成固定半径的螺旋线。

(2)线性：用于设置螺旋线的旋转半径呈线性变化。

(3)三次：用于设置螺旋线的旋转半径呈三次方变化。

(4)沿着脊线的值－线性：用于生成沿脊线变化的螺旋线，其形式是线性变化的。单击图标，根据系统提示先选取一条脊线，再利用点创建功能依次指定脊线上的点，并确定螺旋线在该点处的半径值，如图3-32所示。

(5)沿着脊线的值－三次：用于生成沿脊线变化的螺旋线，其是呈三次方变化的。操作步骤和前一种方式类似，其差异在于螺旋线旋转时半径变化的方式，前一种是呈线性变化的,而这种方式是呈三次方变化的。

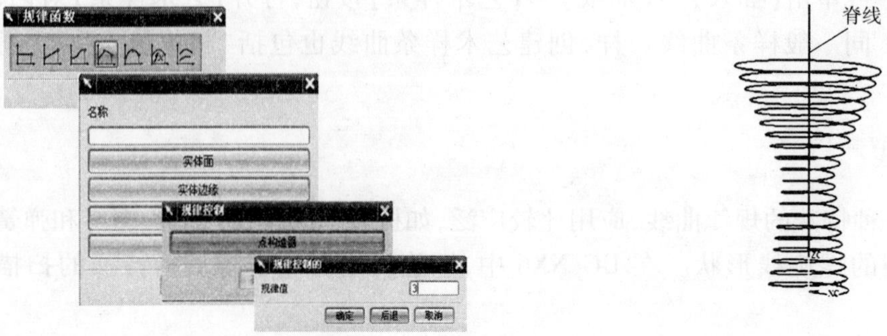

图 3-32　“使用规律曲线”方式创建螺旋线

(6)根据方程:根据指定的运算表达式创建螺旋线。

(7)根据规律曲线:此方式是利用规律曲线来决定螺旋线的旋转半径的。单击图标,先选取一条规律曲线,再选取一条基线来确定螺旋线的方向。产生螺旋线的旋转半径将会依照所选的规律曲线,并且由工作坐标原点的位置来确定。

2. 输入半径

此方式是以数值的方式来决定螺旋线的旋转半径,而且螺旋线每圈之间的半径值大小相同。当选中该单选按钮后,用户可以在“输入半径”文本框中输入螺旋线的半径值,如图 3-33 所示。

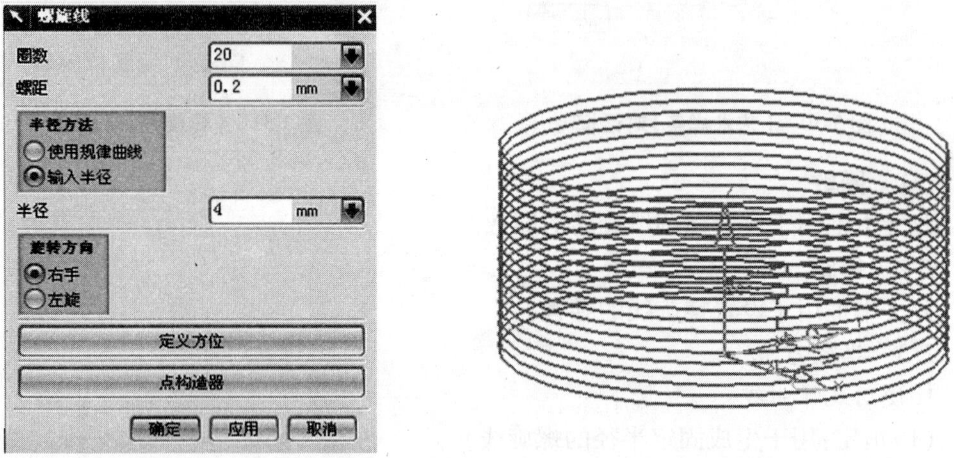

图 3-33　“输入半径”方式创建螺旋线

3.2.7.4　旋转方向

用于控制螺旋线的旋转方向。螺纹可分为右手和左旋两种。

(1)右手(右旋):以右手的大拇指为旋转轴,另外 4 个手指指向旋转方向。

(2)左旋(左手):以左手的大拇指为旋转轴,另外 4 个手指指向旋转方向。

3.2.8 二次曲线

3.2.8.1 抛物线

(1)单击图标或单击【插入】→【曲线】→【抛物线】按钮。

(2)根据【点】对话框提示,确定抛物线的顶点。

(3)在如图 3-34 所示的【抛物线】对话框中设置各种参数,单击【确定】按钮,完成操作。抛物线的主要参数如图 3-35 所示。

图 3-34 【抛物线】对话框

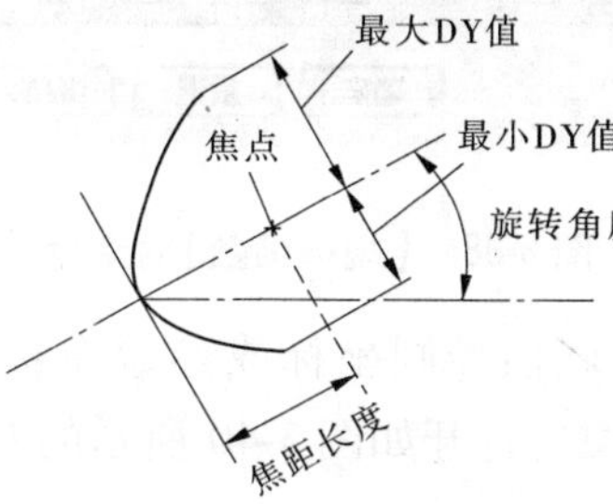

图 3-35 抛物线的主要参数

3.2.8.2 双曲线

(1)单击图标或单击【插入】→【曲线】→【双曲线】按钮。

(2)根据【点】对话框提示,确定双曲线的中心点。

(3)在如图 3-36 所示的【双曲线】对话框中设置各种参数,单击【确定】按钮,完成操作。

双曲线的主要参数如图 3-37 所示。其中,实半轴 A 是指双曲线的顶点到中心点的距离;虚半轴 B 是指与实半轴在同一平面内且沿垂直的方向上虚点到中心点的距离。D、C、E 分别代表最大 DY、最小 DY、旋转角度。

图 3-36 【双曲线】对话框

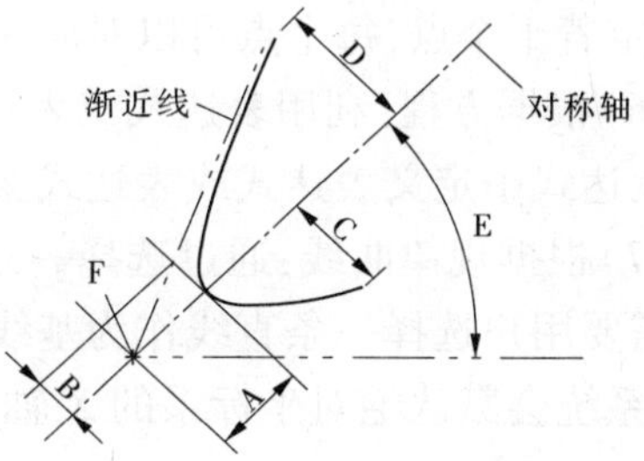

图 3-37 双曲线的主要参数

3.2.9 规律曲线

规律曲线是根据一定的规律或按用户定义的公式建立的样条曲线,它主要表现 X、Y、Z 三个方向上的变化规律。一般操作步骤如下所述:

(1)单击图标或单击【插入】→【曲线】→【规律曲线】按钮。

(2)打开【规律函数】对话框,如图 3-38 所示。

(3)选择一种规律函数,根据提示分别在 X、Y、Z 方向上定义曲线的变化规律。

(4)指定曲线的基点或生成方向。

在【规律曲线】对话框中,规律函数有如下几种:

(1)恒定:控制坐标或参数在整个创建曲线的过程中保持常量。单击图标,打开如图 3-39 所示的对话框。

图 3-38　【规律函数】对话框

图 3-39　恒定参数的设置

(2)线性:控制坐标或参数在整个创建曲线的过程中在某数值范围内呈线性变化。单击图标,打开如图 3-40 所示的对话框。

图 3-40　线性参数的设置

(3)三次:控制坐标或参数在整个创建曲线的过程中在某数值范围内呈三次方变化。

(4)沿着脊线的值 - 线性:利用两个点或者多个点沿脊线呈线性变化,当选择脊线后,指定若干个点,每个点可以对应一个数值。

(5)沿着脊线的值 - 三次:利用两个点或者多个点沿脊线呈三次方变化,当选择脊线后,指定若干个点,每个点可以对应一个数值。

(6)根据方程:利用表达式或表达式变量定义曲线某分量,在使用该选项前,应先在工具表达式中定义表达式或表达式变量。

(7)根据规律曲线:通过选择一条已存在的光滑曲线定义规律函数。选择曲线后,系统还需要用户选择一条直线作为基线,为规律函数定义一个矢量方向。如果用户未指定基线,系统会默认绝对坐标系的 X 轴作为规律函数的矢量方向。

3.3　曲线编辑

当曲线创建完成后,对于曲线或曲线组之间不尽如人意的地方,可通过编辑曲线参数、修剪曲线、分割曲线,以及拉长曲线等方法调整曲线,以达到理想的效果。

3.3.1　编辑全部曲线

该选项用于打开所有曲线编辑的对话框。单击【编辑】→【曲线】→【全部】按钮,或单击【编辑曲线】按钮，进入【编辑曲线】对话框和跟踪条，如图 3-41、图 3-42 所示。

3.3.2　编辑曲线参数

编辑曲线参数可以通过修改直线、圆/圆弧和样条曲线的参数来改变曲线的形状和大小。单击图标或单击【编辑】→【曲线】→【参数】按钮，打开【编辑曲线参数】对话框，如图 3-43 所示。该对话框中常用选项的含义及使用方法如下：

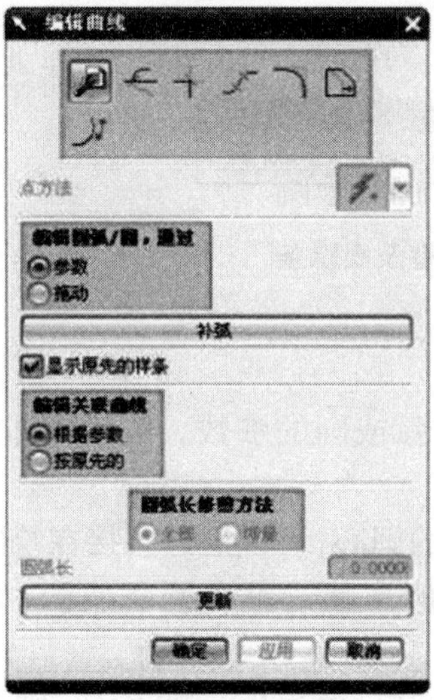

图 3-41　【编辑曲线】对话框

图 3-42　跟踪条

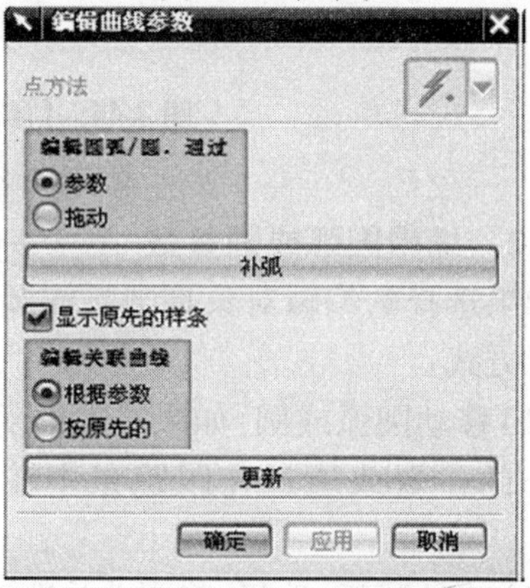

图 3-43　【编辑曲线参数】对话框

（1）点方法：用于设置系统在绘图区中捕捉点的方式。

（2）编辑圆弧/圆，通过：用于设置编辑曲线的方式，包含“参数”和“拖动”两种方式。

（3）补弧：用于显示某一圆弧的互补圆弧。只有在“参数”状态下才可以选取补弧。

（4）显示原先的样条：用于显示原来的样条曲线。如果当前编辑的对象为样条曲线，选取该复选项，则可显示原来的样条曲线。

（5）编辑关联曲线：用于设置编辑关联曲线后曲线间的相关性。如果选中【根据参数】按钮，原来的相关性仍然会存在；如果选中【按原先的】按钮，原来的相关性将会被破坏。

（6）更新：用于恢复前一次的编辑操作。

要编辑参数的曲线可以是直线、圆弧和圆，也可以是样条曲线等。

3.3.2.1　编辑直线参数

如果选择的编辑对象是直线，则可以编辑直线的端点位置、直线长度和角度等。若选择的是直线的端点，则可利用【编辑曲线参数】对话框中的点创建功能来定义新的端点，改变直线的位置；如果选择的是直线上的非控制点，则可以在如图 3-44 所示的跟踪条内直接输入其新的长度和角度并单击回车键。

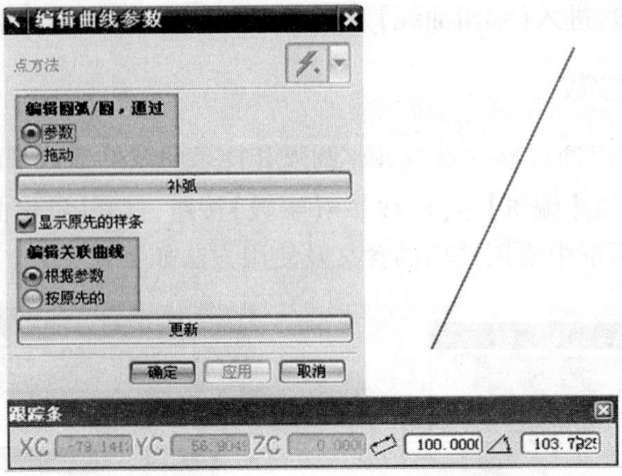

图3-44 【编辑曲线参数】对话框及跟踪条

3.3.2.2 编辑圆弧或圆参数

如果选择的编辑对象是圆弧或圆，则可以修改圆弧或圆的参数。圆弧或圆有以下4种编辑方式：

(1)移动圆弧或圆：如果选取的对象是圆弧或圆的圆心，可以通过直接在绘图区中移动圆心的位置或通过在跟踪条中输入圆心的坐标值来移动整个圆弧或圆，如图3-45所示。

(2)互补圆弧：选择“参数”单选项，在选取了圆弧后，单击【补弧】按钮，则系统会显示该圆弧的互补圆弧，如图3-46所示。

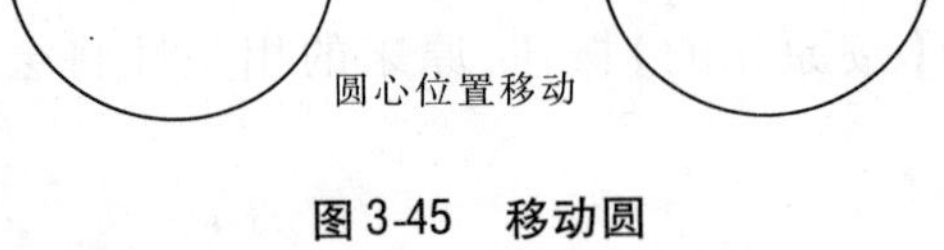

图3-45 移动圆

图3-46 互补圆弧

(3)参数编辑：选择“参数”单选项，选取圆弧或圆，在跟踪条中编辑圆弧或圆的参数值，如图3-47所示。

(4)拖动：若选择的是圆弧的端点，则可利用“拖动”功能或跟踪条来定义新端点的位置；若选择的是圆弧的非控制点，则可利用“拖动”功能来改变圆弧的半径及起、止圆弧角，还可以通过“拖动”功能来改变圆的大小。

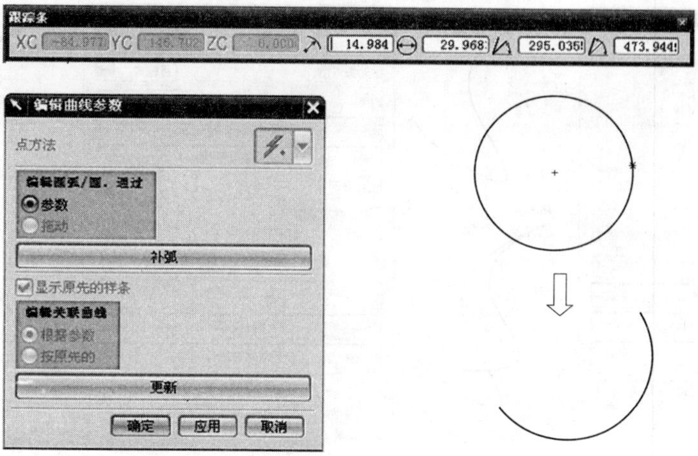

图3-47　【编辑曲线参数】对话框及跟踪条

3.3.2.3　编辑样条曲线参数

如果选择的编辑对象是样条曲线，则可以修改样条曲线的阶次、形状、斜率、曲率和控制点等参数。【编辑样条】对话框如图3-48所示。

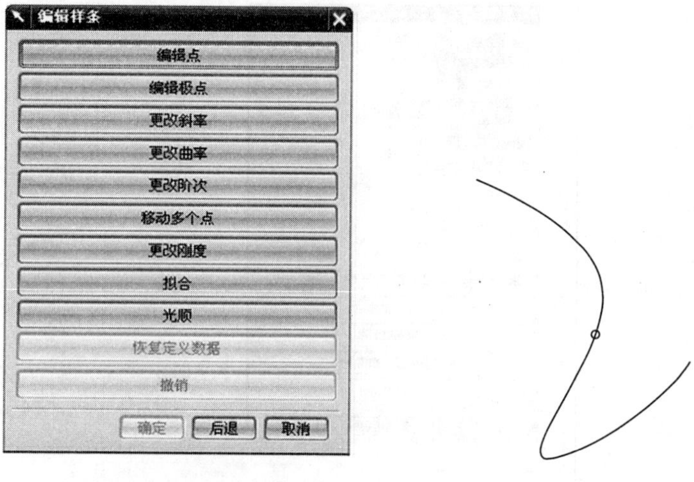

图3-48　【编辑样条】对话框

在该对话框中提供了样条曲线的9种编辑方式：编辑点、编辑极点、更改斜率、更改曲率、更改阶次、移动多个点、更改刚度、拟合、光顺。另外，对话框中还有两个选项：恢复定义数据和撤销。

(1)编辑点：用于移动、增加或移去样条曲线的定义点，以改变样条曲线的形状。选择该选项后，将打开【编辑点】对话框，设定相应参数，指定定义点的选择方式，然后，按照系统的提示操作，最后，单击【确认】按钮即可完成操作，如图3-49所示。

(2)编辑极点：用于编辑样条曲线的极点。选择该选项后，将打开【编辑极点】对话框，如图3-50所示。在该对话框中选择极点的编辑方法，然后，在相应的文本框中设置相应的参数，按照系统的提示进行操作。

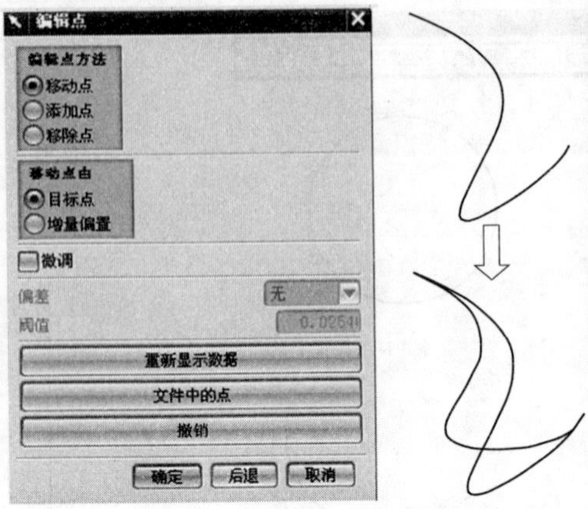

图 3-49　“编辑点”方式编辑样条曲线

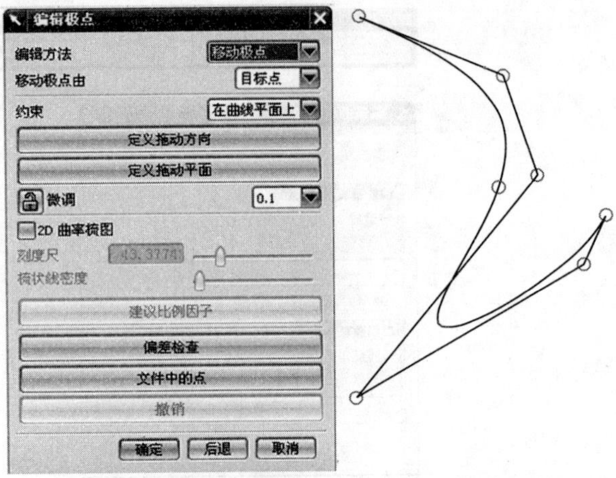

图 3-50　“编辑极点”方式编辑样条曲线

(3)更改斜率:用于改变定义点的斜率。选择该选项后,将打开【更改斜率】对话框,如图 3-51 所示。在图形对象中选择定义点,并在“斜率方法”选项组中选择斜率的定义方法即可完成。

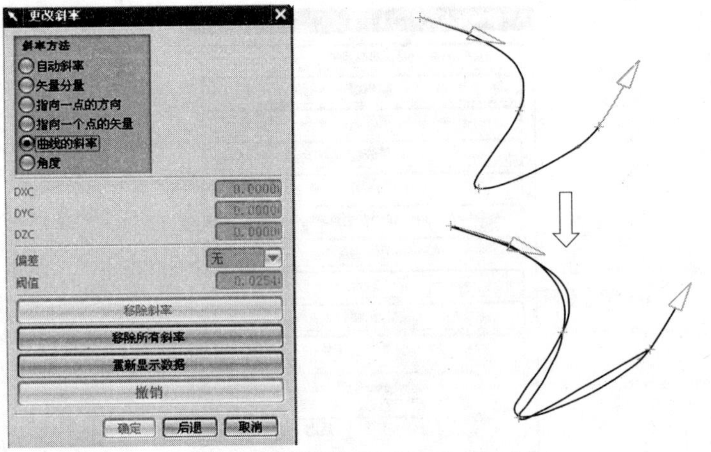

图 3-51　“更改斜率”方式编辑样条曲线

(4)更改曲率:用于改变定义点的曲率。选择该选项后,将打开【更改曲率】对话框。在图形对象中选择定义点,确定改变曲率的方法,然后,按提示完成操作,如图 3-52 所示。

注意:该选项不适用于三阶样条曲线或由吻合方式产生的样条曲线。

(5)更改阶次:用于改变样条曲线的阶次。对于单段样条曲线,可增加或降低其曲线阶次;而对于多段样条曲线,则只可增加其曲线阶次。增加曲线阶次,样条曲线的形状不会改变;降低曲线阶次,样条曲线的形状与原曲线会有所差别,但其形状近似,如图 3-53 所示。

(6)移动多个点:用于移动样条曲线的一个节段,以改变样条曲线的形状。该选项可以修改样条曲线的一个节段,但并不影响曲线的其他部分。

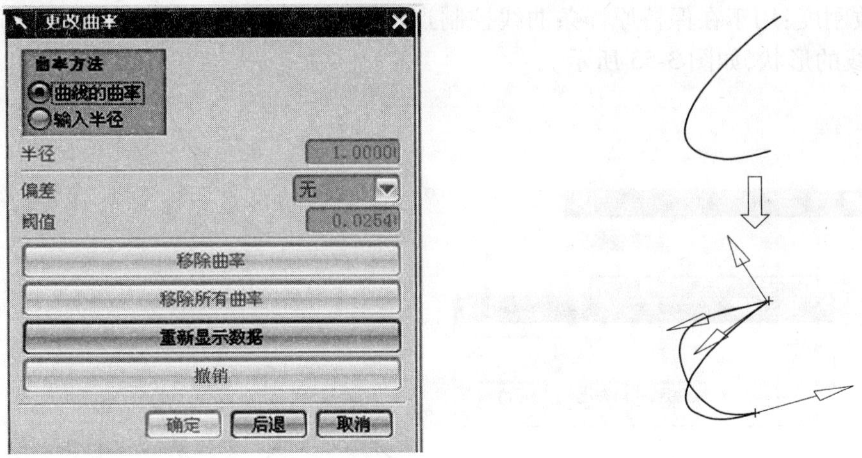

图 3-52　“更改曲率”方式编辑样条曲线

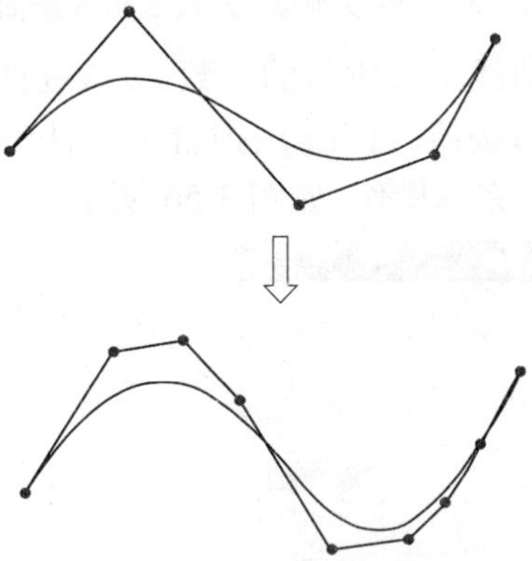

图 3-53　“更改阶次”方式编辑样条曲线

单击【移动多个点】按钮后，在样条曲线上开始点和结束点限定的节段间设定一个位移点，并设定其位移值，则系统根据上述设置移动选取节段，其他节段的形状不受影响，而且移动节段的两端点位置保持不变，如图 3-54 所示。

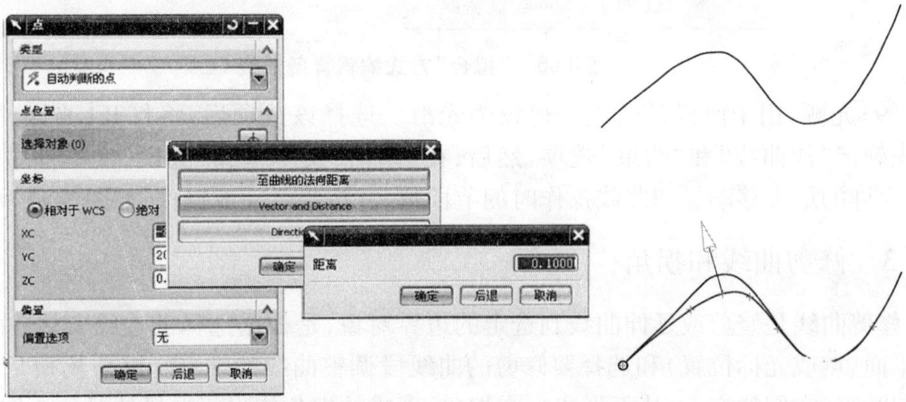

图 3-54　“移动多个点”方式编辑样条曲线

(7)更改刚度:用于在保持原样条曲线控制点数不变的前提下,通过改变曲线阶次来修改样条曲线的形状,如图 3-55 所示。

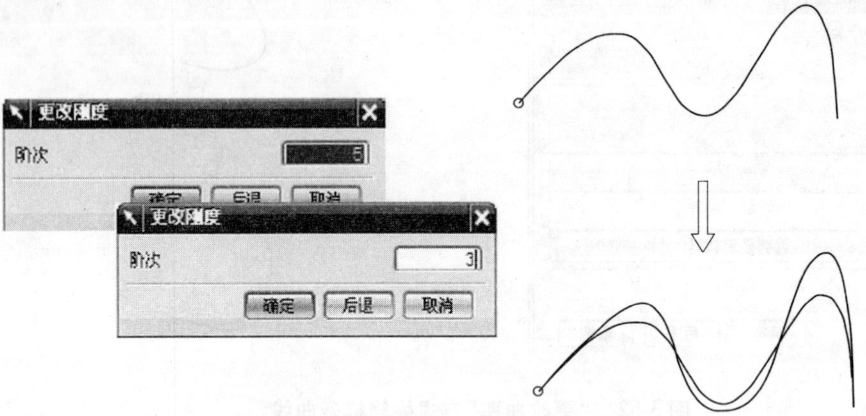

图 3-55　“更改刚度”方式编辑样条曲线

(8)拟合:用于修改样条曲线定义所需的参数,以改变曲线的形状。“拟合”方式不能改变曲线的曲率。单击【拟合】按钮,打开【用拟合的方法编辑样条】对话框,确定拟合方法后,设置相应的参数,按提示完成操作,如图 3-56 所示。

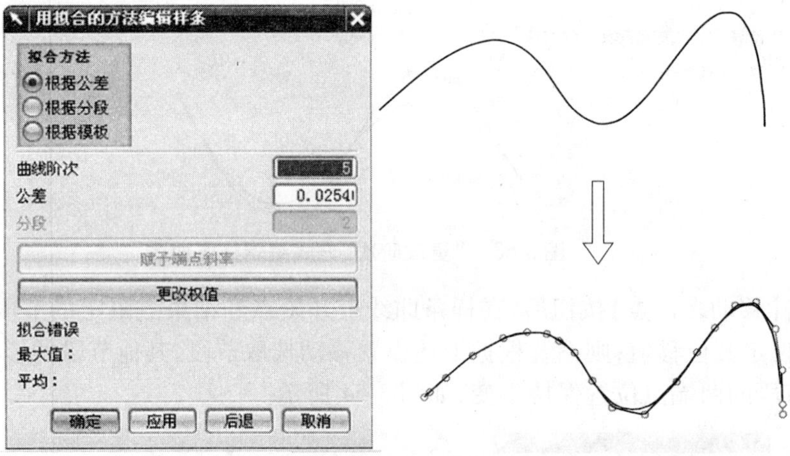

图 3-56　“拟合”方式编辑样条曲线

(9)光顺:用于使样条曲线变得较为光滑。选择该选项后,将打开【光顺样条】对话框,先确定“源曲线”和“约束”选项,然后,在“阈值”文本框和“分段”文本框中输入各结点所允许的最大移动量和曲线操作时的节段数,并按提示完成操作,如图 3-57 所示。

3.3.3　修剪曲线和拐角

修剪曲线是修剪或延伸曲线到选定的边界对象,是根据选择的边缘实体(如曲线、边缘、平面、点或光标位置)和选择要修剪的曲线段调整曲线的端点。修剪拐角是指把两条曲线裁剪到它们的交点,从而形成一个拐角,生成的拐角依附于选择的对象。作为曲线的两种修剪方式,它们的修剪效果却不同。

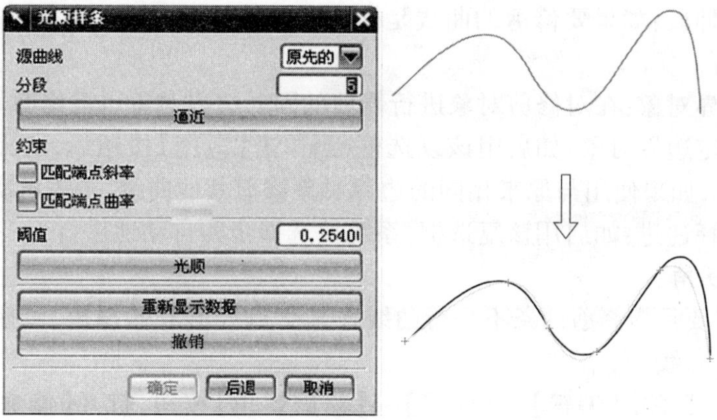

图 3-57 “光顺”方式编辑样条曲线

3.3.3.1 **修剪曲线**

通过设定的边界对象调整曲线的端点，延长或裁剪直线、圆弧、二次曲线或样条曲线。

单击图标或单击【编辑】→【曲线】→【修剪】按钮，打开【修剪曲线】对话框，如图 3-58所示。依据系统提示选取欲修剪的曲线及边界线，设置修剪参数后完成操作，如图 3-59 所示。

图 3-58 【修剪曲线】对话框

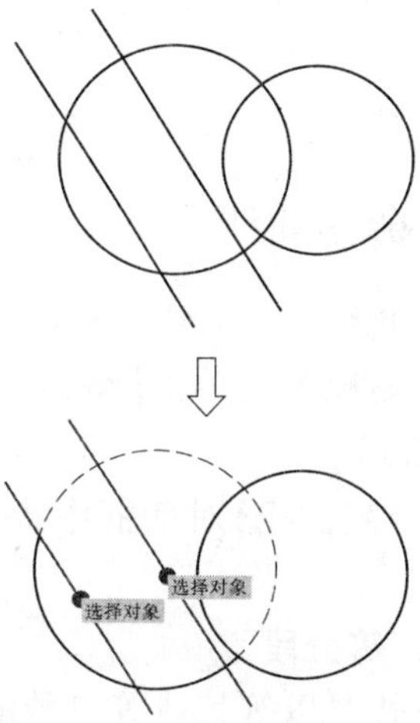

图 3-59 曲线修剪

注意：在进行修剪操作时，选取修剪曲线的一侧即为剪去的一侧。如果选择边界线的顺序不同，将会产生不同的修剪效果。

【修剪曲线】对话框中主要选项的含义如下：

(1)方向：用于确定边界对象与待修剪曲线交点的判断方式。

(2)关联：如启用该复选框，则修剪后的曲线与原曲线具有关联性。若改变原曲线的参数，则修剪后的曲线与边界之间的关系将自动更新。

(3)输入曲线：用于控制修剪后原曲线保留的方式。

(4)曲线延伸段：如果要修剪的曲线是样条曲线并且需要延伸到边界，则利用该选项设置其延伸方式。

(5)修剪边界对象：在对修剪对象进行修剪的同时边界对象也被修剪。

(6)保持选定边界对象：如启用该复选框，当单击【应用】按钮后，边界对象将保持被选取状态。此时，如果使用与原来相同的边界对象修剪其他曲线，不需再次选取。

(7)自动选择递进：如启用该复选框，系统按选择步骤自动地进行下一步操作。

3.3.3.2　修剪拐角

修剪拐角主要是指修剪两条不平行曲线在其交点处形成的拐角，包括已经相交的或将要相交的两条曲线。

单击图标或单击【编辑】→【曲线】→【修剪拐角】按钮，打开【修剪拐角】对话框。此时，用鼠标同时选中欲修剪的两条曲线，且让光标选取球的中心位于欲修剪的角部位，单击【是(Y)】按钮后，两条曲线的选中拐角将被修剪，如图 3-60 所示。

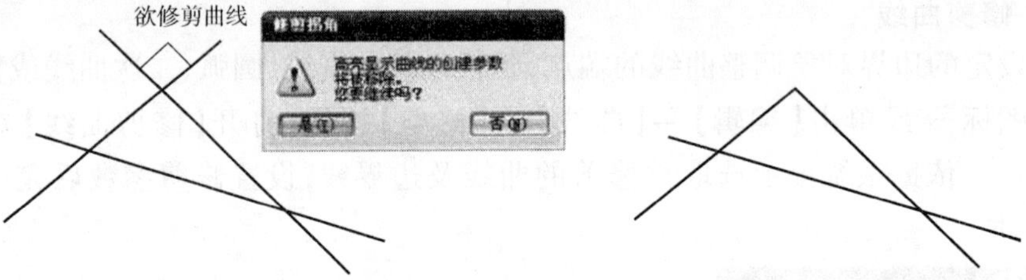

图 3-60　修剪拐角编辑曲线

3.3.4　分割曲线

分割曲线是将曲线分割成多个节段，使各节段成为独立的操作对象。

单击图标或单击【编辑】→【曲线】→【分割曲线】按钮，打开【分割曲线】对话框，如图 3-61 所示。

在【分割曲线】对话框中提供了 5 种曲线的分割方式，下面介绍它们各自的含义及用法。

3.3.4.1　等分段

该方式是以等长或等参数的方法将曲线分割成相同的节段。单击该选项后，选择要分割的曲线，按图 3-61 所示的设置等分参数，单击【确定】按钮完成操作，结果如图 3-62 所示。

3.3.4.2　按边界对象

该方式是利用边界对象来分割曲线。单击该选项后，选取要分割的曲线，然后按系统提示选取边界对象，单击【确定】按钮完成操作，结果如图 3-63 所示。

3.3.4.3　圆弧长段数

该方式是通过分别定义各节段的弧长来分割曲线。单击该选项后，选取要分割的曲线，设置圆弧长参数，单击【确定】按钮完成操作，结果如图 3-64 所示。

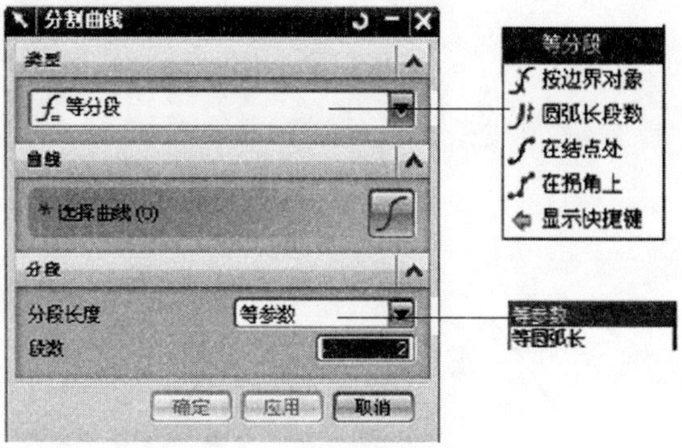

图3-61 【分割曲线】对话框

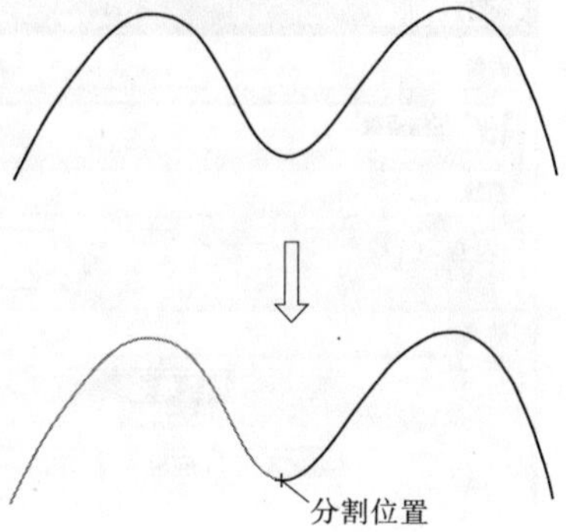

图3-62 "等分段"方式分割曲线

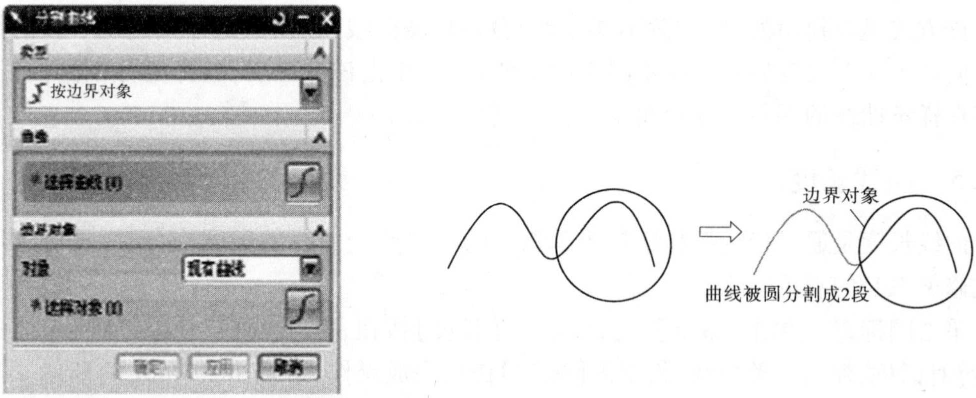

图3-63 "按边界对象"方式分割曲线

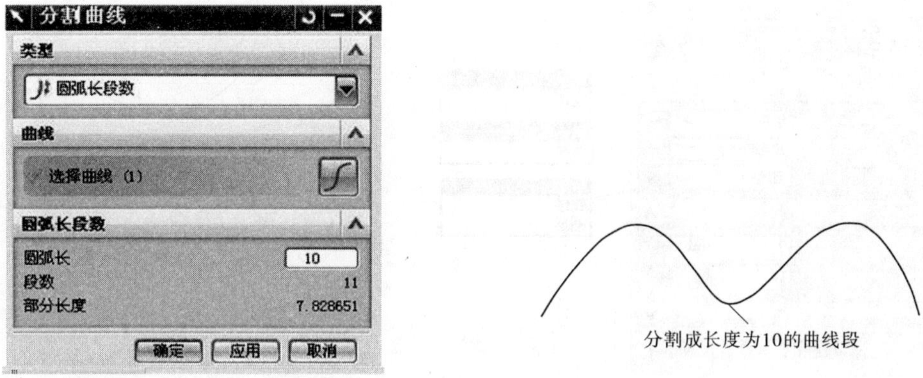

图3-64 "圆弧长段数"方式分割曲线

3.3.4.4 在结点处

该方式只能用于分割样条曲线,它在曲线的定义点处将曲线分割成多个节段。单击该选项后,选择要分割的曲线,然后,在"方法"下拉列表中选取分割曲线的方法,单击【确定】按钮完成操作,结果如图3-65所示。

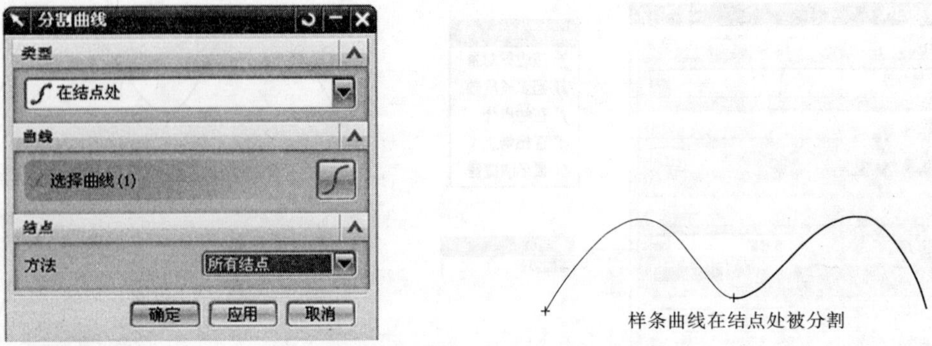

图 3-65　“在结点处”方式分割曲线

3.3.4.5　在拐角上

该方式是在拐角处(即一阶不连续点)分割样条曲线(拐角点是样条曲线节段的结束点方向和下一节段开始点方向不同而产生的点)。单击该选项后,选择要分割的曲线,系统将在样条曲线的拐角处分割曲线。

3.3.5　曲线长度

曲线长度是通过指定弧长增量或总弧长的方式改变曲线的长度,它同样具有延伸弧长或修剪弧长的双重功能。

单击图标或单击【编辑】→【曲线】→【长度】按钮,打开如图 3-66(a)所示的【曲线长度】对话框,输入相关参数后,单击【确定】按钮完成操作,结果如图 3-66(b)所示。该对话框中的主要选项含义如下。

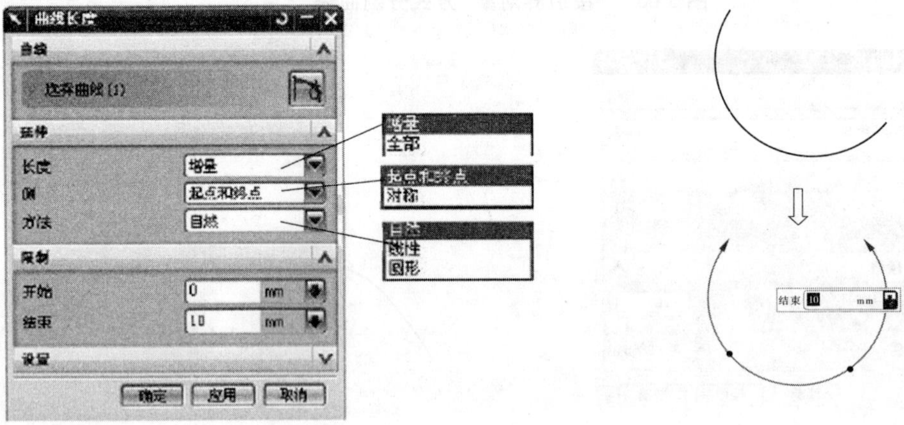

(a)【曲线长度】对话框　　(b)结果

图 3-66　【曲线长度】对话框及处理结果

3.3.5.1　长度

用于设置弧长的编辑方式。

(1)全部:以给定总弧长来编辑选取曲线的弧长。

(2)增量:以给定弧长增加量或减少量来编辑选取曲线的弧长。

3.3.5.2　侧

用来设置修剪或延伸方式。

(1)起点和终点:从选取曲线的起点或终点开始修剪或延伸。

(2)对称:从选取曲线的起点和终点同时对称修剪或延伸。

3.3.5.3　方法

用于设置修剪或延伸的类型。

3.3.5.4　限制

用于设置从起点或终点修剪或延伸的增量值。

3.3.6　拉长曲线

拉长曲线主要用来拉伸或收缩几何对象,并可移动对象。如果选取的是对象的端点,其功能是拉伸该对象。如果选取的是对象的端点以外的位置,其功能是移动该对象。

单击图标或单击【编辑】→【曲线】→【拉长】按钮,打开【拉长曲线】对话框,如图3-67所示,该对话框包括如下两种拉长曲线方式。

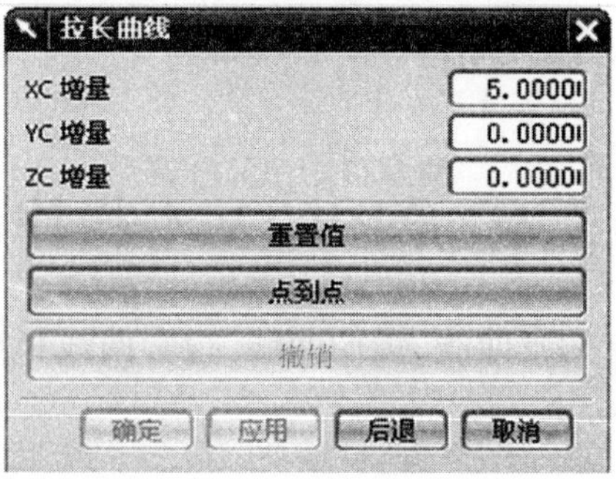

图3-67　【拉长曲线】对话框

3.3.6.1　重置值

选择该选项后,分别在"XC 增量"、"YC 增量"、"ZC 增量"的文本框中输入对象沿XC、YC、ZC坐标轴方向移动或拉伸的位移值,效果如图3-68所示。

3.3.6.2　点到点

单击【点到点】按钮后,首先设定一个参考点,然后设定一个目标点,则系统以该参考点至目标点的方向和距离来移动或拉伸对象,效果如图3-69所示。

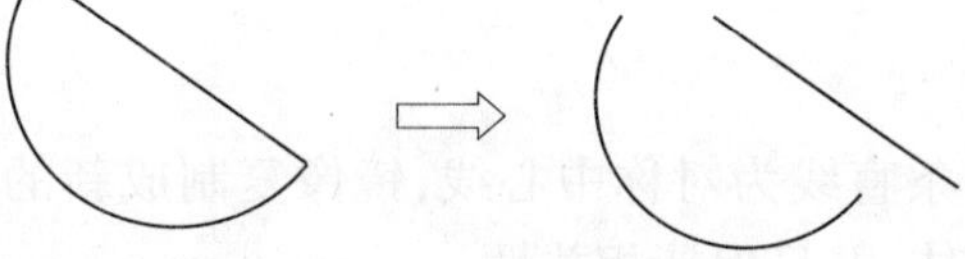

图3-68　"重置值"方式拉长曲线

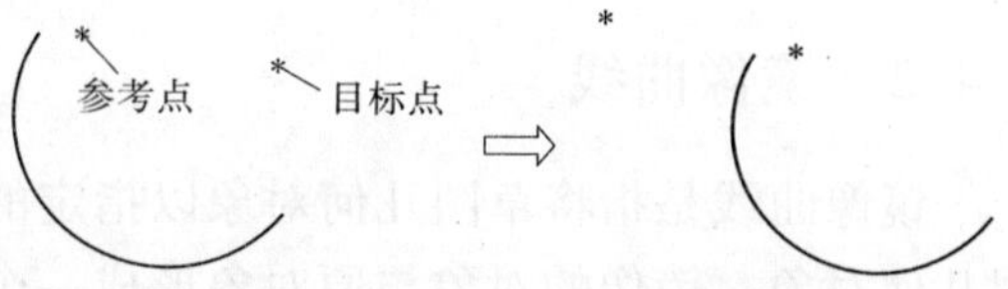

图3-69　"点到点"方式拉长曲线

3.3.7 编辑圆角

该选项用于编辑修改已有的圆角。单击【编辑曲线】工具栏中的【编辑圆角】按钮，进入【编辑圆角】对话框，如图 3-70 所示，编辑现有圆角，类似于两曲线重新倒圆角。

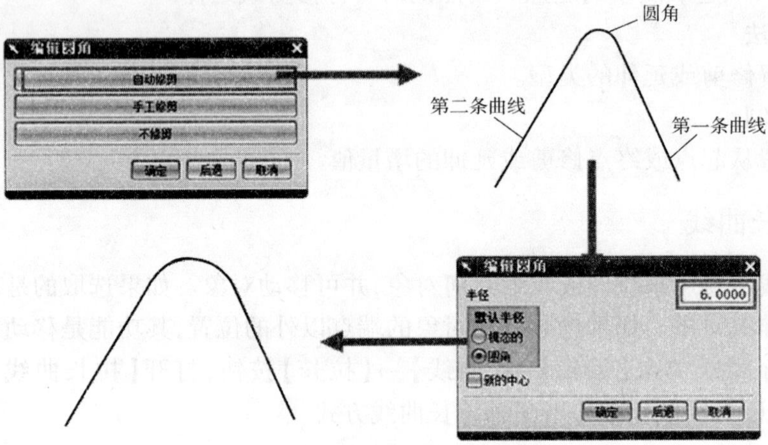

图 3-70 编辑圆角

3.4 草图的基本操作

草图的基本操作主要有偏置曲线、镜像曲线、投影曲线和添加现有曲线等。

3.4.1 偏置曲线

偏置曲线是指对草图平面内的曲线或曲线链进行偏置，并对偏置生成的曲线与原曲线进行约束。偏置曲线与原曲线具有关联性，即对原曲线进行的编辑修改，所偏置生成的曲线也会自动更新。

(1)单击【插入】→【来自曲线集的曲线】→【偏置曲线】按钮或在【草图操作】工具栏中单击图标，弹出【偏置曲线】对话框，如图 3-71 所示。

(2)在“距离”文本框中输入偏置距离。

(3)选择需偏置的曲线，系统会自动预览偏置结果；如有必要，单击图标，可以使偏置方向反向，如图 3-72 所示。

3.4.2 镜像曲线

镜像曲线是指将草图几何对象以指定的一条直线为对称中心线，镜像复制成新的草图几何对象。镜像的对象与原对象形成一个整体，并且保持相关性。

(1)单击【插入】→【来自曲线集的曲线】→【镜像曲线】按钮或在【草图操作】工具栏中单击图标，弹出【镜像曲线】对话框，如图 3-73 所示。

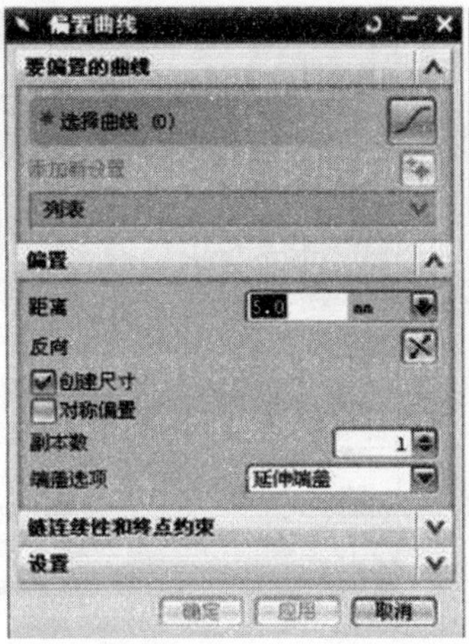

图 3-71 【偏置曲线】对话框

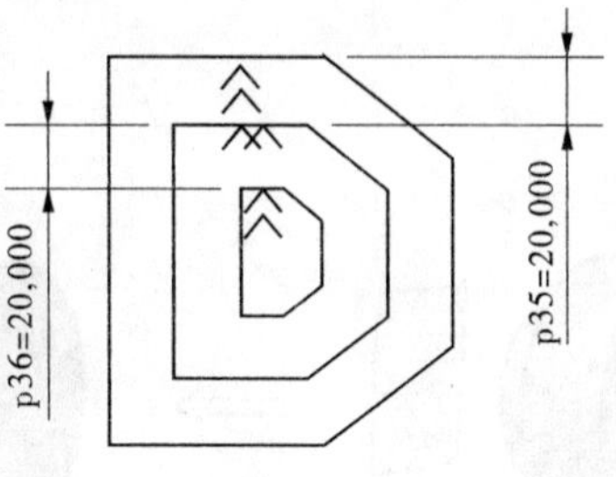

图 3-72 偏置曲线

(2)选择镜像中心线和要镜像的草图对象。

(3)单击【确定】按钮,完成镜像复制,结果如图 3-74 所示。

图 3-73 【镜像曲线】对话框

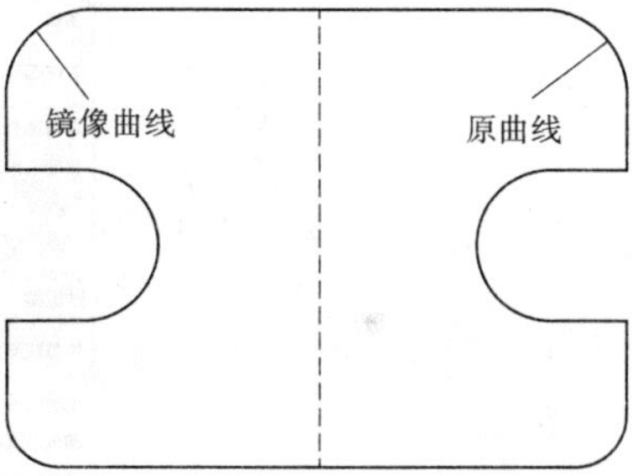

图 3-74 镜像曲线

3.4.3 投影曲线

投影曲线是指将能够抽取的对象(关联和非关联曲线、点或捕捉点,包括直线的端点以及圆弧和圆的中心)沿垂直于草图平面的方向投影到草图平面上。选择要投影的曲线或点,系统将曲线从选定的曲线、面或边上投影到草图平面或实体曲面上,成为当前草图对象,如图 3-75 所示。

在草图工作界面下,单击【插入】→【处方曲线】→【投影曲线】按钮或在【草图操作】工具栏中单击图标,弹出【投影曲线】对话框,如图 3-76 所示。

3.4.4 添加现有曲线

该选项用于将已有的不属于草图对象的点或曲线添加到当前的草图平面中。

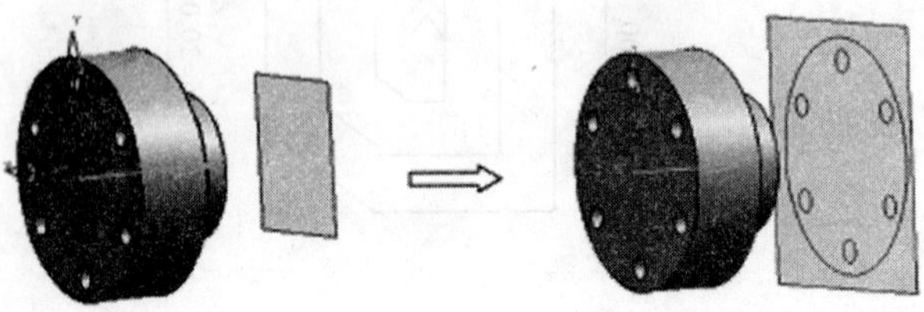

图 3-75　投影曲线

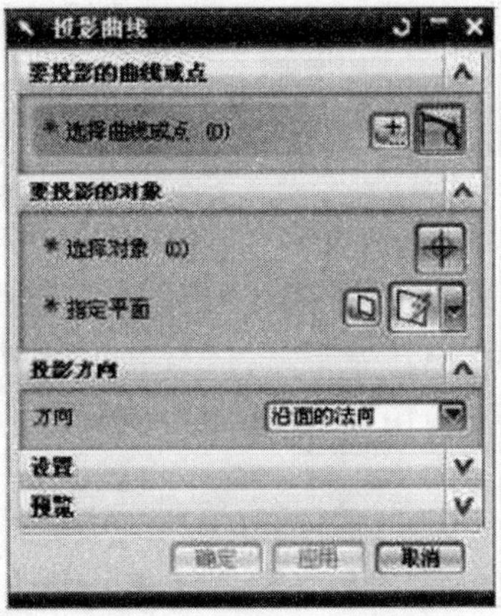

图 3-76　【投影曲线】对话框

在【曲线操作】工具栏中单击图标或单击【插入】→【曲线】→【现有曲线】按钮，弹出【添加曲线】对话框，如图 3-77 所示。

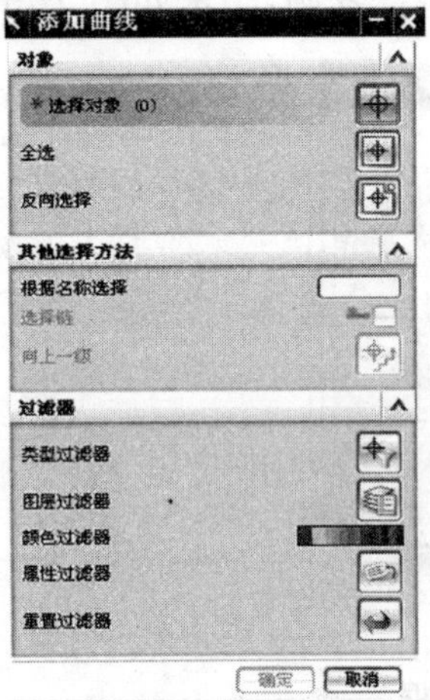

图 3-77　【添加曲线】对话框

注意：曲线和点必须与草图共面，系统不向增加的曲线或几何体之间的封闭间隙应用约束。要应用几何约束，可使用【自动约束】命令，用这个选项无法将“展开”或“关联”曲线添加到草图中。如果曲线已被用于拉伸、旋转、扫掠等操作，则不能添加到草图中。

3.5　草图的约束

草图约束就是设置约束方式以限制草绘曲线在工作平面内的准确位置，从而保证草绘曲线的准确性。利用【草图约束】工具栏可以对草图元素进行精确设置和约束几何形状或基本尺寸、显示/不显示草图中的几何约束、显示/移除几何约束、转换/自参考对象等操作。

3.5.1 几何约束

3.5.1.1 几何约束的类型

在【草图约束】工具栏中单击图标，选取视区需创建几何约束的对象后，即可进行有关的几何约束操作。

几何约束用于定位草图对象和确定草图对象之间的几何关系。在 UG 中，系统提供了 20 种类型的几何约束。根据不同的草图对象，可添加不同的几何约束类型。几何约束的主要类型如下所述：

(1)固定：将草图对象固定到当前所在的位置。一般在几何约束的开始，需要利用该约束固定一个元素作为整个草图的参考点。

(2)完全固定：添加该约束后，所选取的草图对象将不再需要任何约束。

(3)重合：定义两个或两个以上的点互相重合，这里的点可以是草图中的点对象，也可以是其他草图对象的关键点(如端点、控制点、圆心等)。

(4)同心：定义两个或两个以上的圆弧或椭圆弧的圆心互相重合。

(5)共线：定义两条或多条直线共线。

(6)中点：定义点在直线或圆弧的中点上。

(7)水平：定义直线为水平直线，即与草图坐标系 XC 轴平行。

(8)竖直：定义直线为竖直线，即与草图坐标系 YC 轴平行。

(9)平行：定义两条曲线互相平行。

(10)垂直：定义两条曲线互相垂直。

(11)相切：定义两个草图元素相切。

(12)等长：定义两条或多条曲线等长。

(13)等半径：定义两个或两个以上的圆弧或圆的半径相等。

(14)恒定长度：定义选取的曲线元素的长度是固定的。

(15)恒定角度：定义一条或多条直线与坐标轴之间所成的角度是固定的。

(16)曲线的斜率：定义样条曲线过一点与一条曲线相切。

(17)均匀比例：定义样条曲线的两个端点在移动时，样条曲线的形状保持不变。

(18)非均匀比例：定义样条曲线的两个端点在移动时，样条曲线的形状发生改变。

(19)点在曲线上：定义选取的点在某条曲线上，该点可以是草图的点对象或其他草图元素的关键点(如端点、圆心)。

(20)镜像：定义对象间彼此成镜像关系，该约束由镜像工具添加。

3.5.1.2 添加几何约束

几何约束的添加方法有两种：自动判断(自动约束)和手动施加(手动约束)。

1. 自动约束

自动约束是由系统对草图元素相互间的几何位置关系自动进行判断，并自动添加到草图对象上的约束方法。自动约束主要用于所需添加约束较多，并且已经确定位置关系的草图元素，或利用工具直接添加到草图中的几何元素。自动约束的具体操作步骤如下所述：

(1)单击图标，弹出【自动约束】对话框，如图 3-78(a)所示。

(2)选取要约束的草图对象，并在“要应用的约束”选项组中启用所需约束的复选框。

(3)在“设置”选项组中设置公差参数。

(4)单击【确定】按钮，完成自动约束操作。

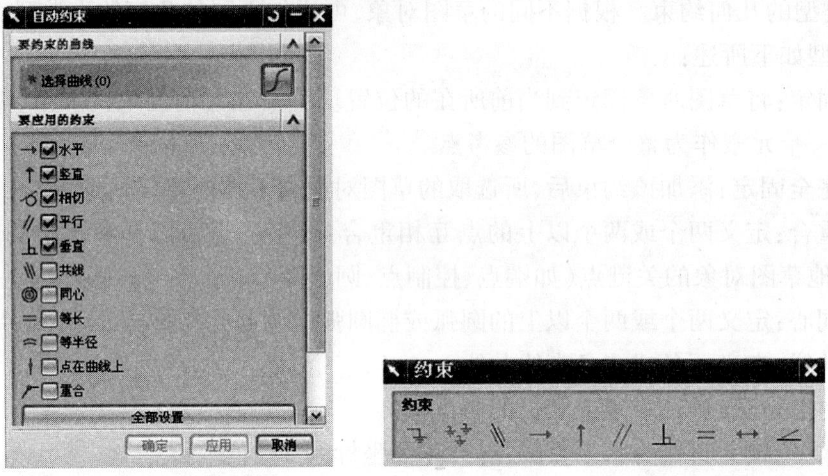

(a)　(b)

图 3-78　【自动约束】和【约束】对话框

2. 手动约束

手动约束的具体操作步骤如下所述：

(1)单击图标。

(2)选取要约束的草图对象，弹出【约束】对话框，如图 3-78(b)所示。

(3)选择所需要的约束类型，完成手动约束操作。

3.5.2　尺寸约束

草图的尺寸约束效果相当于对草图进行标注，除可以根据草图的尺寸约束看出草图元素的长度、半径、角度外，还可以利用草图各点处的尺寸约束对草图元素的大小、形状进行限制或约束。

单击【草图约束】工具栏中的图标，弹出【尺寸】工具条，单击图标，打开【尺寸】对话框，如图 3-79 所示。

3.5.2.1　尺寸约束的类型

在【尺寸】对话框中提供了 9 种约束类型。当需要对草图对象进行尺寸约束时，直接单击所需尺寸类型按钮，即可进行相应的尺寸约束操作。对话框中的各种约束类型及作用如下所述：

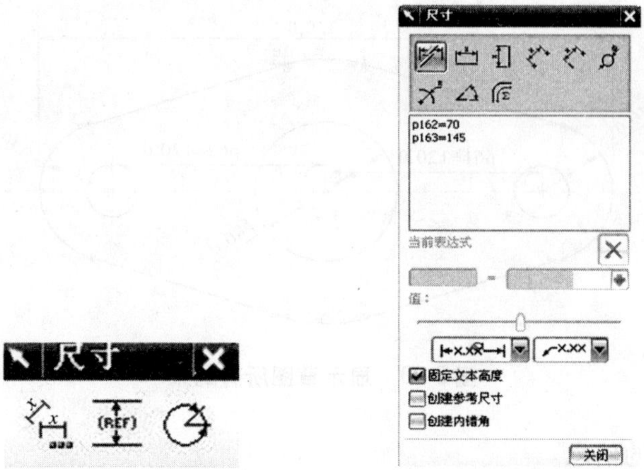

图 3-79 【尺寸】对话框

(1)自动判断的尺寸：根据鼠标指针的位置自动判断尺寸约束类型。

(2)水平：约束 XC 方向数值。

(3)竖直：约束 YC 方向数值。

(4)平行：约束两点之间的距离。

(5)垂直：约束点与直线之间的距离。

(6)直径：约束圆或圆弧的直径。

(7)半径：约束圆或圆弧的半径。

(8)角度：约束两条直线的夹角度数。

(9)周长：约束草图曲线元素的总长。

3.5.2.2 尺寸表达式设置区

该区的列表框中列出了当前草图约束的表达式。利用列表框下的文本框或滑块可以对尺寸表达式中的参数进行设置。另外，还可以单击图标，将列表框中的表达式和草图中的约束删除。

3.5.2.3 尺寸表达式和引出线的放置位置

用于设置尺寸标注的放置位置和引出线的放置位置。其中，尺寸标注的放置位置包括“自动放置”、“手动放置且箭头在内”、“手动放置且箭头在外”三种方法。引出线的放置位置包括“从左侧指来”和“从右侧指来”两种。另外，还可以通过启用文本框下的复选框，以执行相应的操作。

3.5.3 显示/移除约束

当草图中的约束过多时，单独观察一个或一部分约束往往不能清楚地发现草图中各元素间的整体约束关系。此时，可以利用“显示所有约束”工具对其进行观察，单击【显示所有约束】图标，系统将同时显示草图所有约束，如图 3-80 所示。

利用“显示/移除约束”工具可以显示与选定草图几何图形关联的几何约束，并移除

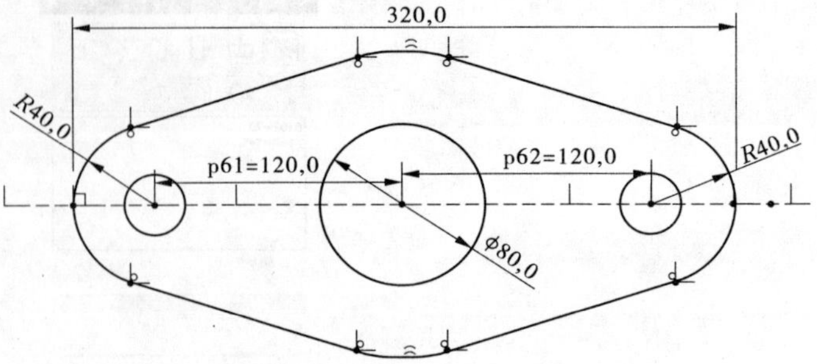

图 3-80　显示草图所有约束

选定的约束或列出的信息。

在【草图约束】工具栏中单击图标，弹出【显示/移除约束】对话框，如图 3-81 所示。

(1)约束列表：利用 3 个单选按钮控制显示约束的对象类型。

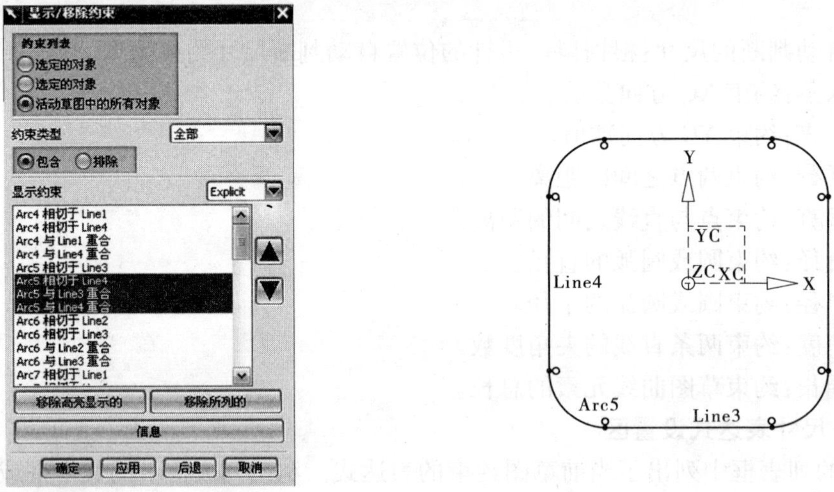

图 3-81　【显示/移除约束】对话框

(2)约束类型：选择具体的约束类型显示。所有符合要求的约束将在“显示约束”列表框中显示出来。

(3)移除高亮显示的：选择一个或多个约束时，草图中相应的约束将高亮显示，单击该按钮，即可删除选定的约束。

(4)移除所列的：删除列表框中所有的约束。

3.5.4　动画模拟尺寸

动画模拟尺寸可以将所选草图对象的尺寸约束在指定尺寸范围内并按照一定的步数进行变化，同时，显示与该草图对象关联的其他对象的尺寸约束，以达到动态观察该元素对草图影响的效果。

(1)在【草图约束】工具栏中单击图标，弹出【动画】对话框。

(2)在列表框中选择一个尺寸表达式,设置"上限"、"下限"和"步数/循环"三个参数。

(3)单击【应用】按钮,将打开【动画停止】对话框,并开始动态显示效果,如图3-82所示。

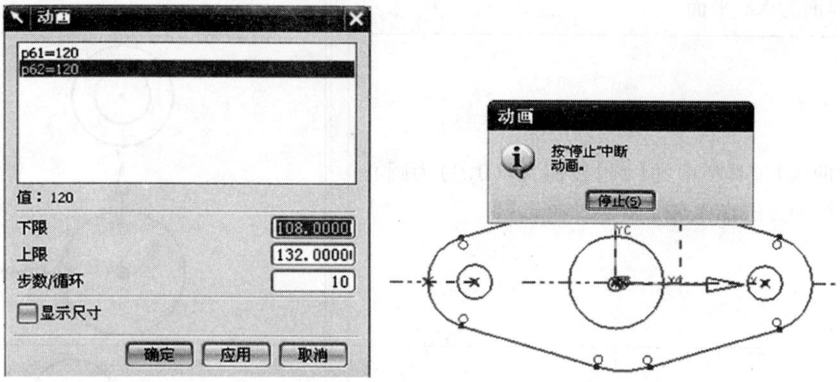

图3-82 动画模拟尺寸

(4)单击【停止(S)】按钮,结束动态显示过程。

【任务实施】

3.6 拨叉零件绘制

3.6.1 实施计划和决策

3.6.1.1 分析任务

拨叉由底板和圆筒两大部分组成,且底板和圆筒上各有一个圆孔。

3.6.1.2 实施计划

方案一:草图→底板轮廓和圆→拉伸一次成型底板→以底板端面为基准面建立圆筒草图→拉伸建立圆筒→建立基准面2→完成圆筒上圆孔的草图绘制→完成拨叉零件建模。

方案二:底板草图→建模建立底板→底板上完成圆孔绘制→建模建立小孔→底板上建立圆柱体→建立圆筒→建立圆筒上小孔→完成拨叉零件建模。

3.6.1.3 实施决策

方案一较方案二简洁、高效,故采用方案一。

3.6.2 实施步骤和结果

拨叉零件的绘制实施步骤和结果如表3-1所示。

表 3-1　拨叉零件的绘制实施步骤和结果

操作步骤	效果图
1. 选择【文件】→【新建】，名称为 BOCHA，进入建模界面	
2. 单击【草图】按钮，弹出【创建草图】对话框，单击【确定】按钮，进入草图绘制工作界面。默认草图绘制工作界面为 XY 平面	
3. 单击【曲线】工具栏中的【圆】按钮，以(0,0)为圆心作圆，以同样的方法在 Y 轴上作两个同心圆	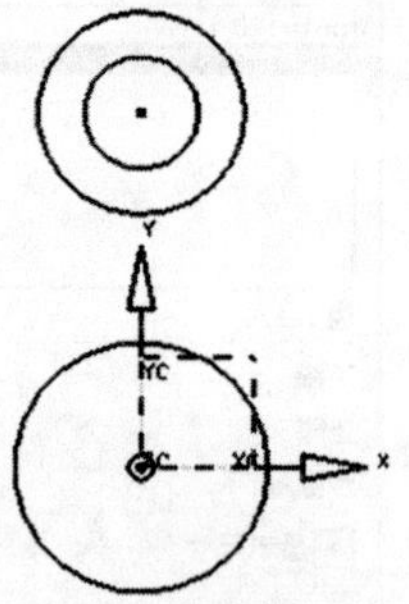
4. 单击【自动判断尺寸】按钮，标注 3 个圆的大小和在 Y 轴方向的距离	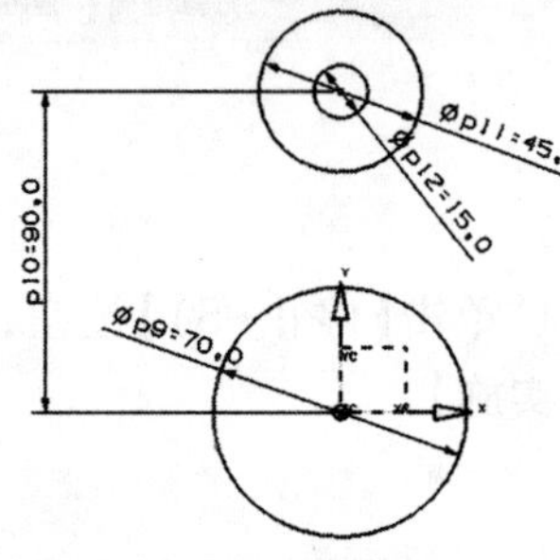
5. 激活【启用捕捉点】按钮，单击【曲线】工具栏中的【直线】按钮，作两圆的外相切线	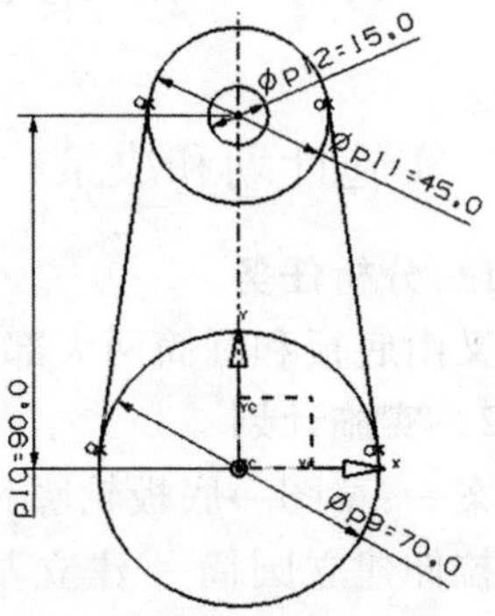
6. 单击【快速修剪】按钮，修剪掉多余的线条	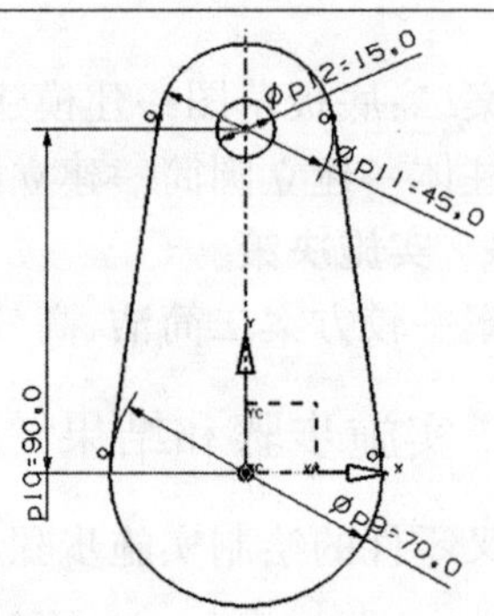

续表 3-1

操作步骤	效果图
7. 单击【完成草图】按钮,进入建模界面,通过【拉伸】命令完成底板的建模	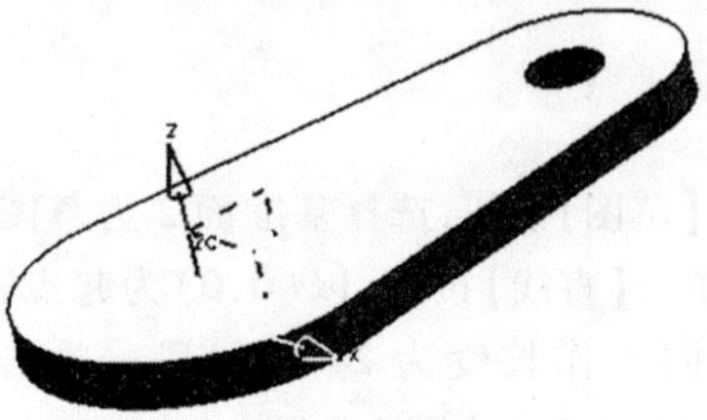
8. 单击【草图】按钮,选择底板 Y 轴正向端面为草图基准面	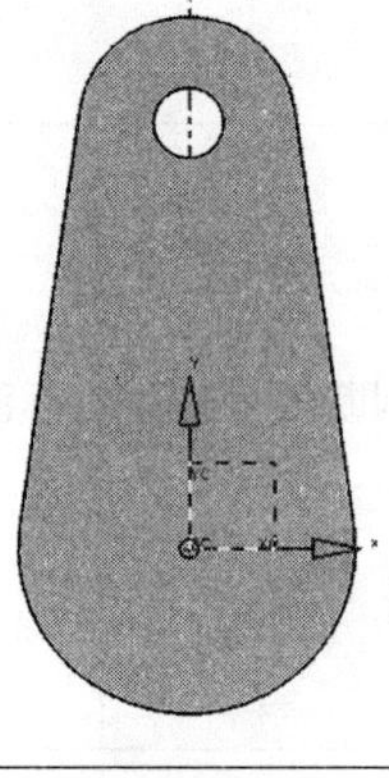
9. 单击【曲线】工具栏中的【圆】按钮,以(0,9)为圆心作两个同心圆。单击【自动判断尺寸】按钮,标注圆的大小	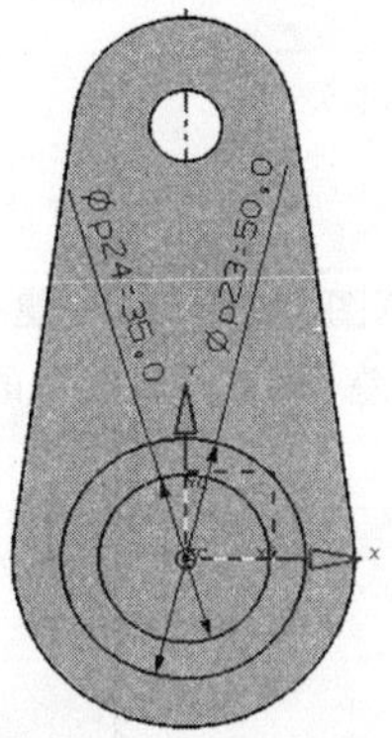
10. 单击【完成草图】按钮,进入建模界面,通过【拉伸】命令完成圆筒的建模	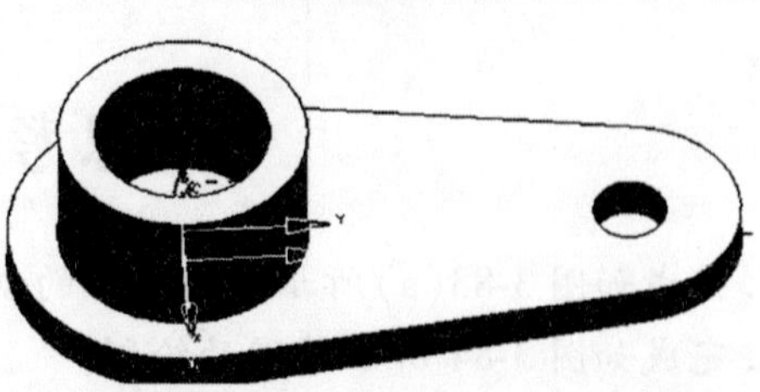
11. 单击【格式】→【WCS】→【动态】选项,以 YZ 平面为参考平面,创建与 YZ 平面成 30°夹角的基准面 2	

续表 3-1

操作步骤	效果图
12. 单击【草图】按钮，选择基准面 2 为草图基准面。单击【直线】按钮，以(0,0)为起点，在 Z 轴方向上作长度为 24 的线段。单击【圆】按钮，以(0,24)为圆心作圆	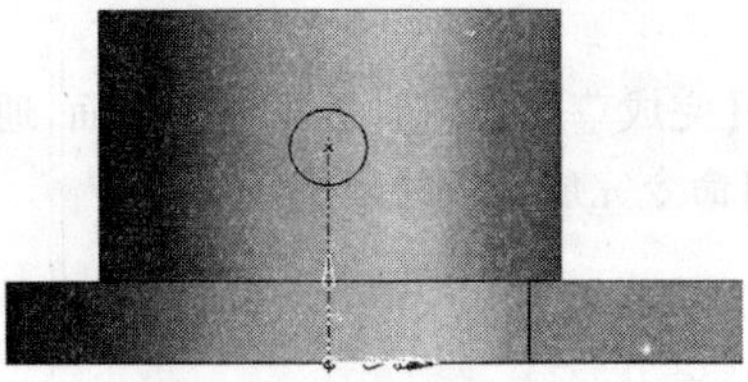
13. 单击【自动判断尺寸】按钮，标注圆的大小和位置	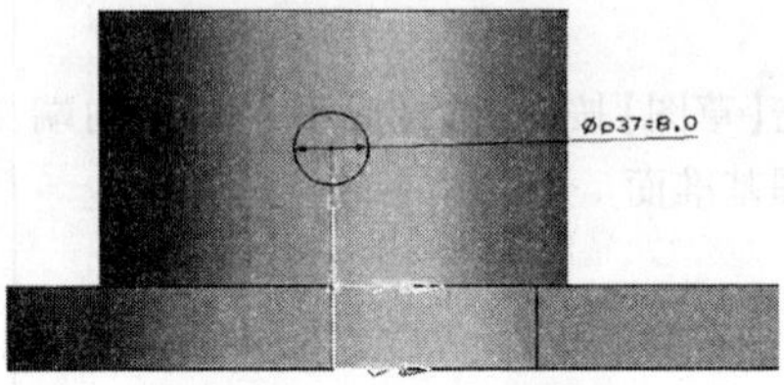
14. 单击【完成草图】按钮，进入建模界面，通过【拉伸】和【求差】命令完成拨叉的建模	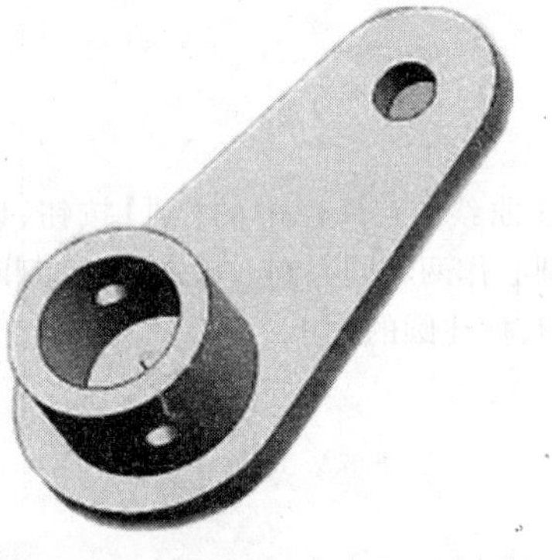

思考与练习

1. 完成如图 3-83(a)所示销钉实体的创建。参考尺寸如图 3-83(b)所示。

2. 完成如图 3-84 所示草图的绘制。

3. 完成如图 3-85 所示草图的绘制。

4. 完成如图 3-86(a)所示卡簧的绘制，卡簧厚度为 1.5 mm。参考尺寸如图 3-86(b)所示。

5. 完成如图 3-87 所示吊钩的绘制。

(a)

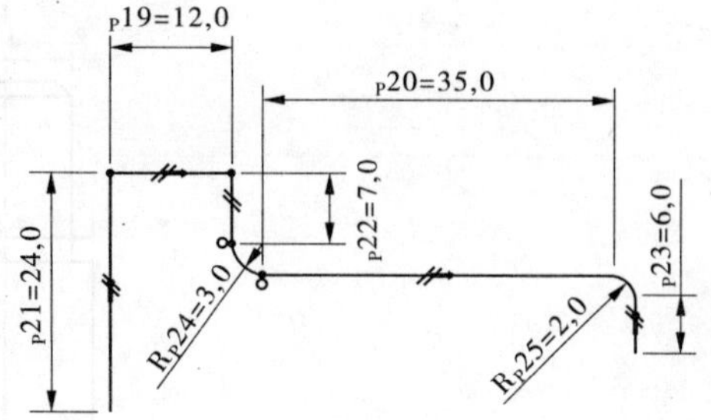

(b)

图 3-83

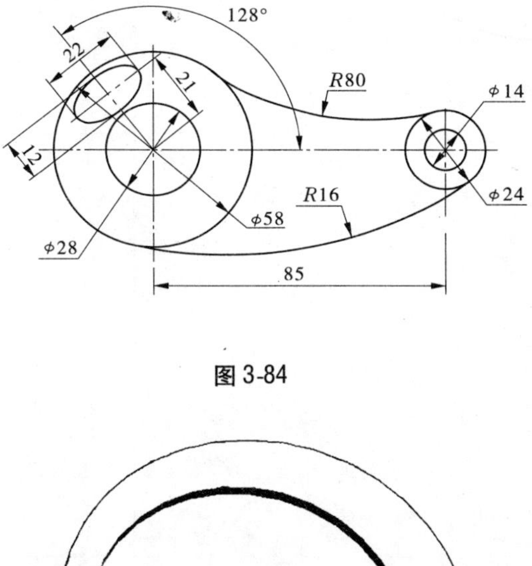

图 3-84

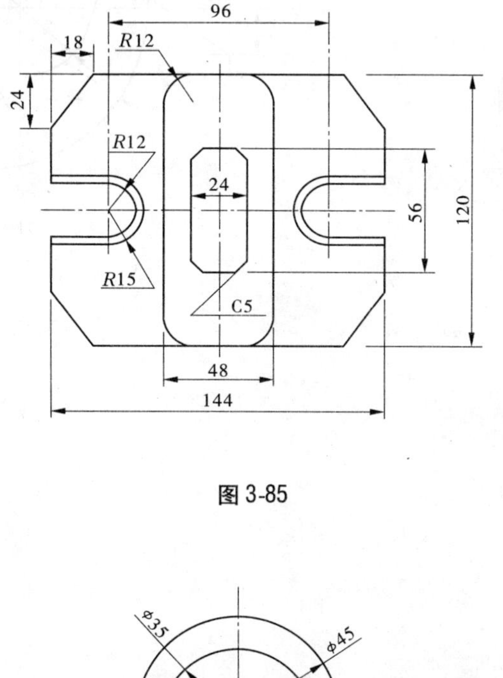

图 3-85

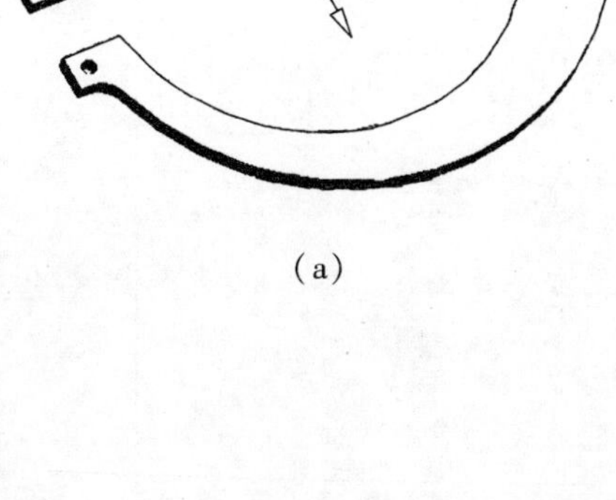

(a)

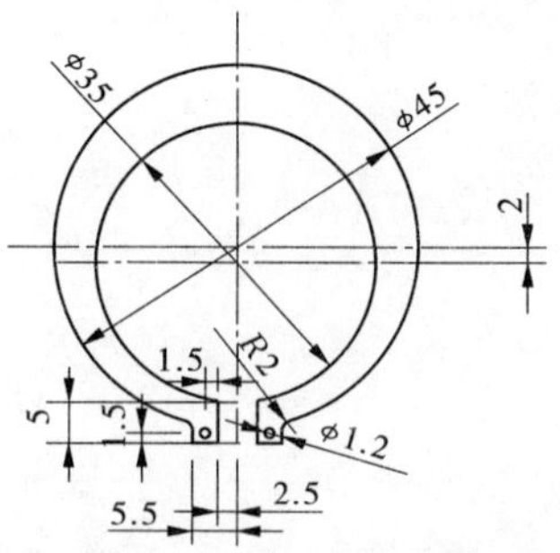

(b)

图 3-86

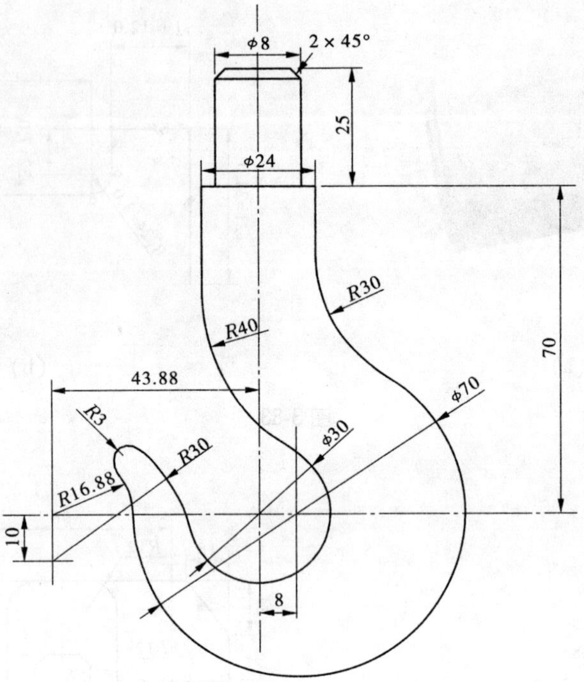

图 3-87

项目4　实体建模技术及应用

【学习目标】

1. 明确UG实体建模是基于特征和约束的建模技术。
2. 了解特征建模和约束的基本理论和原理。
3. 掌握用UG创建实体的基本方法和基本技能。
4. 会用UG对实体进行编辑。
5. 会进行参数化建模。
6. 能用UG建立实际零部件模型。

【工作任务】

任务一　完成螺旋千斤顶各零件的三维建模

完成螺旋千斤顶各零件，如图4-1所示的底座、图4-2所示的顶盖、图4-3所示的螺钉、图4-4所示的起重螺杆、图4-5所示的旋转杆的建模。

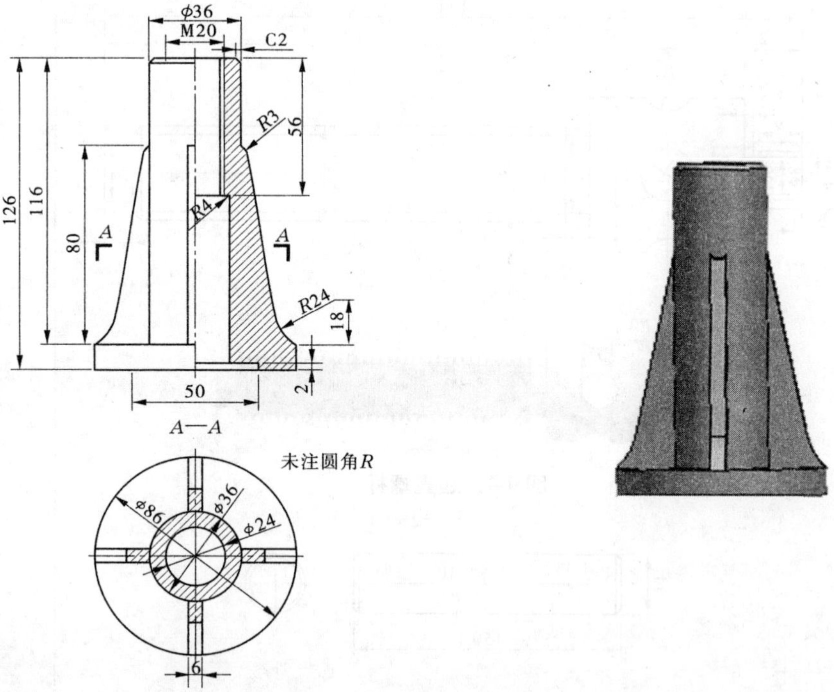

图4-1　底座

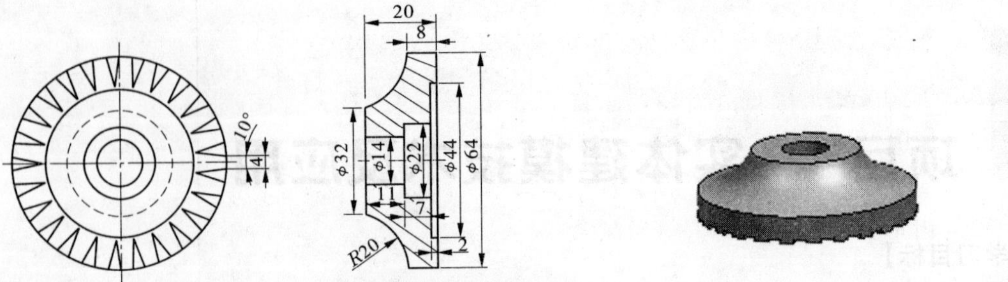

左视图未画凹凸部分
凹凸部分向下切槽1 mm

图 4-2　顶盖

图 4-3　螺钉

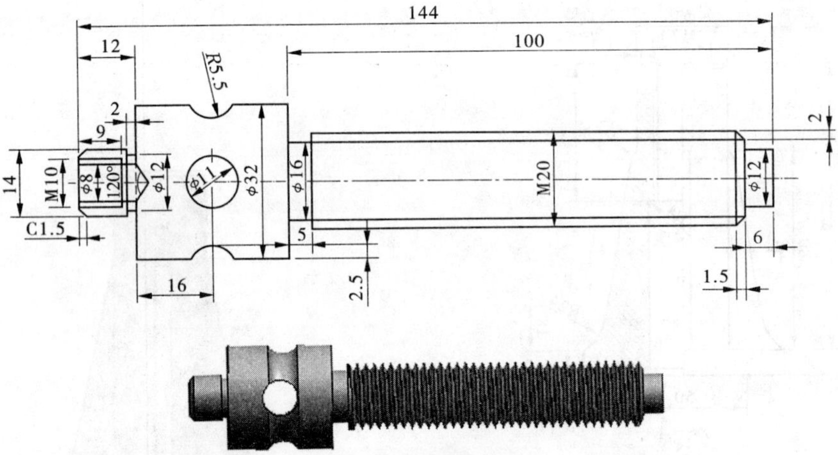

图 4-4　起重螺杆

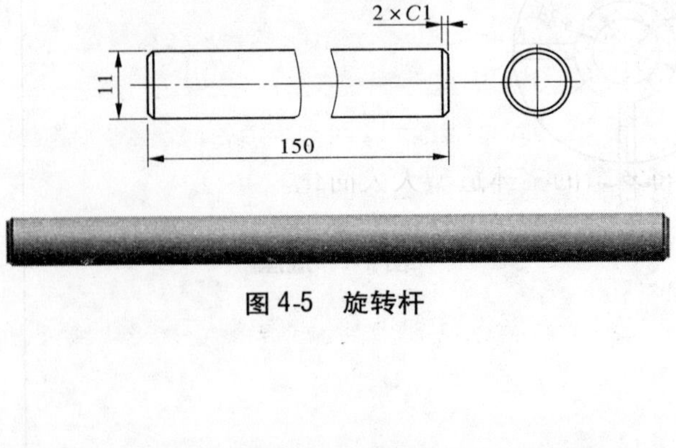

图 4-5　旋转杆

任务二　完成如图 4-6 所示的蜗轮蜗杆的参数化建模

要求写出建立模型的方案和步骤。

已知蜗轮的主要参数：模数 $m=4$，齿数 $z=39$，传动中心距 $a=98$，螺旋角 $\beta=11.309\,9°$。

阿基米德蜗杆的基本参数：蜗杆头数 $z=1$（右旋），轴向模数 $m_S=4$ mm，直径系数 $\omega=10$，齿形角 $\alpha=40°$（压力角为 20°）。

(a)　(b)

图 4-6　蜗轮蜗杆模型

【相关基本知识和基本技能】

UG 实体建模是基于特征的参数化系统，具有交互创建和编辑复杂实体模型的能力，能够帮助用户快速进行概念设计和细节结构设计。另外，系统还将保留每步的设计信息，与传统的基于线框和实体的 CAD 系统相比，具有特征识别的编辑功能。UG NX6 提供了特征建模模块、特征操作模块和特征编辑模块，具有强大的实体建模功能，使造型操作更简便、更直观、更实用。在建模和编辑的过程中，用户能够获得更大的、更自由的创作空间。

4.1　概　述

4.1.1　实体建模的优点

UG 实体建模通过拉伸、旋转、扫描等建模方法，并辅之以布尔运算，使用户既可以进行参数化建模，又可以方便地使用非参数方法生成三维模型。另外，还可以对部分参数化或非参数化模型进行二次编辑，以便生成复杂机械零件的实体模型。具体有以下优点：

（1）UG 实体建模充分继承了传统意义上的线、面、体造型特点及长处，能够方便迅速地创建二维和三维实体模型。此外，还可以通过其他特征操作和特征编辑模块对实体进行各种操作和编辑，将复杂的实体造型大大简化。

（2）UG 实体建模能够保持原有的关联性，可以引用到二维工程图、装配、加工、机构分析和有限元分析中。

（3）UG 实体建模提供了概念设计和细节设计，提高了创新设计能力。

(4) UG 实体建模具备对象显示和面向对象交互技术，不仅显示效果明晰，而且可以加快设计进度。

(5) UG 实体建模采用主模型设计方法，驱动了后续应用，如工程制图、加工等，实现了并行工程。主模型修改后，其他应用自动更新，避免重复。

(6) UG 实体建模可以进行测量和简单物理特性分析。

4.1.2　UG 实体建模术语

在 UG NX6 实体建模中，通常会使用一些专业的术语，了解和掌握这些术语是用户实体建模的基本需要。这些术语通常用来简化表述，另外便于与相似的概念相区别。UG 实体建模中主要涉及以下几个常用的术语：

(1) 几何物体、对象：UG 环境下所有的几何体均为几何物体、对象，包括点、线、面和三维图形。

(2) 特征：所有构成实体、片体的参数化元素，包括体素特征、扫描特征、设计特征等。

(3) 实体：封闭的边和面的集合。

(4) 片体：一般是指一个或多个不封闭的表面。

(5) 体：实体和片体的总称，一般是指创建的三维模型。

(6) 面：边围成的区域。

(7) 引导线：用来定义扫描路径的曲线。

(8) 目标体：需要与其他实体进行运算的实体。

(9) 工具体或刀具体：用来修改目标体的实体。

4.1.3　UG 实体建模工具栏

UG NX6 在操作界面上有很大的改进，各实体建模功能除通过菜单栏来实现外，还可以通过工具栏上的图标来实现。实体建模功能主要包括特征（见图 4-7）、特征操作（见图 4-8）、同步建模（见图 4-9）和编辑特征（见图 4-10），共四种实体建模方式。

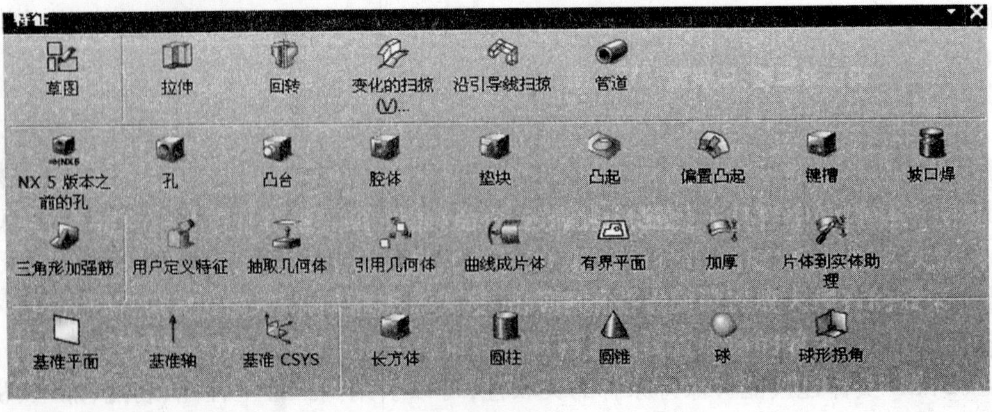

图 4-7　特征

图4-8 特征操作

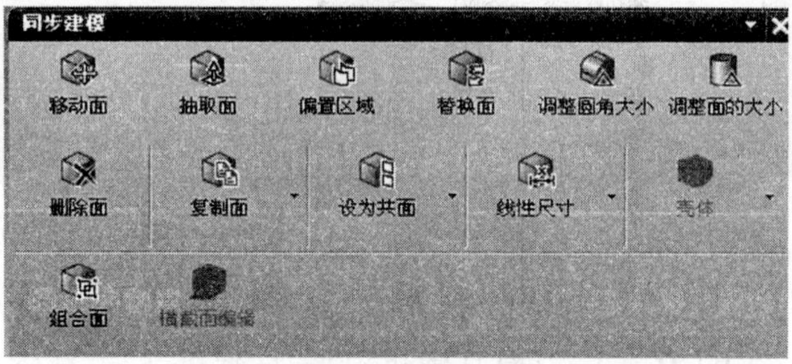

图4-9 同步建模

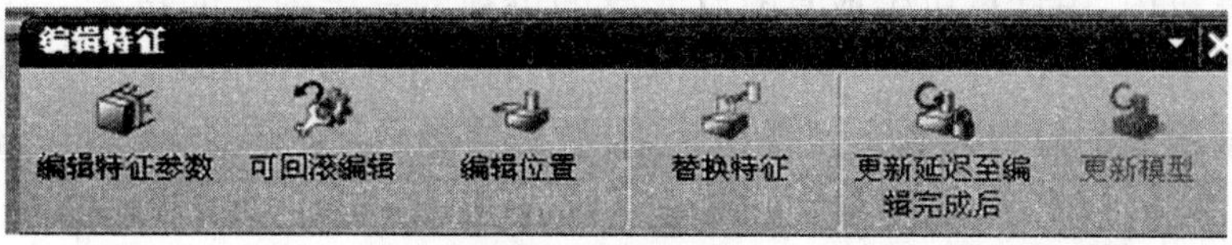

图4-10 编辑特征

4.2 实体建模技术基本知识

4.2.1 布尔运算

布尔运算在实体建模中应用很多,用于实体建模中各个实体之间的求和、求差和求交操作。布尔运算中的实体称为工具体和目标体,只有实体对象才可以进行布尔运算,曲线和曲面等无法进行布尔运算。在进行布尔运算时,首先选择的是需要与其他体合并的实体称为目标体,而修改目标体的实体被称为工具体。在完成布尔运算时,工具体成为目标体的一部分。三种布尔运算图标分别为、、。步骤:【插入】→【组合体】→、、,出现如图4-11所示的【求和】对话框,目标体选择长方体(见图4-12),工具体选择圆柱体(见图4-13)。求和、求差、求交的结果分别如图4-14(a)、(b)、(c)所示。

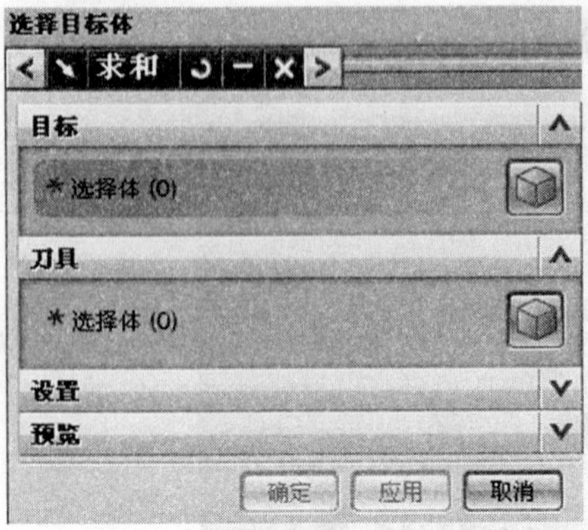

图 4-11　【求和】对话框

图 4-12　长方体

图 4-13　圆柱体

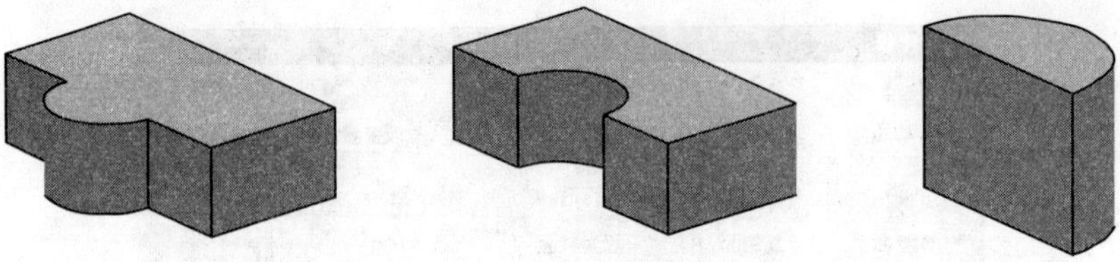

(a)求和　　(b)求差　　(c)求交

图 4-14　布尔运算结果

实体造型技术(Solid Modeling)是计算机视觉、计算机动画、计算机虚拟现实等领域中建立三维实体模型的关键技术。实体造型技术是指将描述几何模型的形状和属性的信息并存于计算机内,由计算机生成具有真实感的可视的三维图形的技术。任何产品的形态都可以看作是由三维几何形构成的组合体。用来描述产品的形状、尺寸大小、位置与结构关系等几何信息的模型称为几何模型。所以,实体造型技术也称为三维几何造型技术。

4.2.2　几何元素

点——端点、交点、切点和孤立点等。它是几何造型中最基本的元素,任何形体都可用有序的点集表示。计算机对形体的处理实质上是对点集和其连接关系的处理。

边——两个邻面或多个邻面(非正则体)的交线。直线边由两个端点确定,曲线边由一系列型质点或控制点描述。

面——形体上一个有限的、非零的区域,是二维几何元素。它往往由一个外环和若干个内环确定其范围(也可无内环)。面有方向性,一般规定将其外法矢方向作为该面的正向。面分为平面、二次面、双三次参数曲面等形式。

环——由有序、有向的边组成的面的封闭边界。环有内、外之分,面的最大的外边界的环称外环,一般按逆时针方向排序。面中内孔边界的环称为内环,与外环排序相反,按顺时针排序。这样,在面上沿一个环前进,其左侧总是面内,右侧为面外。

体——三维的几何元素,指用封闭表面围成的空间,也是三维空间里非空的、有界的封闭子集,其边界是有限面的并集。为使几何造型具有可靠性和可加工性,要求其形体是一个正则形体。

体素——造型系统定义的简单形体。即可用一些确定的尺寸参数控制其最终位置和形状的一组单元实体,如长方体、柱体、球体等;或由参数定义一条(或一组)截面,沿一条(或一组)空间参数曲线作扫描运动而产生的形体。

半空间——空间中的一个面加上该面的某一侧的所有点组成的空间,称为该面的半空间。这样,一个长方体可以看作是六个平面的半空间的交集。

在几何造型的运算中,常常采用的是集合运算和欧拉运算。集合运算是指几何建模中进行的求交、求和、求差等运算,是把简单形体(体素)通过重组形成复杂形体的一种方式。集合运算是几何建模的基本运算方法,是许多几何建模系统采用的基本方法。欧拉运算也是常用的一种造型运算方法,是通过调整形体的点、边、面而产生新的形体的处理方式。要进行这种运算的形体必须是欧拉形体,即必须满足:面中无孔洞,边界是面的单环;每条边有两个邻面,且有两个端点;顶点至少是三条边的交点。对于有限个孔的形体,欧拉运算也能进行,但运算更复杂一些。

4.2.3 基本概念

4.2.3.1 扫掠(Sweeping)

把一个元素沿着一条路径"扫出"的一个立体特征叫做面特征。这些体积要么加到物体上(拉伸(tension)),要么切除材料(切割路径(cutter path))。扫掠也叫作基于草图的造型(sketcher based modelling),和各种制造技术类似,例如挤压(extrusion)、铣(milling)、车削(lathe),等等。

4.2.3.2 边界表示(Boundary representation)

一个立体可以用其边界表面表达,然后填充成为实体,也称为曲面造型(surfacing)。边界表示和各种制造技术类似,例如注模(Injection moulding)、铸造(casting)、锻造(forging)、热塑加工(thermoforming),等等。

4.2.3.3 参数化体素(也称基元)实例化(Parameterized primitive instancing)

从一个参数化的体素库中挑出并指定参数得到一个物体,例如,在螺栓库中有一个模型,通过修改它的参数集合,这个模型可以用于所有螺栓的尺寸。

4.2.3.4 空间占领(Spatial occupancy)或空间枚举

整个空间可分成规则块(cell,或细胞、胞腔),物体通过指定它占据了哪些块来表示。这样表示的物体可用于有限元分析,这通常是在模型完成之后进行的,作为分析软件的预处理的一部分。

4.2.3.5 分解(Decomposition)

和"空间占领"类似,但是块可以不规则,也不用"预编织"。这样表示的模型可以用于有限元分析,这通常是在模型完成之后进行的,作为分析软件的预处理的一部分。

4.2.3.6 构造实体几何(Constructive solid geometry)

用求和、求差、求交这样的布尔运算把简单的物体组合起来,通常采有树形的等级结构(组合体可以再组合)。

4.2.3.7 基于特征的造型(Feature based modelling)

物体和操作的复杂组合可以作为一个单元一起修改和复制,操作的顺序存储在一个树状结构(boolean tree or feature tree)中,参数的改变可以在树中传播(propagate)。

4.2.3.8 参数化造型(Parameteric modelling)

特征的属性被参数化,并给予标签(变量名),而不仅是固定的数字尺寸,整个模型的参数间的关系也被记录下来,使得参数值的改变更简单,几乎总是和特征联合使用。用参数表述特征的造型系统称为基于特征的参数化造型系统。

4.2.4 几何模型的表示

计算机对几何模型的表示模式,按其复杂程度,一般分为线框模型、表面模型和实体模型三种。

4.2.4.1 线框模型

线框模型(wireframe modelling)是 CAD 技术中最早使用的三维模型,表示的是物体的棱边。它由物体上的点、直线、曲线等几何元素组成,在计算机内部以点表和边表来表达。点表描述每个顶点的编号和坐标,边表说明每条棱边起点和终点的编号。如对立方体的描述。立方体由六个表面组成,每个面由四条棱边围成,每条棱边通过两个端点来定义,这种关系形成了一个树状结构。只要给定下层每个顶点的坐标值,形成顶点表,棱线的编号形成棱线表,就能唯一地确定该立方体。应当说,物体是边表和点表相应的三维映射。

由于线框模型的构成元素是点、线、圆、圆弧、样条曲线等,其数据结构简单,运算速度快,有很好的交互作图功能。但它也有局限性,如不能进行体积、面积、重量等几何特性的计算。由于不便消除隐藏线,有时图形表达的结构关系不清楚,这时就需要表面模型来完善。

4.2.4.2 表面模型

表面模型(surface modelling)是以物体的各表面为单位来表示形体特征的。它在线框模型的基础上增加了有关面和边的结构信息(拓扑信息),给出了顶点、顶点与边、边与面之间的二层拓扑信息。因此,它可以描述物体的表面特征。表面模型的表面可以用许多小面片拼合而成。这些面片可以是平面、规则曲面(解析曲面)和参数曲面。采用表面模型可以对产品作消隐、着色、剖面、表面积计算、曲面求交等操作。但它还不能指明物体的内部和外部、空心和实心等信息,所以只适用于对物体外壳的描述。实体模型弥补了这些缺点。

4.2.4.3 实体模型

实体模型采用有向棱边右手法则确定所在面外法线的方向,以描述表面的哪一侧是存在的实体。这样就能分清体内、体外,从而形成实体模型。它的计算比线框模型和表面模型复杂得多,但它记录的不仅是全部的几何信息,而且还记录了全部点、线、面、体的拓扑信息,是一种可以全面反映物体的结构、尺寸和性质的几何模型。

4.2.5 造型方法

在实体造型的应用软件中,使用的几何实体造型的方法一般有扫描表示法、构造实体几何法(CSG 法)和边界表示法(B-rep 法)三种。此外,还有单元分解法、参数形体调用法、空间枚举法等,但使用场合不多。

4.2.5.1 扫描表示法

扫描表示法是用曲线、曲面或形体沿某一指定路径运动后生成二维或三维物体的一种常用的造型方法。它要具备两个要素:首先,要给出一个运动形体(基体),基体可为曲线、曲面或实体。其次,要给出基体的运动轨迹,该轨迹是可以用解析式来定义的路径。扫描表示法非常容易理解,而且已被广泛应用于各种 CAD 造型系统中,是一种实用而有效的造型手段。它一般分两种类型:平移扫描和旋转扫描。

(1)平移扫描是指将一个扁平的形体按指定的方向平移一段距离后得到的形体。在实践中,它往往只需有一个物体的横断面,再指定平移的方向和距离就能生成。但它只限于具有"平移对称性"的实体。

(2)旋转扫描类似于车床车零件,是指某一形体沿着指定的轴作旋转运动后得到相应形体的造型方法。用此方法得到的面是旋转面。当被旋转的不是一条曲线,而是一个二维封闭曲线时,旋转扫描后得到的结果是一个三维实体。但它只限于具有"旋转对称性"的实体。

4.2.5.2 构造实体几何法

构造实体几何法即 CSG 法,也称几何体素构造法,是以简单几何体素构造复杂实体的造型方法。其基本思想是:一个复杂物体可以由比较简单的一些形体(体素)经过布尔运算后得到。它是以集合论为基础的,首先定义有界体素(集合本身),如立方体、柱体、球体等,然后将这些体素进行求交、求和、求差运算。

CSG 法可以看成是将物体概括分解成单元的结果。在物体被分解为单元后,又通过拼合运算(并集)使之结合为一体。CSG 法可进行既能增加体素,又能移去体素的布尔运算。一般造型系统都为用户提供了基本体素,它们的尺寸、形状、位置都可由用户输入少量的参数值来确定,因此非常便捷。

CSG 法可比作机械装配。机械装配是先设计制造产品零件,然后将它们装配成产品。CSG 法是先定义体素,然后通过布尔运算将它们拼合成所需要的几何体。在拼合过程中的几何体都可视为半成品,其自身信息简单,处理方便,并详细记录了构成几何体的原始特征和全部定义参数,甚至可以附加几何体的体素的各种属性。CSG 法表示的几何体具有唯一性和明确性。然而,一个几何体的 CSG 法表示方式却是多样的,可用几种不同的 CSG 树表示。就像一个半球体,既可以看作是一个球减去一半,也可以看作是两个相同的 1/4 球拼合而成。关于构造实体几何法,我们在 AutoCAD、3DSMAX、Rhino 等应用软件中早有体会,其直观的造型手段,今天仍被广泛地应用。

4.2.5.3 边界表示法(B－rep 法)

边界表示法是一种以物体的边界表面为基础,定义和描述几何形体的方法。它能给出物体完整的、显示的边界的描述。这种方法的理论是:物体的边界是有限个单元面的并集,而每一个单元面都必须是有界的。边界表示法必须具备如下条件:封闭、有向、不自交、有限、互相连接、能区分实体边界内外和边界上的点。边界表示法其实就是将物体拆成各种有边界的面来表示,并使它们按拓扑结构的信息连接起来。B－rep 法的表示,类似于工程图的表示,其在图形处理上有明显的优点。根据 B－rep 数据可方便地转换为线框模型,便于交互式的设计与修改调整。B－rep 法既可以用来描述平面,又可以实现对自由曲面的描述。

以上介绍的两种造型方法都有各自的特点和不足,很难相互替代。CSG法以体素为基础,它不具备面、环、边、点的拓扑结构关系。尽管数据量很小,但局部修改困难,显示速度慢,曲面表示困难。从CAD/CAM的发展看,CSG法不能转换为线框模型,也不能直接显示工程图,因此有很大的局限性。而B-rep法虽然能表示曲面,有完整的拓扑信息,但庞大的数据量和复杂的数据结构也成了它的弱点。

在许多CAD系统中,常常采用两者综合的方法进行实体造型。一般采用CSG模型为外部模型,而采用B-rep模型为内部模型,取两者之长,一起作为几何模型。这样,它们的信息相互补充,确保几何模型的完整与精确,并可大大提高工作效率。

4.2.5.4　其他方法

1. 空间枚举法

空间枚举法又称为空间单元法,它是先将空间分割成固定的形状(如正方形、立方体等),并有规则地分布在空间网格位置上,然后在网格上生成物体。根据物体在网格空间中所占据的网格位置来定义物体的大小和形状。用这种方法描述的物体可看作是空间一组连续的点的集合,有点类似于平面中的像素图形。得到的实体是近似的表示,其精确程度取决于空间分辨率。

2. 参数形体调用法

参数形体调用法是指由基本形体或形体的线性变换而生成新的形体的方法,如由立方体经过变换而形成长方体,这种变换可看作是对原始立方体的某种调用,所以称之为参数形体调用法。基本形体又称为基本体素(如立方体、柱体、球体等),对它们进行简单的比例变换,就会产生各种新的形体。变换后的形体与原形体之间的拓扑性质并未改变。通常采用这一方法来生成形状类似但大小不同的物体。

如今,几何造型建模技术不仅应用于CAD/CAM领域,而且在虚拟现实、科学计算可视化及计算机动画制作等方面都得到了广泛应用。现在它正朝着产品数字模型、特征模型及采用基于NURBS裁剪曲面的几何造型结构等方向发展。在计算机虚拟产品造型中,还涉及物体的材质、颜色等表面属性的计算和表示,光照模型的研究,明暗处理方法的研究等真实感显示方面的内容。

4.3　特征建模

4.3.1　概述

特征是一种综合概念,它作为产品开发过程中各种信息的载体,除包含了零件的几何拓扑信息外,还包含了设计、制造等过程所需要的一些非几何信息。

4.3.1.1　特征建模的定义

早期的CAD系统中采用基本立体几何元素、布尔运算和倒圆角等编辑方式形成零件外形的设计方法过于抽象,其模型无法映射到下游的工程实现中,使设计与制造之间缺乏对应性,无法实现信息共享。特征建模技术针对这种情况应运而生,采用具有工程意义的拉伸、打孔、倒圆角、倒斜角等作为建模的基础单元，在设计和制造之间建立一种共同的规范信息和交流的桥梁。

特征作为产品开发中各种信息的载体，包含了几何形状及相应的语义，可将其定义为“一组具有确定约束关系的几何实体，包含某种特定的功能信息”。可以表达为：产品特征 = 形状特征 + 语义信息。其中，产品特征是具有一定属性的几何实体，包括特征属性数据、特征功能和特征间的关系。形状特征是与几何实体相联系的显示表达，具有确定的内部约束和描述参数，同语义信息相关联。语义信息表达了特征的某些属性，依据不同的应用，可以赋予特征不同的语义信息，主要有设计、制造、质量检查和仿真等语义信息。

特征建模技术的目标在于设计与制造的共享。特征建模技术的运用对于 CAD 软件的意义，超越了传统的布尔运算，延伸为一种特征类型、参数和建立时序三者共同决定的产品形态的组合方式。通过特征建模技术，可以将设计意图融合进产品模型中，并能随时调整。

4.3.1.2　特征建模系统的框架

特征建模是面向整个设计、制造过程的，支持 CAD 系统、CAPP 系统、CAM 系统、绘制工程图、有限元分析、数控编程、仿真模拟等多个环节。因此，必须能够完整地、全面地描述零件生产过程中各个环节的信息及信息间的关系。除实体建模中已有的几何、拓扑信息外，还要包含特征信息、精度信息、材料信息、技术要求和其他有关信息。除静态信息外，还应当支持设计、制造过程中的动态信息，如有限元的前、后置处理，零件加工过程中工序图的生成、工序尺寸的计算等。

因此，特征建模是一种以实体建模为基础的，包括上述信息的产品建模方案，通常由形状特征模型、精度特征模型、材料特征模型组成，而形状特征模型是特征模型的核心和基础。

形状特征模型主要包括几何信息、拓扑信息，对于不同的行业，不同条件下形状特征的定义可以完全不同。通常将形状特征定义为具有一定拓扑关系的一组几何元素构成的形状实体，它对应零件上一个或多个功能，能够被固定的加工方法加工成形。

如零件可以分为回转体类、板类和箱体类。对于板类零件，可以定义孔、槽、腔、平面等特征，而孔类特征又可以定义为光孔、台阶孔、盲孔、螺纹孔、组合分布孔。形状特征通过参数描述，每一个特征都对应一组唯一的确定该特征的控制参数。将一种形状定义为一个特征，每种特征都在产品中实现各自的功能。形状特征模型以实体建模为基础，通常包含两个层次，一个是低层次的由点、线、面、环等组成的 B－Rep 法结构，另一个是高层次的由特征信息组成的结构。

4.3.1.3　精度、材料特征模型

精度模型用来表达零件的精度信息，包括尺寸公差、形状公差、位置公差、表面粗糙度等特征。材料特征包括材料的种类、性能、热处理要求等。

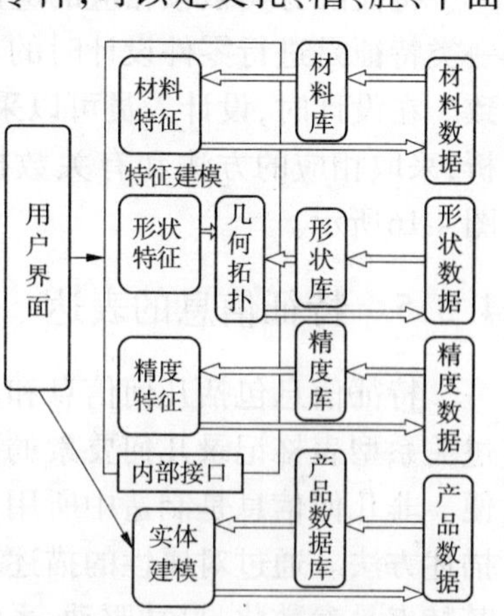

图 4-15　特征建模的框架结构

特征建模的框架结构如图 4-15 所示，其中形状特征、

精度特征、材料特征分别对应各自的特征库,从中获取特征描述信息。产品数据库建立在这些特征库的基础上,系统与数据库之间实现双向交流,建模之后的信息送入产品数据库中,并随着造型过程而不断修改,而造型过程所需的参数可从产品数据库中查询。

4.3.2　特征建模的功能

CAD/CAM 系统中特征建模的功能有以下几个方面:

(1)预定义特征,建立特征库;

(2)特征库的智能化应用,实现基于特征的零件设计;

(3)为特征附加注释,为用户列举参考特征;

(4)支持自定义特征以及管理、操作特征库;

(5)特征的消隐、移动;

(6)在零件设计时,跟踪和提取有关几何属性。

4.3.3　特征建模的特点

特征建模的特点主要有以下几个方面:

(1)特征建模使产品的 CAD 设计不停留在底层的几何信息基础上,而是依据产品的功能要素,起点在比较高的功能模型上。特征不仅直接体现设计意图,也直接对应加工方法。

(2)特征建模以计算机能够理解的和能够处理的统一产品模型代替传统的产品、工艺、夹具设计等各个环节的连接,使产品设计与后续的各环节并行展开,实现真正的 CAD/CAPP/CAM 的集成,且支持并行工程。

(3)有利于实现产品设计、制造方法标准化、系列化、规范化,在产品设计时就考虑加工、制造要求,保证产品有较好的工艺性、可制造性,有利于降低产品的成本。

4.3.4　形状特征的分类

特征的分类依赖相应的应用领域。在零件设计及制造应用领域中,依据如下标准:每一类特征是进行零件设计时的功能单元,同时在制造过程中,其加工方法和手段基本上一致。在设计时,设计人员可以采用熟悉的功能单元构造零件;在制造时,通过对特征的分析,采取相应的方法和有关数据进行工艺设计和 NC 程序的编制。形状特征的分类如图 4-16所示。

4.3.5　特征信息的表达

特征信息包括几何信息和非几何信息。几何信息以显式的方式表示,以面为基础,通过关系型表格记录几何要素的面、环、顶点等信息,为设计时几何数据的直接提取提供方便。非几何信息是制造中所用工艺信息,包括表面粗糙度、公差、尺寸精度等,采用隐式的描述方法。通过对属性的描述,记录相应的功能信息、制造信息以及特征间的相互关联,其特点是参数化、尺寸驱动、系统各特征完全关联。

综上所述,特征建模作为集成系统的核心,不仅可以使设计人员以一种全新的设计方

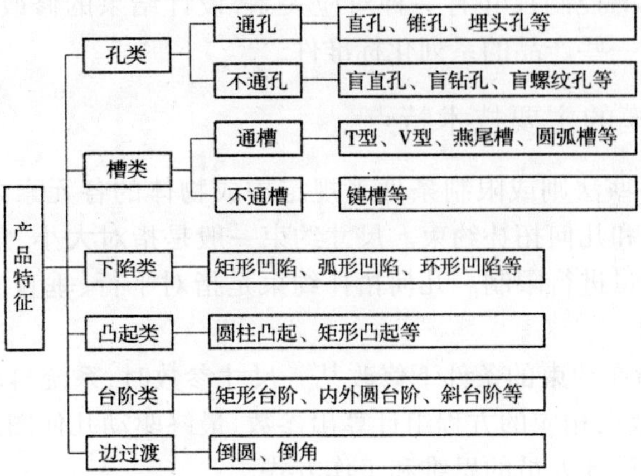

图4-16　形状特征的分类

法和设计思想进行产品开发，极大地提高了设计效率，同时，特征作为产品生命周期中各个阶段的信息的载体，为整个设计制造过程中的各个环节提供了统一的产品信息模型，使产品设计、工艺设计、夹具设计等阶段的信息提取更方便、灵活、一致，避免了信息的重复输入。因此，特征建模被公认为实现CAD/CAPP/CAM集成化的最有效的途径。

三维CAD软件中特征模型按照生成方法分为以下三类：

(1)基于轮廓的特征模型：先有被参数化约束的二维轮廓，之后按要求和软件的功能生成三维模型特征。例如：拉伸、回转、放样等。

(2)基于已有特征的特征模型：先有某种特征存在，在此基础上进行修饰，例如圆角、阵列等。这是一种依附于已有特征的特征。

(3)定位特征模型：作为坐标系的参数化控制结果，生成工作面、工作轴、工作点或者基准坐标系。这些要素也是参数化的。

4.3.6　在UG中特征造型的方法

(1)基于草图绘制中的基本图元，如拉伸、旋转、扫描、放样等。

(2)基本实体，如圆柱体、长方体、球等。

(3)特征操作是在基础特征上的特征修饰，如抽壳、倒圆和加筋等。参考特征包括基准面、基准轴、坐标系等。布尔运算包括求和、求差、求交。

(4)编辑特征是针对基础特征以及附加特征的整体操作工具，对其进行整体的阵列、复制以及移动等操作，如线性阵列、圆周阵列、镜像、比例缩放、特征复制、特征移动等。

4.4　参数化建模

4.4.1　参数化建模的定义

参数化建模技术的核心内容是参数设计。所谓参数设计，是指用一组参数来定义几何图形的尺寸数值，并构造尺寸关系，然后提供给设计师以进行几何造型使用的一种方法。参数与设计对象的控制尺寸有一种对应关系,设计结果的修改靠尺寸驱动来完成。这种方法常用来设计一些产品的系列化标准件。

4.4.2　参数化建模的主要技术特点

(1)约束,即用一些法则或限制条件来规定构成物体的各元素之间的关系。一般可将约束分为尺寸约束和几何拓扑约束。尺寸约束一般是指对大小、角度、直(半)径、坐标位置等可测量的数值量进行限制。几何拓扑约束是指对平行、垂直、共线、相切等非数据几何关系的限制。

(2)尺寸驱动,指在约束的条件下修改某一尺寸参数时,系统自动检索出该尺寸参数对应的数据结构,并找出相应的方程组计算出参数,最终驱动几何图形形状的改变。这种方式特别适用于工程设计人员的思维和工作方式。

(3)数据相关,指对尺寸参数的修改将导致其他相关模块中的相关尺寸得以全盘更新。其优点在于用尺寸的形式控制了几何形状。它彻底克服了自由建模的无约束状态。

(4)基于特征的设计,指将某些具代表性的平面几何形状定义为特征,将其尺寸存为可调参数,用来形成实体,并以此为基础进行复杂的几何形体构造。

(5)包容性,指参数设计要适用于二维和三维几何造型。

目前的参数化设计中,最常用的方法是,从已有的 CAD 图形文件中查找约束关系,将固定尺寸的图形自动转换成参数化图形。许多系列化、标准化的通用件或定型产品(如阀门、夹具、液压缸等)设计中采用的数学模型及产品的基本结构都是相对固定的,所不同的是尺寸大小有差异,而这种差异是由产品设计中取值不同造成的。参数化设计的主要思想是用几何约束、数学方程与关系来说明产品模型的形状特征,从而设计出一批在形状或功能上具有相似性的方案。参数化建模的关键是几何约束关系的提取、表达、求解及参数化模型的构造。

4.4.3　参数化模型的组成

三维的参数化模型是由几何模型和约束信息两大部分组成的。根据几何尺寸约束和拓扑信息构造的依存关系,参数化造型分为两类:一类是约束直接作用在几何体素上,几何约束值不改变拓扑结构,这类造型系统以 B - rep 为其内部表达的主模型;另一类是先说明参数化模型的几何构成要素及约束关系,而模型的拓扑结构由约束关系来决定,这类造型系统以 CSG 为其内部表达的主模型,可以改变模型的拓扑结构。

4.5　实体建模技术的基本操作

在建模前,一般需要使用“建模首选项”设定建模参数和特性,包括距离、角度、密度、密度单位和曲面网格等参数。在大多数情况下,一旦定义首选项,以后创建的对象便会使用该默认设置。

执行【首选项】→【建模】命令,进入【建模首选项】对话框,如图 4-17 所示。该对话框包括 4 个选项卡,以后分别介绍。

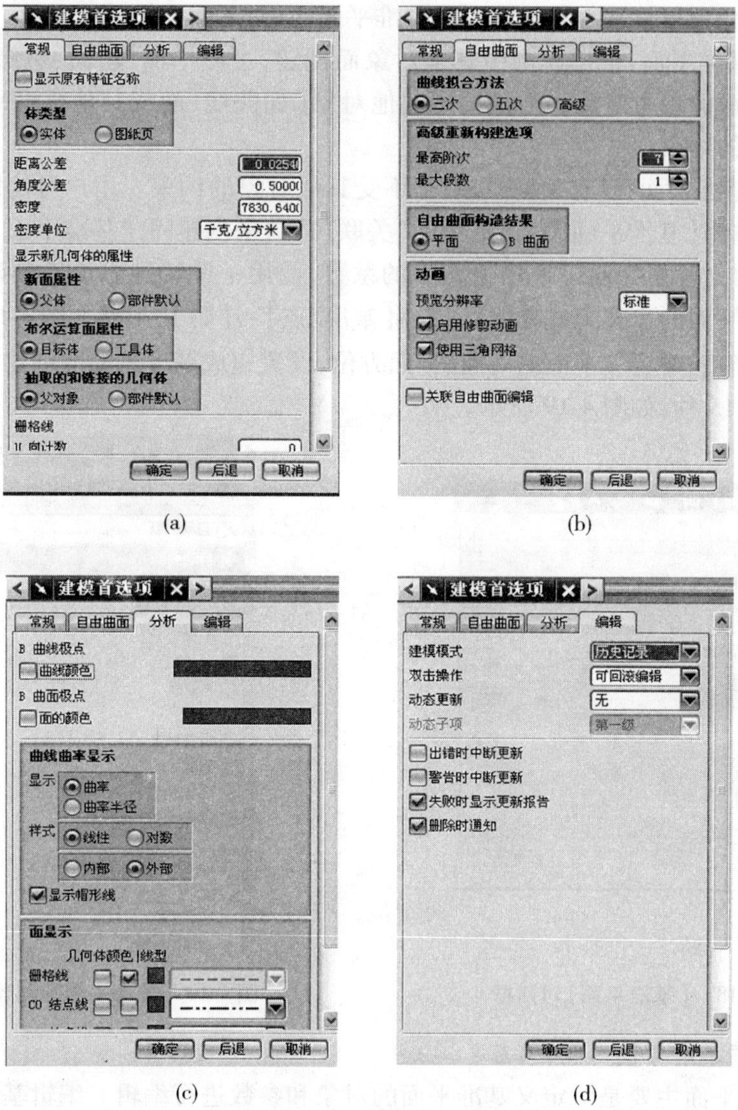

图 4-17 【建模首选项】对话框

在 UG NX6 实体建模过程中,经常需要建立基准特征,其在产品设计过程中起辅助设计作用。另外,在产品装配过程中,经常需要使用两个基准平面进行定位。

基准特征包括基准平面、基准轴和基准坐标系等,下面分别介绍其创建和编辑过程。

4.5.1　基准平面

4.5.1.1　创建基准平面

基准平面是实体建模中经常使用的辅助平面,通过使用基准平面可以在非平面上方便地创建特征,或为草图提供草图工作平面位置。如:借助基准平面,可在圆柱面、圆锥面、球面等不易创建特征的表面上方便地创建孔、键槽等复杂形状的特征。

基准平面分为相对基准平面和固定基准平面两种，下面介绍其含义：

（1）相对基准平面：根据模型中其他对象而创建，可使用曲线、面、边缘、点及其他基准作为基准平面的参考对象。与模型中其他对象（如曲线、面或其他基准平面）关联，并受其关联对象的约束。

（2）固定基准平面：没有关联对象，即不受其他对象的约束。用户可使用任意相对基准平面，取消选择【基准平面】对话框中的“关联”选项来创建固定基准平面。用户还可根据 WCS 和绝对坐标系并通过使用方程中的系数，使用一些特殊方法来创建固定基准平面。创建基准平面的步骤为选择【插入】→【基准/点】→【□】，出现如图 4-18 所示的对话框，依次选择类型、要定义平面的对象、平面方位，设置完成基准平面的创建。基准平面的创建类型共有 15 种，如图 4-19 所示。

图 4-18 【基准平面】对话框

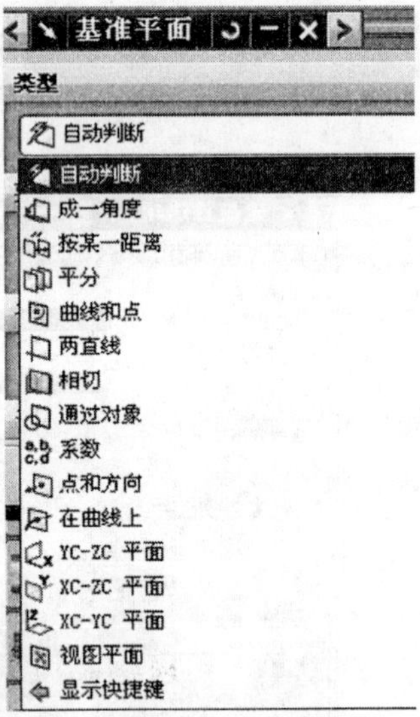

图 4-19 基准平面的创建类型

4.5.1.2 编辑基准平面

编辑基准平面主要是对定义基准平面的对象和参数进行编辑。编辑基准平面可以在创建基准平面的过程中进行，也可以在创建后进行。下面具体介绍两种编辑方法：

（1）编辑正在创建的基准平面：在没有创建基准平面前，可对定义的基准平面进行编辑。当按住 Shift 键并用鼠标再次定义对象时，可将该对象移除之后根据需要选择新的定义对象。

（2）编辑已经创建的基准平面：对于已经创建的基准平面，可以用鼠标双击要编辑的基准平面，在弹出的【基准平面】对话框中对已定义的对象和参数进行编辑。

4.5.2 基准轴

基准轴是一条用作其他特征参考的中心线，分为相对基准轴和固定基准轴。固定基准轴没有任何参考，是绝对的，不受其他对象约束；相对基准轴与模型中其他对象（例如曲线、平面或其他基准轴等）关联，并受其关联对象约束，是相对的。实体建模过程中一般选择相对基准轴,原因在创建基准平面时已经介绍过,这里不再介绍。

4.5.2.1　创建基准轴

执行【插入】→【基准/点】→【基准轴】命令,或者单击【特征操作】工具栏中的【基准轴】图标↑,打开【基准轴】对话框,如图 4-20 所示。设置相关参数后即可创建基准轴。基准轴的创建类型共有 9 种,如图 4-21 所示。

图 4-20　【基准轴】对话框

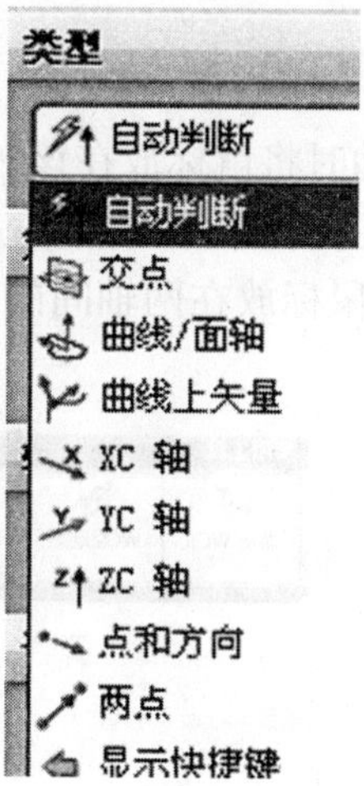

图 4-21　基准轴的创建类型

4.5.2.2　编辑基准轴

编辑基准轴与编辑基准平面类似,可以参照编辑基准平面的方法。

4.5.3　基准坐标系

在 UG 建模环境中共有 3 个坐标系:绝对坐标系、工作坐标系、基准坐标系。绝对坐标系是系统默认的坐标系,其原点和各坐标轴线的方向永远不可以改变;工作坐标系也是由系统提供的,但用户可以任意地移动、旋转;基准坐标系由用户根据造型的需要随时创建、隐藏或删除,也可以移动、旋转。

4.5.3.1　工作坐标系的移动、旋转操作

如图 4-22 所示,单击【实用工具】栏中的【显示 WCS】按钮,可以显示或隐藏工作坐标系。当工作坐标系被移动、旋转后,又希望其能恢复原始状态,单击【设置为绝对 WCS】按钮,即可实现。可以单击【实用工具】栏中的【WCS 动态】、【WCS 原点】、【旋转 WCS】、【更改 WCS XC(YC)方向 】等按钮,来实现工作坐标系的移动、旋转、X 轴或 Y 轴方向的更改等目的。单击【旋转 WCS】按钮,会出现【旋转】对话框,提示可以绕什么轴旋转;单击【WCS 原点】按钮,会出现【点】对话框,提示可以确定移动的定位点。

实用中,对工作坐标系进行移动、旋转时,不一定要单击这些图标,一般可以直接将鼠标放在工作坐标系上,双击鼠标就出现如图 4-23 所示的效果了。重新定义原点时,在图 4-24(a)中可以输入 X,Y,Z 值,也可以捕捉几何图素上的点作为新的原点。只沿某一

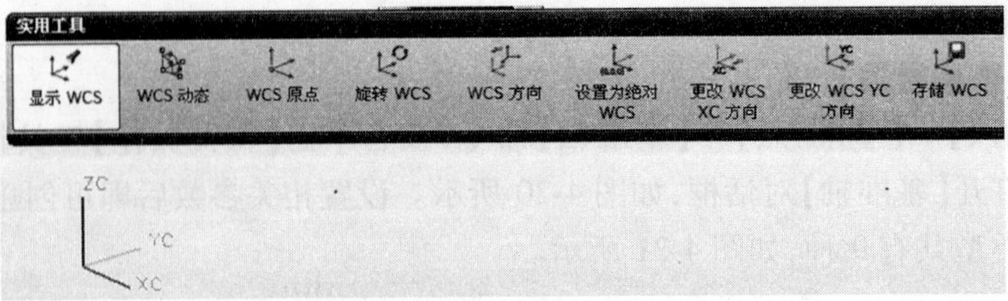

图 4-22　【实用工具】栏

轴方向移动时将鼠标放在该轴上，当出现如图 4-24(b)所示沿 Y 轴移动的效果时，输入值或者捕捉几何图素上的点来确定新的坐标系，图 4-24(c)为使坐标系绕轴旋转某一角度的效果，将鼠标放在两轴间的圆球上可以输入角度值，与单击【WCS 动态】按钮效果是一样的。

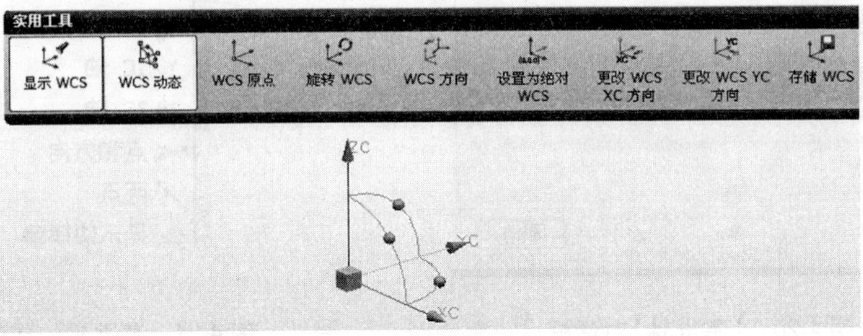

图 4-23　工作坐标系

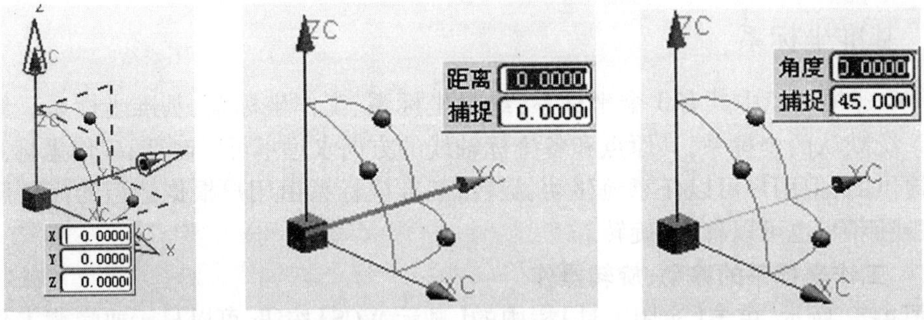

(a)　　(b)　　(c)

图 4-24　工作坐标系的编辑

通过鼠标可直接进行工作坐标系的移动、旋转操作。图 4-24 中坐标系的灰色箭头表示可以移动坐标系的方向箭头(称为“移动柄”)，小球表示可以旋转坐标系的“旋转柄”，立方体为移动的坐标原点。把鼠标放在立方体上，按住左键并拖动，就可向任意位置拖放工作坐标系了。当把鼠标放在“移动柄”上时，光标侧会出现双箭头，表示可以沿此轴移动坐标系。此时,按住鼠标左键并拖动鼠标就可以沿指定坐标轴方向动态移动坐标系,要想准确移动,可在出现的对话框中输入移动距离值。当鼠标放在“旋转柄”上时,光标侧会出现一直线及一旋转箭头,表示可以绕垂直于该坐标轴的直线旋转坐标系,若在对话框中输入角度值,可以实现准确旋转。还可以通过菜单操作方式激活工作坐标系,效果是一样的,如图4-25所示。

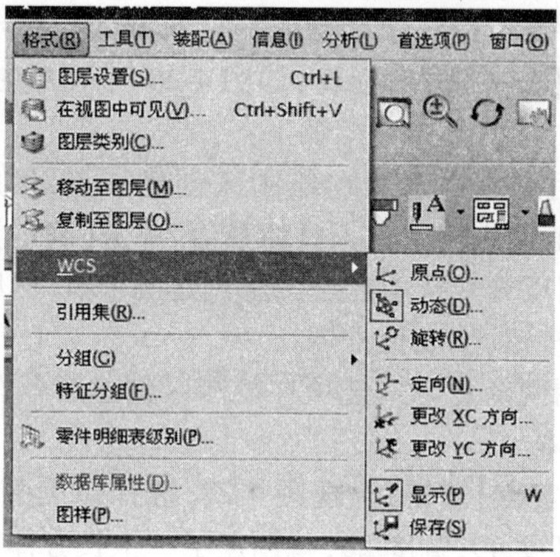

图4-25 通过菜单操作方式激活工作坐标系

4.5.3.2 基准坐标系的创建

在三维设计操作中,尤其是在进行草图绘制时经常要用到基准坐标系。创建基准坐标系的命令在【插入】菜单中,而在【特征】工具栏、【特征操作】工具栏中也有创建基准坐标系的命令。其创建方法与上述创建工作坐标系的方法基本相同。

关于坐标系的说明:

ACS(Absolute Coordinate System):绝对坐标系,每个零件一旦生成就是固定的,零件的自有属性由NX系统内核生成。不可移动和编辑绝对坐标系。

WCS(Work Coordinate System):工作坐标系,或者叫作绝对坐标系的相对坐标系。很多时候在工作中需要变换坐标系,比如在圆周上取点,或者在某个区域内打孔时,工作的操作面可能相对于绝对坐标系有旋转和平移,这个时候就可以引入工作坐标系,便于从坐标数值上控制建模,从而方便操作,也减少变换矩阵的系统开销。

CSYS:对象的坐标系,这是一个NX对象类型,和Datum Plane,Axis,Point类似,没有体、线、面的特征,由三个正交的轴和一个点构成,分别代表X、Y、Z、原点。

基准坐标系是进行具体建模时每个小的分步动作的参考坐标系,可以有无穷多个,它既可以被删除,也可以被创建(【插入】→【基准/点】→【基准CSYS】)。

工作坐标系则是建模时某个零部件或者全局的参考坐标系,仅有一个,但是可以任意变换,不能被删除,也不可以创建。

简单来讲,工作坐标系(WCS)是比基准坐标系(CSYS)更高一级的坐标系,可以作为后者的参考。

4.6　基本几何体的创建

4.6.1　长方体

创建长方体时，执行【插入】→【设计特征】→【长方体】命令，或单击【特征】工具栏中的【长方体】图标，进入【长方体】对话框，如图 4-26 所示。在“类型”下拉列表框中，系统提供了 3 种长方体创建方法，具体介绍如下：

(1)原点和边长：利用点方式选项在绘图区创建一点，然后在“长度(XC)”、“宽度(YC)”和“高度(ZC)”数值输入栏中输入具体数值，单击【确定】按钮，生成长方体。

(2)二点和高度：利用点方式选项在绘图区创建两个点，然后在“高度”数值输入栏中输入高度值，单击【确定】按钮，生成长方体。

(3)两个对角点：利用两个点方式选项在绘图区创建两个点作为长方体的对角点，单击【确定】按钮，生成长方体。

在图 4-26 中单击【指定点】按钮，出现图 4-27，选择原点并单击【确定】按钮后，返回到图 4-26，输入长度 60，高度 40，宽度 20，就创建了一个长方体，如图 4-27 所示。

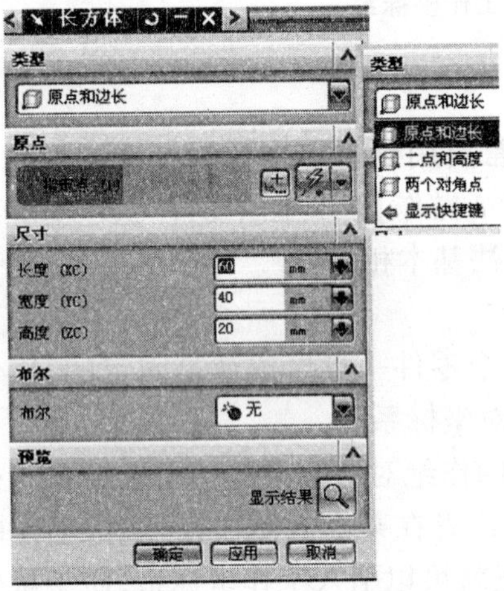

图 4-26　【长方体】对话框

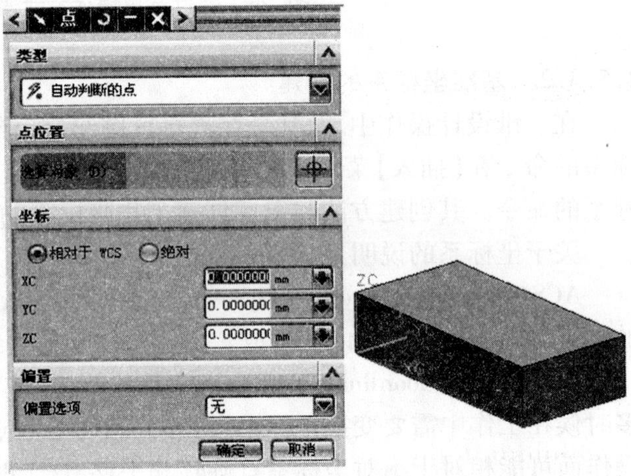

图 4-27　选择点，创建长方体

4.6.2　圆锥体

执行【插入】→【设计特征】→【圆锥】命令，或单击【特征】工具栏中的【圆锥】图标，进入【圆锥】对话框，在图 4-28 中输入底部直径 20，顶部直径 0，高度 25，选择 Z 矢量，得到圆锥。按图 4-29 所示输入尺寸，选择 Z 矢量，得到圆台。

4.6.3　圆柱体

圆柱体是指以指定参数的圆为底面和顶面，具有一定高度的实体模型。创建圆柱体时，执行【插入】→【设计特征】→【圆柱体】命令，或单击【特征】工具栏中的【圆柱体】图标，弹出如图 4-30 所示【圆柱】对话框，圆柱体类型选择如图 4-31 所示，选择“轴、直径和高度”方式，指定矢量为如图 4-32 所示的 ZC 方向，单击指定点后出现如图 4-33 所示的【点】对话框，点类型选择如图 4-34 所示，单击【确定】按钮。返回到图 4-30 中输入直径和高度，创建的圆柱体如图 4-35 所示。

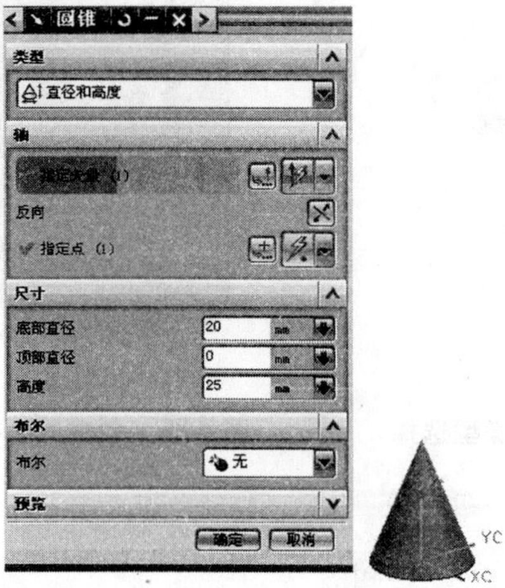

图 4-28 圆锥的创建

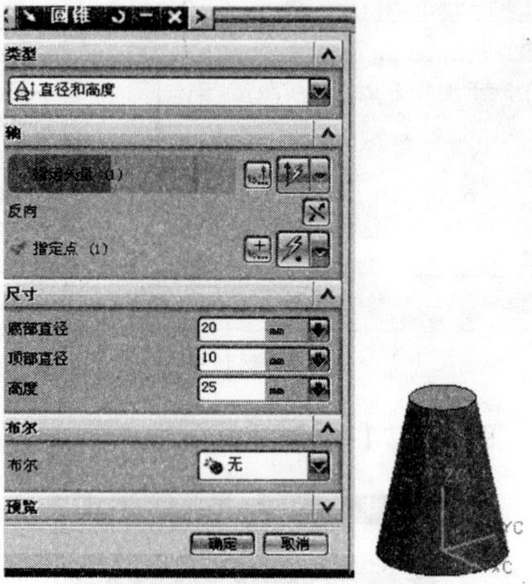

图 4-29 圆台的创建

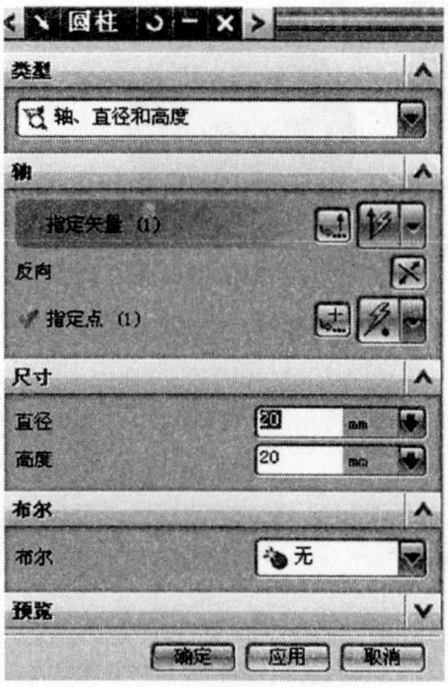

图 4-30 【圆柱】对话框

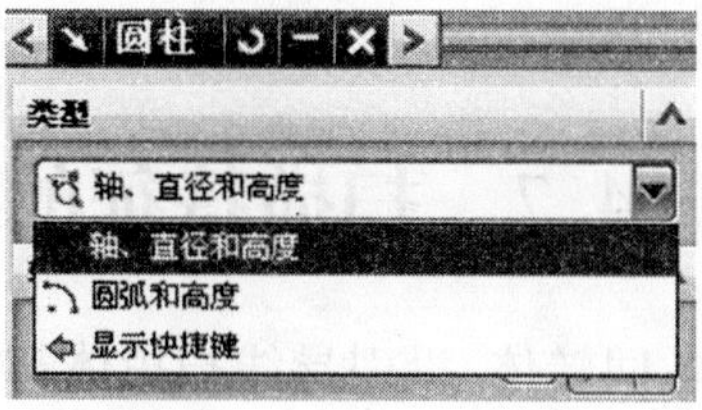

图 4-31 圆柱体类型选择

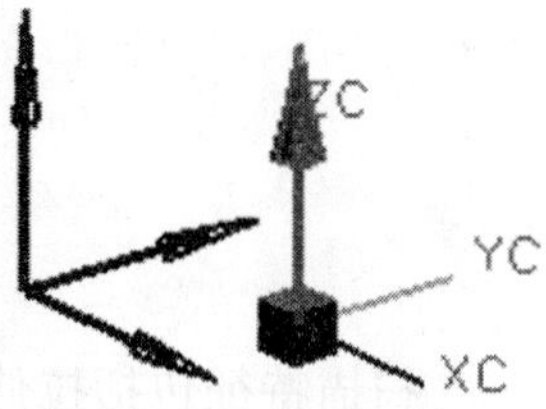

图 4-32 指定矢量

4.6.4 球体

球体特征主要是构造球形实体。执行【插入】→【设计特征】→【球体】命令，或单击【特征】工具栏中的【球体】图标，进入【球】对话框，指定球心点，如图 4-36(a)、(b)、(c)所示。

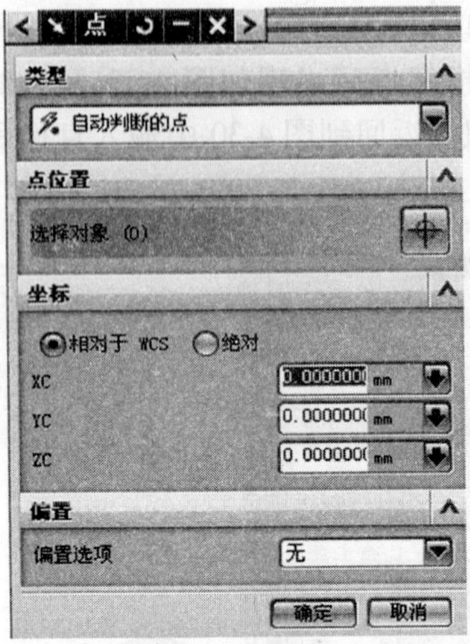

图 4-33 【点】对话框

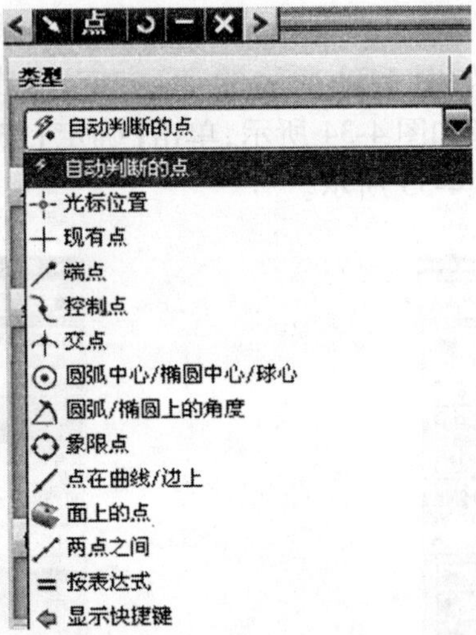

图 4-34 点类型选择

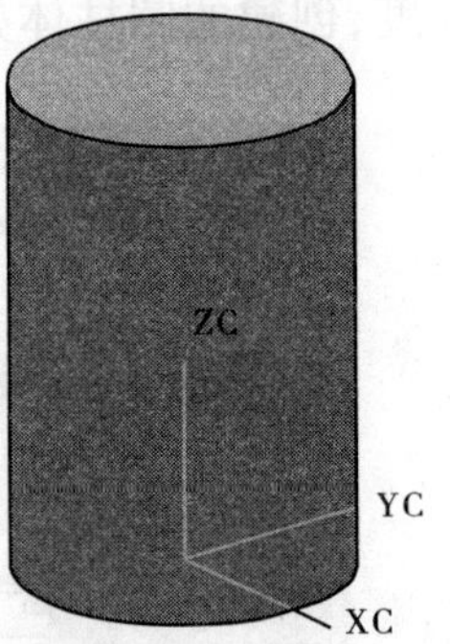

图 4-35 创建的圆柱体

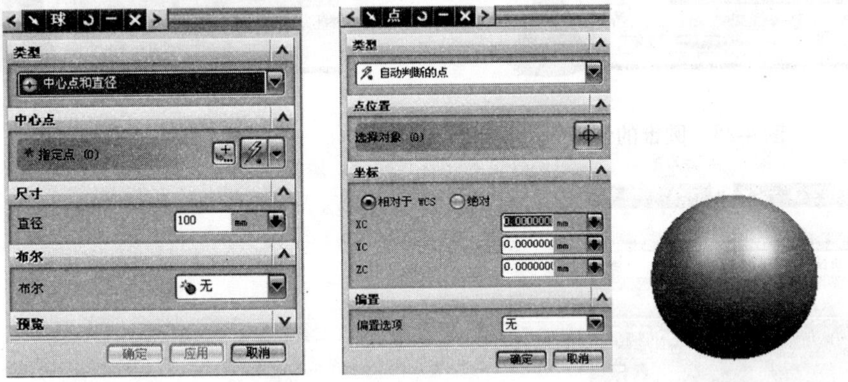

(a)　(b)　(c)

图 4-36 球体的创建

4.7 扫描特征的创建

扫描特征包括拉伸体、回转体、沿引导线扫掠体和管道等特征。其特点是创建的特征与截面曲线或引导线是相互关联的，当其用到的曲线或引导线发生变化时，扫描特征也将随之变化。下面具体介绍几个常用的扫描特征。

4.7.1 拉伸

拉伸是将实体表面、实体边缘、曲线、链接曲线或者片体通过拉伸生成实体或者片体。

执行【插入】→【设计特征】→【拉伸】命令，或单击【特征】工具栏中的【拉伸】图标 ，进入【拉伸】对话框，如图 4-37 所示。选择要草绘的平面或选择截面几何图形时，在提示栏的上方有提示，如图 4-38 所示，截面几何图形可以是单条曲线、相连曲线、相切曲线、面的边缘、片体边缘、特征曲线、区域边界、自动判断曲线，曲线可以封闭，也可以不封闭，如图 4-39 所示，选择曲线，单击图标，曲线在相交的位置停止。

图 4-37　【拉伸】对话框

图 4-38　选择曲线时的提示栏

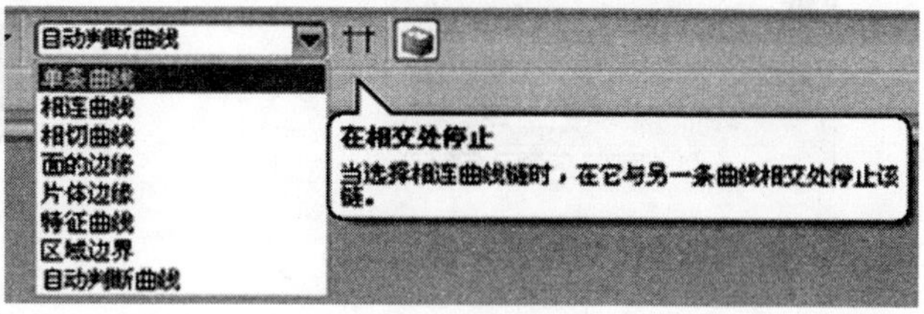

图 4-39　曲线类型

图标用于打开草图生成器并创建特征内部的截面。在退出草图时，草图被自动选为要拉伸的截面。创建拉伸特征后，草图就在其内部。

图标用于选择现有的曲线、草图、边作为截面。举例如下：

开放曲线可以通过设置偏置值拉伸成实体。以单条曲线拉伸成实体为例，在图 4-40 中有一长 100 mm 的直线，通过拉伸生成 100 mm × 40 mm × 30 mm 的实体，矢量选为 Z 轴正向，限制开始为 0 mm，结束为 40 mm，如图 4-41 所示。偏置设为“两侧”，开始为 0 mm，结束为 30 mm，生成的实体如图 4-42 所示。拉伸参数设置如图 4-43 所示，如果矢量选为 X 轴正向，生成的实体如图 4-44 所示。

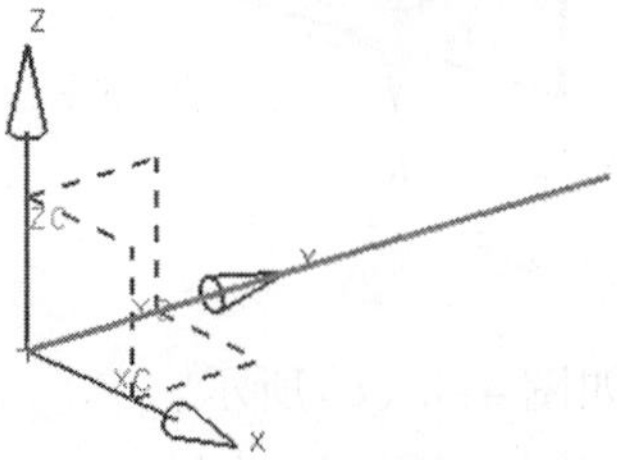

图 4-40　直线

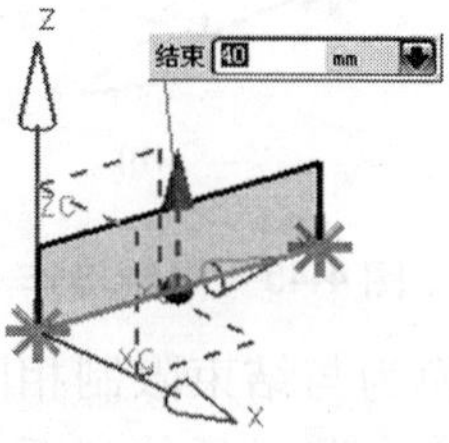

图 4-41　单侧拉伸

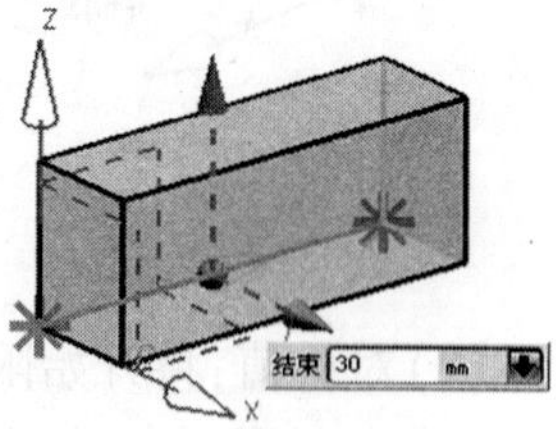

图 4-42　双侧拉伸

4.7.1.1　**方向**

可利用曲线、边缘或任意标准矢量指定某个特定方向。拉伸特征和方向之间存在关联性，如果在创建拉伸之后更改针对方向选择的几何体，则拉伸特征将进行相应的更新。可通过单击【反向】图标来调整矢量箭头的方向，从而更改拉伸体的方向。

4.7.1.2　**限制**

在“限制”栏里有 6 种限制模式，使用下拉菜单，选择控制拉伸的限制模式。

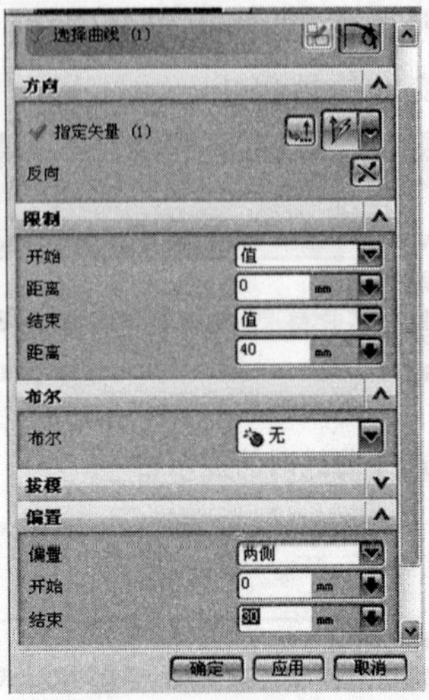

图 4-43　拉伸参数设置

图 4-44　拉伸结果

(1)值:允许指定拉伸开始或结束的值。轮廓之上的值为正,轮廓之下的值为负。可将限制值直接输入到对话框的数据输入框或图形窗口的动态输入框中,除直接输入值外,还可在轮廓的任一侧将开始和结束限制手柄拖动一定线性距离。在拖动手柄时,开始值和结束值会根据它们与轮廓的距离而发生更改。如图 4-45(a)所示,鼠标放在圆球处可以输入开始值,鼠标放在箭头处可以输入或改变结束值,如图 4-45(b)所示。

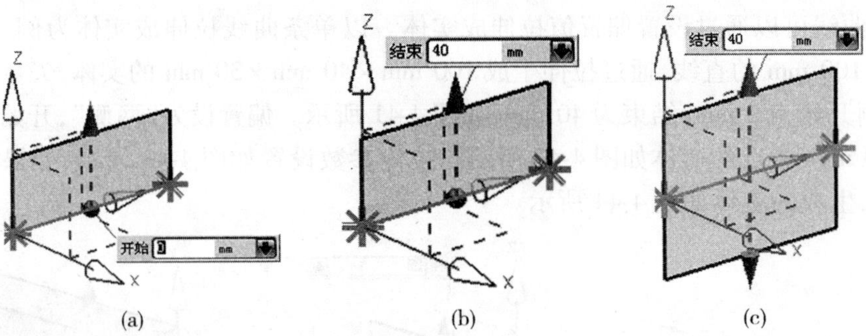

图 4-45　限制操作 1

(2)对称值:将开始限制值转换为与结束限制相同的值,如图 4-45(c)所示。

(3)直至下一个:将拉伸体沿方向路径延伸到下一个体,如图 4-46(a)、(b)所示。

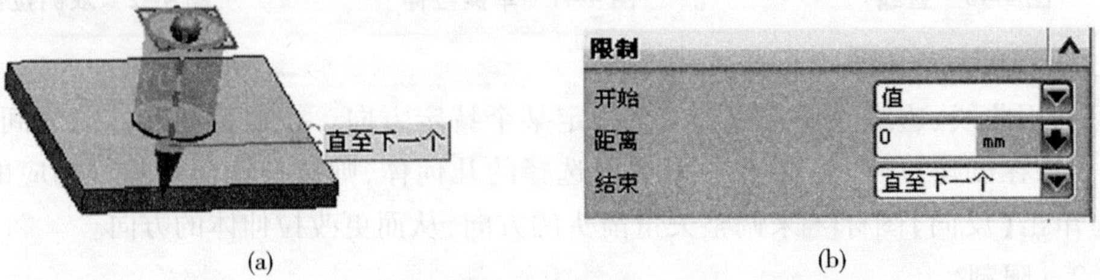

图 4-46　限制操作 2

(4)直至选定对象:将拉伸体延伸到选择的面、基准平面或体,如图4-47所示。

(5)直到被延伸:当选定的面小于拉伸实体截面时,系统会自动延伸选定的面,使其能修剪拉伸实体。

(6)贯通:允许沿着拉伸路径使拉伸完全延伸,从而通过所有可选的体,如图4-48所示。

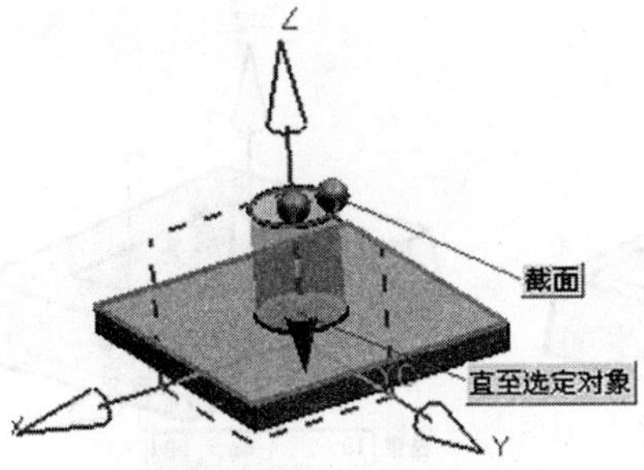

图4-47 限制操作3

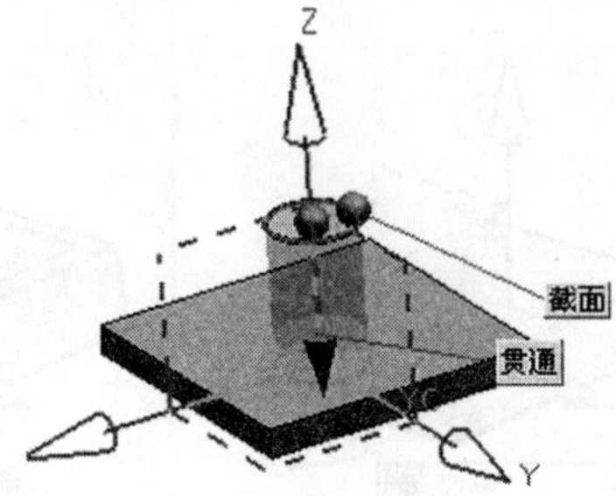

图4-48 限制操作4

4.7.1.3 **布尔运算**

布尔运算功能允许创建拉伸部分或对其与其他对象进行求和、求差或求交。

[无]:创建独立的拉伸体。

[求和]:将两个或多个体的拉伸体合成为一个单独的体。

[求差]:从目标体移除拉伸体。

[求交]:创建一个由拉伸体和与之相交的现有体共享的实体。

4.7.1.4 **拔模**

可以通过在对话框的数据输入框或动态输入框中输入数值,或拖动图形窗口中的拔模手柄指定拔模角。正角使得拉伸体的侧面向内倾斜,朝向选定曲线的中心。负角使得拉伸体的侧面向外倾斜,远离选定曲线的中心。角度为零则导致无斜率。拔模只适用于基于线性轮廓的拉伸特征。可以指定以下类型的拔模:

(1)从起始限制:方法是从起始限制开始,延伸至结束限制,如图4-49所示。

(2)从截面:方法是从起始限制开始,延伸至结束限制,并与轮廓线对齐,或通过轮廓线串。

(3)起始截面:允许为沿轮廓上下延伸的拔模指定一个角度值。仅当起始限制面和结束限制面在轮廓的相反侧时可用。

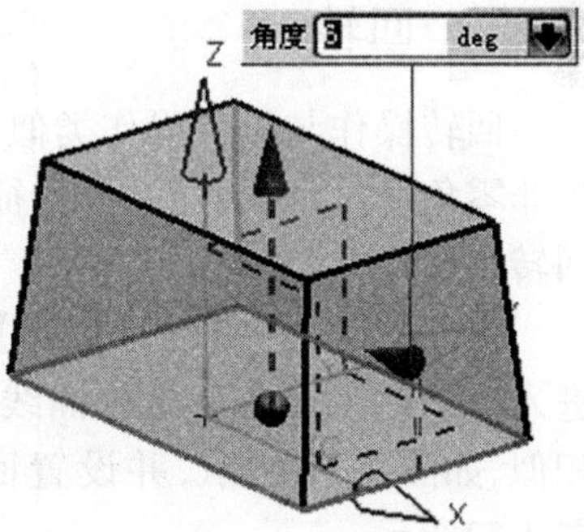

图4-49 拔模

(4)从截面匹配的端部:允许为沿轮廓上下延伸的拔模指定一个角度值。起始限制面与结束限制面对称,且起始限制面与结束限制面大小相同。

4.7.1.5 **偏置**

使用偏置功能时在拉伸中最多可添加两个偏置。可以在【偏置】对话框的数据输入框或动态输入框中输入偏置值,也可以在图形窗口中拖动偏置手柄。指定偏置有以下几种:

(1)单侧:这种偏置可用于填充孔,从而创建凸垫,操作如图 4-50(a)所示。

(2)两侧:利用起始偏置手柄和结束偏置手柄可创建两侧偏置,操作如图 4-50(b)所示。

(3)对称:起始偏置和结束偏置的值相同,起始偏置手柄和结束偏置手柄指向相反,操作如图 4-50(c)所示。

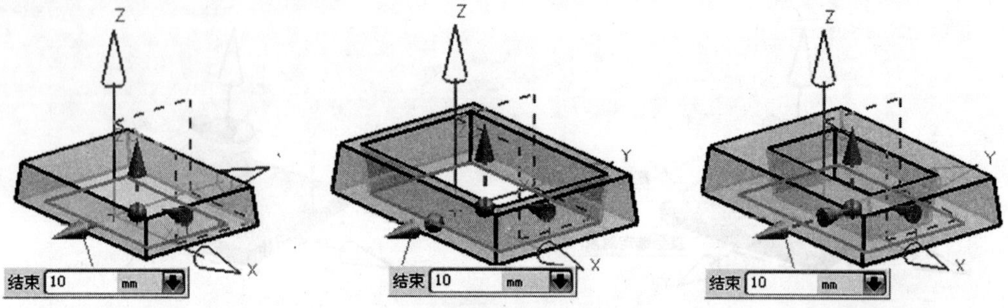

(a)单侧　　(b)两侧　　(c)对称

图 4-50　偏置

4.7.1.6　设置

使用此选项时,指定拉伸特征是实体还是片体,要获得实体,此剖面必须是封闭轮廓线或带有偏置的开放轮廓线串。如果使用偏置,则无法获得片体。在某些情况下,可将拉伸的片体改为实体,或者将实体改为片体。

4.7.1.7　预览

当指定了足够的参数来创建可能的拉伸特征时,使用该选项在图形窗口中对其创建预览。使用预览可以察看创建拉伸特征之前参数的正确性。默认情况下选择该选项。

4.7.2　回转

回转操作与拉伸操作类似,不同之处在于使用此命令可使截面曲线绕指定轴回转一个非零角度,以此创建一个特征。可以从一个基本横截面开始,然后生成回转特征或部分回转特征。

执行【插入】→【设计特征】→【回转】命令,或单击【特征】工具栏中的【回转】图标,进入【回转】对话框。选择曲线和指定矢量、点,矢量和点的选择和生成圆柱体的矢量、点相似,如图 4-51 所示,并设置回转参数,单击【确定】按钮,完成回转体的创建,结果如图 4-52所示。

4.7.3　沿引导线扫掠

沿引导线扫掠与前面介绍的拉伸和回转类似,也是将一个截面图形沿引导线运动来创建实体特征。此选项允许用户通过沿着由一个或一系列曲线、边或面构成的引导线串(路径)拉伸开放的或封闭的边界草图、曲线、边缘或面来创建单个实体。该工具在创建扫描特征时应用非常广泛和灵活。

执行【插入】→【扫掠】→【沿引导线扫掠】命令,或单击【特征】工具栏中的【沿引导线扫掠】图标,进入【扫掠】对话框,选择截面曲线和引导线,如图 4-53 所示。线架构造如

图 4-54(a)所示,选择截面曲线如图 4-54(b)所示,选择引导线 5 条中的 3 条,生成扫掠实体,如图 4-54(c)所示。

图 4-51 【回转】对话框

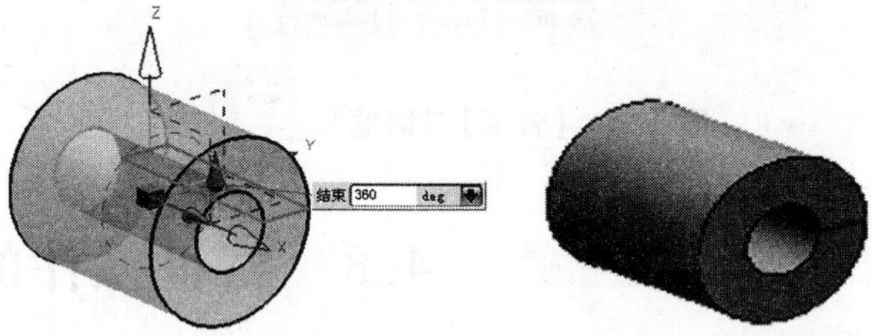

图 4-52　回转体创建结果

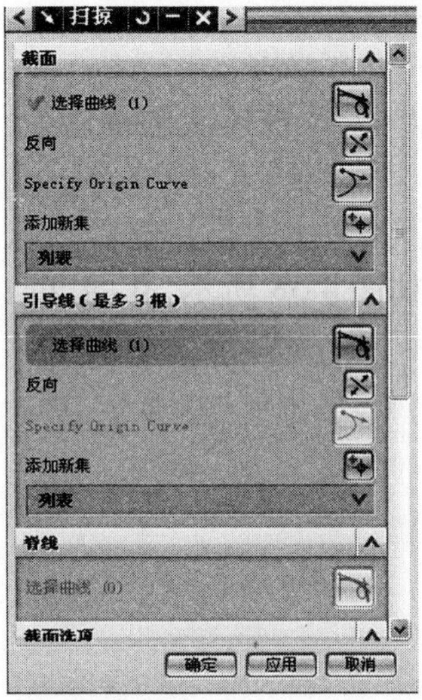

图 4-53 【扫掠】对话框

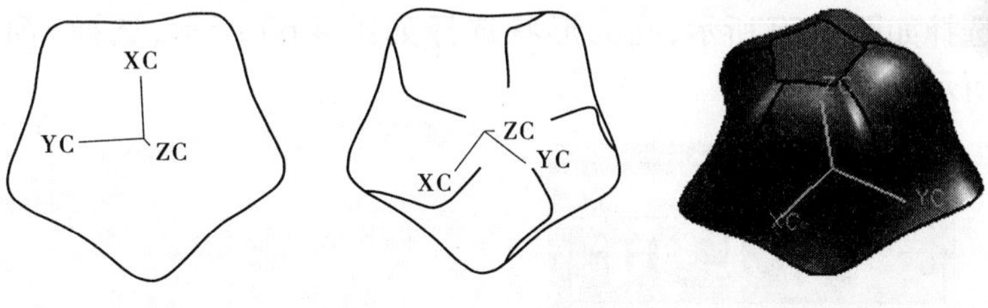

(a)　(b)　(c)

图 4-54　扫掠过程

4.7.4　管道

管道是指通过沿着一个或多个相切连续的曲线或边扫掠一个圆形横截面来创建单个实体。用户可以使用此选项来创建线捆、线束、电缆或管道等模型。

执行【插入】→【扫掠】→【管道】命令,或单击【特征】工具栏中的【管道】图标,进入【管道】对话框,如图 4-55 所示。

选择曲线如图 4-55 所示,在“外径”和“内径”文本框内键入数值 50、30。单击【确定】按钮,完成管道创建,结果如图 4-56 所示。

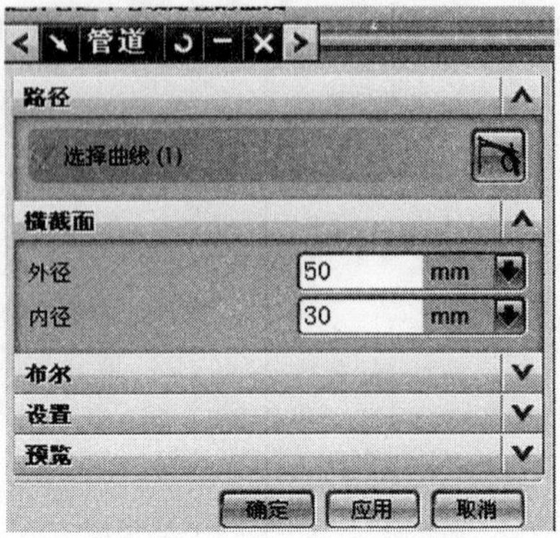

图 4-55　【管道】对话框

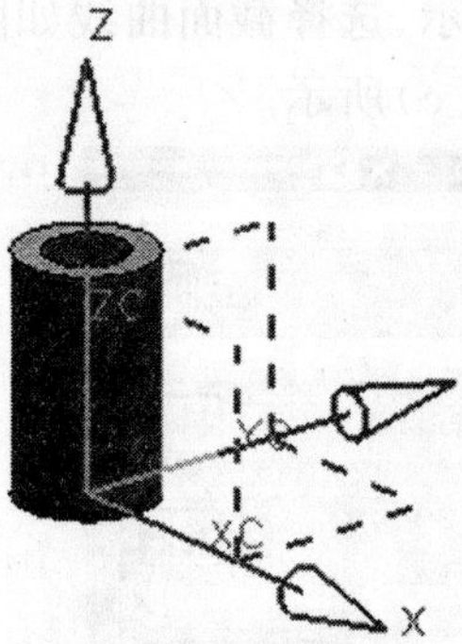

图 4-56　管道创建结果

4.8　特征操作的创建

前面介绍的体素特征可以作为模型的第一个特征出现，但成型特征必须在现有模型的基础上创建，包括创建孔、凸台、键槽等。下面分别介绍几种常用的成型特征的创建方法。

4.8.1　孔

孔特征是指在实体模型中去除部分实体，此实体可以是长方体、圆柱体或圆锥体等。通常在创建螺纹孔的底孔时使用。

执行【插入】→【设计特征】→【孔】命令，或单击【特征】工具栏中的【孔】按钮，进入【孔】对话框，如图 4-57 所示，指定孔的定位点。孔的类型选择如图 4-58 所示，孔的方向选择如图 4-59 所示，孔的形状选择如图 4-60 所示，选择“简单”项，所得结果如图 4-61 所示。

图 4-57　【孔】对话框

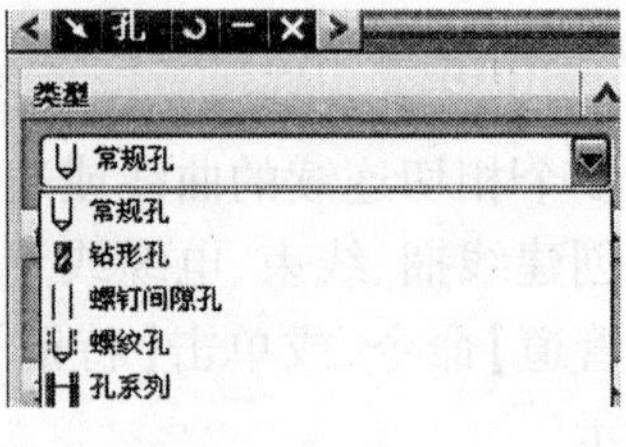

图 4-58　孔的类型选择

图 4-59　孔的方向选择

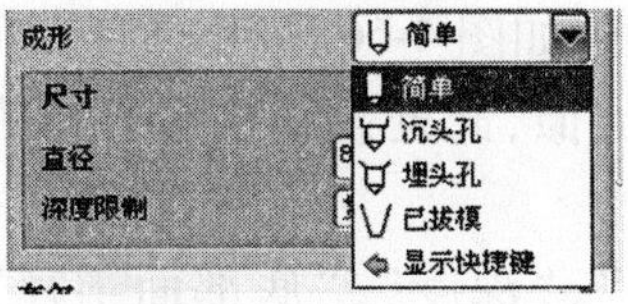

图 4-60　孔的形状选择

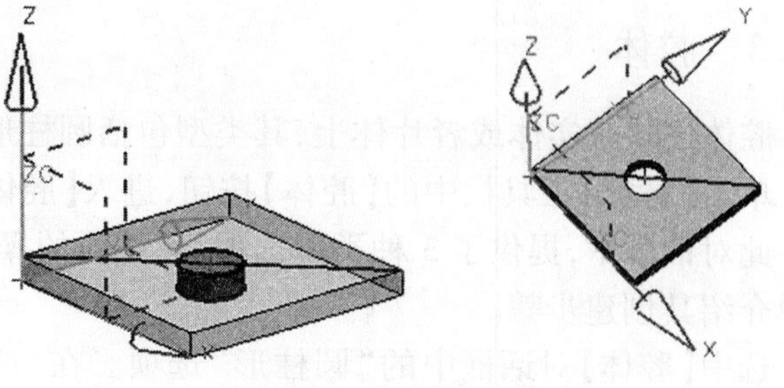

图 4-61　孔创建结果

4.8.2　凸台

单击【特征】工具栏中的【凸台】按钮，进入【凸台】对话框，如图 4-62 所示。

凸台特征与孔特征类似，区别在于其生成方式和孔的生成方式相反，凸台是在指定实体面的外表面生成实体。而孔则是在指定实体面内部去除指定的实体，其操作方法与孔的操作方法相似。例如在长方体上创建凸台，执行【插入】→【设计特征】→【凸台】命令，打开【凸台】对话框，如图 4-62 所示，输入直径 20，高度 30，单击图 4-63 所示上表面，出现图 4-64 所示尺寸，单击图 4-62 中【确定】按钮，进入定位尺寸编辑，如图 4-65(a)所示，选中长方体的右边界，将定位尺寸改为 50，单击【应用】按钮，再单击如图 4-63所示长方体的另一边，出现图 4-65(b)，在【定位】对话框中将定位尺寸改为 40，单击【确定】按钮，生成的凸台如图 4-65(c)所示。

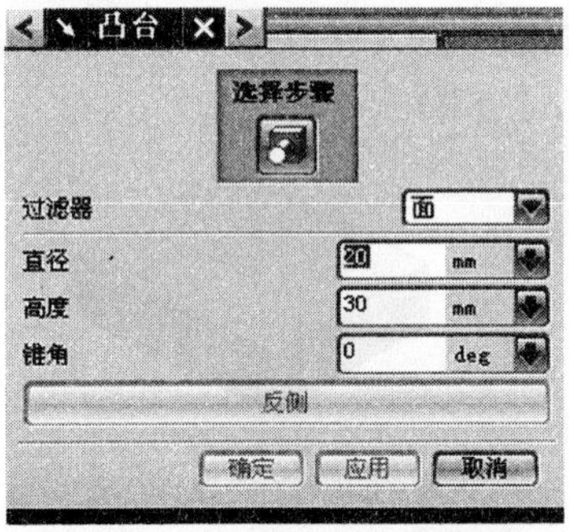

图 4-62　【凸台】对话框

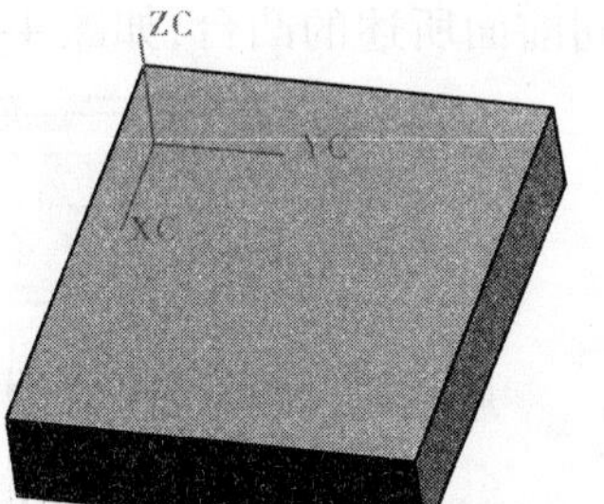

图 4-63　长方体

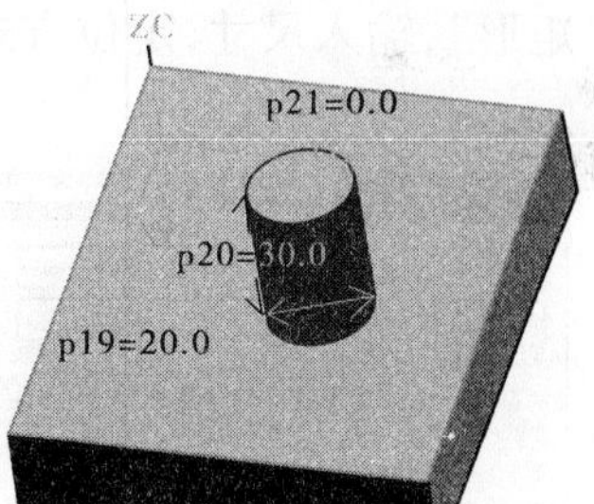

图 4-64　凸台定位

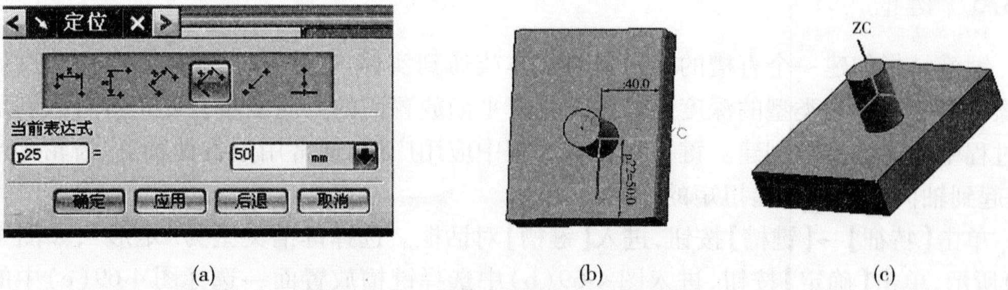

图 4-65　【定位】对话框及生成的凸台

4.8.3　腔体

腔体创建于实体或者片体上,其类型包括圆柱形腔体、矩形腔体和常规腔体。

单击【特征】工具栏中的【腔体】按钮,进入【腔体】对话框,如图 4-66 所示。

此对话框中,提供了 3 种类型选项,各选项的操作基本类似,此处以圆柱形腔体为例简单介绍其创建步骤。

选中【腔体】对话框中的“圆柱形”选项。在“腔体直径”、“深度”、“底部面半径”和“拔锥角”文本框中分别键入数值 60、15、2、10。指定一个参考面,编辑定位尺寸同凸台创建定位尺寸。指定圆柱形腔体的放置位置,单击【确定】按钮,完成圆柱形腔体的创建,结果如图 4-67 所示。

图 4-66　【腔体】对话框

图 4-67　图柱形腔体创建结果

4.8.4　垫块

垫块的生成原理与前面介绍的凸台特征相似,都是在实体模型的外表面增加实体形成的特征。创建垫块时,单击【特征】工具栏中的【垫块】按钮,进入【垫块】对话框,选择“矩形”,输入尺寸,定位方式同前面所述的凸台,如图 4-68(a)、(b)、(c)所示。

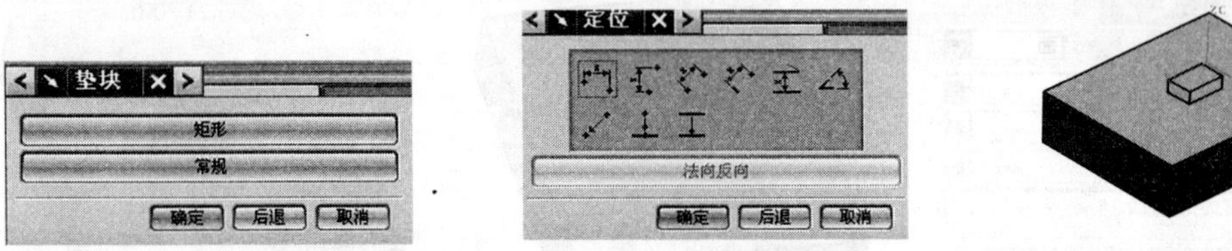

(a)　　　　(b)　　　　(c)

图 4-68　垫块的创建

4.8.5　键槽

键槽是指创建一个直槽的通道穿透实体或通到实体内,在当前目标体上自动执行求差操作。所有键槽类型的深度值均按垂直于平面放置面的方向测量。此工具可以满足建模过程中各种键槽的创建。键槽在机械工程中应用广泛,通常用于各种轴类、齿轮等产品上,起到轴向定位和传递扭矩的作用。

单击【特征】→【键槽】按钮,进入【键槽】对话框。选择键槽类型为“矩形”,如图 4-69(a)所示,单击【确定】按钮,进入图 4-69(b)中选择键槽放置面→选择图 4-69(e)中的辅助平面→单击【确定】按钮,进入图 4-69(c)中设置键槽水平参考→选择圆柱端面→单击

【确定】按钮，弹出图 4-69（d）所示对话框，设置键槽尺寸，按图中尺寸输入数值→单击【确定】按钮，然后与前述定位方式一样进行定位，最后单击【确定】按钮，生成键槽如图 4-69（e）所示。

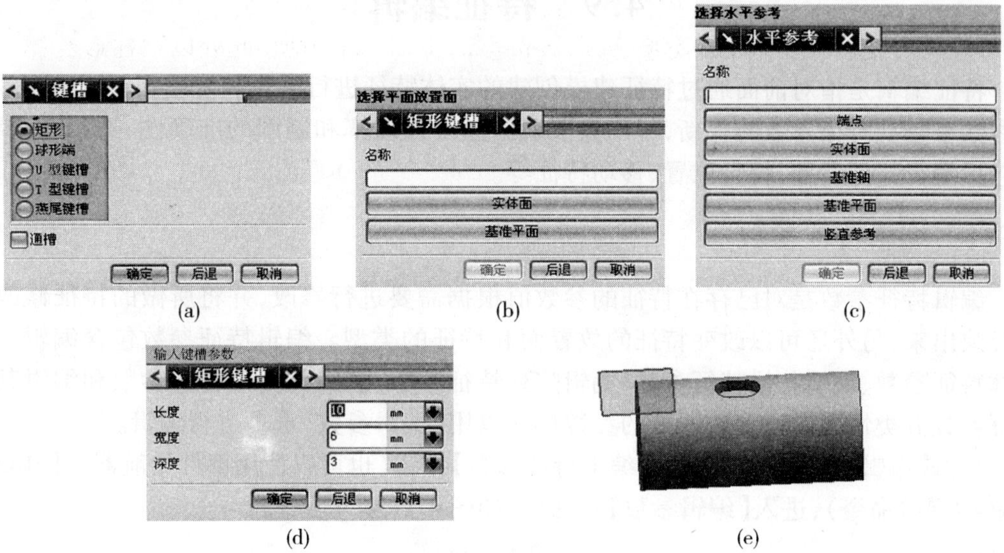

图 4-69　键槽的创建

4.8.6　沟槽

沟槽是在实体圆柱形或圆锥形面上创建一个槽，就好像一个成型工具在旋转部件上向内（从外部定位面）或向外（从内部定位面）移动，如同车削操作。沟槽是在选择的圆柱面或圆锥面位置（选择点）附近创建并自动连接到选定的面上。

单击【特征】对话框中的【沟槽】按钮，进入如图 4-70（a）所示的【沟槽】对话框。具体

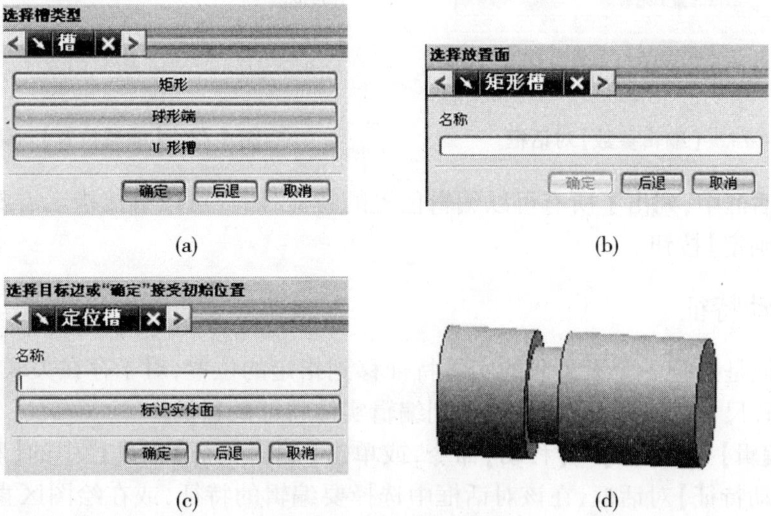

图 4-70　沟槽的创建步骤

创建步骤如图 4-70(a) ~ (d)所示。放置面选择圆柱体表面，目标边选择端面圆，输入定位尺寸即可。

4.9　特征编辑

特征编辑是指对前面通过特征建模创建的实体特征进行编辑和修改。通过编辑实体的参数来驱动特征参数的更新，可以极大地提高工作效率和制图的准确性。特征编辑主要包括编辑特征参数、编辑位置、移动特征等。

4.9.1　编辑特征参数

编辑特征参数是对已存在特征的参数值根据需要进行修改，并将所做的特征修改重新反映出来，另外还可以改变特征的放置面和特征的类型。编辑特征参数包含编辑一般实体特征参数、编辑扫描特征参数、编辑阵列特征参数、编辑倒斜角特征参数和编辑其他特征参数五类情况。大多数特征的参数都可以用“编辑参数”选项进行编辑。

单击【编辑特征】工具栏中的【编辑特征参数】按钮（也可以使用部件导航器→【MB3】|【编辑参数】命令），进入【编辑参数】对话框，如图 4-71 所示。

4.9.2　编辑位置

编辑位置是指通过修改特征的位置，达到编辑实体位置的目的。

执行【编辑】→【特征】→【编辑位置】命令，或单击【编辑特征】工具栏中的【编辑位置】按钮，进入【编辑位置】对话框，如图 4-72 所示。

图 4-71　【编辑参数】对话框

图 4-72　【编辑位置】对话框

在该对话框中，列出了所有可以编辑位置的特征，用户可以直接指定需要编辑位置的特征，单击【确定】按钮。

4.9.3　移动特征

移动特征是指把一个无关联的实体特征移到指定的位置，对于存在关联性的特征，可通过编辑位置尺寸的方法移动，从而达到编辑实体特征的目的。

执行【编辑】→【特征】→【移动】命令，或单击【编辑特征】工具栏中的【移动特征】按钮，进入【移动特征】对话框，在该对话框中选择要编辑的特征，或在绘图区直接选取需要编辑的特征，单击【确定】按钮，弹出新的【移动特征】对话框，如图 4-73 所示。

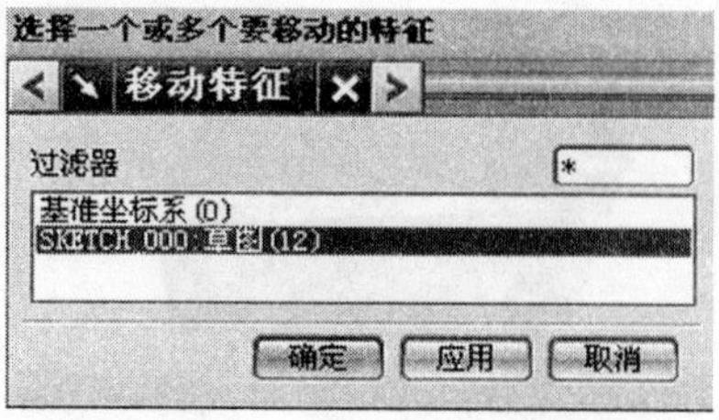

图 4-73 【移动特征】对话框

4.10 特征操作

特征操作是对已创建特征模型进行局部修改,从而对模型进行细化,即在特征建模的基础上增加一些细节的表现,因此有时也叫细节特征。通过特征操作,可以用简单的特征创建比较复杂的特征实体。常用的特征操作有拔模、边倒圆、倒斜角、镜像、阵列、螺纹、抽壳、修剪和拆分等。

4.10.1 拔模

拔模是将指定特征模型的表面或边沿指定的方向倾斜一定的角度。该操作通常广泛应用于机械零件的铸造工艺和特殊型面的产品设计中,可以应用于同一个实体上的一个或多个要修改的面和边。

执行【插入】→【细节特征】→【拔模】命令,或单击【特征操作】工具栏中的【拔模】图标,进入【拔模】对话框,如图 4-74 所示。图 4-75(a)、(b)就是对圆柱体拔模,拔模矢量为 Z 轴方向,固定面为下表面,拔模面为圆柱面,角度为负值的设置如图 4-75(a)所示,角度为正值的设置如图 4-75(b)所示,结果如图 4-75(c)所示。图 4-76(a)、(b)、(c)是对四棱柱设置不同角度的拔模。

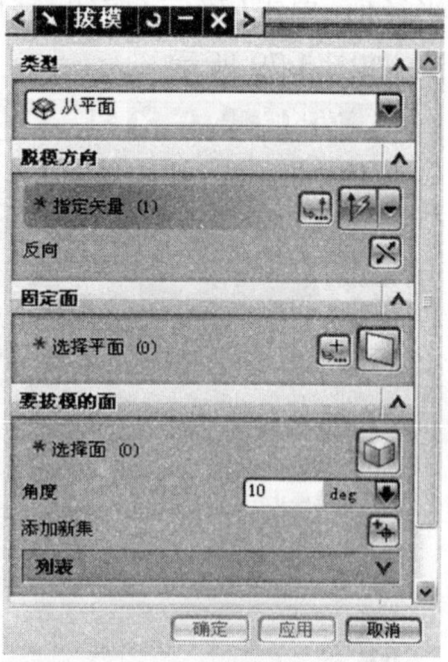

图 4-74 【拔模】对话框

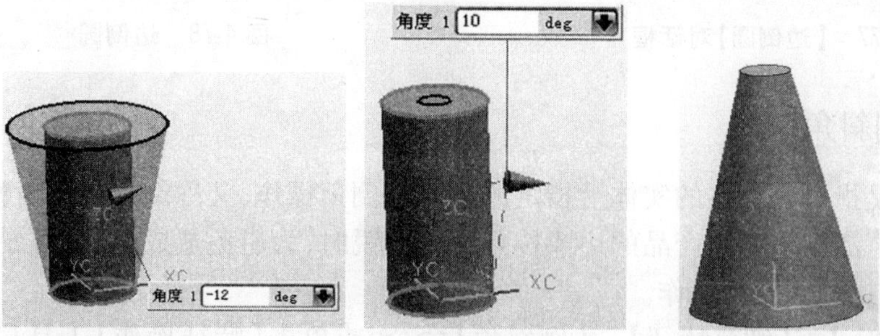

(a) (b) (c)

图 4-75 圆柱拔模

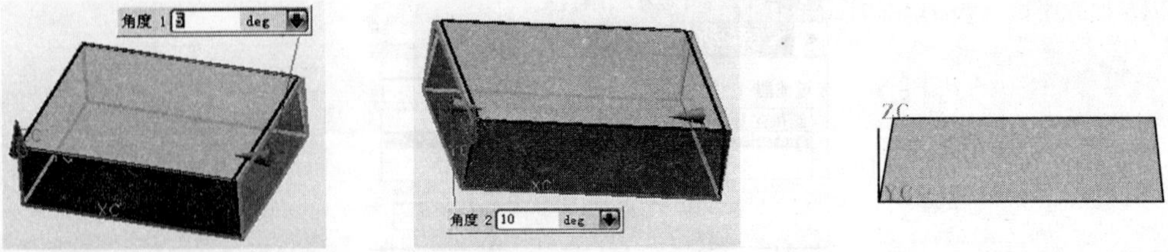

(a)　　(b)　　(c)

图 4-76　四棱柱拔模

4.10.2　边倒圆

边倒圆是为了方便零件安装、避免划伤和防止应力集中，在零件设计过程中，采取对其边或面进行边倒圆操作，该特征操作在工程设计中应用广泛。在 UG NX6 中系统提供了 3 种边倒圆操作。执行【插入】→【细节特征】→【边倒圆】命令，或单击【特征操作】工具栏中的【边倒圆】图标，进入【边倒圆】对话框，如图 4-77 所示，选中要边倒圆的边，输入半径值，单击【确定】按钮，完成边倒圆操作，如图 4-78(a)、(b)所示。还可以变半径边倒圆，如图 4-79 所示。

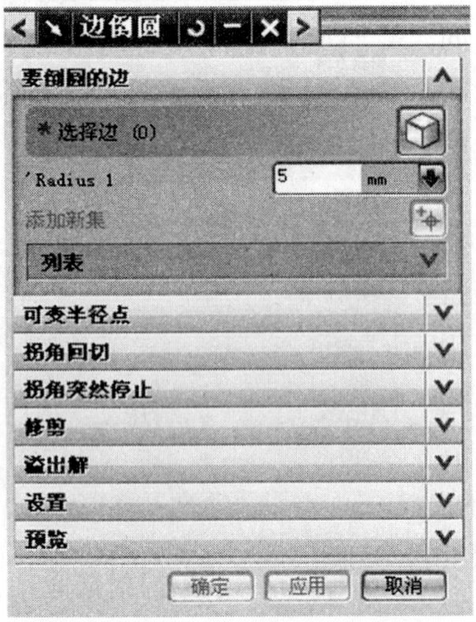

图 4-77　【边倒圆】对话框

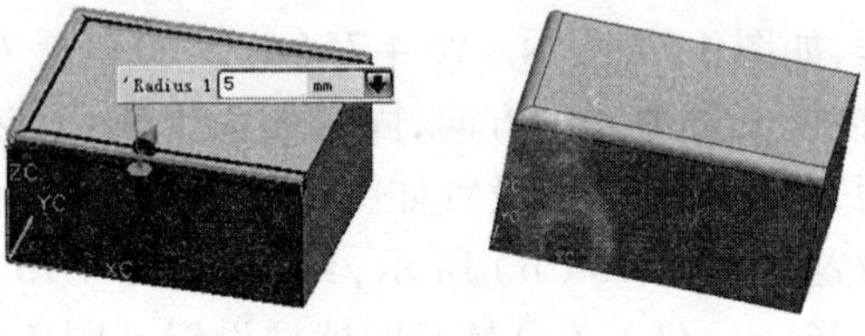

(a)　　(b)

图 4-78　边倒圆

4.10.3　倒斜角

倒斜角是指对已存在的实体沿指定的边进行倒角操作，又称倒角或去角特征，在产品设计中应用广泛。通常当产品的边或棱角过于尖锐时，为避免造成擦伤，需要对其进行必要的修剪，即执行倒斜角操作。

执行【插入】→【细节特征】→【倒斜角】命令，或单击【特征操作】工具栏中的【倒斜角】图标，进入【倒斜角】对话框，如图 4-80 所示。对称倒斜角如图 4-81 所示，非对称倒斜角如图 4-82(a)、(b)、(c)所示，“角度和距离”方式倒斜角如图 4-83(a)、(b)、(c)所示。

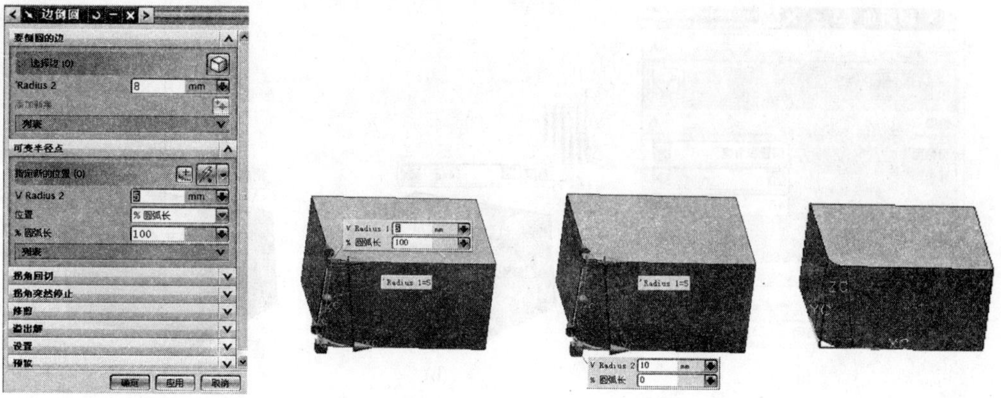

(a)　(b)　(c)　(d)

图 4-79　变半径边倒圆

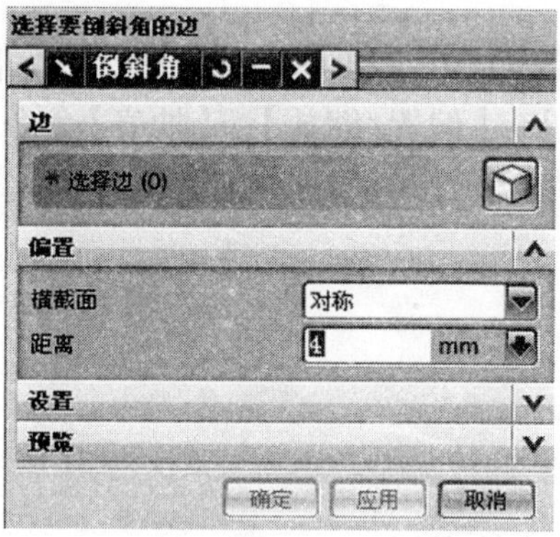

图 4-80　【倒斜角】对话框

图 4-81　对称倒斜角

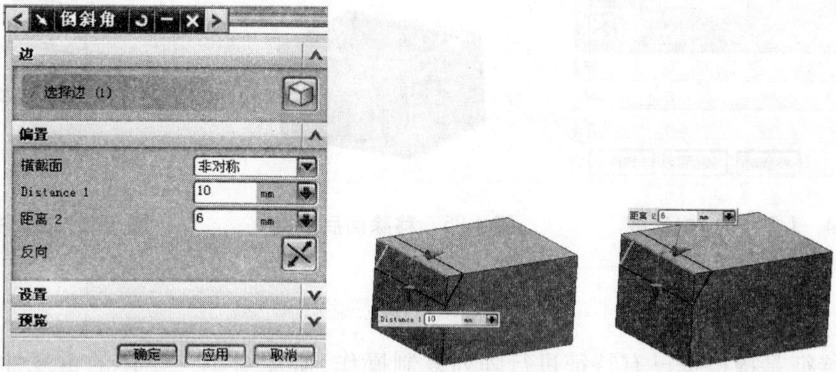

(a)　(b)　(c)

图 4-82　非对称倒斜角

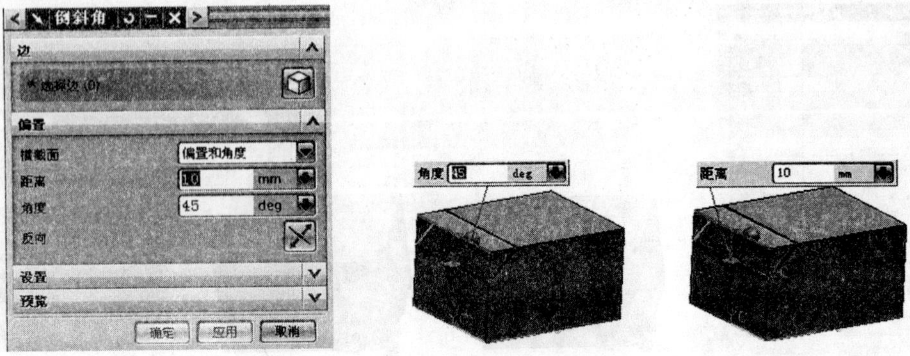

(a)　　(b)　　(c)

图 4-83　角度和距离方式倒斜角

4.10.4　抽壳

抽壳是指按照指定的厚度将实体模型抽空为腔体或在其四周创建壳体，可以指定个别不同的厚度到表面并移去个别表面。执行【插入】→【偏置/缩放】→【抽壳】命令，或单击【特征操作】工具栏中的【抽壳】图标，进入【壳单元】对话框，如图 4-84 所示。移除面后抽壳如图 4-85 所示，全部抽壳如图 4-86 所示。

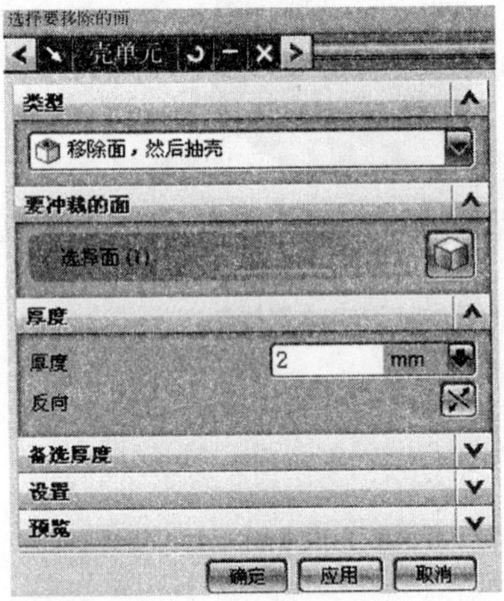

图 4-84　【壳单元】对话框

图 4-85　移除面后抽壳

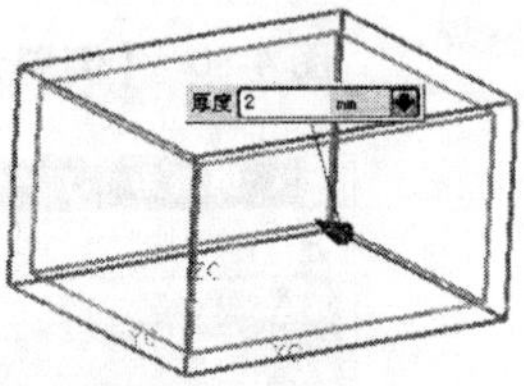

图 4-86　全部抽壳

4.10.5　实例特征

实例特征是指根据已有特征进行阵列复制操作，避免对单一实体的重复性操作。因此，该操作可以避免重复操作，更重要的一点是便于修改，可以节省大量的设计时间，在工程设计中应用广泛。使用实例特征操作可以快速地创建特征，如螺孔圆，另外，可以创建许多相似特征，并用一个步骤就可将它们添加到模型中。

执行【插入】→【关联复制】→【实例】命令，或单击【特征操作】工具栏中的【实例】按钮,进入【实例】对话框,如图4-87所示。

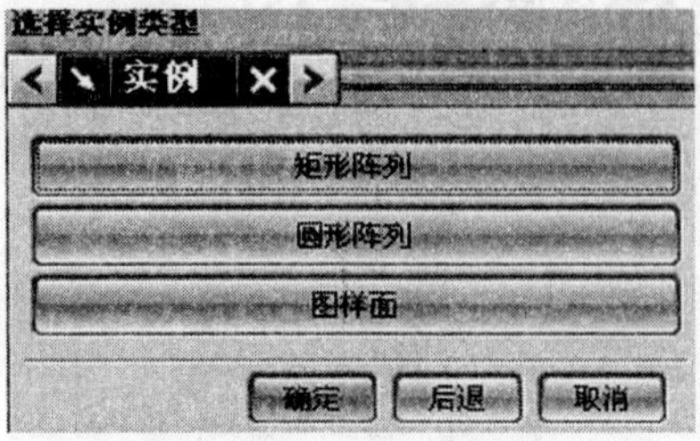

图4-87 【实例】对话框

4.10.6 螺纹

螺纹是指对孔或圆柱体表面创建螺纹特征,可以创建符号螺纹和详细螺纹。螺纹在机械工程中应用广泛,主要起到连接或传递动力等作用。

执行【插入】→【设计特征】→【螺纹】命令,或单击【特征操作】工具栏中的【螺纹】图标,进入【螺纹】对话框,如图4-88所示。以M20的外螺纹生成详细螺纹的应用示例如图4-89(a)、(b)所示。

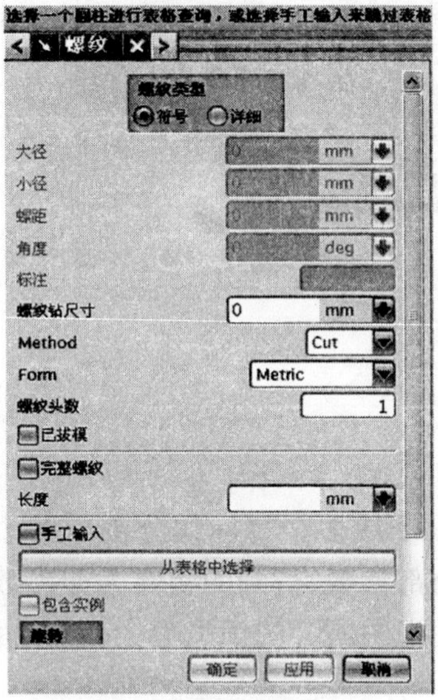

图4-88 【螺纹】对话框

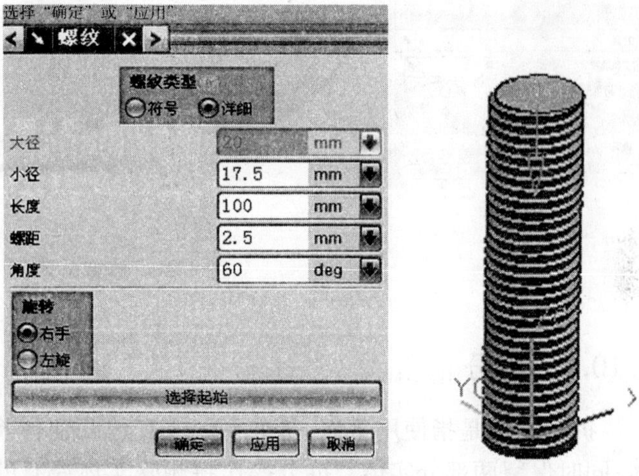

(a) (b)

图4-89 详细螺纹的生成

4.10.7 修剪体

修剪体是指使用一个平面或基准平面切除一个或多个目标体,选择要保留的实体的一部分,并且被修剪的实体具有修剪几何体的形状。其中,被修剪的实体和用来修剪的基准平面或平面相关,实体修剪后仍然是参数化实体,并保留实体创建时的所有参数。

执行【插入】→【修剪】→【修剪体】命令,或单击【特征操作】工具栏中的【修剪体】图标,进入【修剪体】对话框,如图4-90所示。修剪体示例如图4-91(a)、(b)所示。

图 4-90　【修剪体】对话框

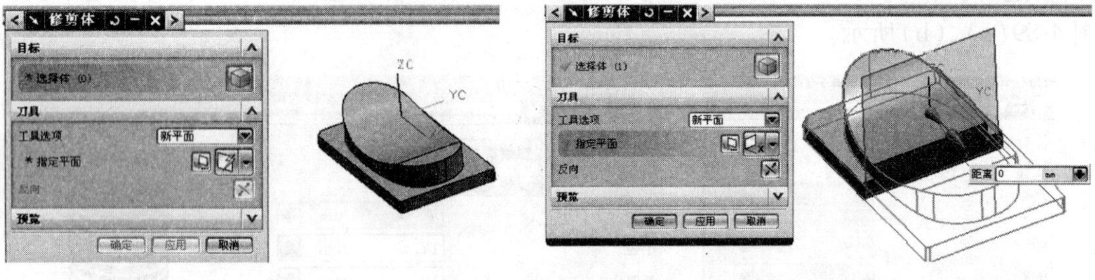

(a)　(b)

图 4-91　修剪体示例

4.10.8　拆分

拆分操作是指使用平面、基准平面或其他几何体将一个或多个目标体分割成两个实体,同时保留两部分实体。拆分操作将删除实体原有的全部参数,得到的实体为非参数实体。拆分实体后实体中的参数全部移除,同时工程图中剖视图所含的信息也会丢失,因此应谨慎使用。图 4-92(a)、(b)、(c)为拆分体示例。

4.10.9　镜像特征

该选项用于将选定的特征通过基准平面或平面,生成对称的特征,在 UG 建模中应用广泛,可以提高建模效率。

执行【插入】→【关联复制】→【镜像特征】命令,或单击【特征操作】工具栏中的【镜像特征】图标,进入【镜像特征】对话框,按图 4-93(a)进行设置,镜像平面选择如图 4-93(b)所示。镜像结果如图 4-93(c)所示。

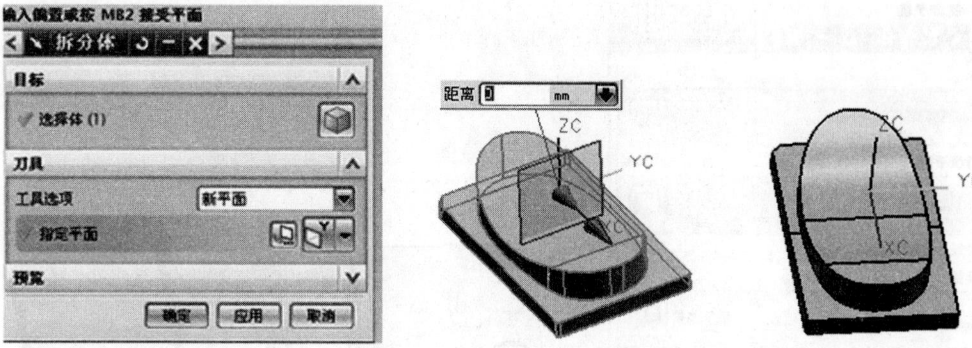

(a)　(b)　(c)

图 4-92　拆分体示例

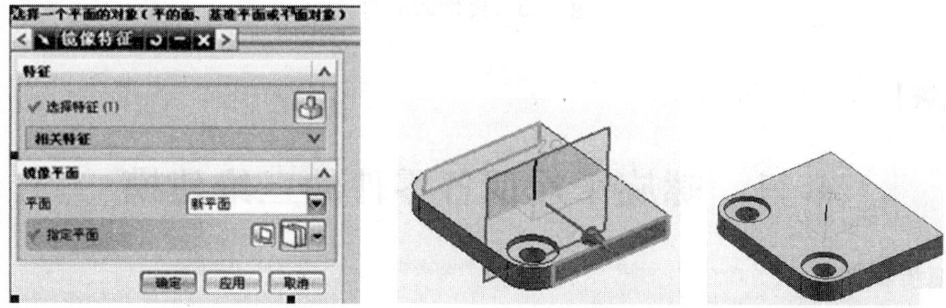

(a)　(b)　(c)

图 4-93　镜像特征

4.10.10　镜像体

该选项用于镜像整个体。与镜像特征不同的是，后者是镜像一个体上的一个或多个特征。

执行【插入】→【关联复制】→【镜像体】命令，或单击【特征操作】工具栏中的【镜像体】图标，进入【镜像体】对话框，如图 4-94 所示。如图 4-95(a)所示，选择镜像体及镜像平面，分别选择如图 4-95(b)所示的体和平面，镜像体结果如图 4-95(c)所示。

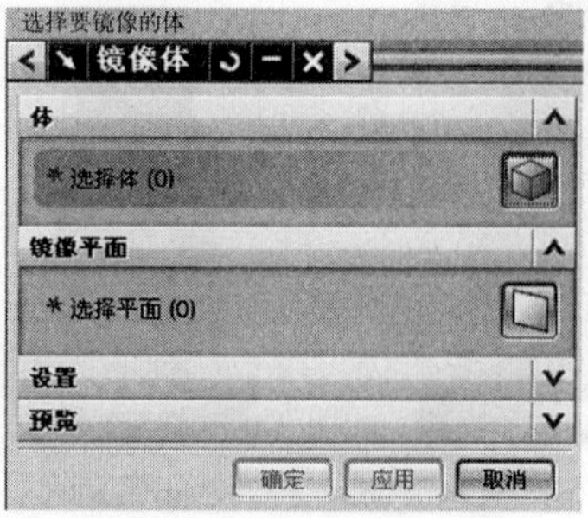

图 4-94　【镜像体】对话框

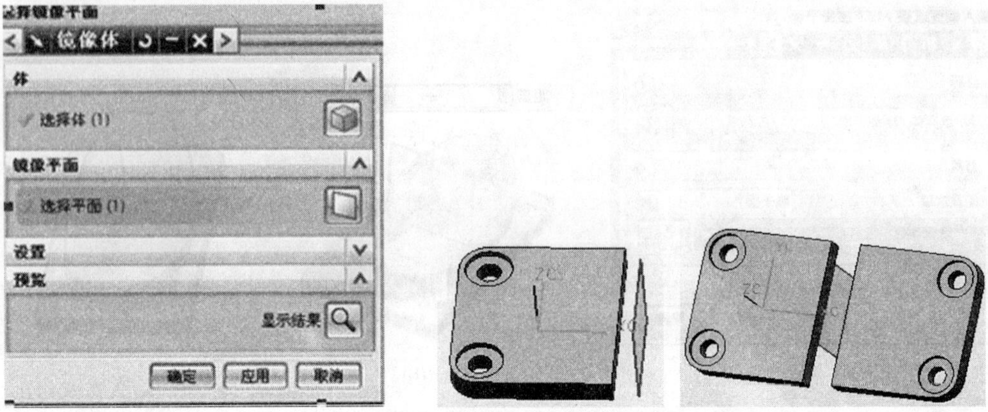

(a)　　(b)　　(c)

图 4-95　镜像体示例

【任务实施】

4.11　螺旋千斤顶各零件的三维建模

实施步骤如下。

4.11.1　底座的建模

螺旋千斤顶底座建模过程如图 4-96 所示。

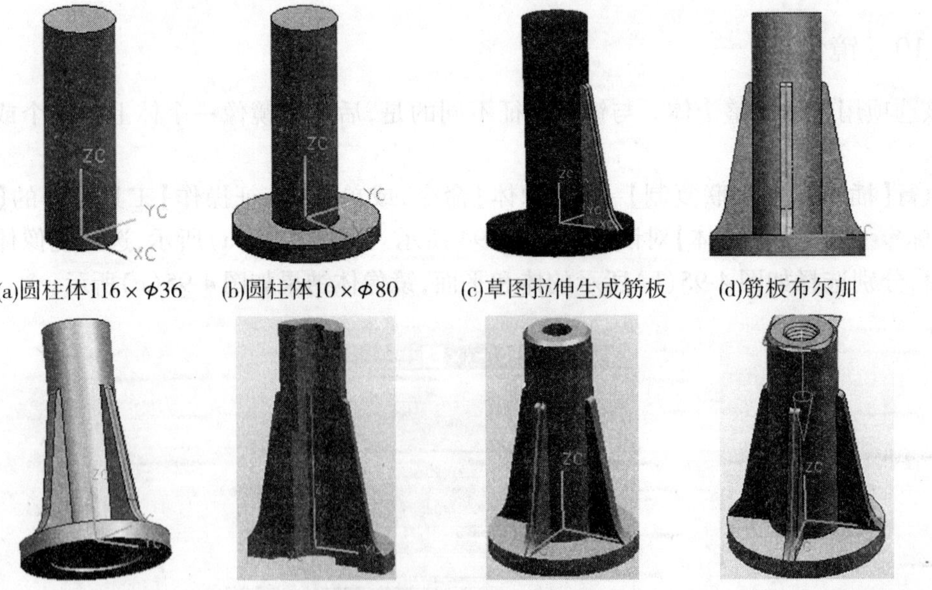

(a)圆柱体116 × ϕ36　(b)圆柱体10 × ϕ80　(c)草图拉伸生成筋板　(d)筋板布尔加

(e)孔ϕ50 × 2　(f)孔ϕ20 × 56，ϕ24 × 68　(g)倒角　(h)创建基准面生成真实螺纹

图 4-96　螺旋千斤顶底座建模过程

具体步骤如下所述。

(1)圆柱体建模。

执行【插入】→【设计特征】→【圆柱体】命令,“类型”选项选择“轴、直径和高度”,输入直径36,高度116,轴矢量选择Z轴方向向上,指定点为绝对坐标的坐标原点,单击【确定】按钮,如图4-97(a)、(b)、(c)、(d)所示。

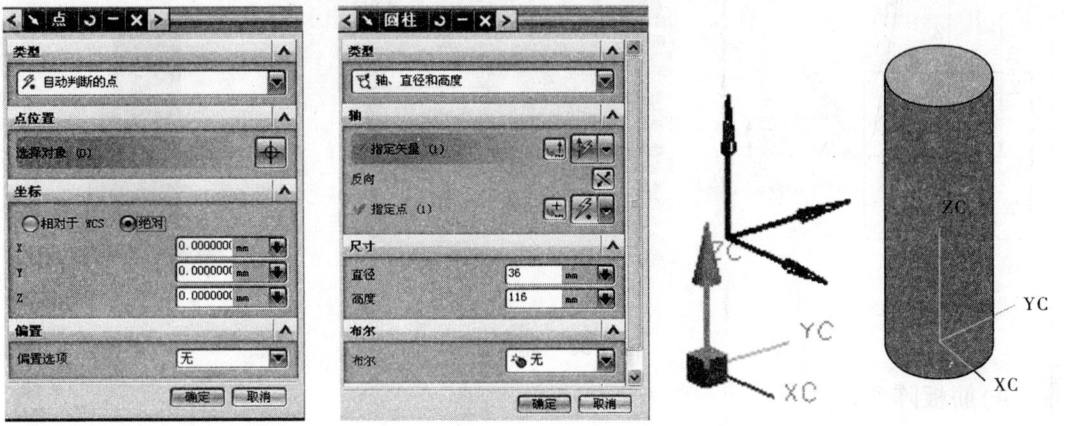

(a)　(b)　(c)　(d)

图4-97　圆柱建模

(2)底盘建模。

执行【插入】→【设计特征】→【圆柱体】命令,“类型”选项选择“轴、直径和高度”,输入直径80,高度10,轴矢量选择Z轴方向反向,指定点为绝对坐标的坐标原点,“布尔”选择“求和”,选择体为刚做的圆柱体,单击【确定】按钮,如图4-98所示。

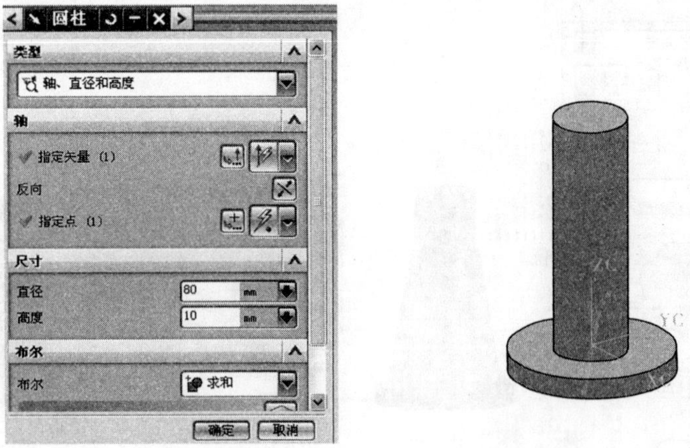

(a)　(b)

图4-98　底盘建模

(3)筋板建模。

执行【插入】→【草图】命令,选择Z—X面创建草图如图4-99(a)所示,完成草图并退出后,执行【插入】→【设计特征】→【拉伸】命令,参数设置如图4-99(b)所示,开始为-3,结束为3,“布尔”选择“无”,生成效果如图4-99(c)所示。

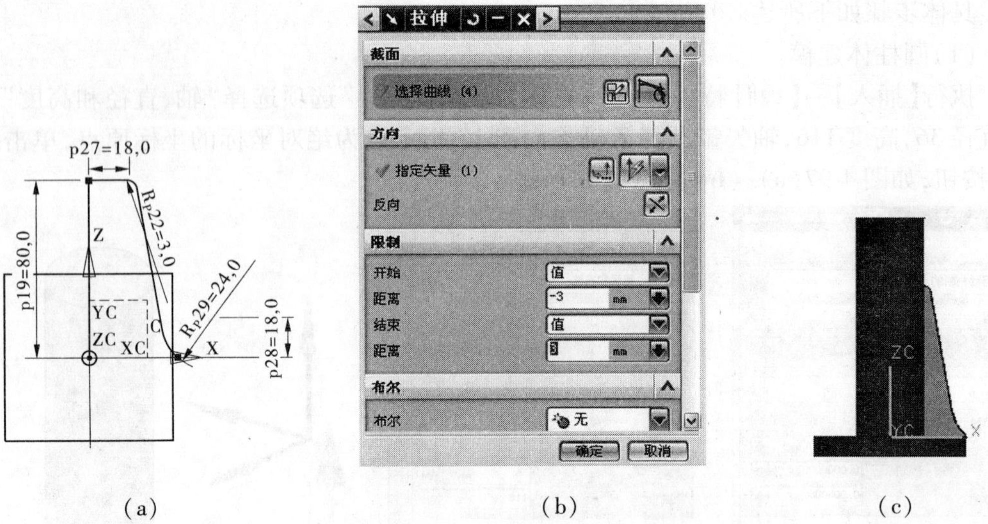

图 4-99　筋板建模

(4)筋板阵列。

生成其余三个筋板,执行【编辑】→【移动对象】命令,如图 4-100(a)所示,对象选择刚生成的筋板,变换运动选择“角度”,矢量为 Z 轴,轴点为坐标原点,“角度”输入 90,“结果”选“复制原先的”,“非关联副本数”输入 3,单击【确定】按钮,生成图 4-100(b)。“布尔”选择“求和”,目标体选择圆柱体,刀具体选择四个筋板如图 4-100(c)、(d)所示。

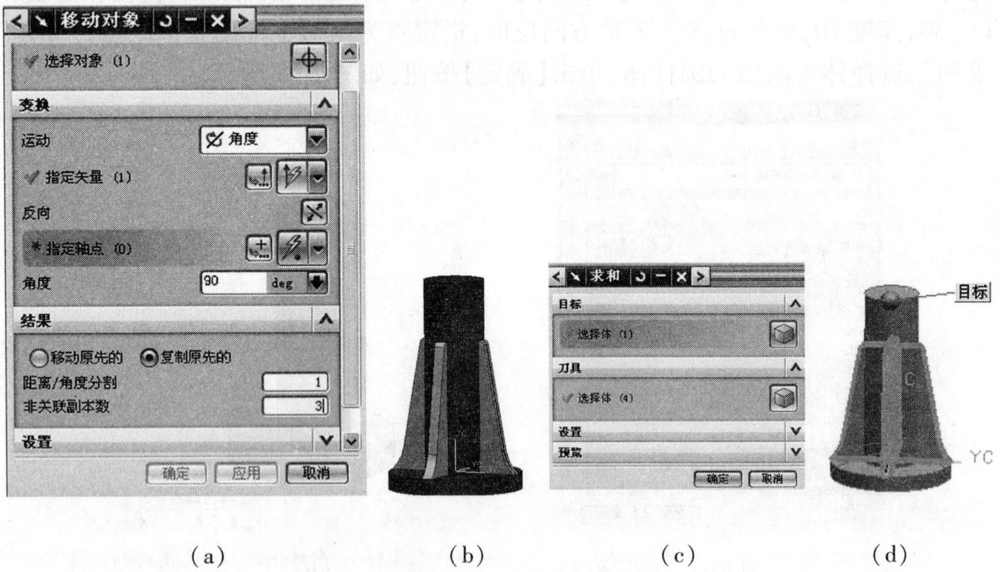

图 4-100　筋板阵列

(5)打孔。

执行【插入】→【设计特征】→【打孔】命令,参数设置如图 4-101(a)所示,孔类型为常规孔,位置指定点为ϕ80 圆心,“形状和尺寸”选项组的“成形”项选择“简单”,直径为 50,深度为 2,尖角为 0,“布尔”选择“求差”,选择体为存在实体,单击【确定】按钮,生成

图 4-101(b)。类似地,完成$\phi 24\times 68$,在图 4-102 中设置直径为 24,深度为 68,尖角为 0,“布尔”选择“求差”,孔定位点选择ϕ 50孔的实体面中心。在图 4-103 中设置$\phi 16\times 56$ 的孔的参数,选择底座上表面圆心为孔定位点,直径为 16,深度为 56,尖角为 0,“布尔”选择“求差”,打孔结果的剖面图如图 4-104(a)、(b)所示。

(a)　(b)

图 4-101　打ϕ 50 孔

图 4-102　打ϕ 24 孔参数设置

图 4-103　打ϕ 16 孔参数设置

(6)孔倒斜角。

孔倒斜角 $C2$,执行【插入】→【细节特征】→【倒斜角】命令,“偏置横截面”选择“对称”,距离为 2,选择ϕ 36 孔边。具体参数设置及结果如图 4-105(a)、(b)所示。

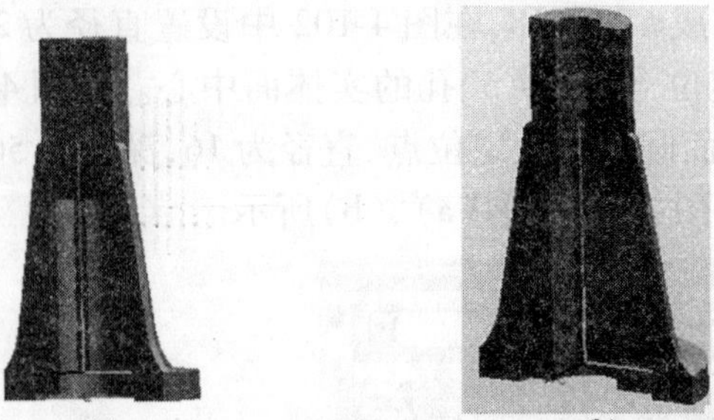

(a)　　　　(b)

图 4-104　打孔结果的剖面图

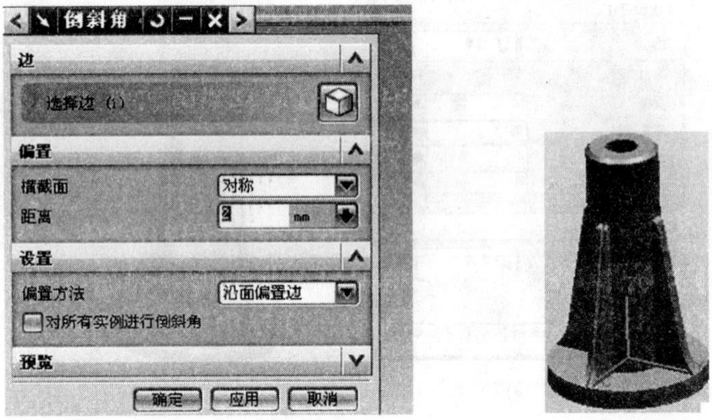

(a)　　　　(b)

图 4-105　孔倒斜角

(7)螺纹孔。

创建基准面,生成真实螺纹孔。创建基准面,步骤:执行【插入】→【基准】→【基准平面】命令,选择底座上表面生成基准面,如图 4-106 所示。执行【插入】→【设计特征】→【螺

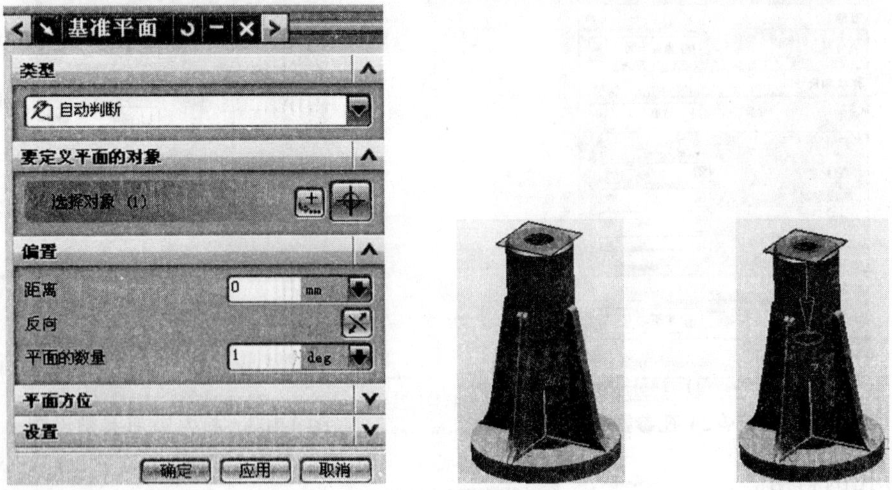

(a)　　　　(b)　　　　(c)

图 4-106　创建基准面

纹】命令后出现对话框如图4-107(a)所示，选中ϕ16孔，螺距为2.5，大径为20，角度为60。生成的螺纹效果如图4-107(b)所示。

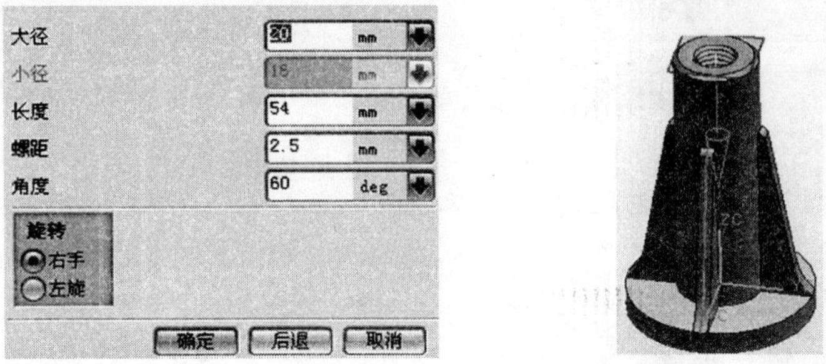

(a)参数设置　　(b)螺纹效果

图4-107　创建螺纹

(8)边倒圆。

执行【插入】→【细节特征】→【边倒圆】命令，得到【边倒圆】对话框，如图4-108(a)所示，选择孔ϕ24的边过渡为$R4$，其余为$R1$，单击【确定】按钮，效果如图4-108(b)所示。按Ctrl+W键选择隐藏草图曲线、基准平面、坐标系，完成底座零件造型。图4-109所示为底座完工图。

(a)　(b)

图4-108　边倒圆

图4-109　底座完工图

4.11.2　顶盖建模

(1)执行【插入】→【草图】命令，选择Z—X面创建草图，如图4-110所示。完成草图回转，执行【插入】→【设计特征】→【回转】命令，选择曲线为特征曲线，轴矢量为Z轴，指定点为坐标原点，限制开始为0，结束为360，“体类型”为“实体”。参数设置如图4-111(a)所示，轴及轴点选择如图4-111(b)所示，生成的回转体如图4-111(c)所示。

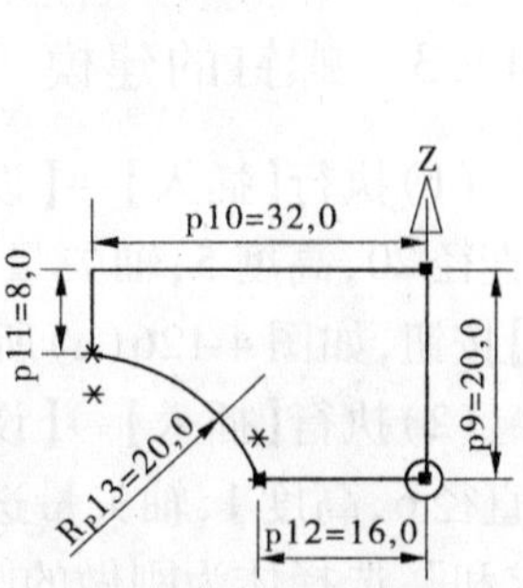

图4-110　顶盖草图

(2)阶梯孔的生成。

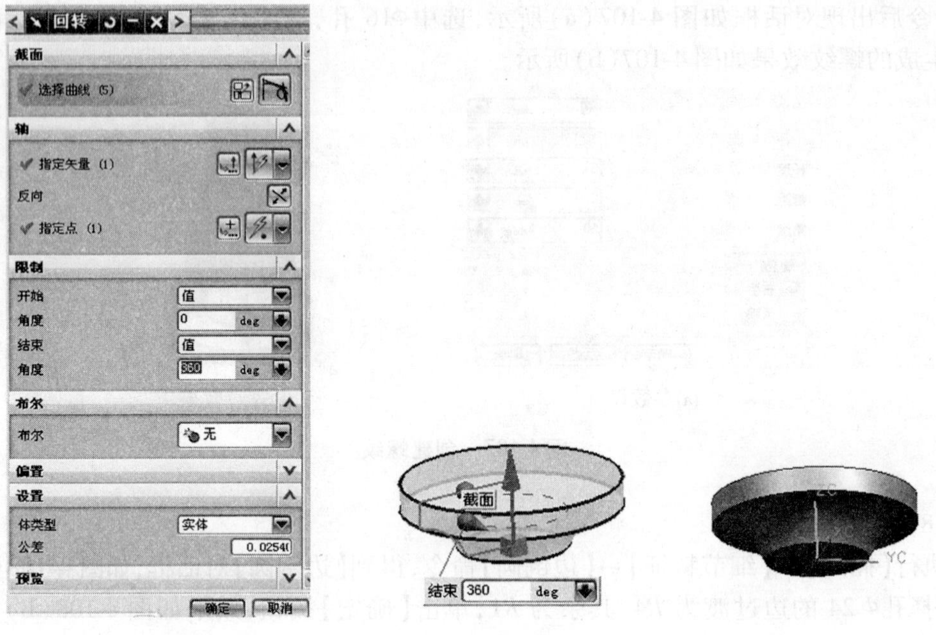

(a)　　(b)　　(c)

图 4-111　草图回转

执行【插入】→【设计特征】→【孔】命令，选择上盖的下表面中心为孔定位点，参数设置如图 4-112 所示，孔直径为 14，深度为 11，尖角为 0，“布尔”选择“求差”。

执行【插入】→【设计特征】→【孔】命令，选择上盖的上表面中心为孔定位点，参数设置如图 4-113 所示，孔直径为 44，深度为 2，尖角为 0，“布尔”选择“求差”。

执行【插入】→【设计特征】→【孔】命令，选择上一步生成的孔的下表面中心为孔定位点，参数设置如图 4-114 所示，孔直径为 22，深度为 7，尖角为 0，“布尔”选择“求差”。

生成孔Φ14、Φ44、Φ22 如图 4-115 ~ 图 4-117 所示。阶梯孔生成效果如图 4-118 所示。

(3) 顶面槽生成。

选择顶面创建草图，步骤如图 4-119、图 4-120 所示，草图结果如图 4-121 所示。执行【插入】→【设计特征】→【拉伸】命令，参数设置如图 4-122 所示，预览如图 4-123 所示，生成槽如图 4-124所示，隐藏草图曲线后生成上盖，结果如图 4-125 所示。

4.11.3　螺钉的建模

(1) 执行【插入】→【设计特征】→【圆柱体】命令，“类型”选择“轴、直径和高度”，输入直径 20，高度 5，轴矢量选择 Z 轴方向向上，指定点为绝对坐标的坐标原点，单击【确定】按钮，如图 4-126(a)所示。

(2) 执行【插入】→【设计特征】→【圆柱体】命令，“类型”选择“轴、直径和高度”，输入直径 6，高度 1，轴矢量选择 Z 轴方向反向，指定点为绝对坐标的坐标原点，“布尔”选择“求和”，选择体为刚做的圆柱体，单击鼠标左键确定，如图 4-126(b)所示。

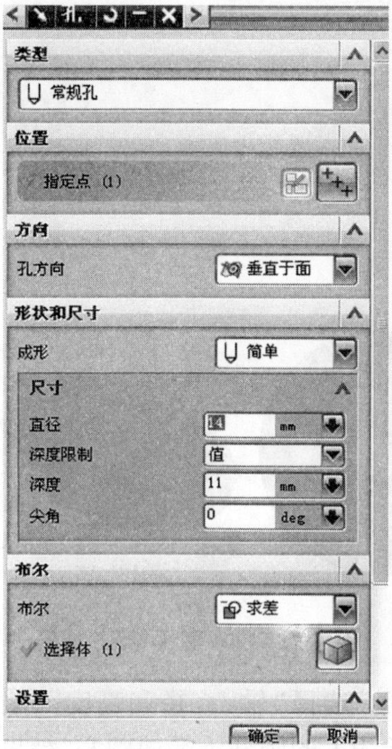

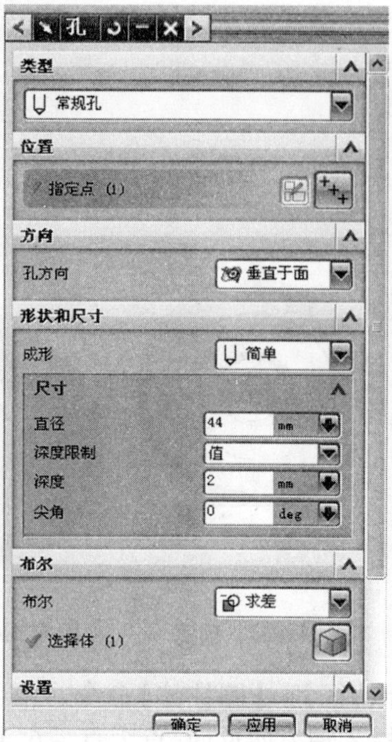

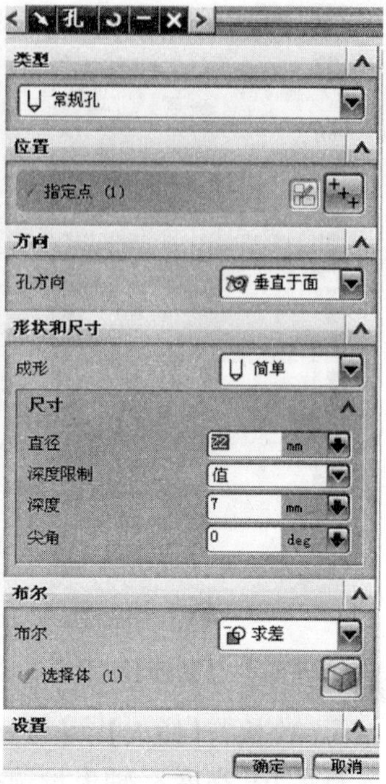

图 4-112　【孔】对话框 1(φ14)　图 4-113　【孔】对话框 2(φ44)　图 4-114　【孔】对话框 3(φ22)

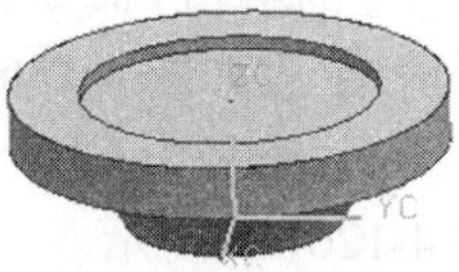

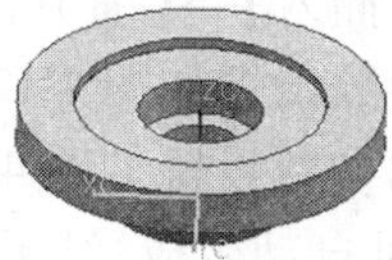

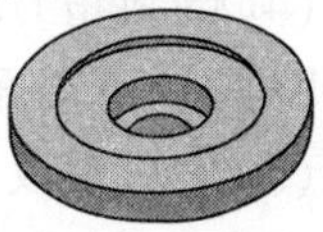

图 4-115　φ14 的孔　图 4-116　φ44 的孔　图 4-117　φ22 的孔　图 4-118　阶梯孔

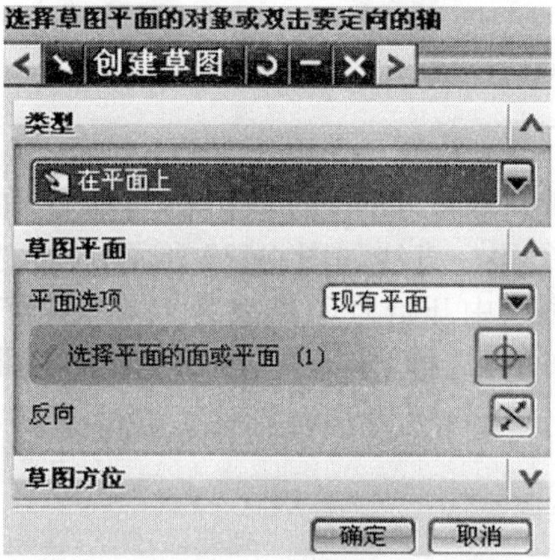

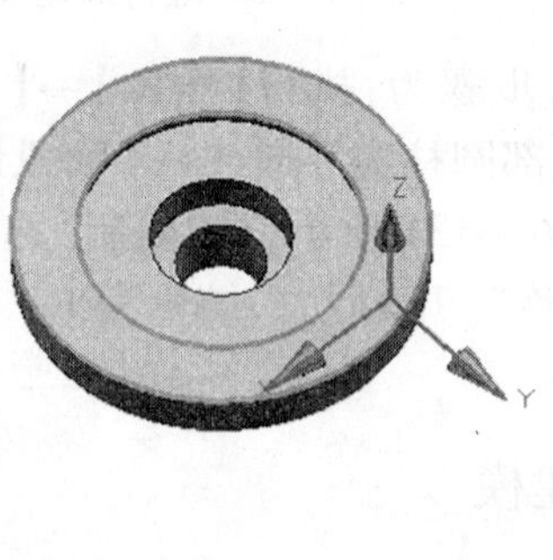

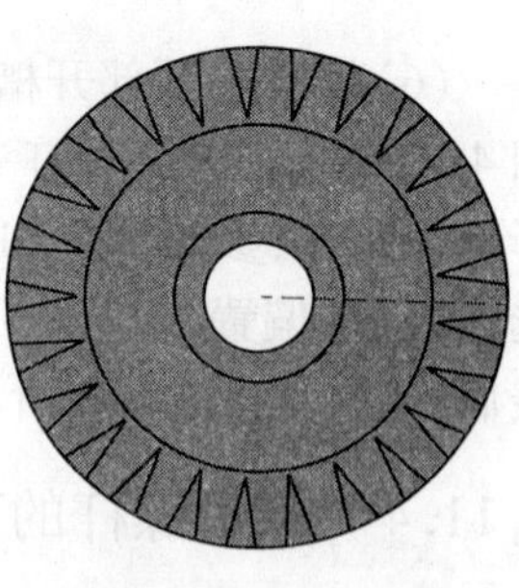

图 4-119　【创建草图】对话框　图 4-120　选择上表面　图 4-121　草图结果

图 4-122　【拉伸】对话框

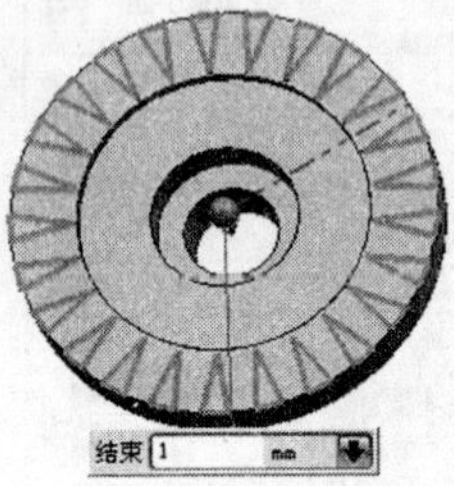

图 4-123　预览

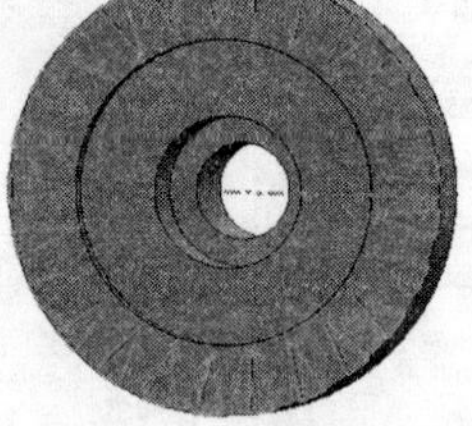

图 4-124　生成槽

图 4-125　结果

(3)执行【插入】→【设计特征】→【圆柱体】命令,"类型"选择"轴、直径和高度",输入直径 10,高度 8,轴矢量选择 Z 轴方向反向,点为直径 6,长为 1 的圆柱下端面圆心,结果如图 4-126(c)所示。

(4)倒斜角 C1,执行【插入】→【细节特征】→【倒斜角】命令,选择对称,距离为 1,选择φ 10 圆柱下端面边。参数设置如图 4-127 所示,生成如图 4-126(d)所示倒角。

(5)生成螺纹,螺纹的参数设置如图 4-128 所示,小径为 6.125,螺距为 1.5,其余参数在选中直径为 10 的圆柱时自动生成,结果如图 4-126(e)所示。

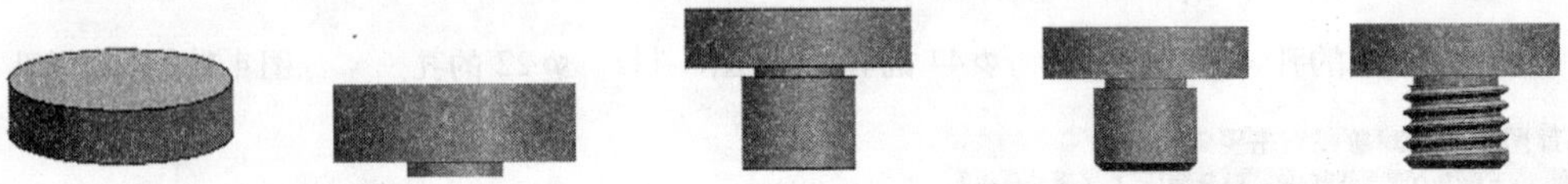

(a)　(b)　(c)　(d)　(e)

图 4-126　螺钉的建模过程

(6)螺纹头顶部开槽,步骤为:执行【插入】→【来自曲线集曲线】→【投影】命令,如图 4-129所示,选择螺钉头部圆柱边界向 Y—Z 面投影,得一直线如图 4-130 所示,拉伸选择单条曲线,参数设置如图 4-131 所示,在"限制"选项组中开始为 0,结束为 2,在"偏置"选项组中"偏置"设为"对称",开始为 1,结束为 1,"布尔"选择"求差"。隐藏坐标系和曲线后,效果如图 4-132 所示。

4.11.4　起重螺杆的建模

起重螺杆的建模过程如图 4-133 所示,具体步骤如下:

(1)执行【插入】→【设计特征】→【圆柱体】命令,参数设置如图 4-134 所示,"类型"选择"轴、直径和高度",输入直径 32,高度 32,轴矢量选择 Z 轴方向,指定点为绝对坐标的坐标原点,单击鼠标左键确定,效果如图 4-133(a)所示。

图 4-127　【倒斜角】对话框

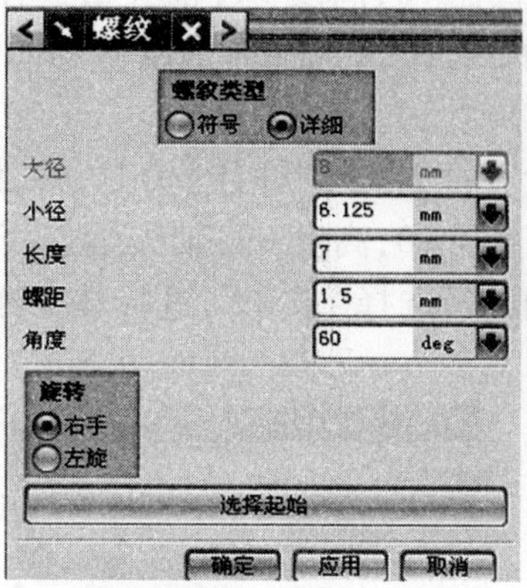

图 4-128　【螺纹】对话框

图 4-129　【投影曲线】对话框

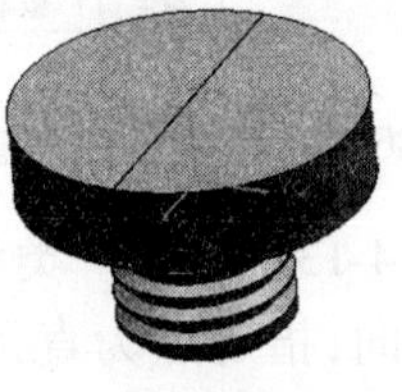

图 4-130　得到的直线

图 4-131　参数设置

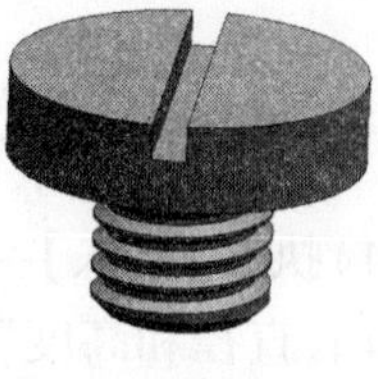

图 4-132　螺钉建模结果

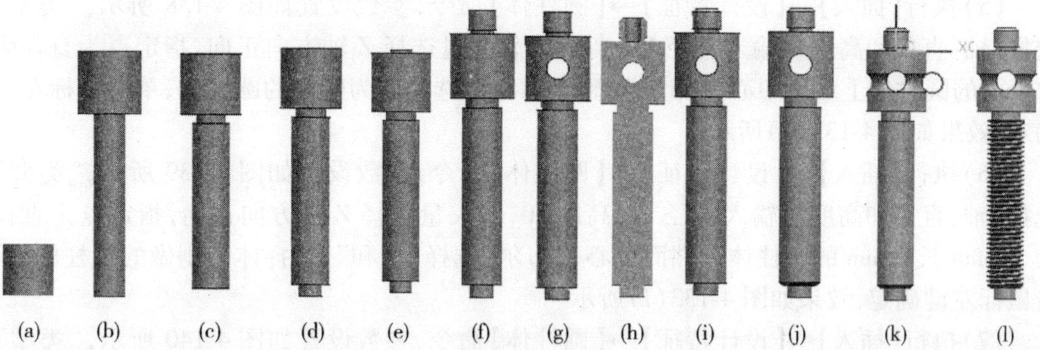

图 4-133　起重螺杆的建模过程

(2)执行【插入】→【设计特征】→【圆柱体】命令,参数设置如图 4-135 所示,“类型”

选择“轴、直径和高度”，输入直径 16，高度 94，轴矢量选择 Z 轴方向反向，指定点为绝对坐标的坐标原点，“布尔”选择“求和”，选择体为刚做的圆柱体，单击鼠标左键确定，效果如图 4-133(b)所示。

(3)执行【插入】→【设计特征】→【圆柱体】命令，参数设置如图 4-136 所示，“类型”选择“轴、直径和高度”，输入直径 20，高度 89，轴矢量选择 Z 轴方向，指定点为直径为 16 mm 的圆柱体下端面中心，“布尔”选择“求和”，选择体为刚做的圆柱体，单击鼠标左键确定，效果如图 4-133(c)所示。

图 4-134　Φ32 圆柱的创建

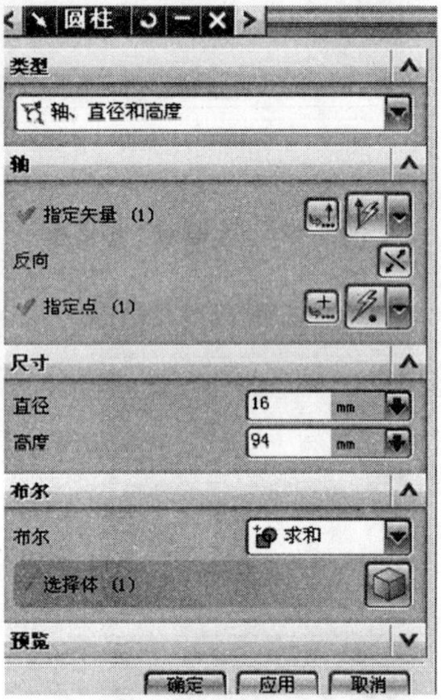

图 4-135　Φ16 圆柱的创建

图 4-136　Φ20 圆柱的创建

(4)执行【插入】→【设计特征】→【圆柱体】命令，参数设置如图 4-137 所示，“类型”选择“轴、直径和高度”，输入直径 12，高度 6，轴矢量选择 Z 轴方向反向，指定点为直径为 20 mm 的圆柱体下端面中心，“布尔”选择“求和”，选择体为刚做的圆柱体，单击鼠标左键确定，效果如图 4-133(d)所示。

(5)执行【插入】→【设计特征】→【圆柱体】命令，参数设置如图 4-138 所示，“类型”选择“轴、直径和高度”，输入直径 12，高度 2，轴矢量选择 Z 轴方向正向，指定点为直径为 32 mm 的圆柱体上端面中心，“布尔”选择“求和”，选择体为刚做的圆柱体，单击鼠标左键确定，效果如图 4-133(e)所示。

(6)执行【插入】→【设计特征】→【圆柱体】命令，参数设置如图 4-139 所示，“类型”选择“轴、直径和高度”，输入直径 14，高度 10，轴矢量选择 Z 轴方向正向，指定点为直径为 12 mm 长 2 mm 的圆柱体上端面中心，“布尔”选择“求和”，选择体为刚做的圆柱体，单击鼠标左键确定，效果如图 4-133(f)所示。

(7)执行【插入】→【设计特征】→【圆柱体】命令，参数设置如图 4-140 所示，“类型”选择“轴、直径和高度”，输入直径 11，高度 36，轴矢量选择 Y 轴方向正向，指定点为(16，0，16)如图 4-141 所示，“布尔”选择“求差”，选择体为刚做的圆柱体，单击鼠标左键确定，效果如图 4-133(g)所示。

(8)执行【插入】→【设计特征】→【孔】命令，选择上盖的上表面中心为孔定位点，参数设置如图4-142所示，孔直径为8，深度为12，尖角为118°，“布尔”选择“求差”。生成孔如图4-133(h)所示。

图4-137　圆柱的创建1

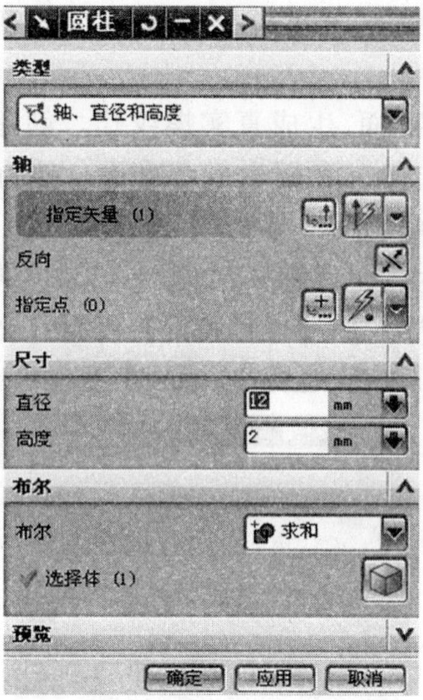

图4-138　圆柱的创建2

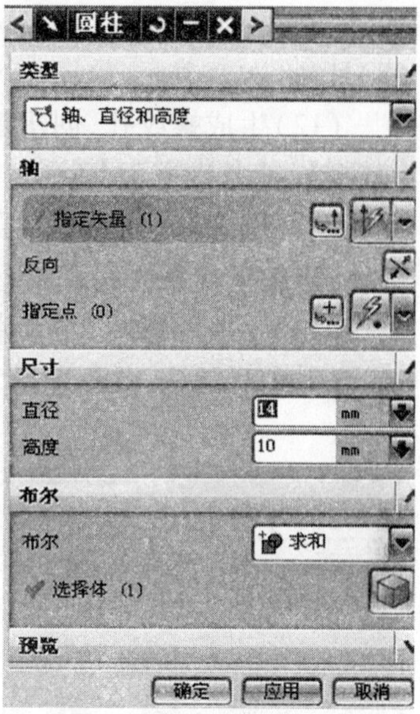

图4-139　圆柱的创建3

图4-140　圆柱的创建4

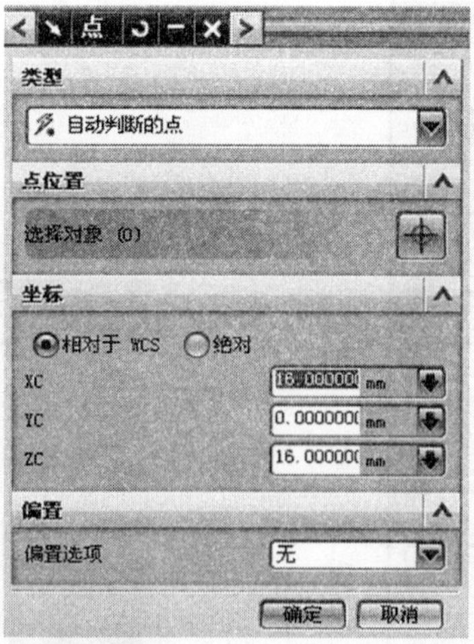

图4-141　【点】对话框

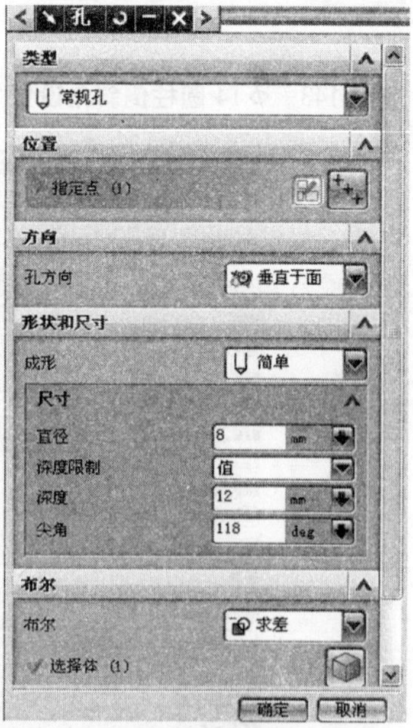

图4-142　孔参数设置

(9)$C1.5$倒角，执行【插入】→【细节特征】→【倒斜角】命令，选择对称，输入距离1.5，选择$\phi 14$圆柱上端面边。参数设置如图4-143所示，生成倒角如图4-133(i)所示。

(10) $C1.5$ 倒角，执行【插入】→【细节特征】→【倒斜角】命令，选择非对称，输入距离 1.5，选择 ϕ20 圆柱下端面边。参数设置如图 4-144 所示，生成倒角如图 4-133(j)所示。

(11)旋转切割 $R5.5$ 的圆弧面。选择 Z—X 面创建草图作 $R5.5$ 的圆，如图 4-145 所示，生成旋转圆柱体，“布尔”选择“求差”，选择体为已存在的实体，生成实体如图 4-133(k)所示。

(12)生成螺纹孔，创建基准面，生成真实螺纹孔。创建基准面，步骤：执行【插入】→【基准】→【基准平面】命令，选择上表面生成基准面。执行【插入】→【设计特征】→【螺纹】命令，出现对话框如图 4-146 所示，选中 ϕ8 孔，螺距为 1.5，大径为 10，角度为 60，生成螺纹，隐藏坐标系曲线草图，生成起重螺杆，如图 4-133(l)所示。

(13)生成外螺纹。执行【插入】→【设计特征】→【螺纹】命令，出现对话框如图 4-147 所示，选中 ϕ20 圆柱，螺距为 2.5 mm，大径为 20 mm，角度为 60。生成螺纹如图 4-133(l)所示。

图 4-143　ϕ14 圆柱倒斜角设置

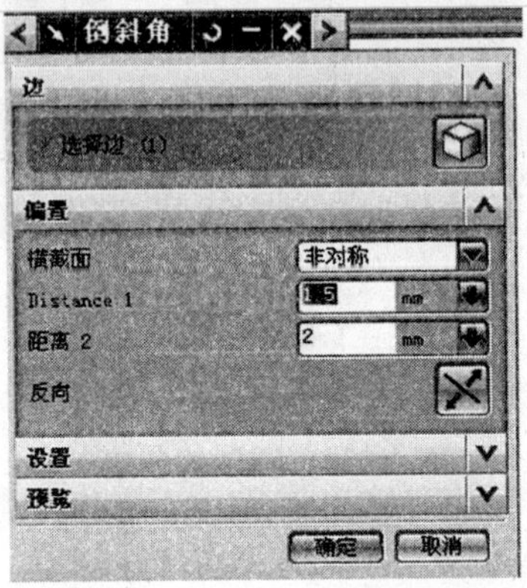

图 4-144　ϕ20 圆柱倒斜角设置

图 4-145　生成 $R5.5$ 的圆

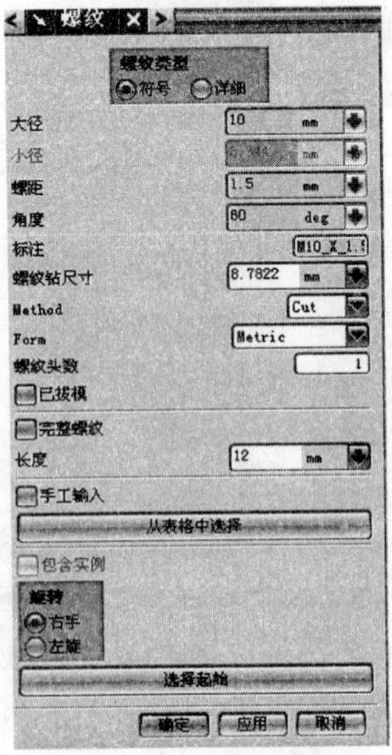

图 4-146　【螺纹】对话框

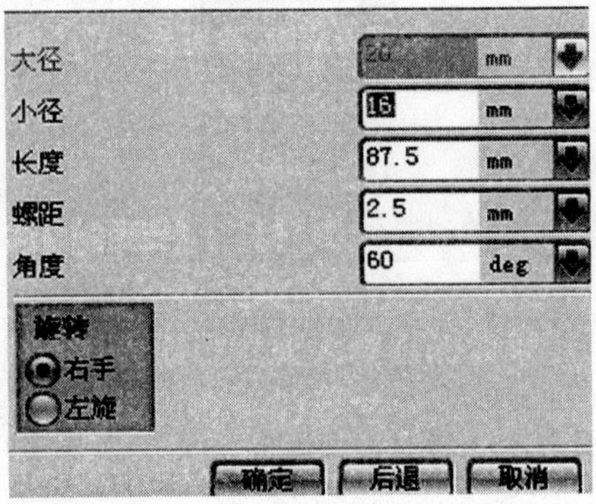

图 4-147　外螺纹参数设置

4.11.5 旋转杆建模

旋转杆零件图如图4-148所示。

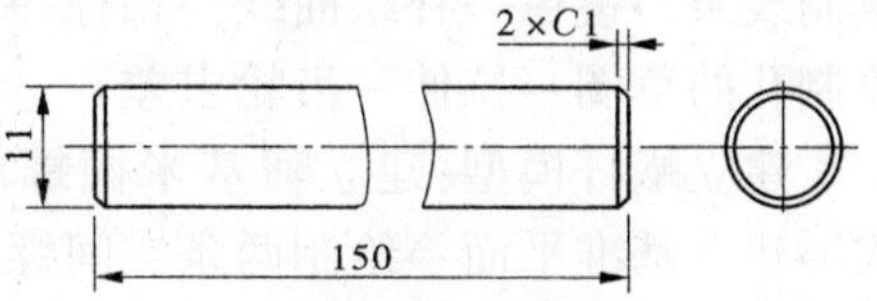

图4-148 旋转杆零件图

(1)执行【插入】→【设计特征】→【圆柱体】命令,参数设置如图4-149所示,“类型”选择“轴、直径和高度”,输入直径11,高度150,轴矢量选择Y轴方向,指定点为绝对坐标的坐标原点,单击鼠标左键确定,效果如图4-150所示。

(2)执行【插入】→【细节特征】→【倒斜角】命令,选择对称,输入距离1,选择Φ11圆柱两端边,参数设置如图4-151所示,生成倒角如图4-152所示。

图4-149 【圆柱】对话框

图4-151 【倒斜角】对话框

图4-150 圆柱体

图4-152 倒角结果

4.12 蜗轮蜗杆的参数化建模

4.12.1 建模实施计划和决策

4.12.1.1 分析任务

根据蜗轮和蜗杆的基本参数,可以计算出蜗轮和蜗杆的尺寸数值,再分别进行参数化建模。

4.12.1.2　实施计划

建立蜗轮模型:启动 UG 软件→绘制草图→画回转体→旋转→建立表达式→绘制正侧蜗轮齿槽螺旋线→绘制反侧蜗轮齿槽螺旋线→生成渐开线→绘制圆→绘制交点连线→复制线条→镜像→补绘曲线→扫掠→显示前面隐藏的实体特征→移动对象→轮齿求差→绘制孔的草图→拉伸→齿轮求差。

建立蜗杆模型:建立阿基米德螺旋线的方程式→绘制两条空间螺旋线→建立表达式→建立基准平面→绘制两条空间螺旋线→绘制蜗杆基本曲线和齿廓截面→绘制基本曲线三维造型。

4.12.2　建模实施步骤和结果

(1)建立蜗轮模型,实施步骤和效果图如表 4-1 所示。

表 4-1　蜗轮建模的实施步骤和效果图

操作步骤	效果图
1. 蜗轮的几何尺寸如下: 分度圆:$d = mz = 156$ mm; 螺旋角:$\beta = 11.309\,9$; 齿顶高:$h_a = m = 4$ mm; 齿根高:$h_f = 1.2m = 4.8$ mm; 喉圆直径:$d_a = d + 2h_a = 164$ mm; 分度圆直径:$d_f = d - 2h_f = 146.4$ mm; 齿根圆直径:$d_e = d_a + (1 \sim 1.5)m$; 令 $d_e = d_a + 1.5m = 164 + 1.5m = 170$ mm; 中心距:$a = 98$ mm	
2. 新建一个名为 WoLun. prt 的文件,执行【开始】→【建模】命令,进入建模模块	
3. 以 XC—ZC 坐标平面作为草图平面,绘制如右图所示的草图	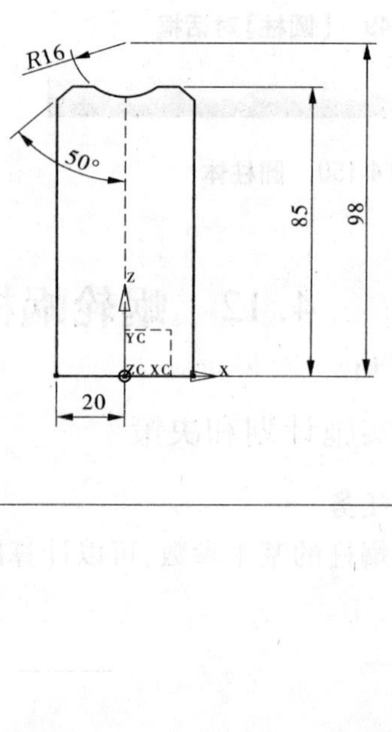

续表 4-1

<table>
<tr><th>操作步骤</th><th>效果图</th></tr>
<tr><td>4. 执行【回转】命令，系统弹出【回转】对话框。如右图所示，选取草图，设置回转参数，单击【确定】按钮，则创建相应的回转体</td><td>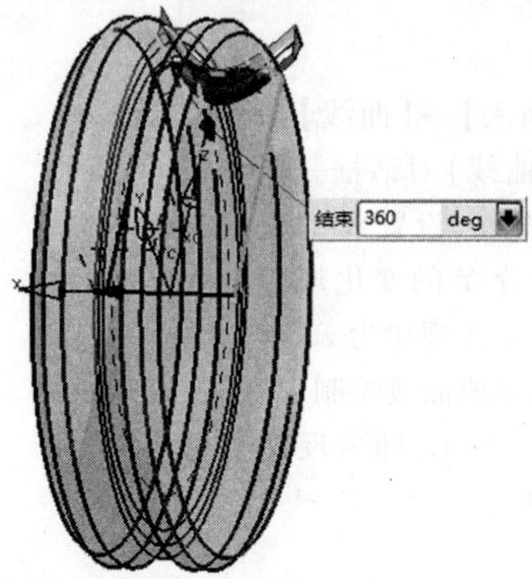
</td></tr>
<tr><td colspan="2">5. 旋转当前坐标系 XC 轴到 ZC 轴</td></tr>
<tr><td>6. 执行【工具】→【表达式】命令，系统弹出【表达式】对话框。建立如右图所示表达式（注意：Rad 公式直接输入的不是 UG 默认目录下的 Radians 公式）</td><td>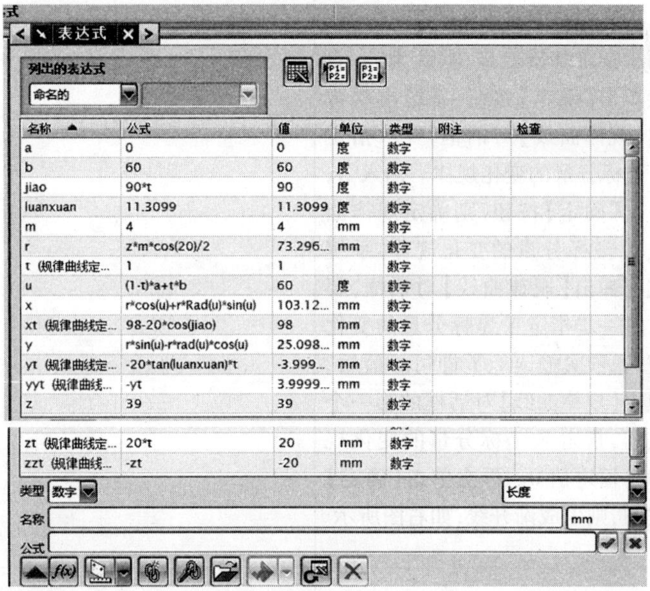
</td></tr>
<tr><td>7. 执行【规律曲线】命令，系统弹出【规律曲线】对话框。单击【根据公式】按钮，设置 X 的变化规律为 xt，设置 Y 的变化规律为 yt，设置 Z 的变化规律为 zt，单击【确定】按钮，完成曲线绘制，其结果如右图所示，即为正侧蜗轮齿槽螺旋线</td><td>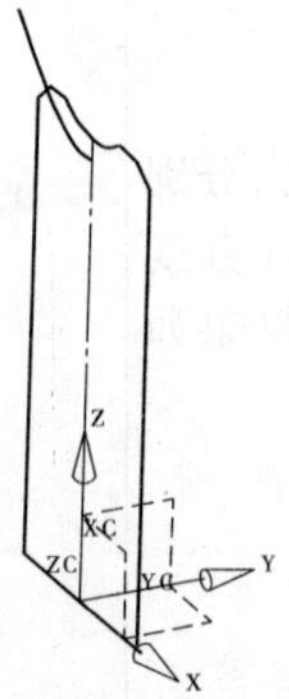
</td></tr>
</table>

续表 4-1

操作步骤	效果图
8. 执行【插入】→【曲线】命令,弹出【规律曲线】对话框。单击【根据公式】按钮,设置 X 的变化规律为 xt,设置 Y 的变化规律为 yt,设置 Z 的变化规律为 zt,单击【确定】按钮,完成曲线绘制,其结果如右图中间所示,即为反侧蜗轮齿槽螺旋线	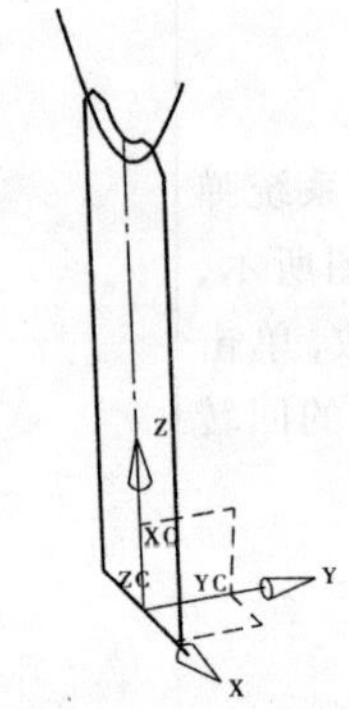
9. 选择【规律曲线】对话框,要求指定基础变量,默认为 t。直接单击【确定】按钮,系统再次弹出【规律曲线】对话框,要求指定 X 坐标分量的变化规律。输入 X,单击【确定】按钮,则确定规律曲线 X 坐标分量的变化规律,系统同时弹出【规律曲线】对话框,要求进一步指定 Y 坐标分量的变化规律,依次输入 t、Y 即可。最后,单击【规律曲线】对话框的第一个按钮,指定 Z 坐标分量的变化规律为恒定值 0。再次单击【确定】按钮,则生成渐开线,如右图所示	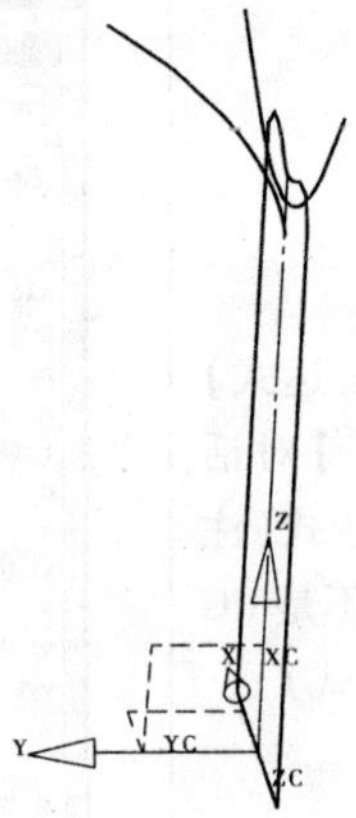
10. 以坐标原点为中心,分别绘制半径为 82(喉圆)、78(分度圆)、73.2(齿根圆)的圆,结果如右图所示	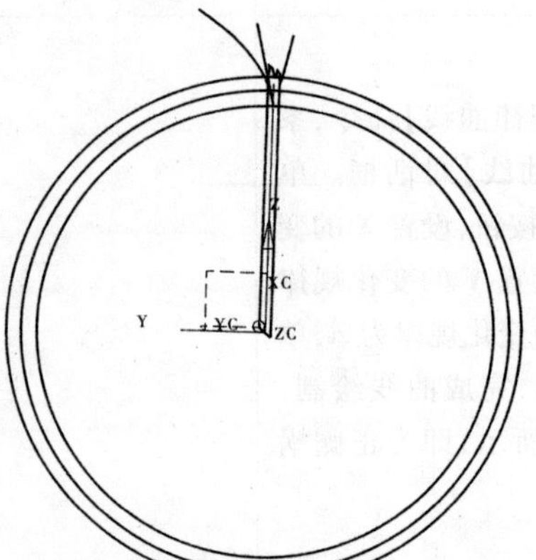

续表 4-1

操作步骤	效果图
11. 如右图所示,绘制原点到渐开线与分度圆交点的连线	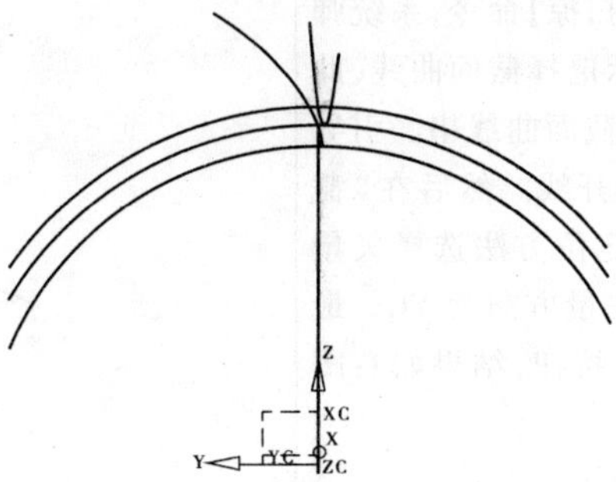
12. 执行【编辑】→【移动对象】命令,将上一步绘制的直线绕 Z 轴旋转 -2. 307 7°,结果如右图所示	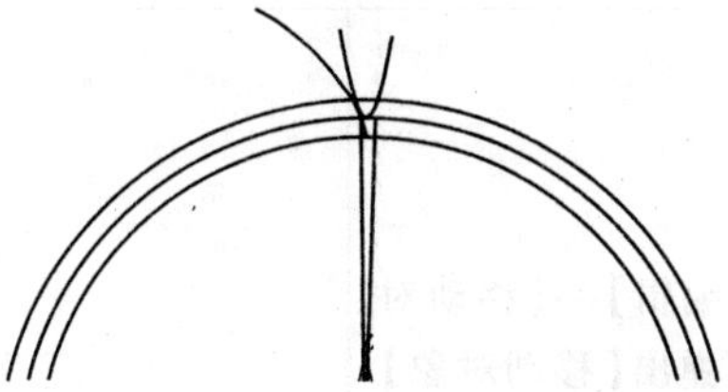
13. 选择渐开线,使用Ctrl + T 命令,将渐开线关于刚才变换所得的直线镜像复制,执行【通过一直线镜像】命令,结果如右图所示	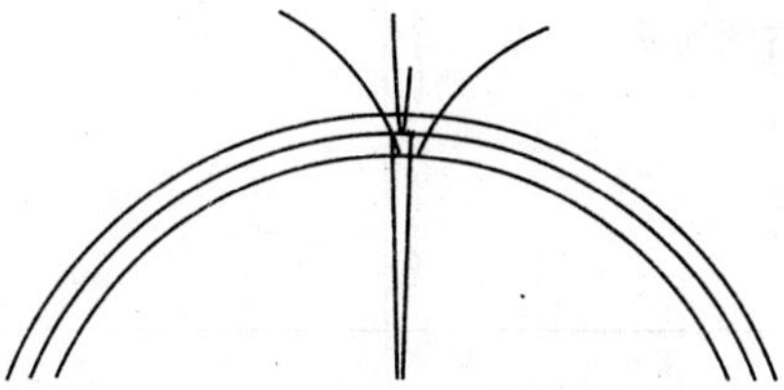
14. 使用基本曲线里面的【修剪】命令修剪曲线	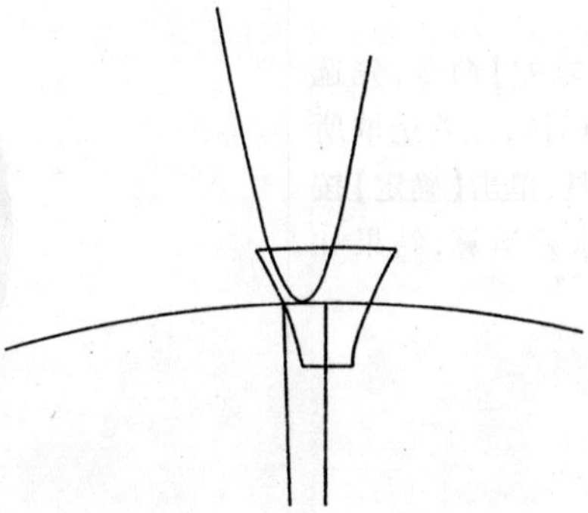

续表 4-1

操作步骤	效果图
15. 执行【扫掠】命令，系统弹出对话框，提示选择截面曲线，此时选择齿轮的截面曲线串。引导线选择两条渐开线。然后在“截面”选项中的定位方法选择矢量方向，且选择矢量方向为 YC。最后单击【确定】按钮，结果如右图所示	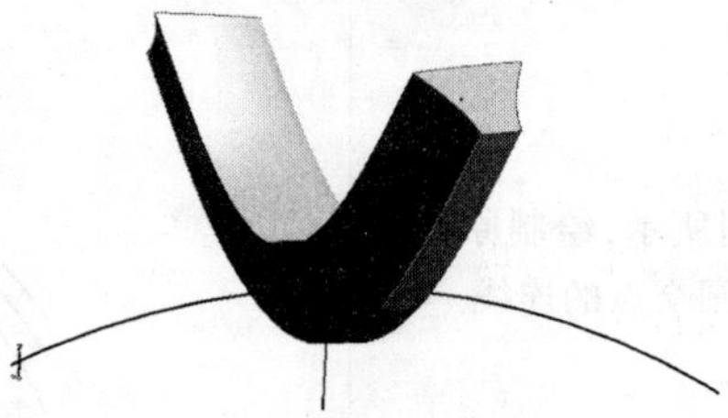
16. 显示前面隐藏的实体特征	
17. 选择【编辑】→【移动对象】命令，系统弹出【移动对象】对话框，选取刚刚生成的扫掠体，“运动”选择为“角度”，指定矢量和轴点。设置角度为 360/39，设置副本为 38，单击【确定】按钮，结果如右图所示	
18. 执行【求差】命令，先选取回转体为目标体，接着选取所有扫掠体为工具，单击【确定】按钮，进行布尔求差运算，结果如右图所示	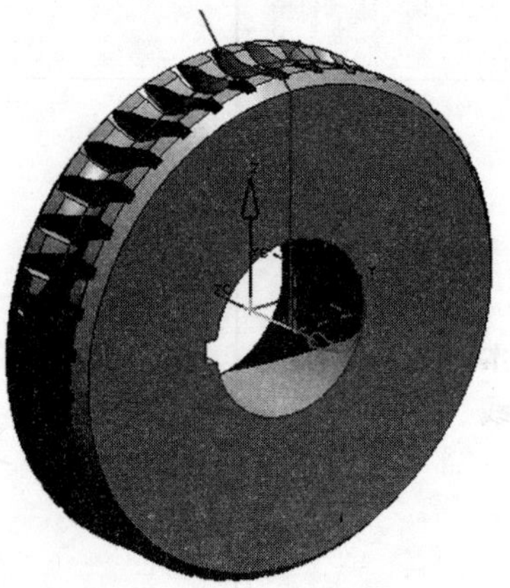

续表 4-1

操作步骤	效果图
19. 执行【草图】命令，以回转体的底面为草图放置平面，绘制如右图所示的草图。退出草图绘制模式	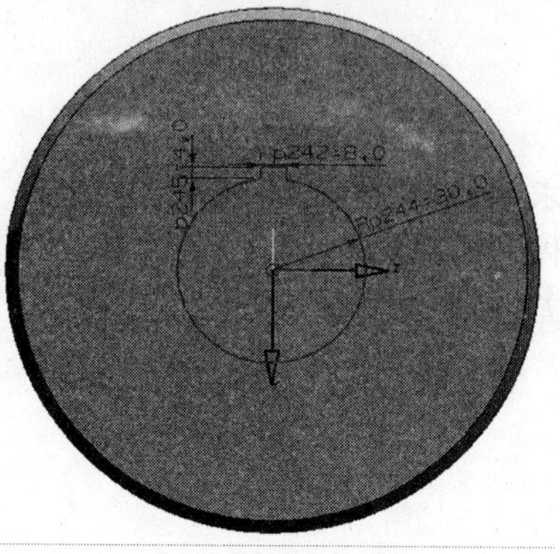
20. 执行【拉伸】命令，系统弹出【拉伸】对话框，如右图所示，选择刚刚绘制的草图，设置参数，输入距离45，单击【确定】按钮，则创建相应的拉伸腔体	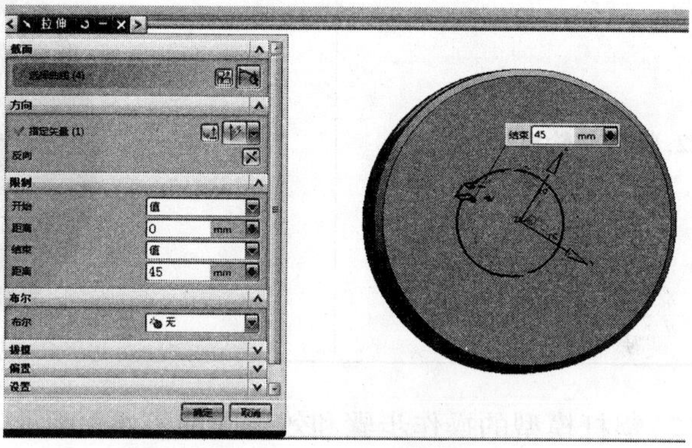 

续表 4-1

操作步骤	效果图
21. 执行【求差】命令。以齿轮本体为目标体，以刚刚的拉伸体为刀具体求差，得到如右图所示的图形	
22. 保存蜗轮模型	

（2）蜗杆模型的操作步骤和效果图如表 4-2 所示。

表 4-2　蜗杆模型的操作步骤和效果图

操作步骤	效果图
1. 蜗杆的几何尺寸如下： 齿距：$P=\pi ms=3.14ms=12.56$ mm； 分度圆直径：$d=mq=40$ mm； 齿顶高：$h_a=ms=4$ mm； 齿根高：$h_f=1.2ms=4.8$ mm； 齿顶圆直径：$d_a=d+2h_a=48$ mm； 齿根圆直径：$d_f=d-2h_f=30.4$ mm； 由于阿基米德蜗杆在轴向主平面内与蜗轮是直线齿条与渐开线齿轮的啮合，由以上的计算参数可以推算出蜗杆轴向直廓齿形的几何尺寸	
2. 下面以圆柱体为参考，分析车刀前面刀刃的中心 P 的运动，假设 Z 向矢量为蜗杆的轴向，圆柱半径为 r，运动一段时间后都打 $P1$ 点，则 P 点的运动轨迹方程为 $x=r\cos\theta, y=r\sin\theta, z=b\theta$，其中 $\theta=\omega t, b=\gamma/\omega$	

续表 4-2

<table>
<tr><th>操作步骤</th><th>效果图</th></tr>
<tr><td colspan="2">3. 新建一个名为 WoGan. prt 的文件，选择【开始】→【建模】命令，进入建模模块</td></tr>
<tr><td>4. 在主菜单中依次单击【工具】→【表达式】按钮，在对话框中输入右图所示的参数表达式，完成了蜗杆所有参数的输入后，单击【表达式】对话框中的【确定】按钮</td><td>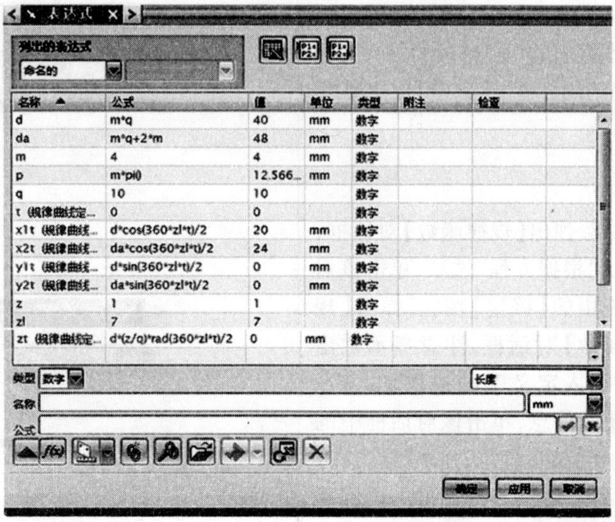
</td></tr>
<tr><td>5. 单击工具栏中的【基准平面】按钮，弹出【基准平面】对话框，默认“类型”选项中的“自动判断的平面”，选择“固定方法”选项中的【XC—YC 平面】图标，单击【应用】按钮，即可建立一个 XC—YC 基准平面，按照同样的方法建立 XC—ZC 基准平面和 YC—ZC 基准平面。单击【基准平面】对话框的【取消】按钮，退出该对话框</td><td>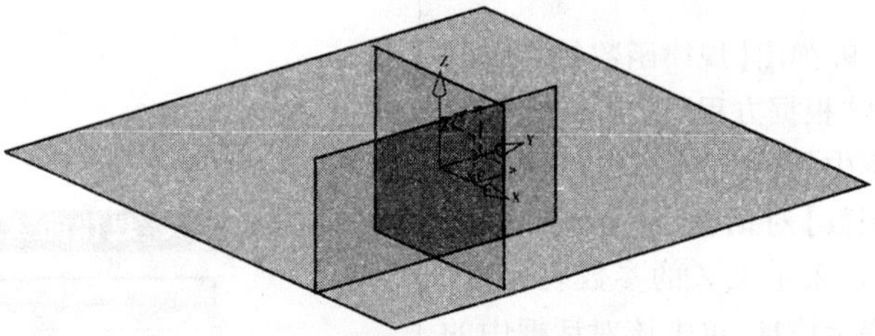</td></tr>
<tr><td>6. 单击工具栏中的【规律曲线】按钮，弹出【规律函数】对话框；单击对话框中的【根据方程】按钮，弹出【规律曲线】对话框，其中 t 为系统默认的参变量，注意提示栏出现“输入定义 X 的参数表达式”的信息，单击【确定】按钮</td><td>
</td></tr>
</table>

续表 4-2

操作步骤	效果图
7. 弹出【定义 X】对话框，将文本框内的“xt”修改为“x1t”，如右图所示，单击【确定】按钮即可	
8. 弹出【规律函数】对话框，默认“根据方程”选项，单击该对话框中的【确定】按钮；弹出【规律函数】对话框，注意提示栏出现“输入定义 Y 的参数表达式”的提示信息，单击该对话框中的【确定】按钮即可；弹出【定义 Y】对话框，将文本框内的“yt”修改为“y1t”，如右图所示，单击【确定】按钮即可	
9. 弹出【规律函数】对话框，默认“根据方程”选项，单击该对话框中的【确定】按钮；弹出【规律函数】对话框，注意提示栏出现“输入定义 Z 的参数表达式”的提示信息，单击该对话框中的【确定】按钮即可；弹出【定义 Z】对话框，默认文本框内的“zt”表达式，单击【确定】按钮即可。此时，弹出【规律曲线】对话框，如右图所示，单击其中的【指定 CSYS 参考】按钮，弹出【指定 CSYS 参考】对话框，注意提示栏出现“指定放置平面—选择基准平面”的信息	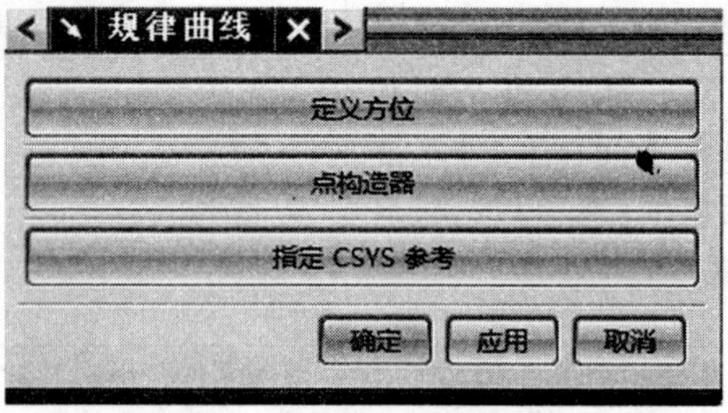

续表 4-2

操作步骤	效果图
10. 在视图窗口中单击 XC—YC 基准平面作为“放置平面”，注意提示栏出现“指定水平参考—选择基准平面”的信息。在视图窗口中单击 YC—ZC 基准平面作为“水平参考”，注意提示栏出现“指定原点—选择基准平面”的信息。在视图窗口中单击 YC—ZC 基准平面作为“指定原点”，注意提示栏出现“所有约束已指定”的信息，同时在【指定 CSYS 参考】对话框中出现了相关信息，如右图所示，单击【确定】按钮。再次单击【规律曲线】按钮，即可绘制出第一条空间螺旋线	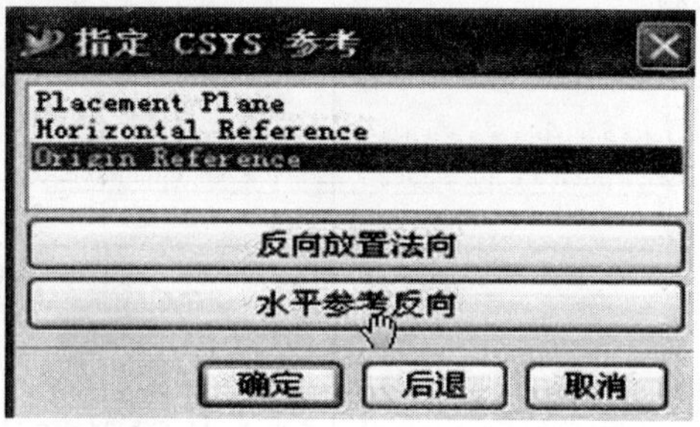
11. 参考上述的操作步骤，把“x1t”和“y1t”修改为“x2t”和“y2t”，其他参数和放置平面都一致，即可绘制出第二条空间螺旋线，如右图所示	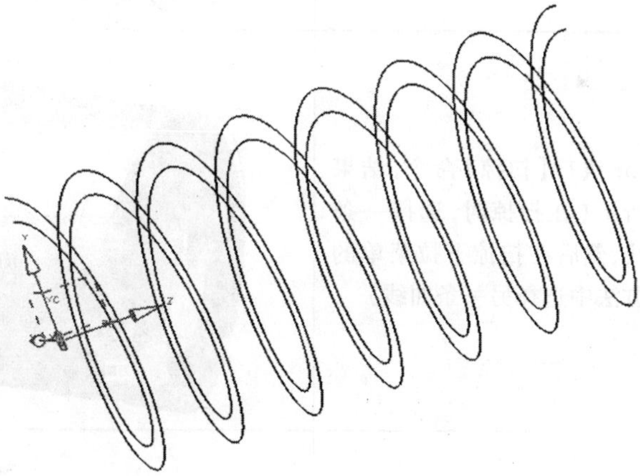
12. 单击【草图】按钮，出现【草绘图放置平面】浮动工具条，选择默认的草图平面作为绘制草图基准平面，单击工具栏上的【确定】按钮；单击工具栏上的【圆】按钮，在视图中绘制一个圆，使圆心和 XC—YC 的原点重合，圆的直径输入表达式“da”；单击工具栏上的【完成草图】按钮，回到实体建模环境	

续表 4-2

操作步骤	效果图
13. 以 YC—ZC 为基准平面绘制右侧草图,将代表分度圆的直线转换为参考线,其长度值为蜗杆螺距的一半,由表达式“p/2”来控制	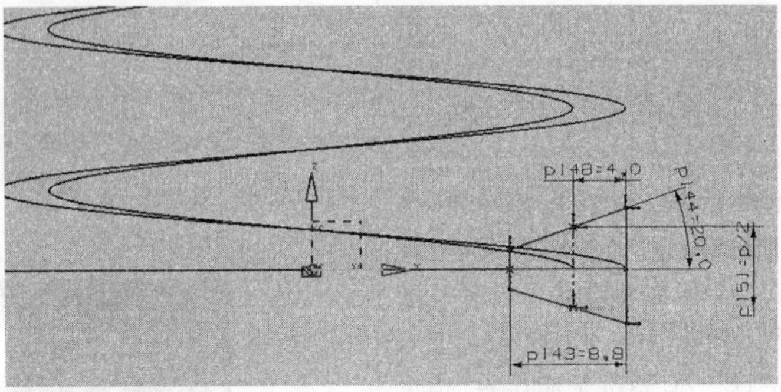
14. 选择齿顶圆曲线,以 ZC 为拉伸方向,拉伸开始值为 10,结束值为 70	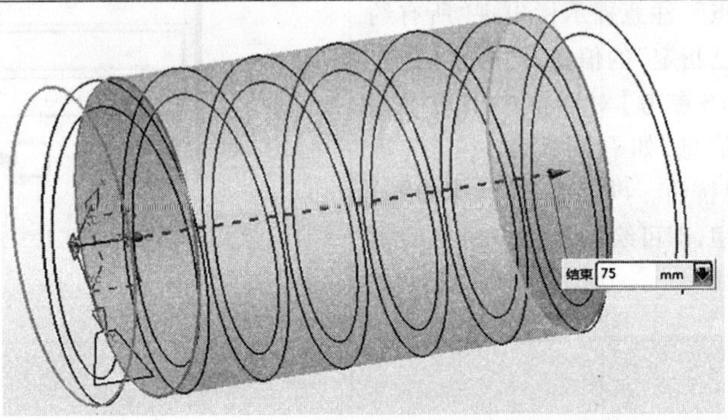
15. 执行【扫掠】命令,结果如图所示(在扫掠时,选择一条螺旋线,然后在扫掠下拉菜单的定位方法中选择另一条曲线)	
16. “布尔”选择“求差”,以“圆柱胚体”为目标体,以“齿廓实体”为“刀具体”,“布尔”选择“求差”	

续表 4-2

操作步骤	效果图
17. 细化模型，得到蜗杆零件的三维造型，最后保存模型	

思考与练习

完成如图 4-153 ~ 图 4-157 所示图形的建模。

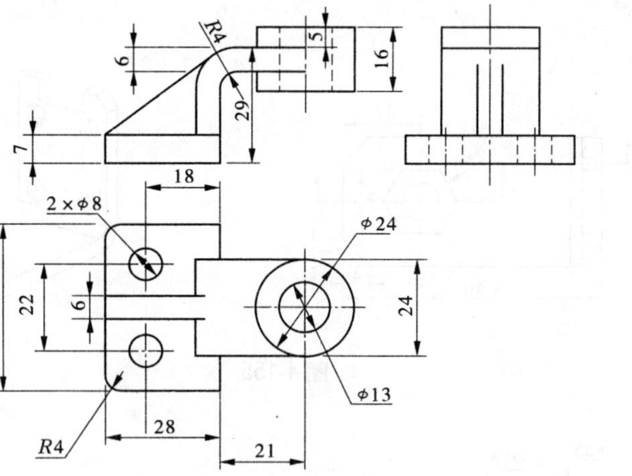

图 4-153

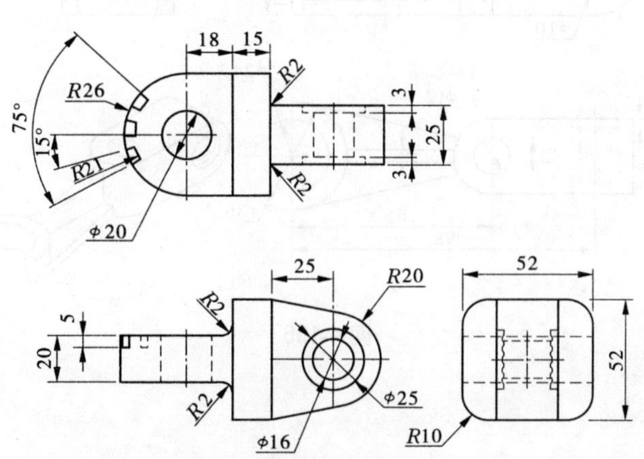

图 4-154

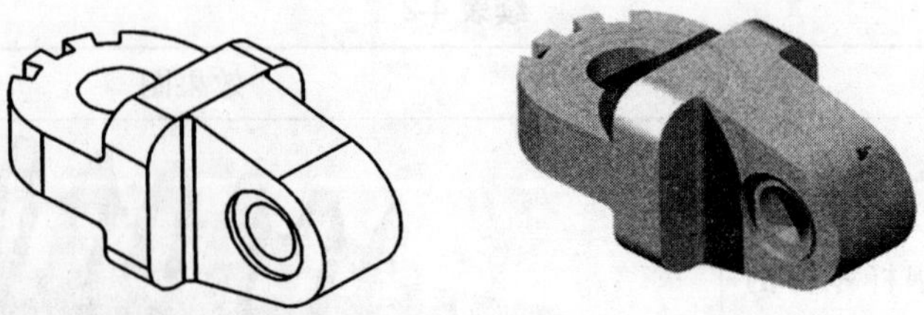

续图 4-154

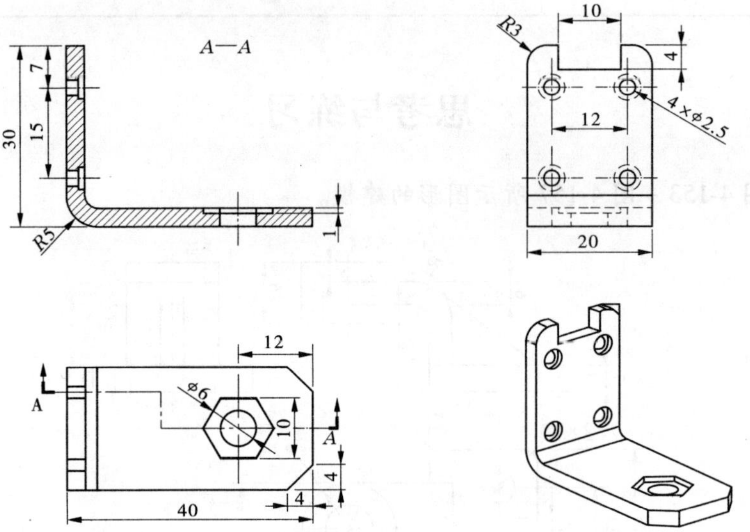

图 4-155

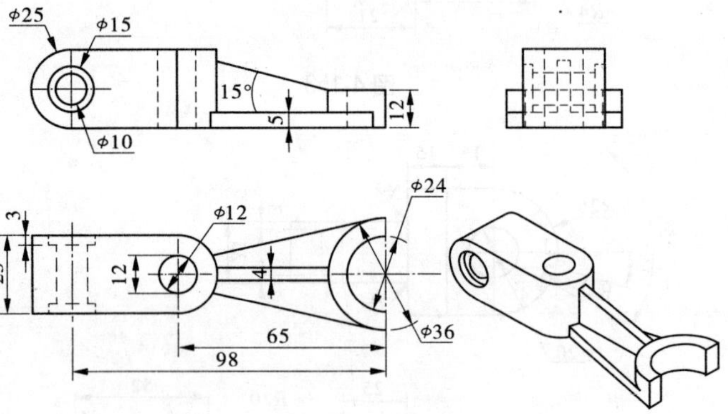

图 4-156

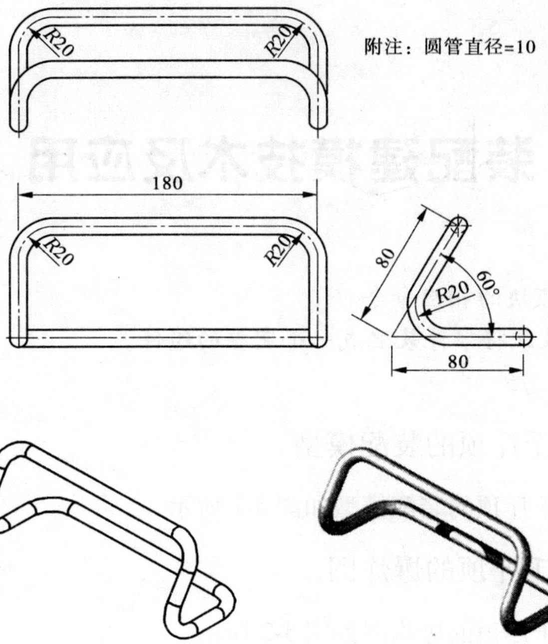

图 4-157

项目5 装配建模技术及应用

【学习目标】

1. 熟练掌握装配模块的相应命令。
2. 熟练运用UG装配将零件装配成一个完整的组件。

【工作任务】

任务一 建立螺旋千斤顶的装配模型

所要建立的螺旋千斤顶的装配模型如图5-1所示。

任务二 生成螺旋千斤顶的爆炸图

所要生成的螺旋千斤顶的爆炸图如图5-2所示。

图5-1 螺旋千斤顶的装配模型

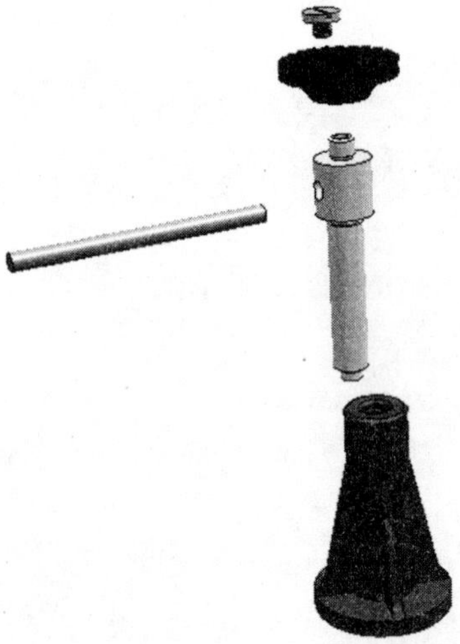

图5-2 螺旋千斤顶的爆炸图

【相关基本知识和基本技能】

5.1 概 述

5.1.1 装配概念

UG装配过程是在装配中建立部件之间的链接关系。它通过关联条件在部件间建立约束关系，进而确定部件在产品中的位置，形成产品的整体机构。在UG装配过程中，部件的几何体是被装配引用,而不是复制到装配中。因此,无论在何处编辑部件和如何编辑部件,其装配部件都保持关联性。如果某部件被修改,则引用它的装配部件将自动更新。“装配”是由许多部件组装在一个文件里面的过程,所以在创建装配文件的时候一定要特别注意,装配文件最好与部件在同一文件夹中,这是因为它们之间存在关联性。部件不能删除或移动,如果删除或者移动,装配文件中将缺失这些部件而无法显示。现将讲述如何利用 UG NX6 的强大装配功能将多个部件或零件装配成一个完整的组件。

在装配中用到的术语很多,下面介绍在装配过程中经常用到的一些术语。

5.1.1.1 装配部件

装配部件是指由零件和子装配构成的部件。在 UG 中可以向任何一个 prt 文件添加部件构成装配,因此任何一个 prt 文件都可以作为装配部件。在 UG 装配学习中,零件和部件不必严格区分。需要注意的是,当存储一个装配时,各部件的实际几何数据并不是存储在装配部件文件中,而是存储在相应的部件或零件文件中。

5.1.1.2 子装配

子装配是指在高一级装配中被用作组件的装配,子装配也拥有自己的组件。其实这是一个相对的概念,任何一个装配部件可在更高级装配中用作子装配。

5.1.1.3 组件部件

组件部件是指装配中的组件指向的部件文件或零件,即装配部件链接到部件主模型的指针实体。

5.1.1.4 组件

组件是指按特定位置和方向在装配中使用的部件。组件可以是由其他较低级别的组件组成的子装配。装配中的每个组件仅包含一个指向其主几何体的指针。在修改组件的几何体时,使用相同主几何体的所有其他组件将自动更新。

5.1.1.5 主模型

主模型是指供 UG 模块共同引用的部件模型。同一主模型,可同时被工程图、装配、加工、机构分析和有限元分析等模块引用,当主模型被修改时,相关应用自动更新。

5.1.2 装配模式

在装配前先切换至装配模式,切换装配模式有两种方法:一种是直接新建装配,另一种是在打开的部件中新建装配,下面分别介绍。

5.1.2.1 直接新建装配

打开 UG 软件,在【新建】对话框中直接选择“装配”,如图 5-3 所示。在装配模式下,在视图窗口会出现【装配】工具条,如图 5-4 所示。

5.1.2.2 在打开的部件中新建装配

在打开的模型文件环境即建模环境的条件下,在工作窗口中的主菜单栏中单击图标,并在下拉菜单中选择【装配】命令,系统自动切换到装配模式,如图 5-5 所示。

装配导航器是一种装配结构的图形显示界面,又被称为装配树。在装配树结构中,每个组件作为一个节点显示。它能清楚地反映装配中各个组件的装配关系,而且能让用户快速便捷地选取和操作各个部件。例如,用户可以在装配导航器中改变显示部件和工作

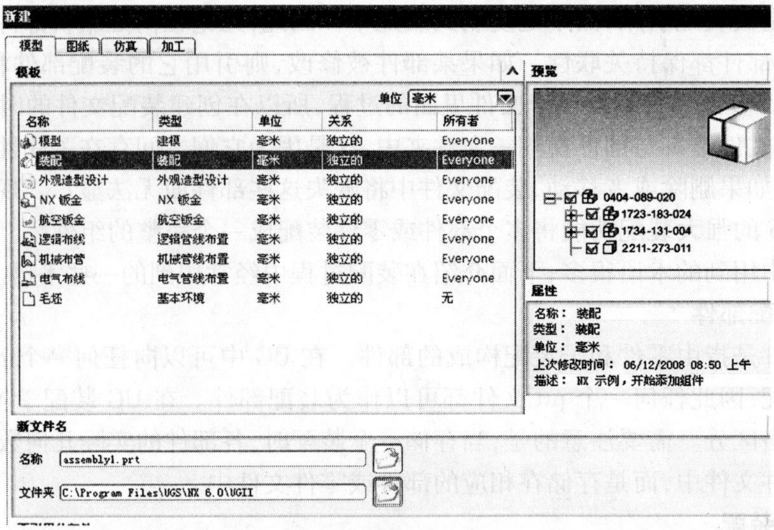

图 5-3 新建装配

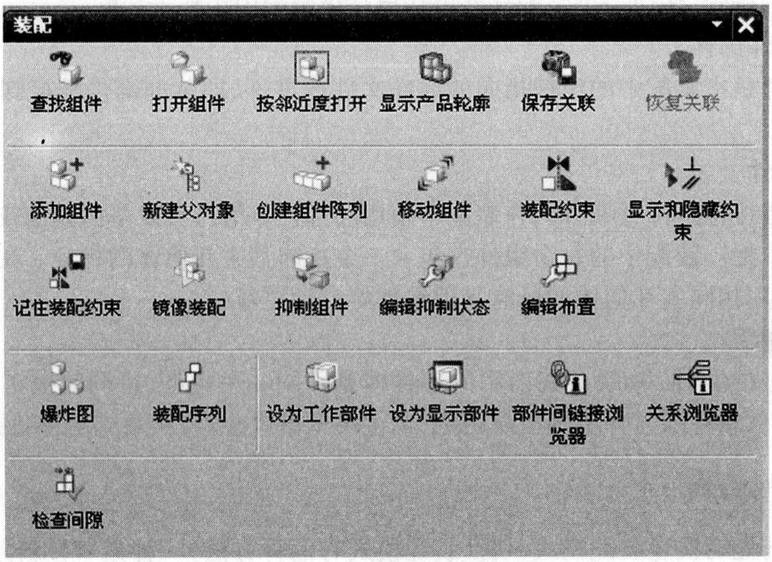

图 5-4 【装配】工具条

部件、隐藏和显示组件。

打开装配导航器，装配树结构图如图 5-6 所示。

5.1.3 装配方法

(1) 自顶向下装配。自顶向下装配是指在装配部件的顶级向下产生子装配和零件的装配方法。先在装配树的顶部生成一个装配，然后下移一层，生成子装配和组件。

(2) 自底向上装配。自底向上装配是指先创建部件几何模型，再组合成子装配，最后生成装配部件的装配方法。

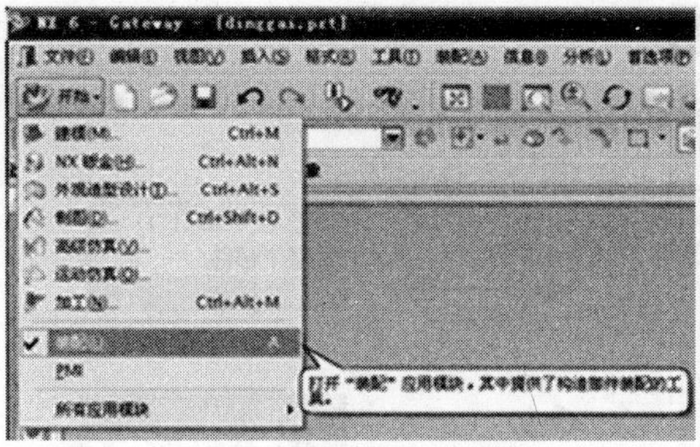

图 5-5 选择装配模式

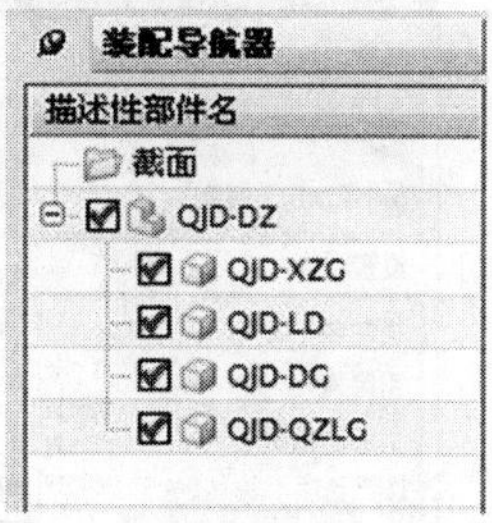

图 5-6 装配树形结构图

(3)混合装配。混合装配是将自顶向下装配和自底向上装配结合在一起的装配方法。例如,先创建几个主要部件模型,再将其装配在一起,然后在装配中设计其他部件,即为混合装配。在实际设计中,可以根据需要在两种装配方法中切换。

5.1.4 装配中部件的不同状态

在一个装配中部件有两种不同的工作方式,即显示部件和工作部件。显示部件是指在屏幕图形窗口中显示的部件、组件和装配。工作部件是指正在创建或编辑的几何对象的部件。工作部件可以是显示部件,也可以是包含在显示部件中的任一部件。如果显示部件是一个装配部件,工作部件是其中一个部件,此时工作部件自身颜色加强,其他显示部件变灰以示区别。

5.1.4.1 新建组件

使用【新建组件】命令可在装配工作部件中创建组件部件文件并引用它。在创建组件时,保留特征参数。

可以使用【新建组件】命令来使用自顶向下的设计方法创建装配。

使用自顶向下的方法,可以:

(1)将现有几何体复制或移到新组件中。

(2)创建一个空组件,随后向其中添加几何体。

NX 可创建包含所选几何体的新组件部件,还将在装配工作部件中创建组件。在新建组件过程中必须保存新组件,它不会自动保存。

(1)在【装配】工具条上单击【新建组件】按钮,或单击图标,或在菜单栏中选择【装配】→【组件】→【新建组件】命令。

(2)在【新建组件】对话框中选择一个设计模板,并设置文件名称及路径。

(3)在图形窗口中选择对象,然后单击【确定】按钮,以将现有对象添加到新组件中。

(4)在【新建组件】对话框的"设置"选项组中设置相应的参数,如图 5-7(a)所示。

①组件名。在"组件名"文本框中,输入新组件的名称。

②引用集。为正在复制或移动的任何几何体指定引用集。

③引用集名称。输入引用集的名称。

④图层选项。在"图层选项"下拉列表中,选择显示组件几何体的图层,有三种方式,如图 5-7(b)所示。

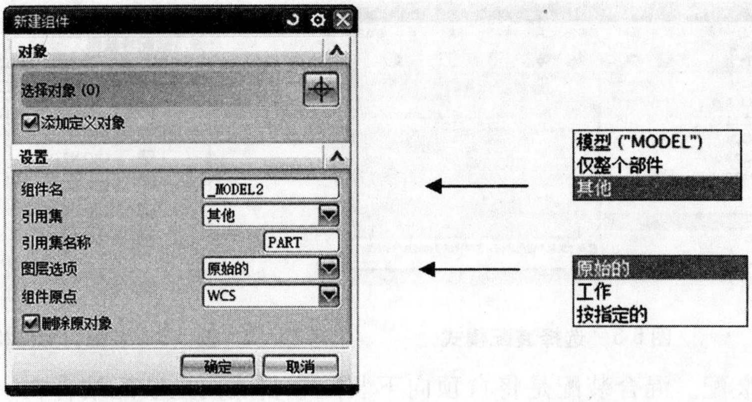

(a)【新建组件】对话框　　(b) 新建组件的下拉菜单

图 5-7　新建组件

⑤组件原点。在“组件原点”下拉列表中，选择 WCS 或绝对。可以选择新组件原点与父装配的 WCS 对齐或者与绝对坐标对齐。

⑥删除原对象。选中或清除“删除原对象”选项，以指定是否要删除装配中选定的任何原始几何体。

5.1.4.2　添加组件

使用【添加组件】命令将一个、多个或子装配添加到工作部件。

在菜单栏中选择【装配】→【组件】→【添加组件】命令，或单击【装配】工具条中的图标，弹出如图 5-8 所示的【添加组件】对话框。

1. 部件

在【添加组件】对话框中选择添加的部件。选择一个或多个部件，并添加到装配。

添加组件的方式有三种：从已加载的部件中选择部件，从最近访问的部件中选择部件，打开文件从电脑中选择存放部件。最常用的是打开部件，单击【打开】图标即可选择电脑中存放的部件文件。

在“重复”组的数量框中，输入要添加的实例数，默认值为 1。

2. 放置

在“放置”组的“定位”列表中，选择一种定位的方法。系统默认的有四种方法，如图 5-9所示。

(1)绝对原点。添加组件到装配文件中时将组件放置到绝对原点上，即放置到坐标(0,0,0)上。

(2)选择原点。添加组件到装配文件中时将组件放置到所选择的点上，将显示【点】对话框用于选择点。

(3)通过约束。添加组件到装配文件中时指定初始位置后，打开【装配约束】对话框。

(4)移动。添加组件到装配文件中时指定初始位置后，可移动已添加的组件。

3. 复制

“多重添加”组用于确定是否添加多个组件实例，如图 5-10所示。

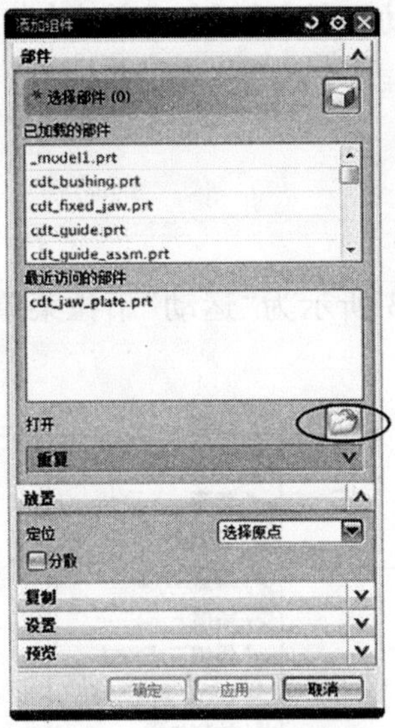

图 5-8 【添加组件】对话框　　图 5-9 “定位”下拉菜单

(1)无。仅添加一个组件实例。

(2)添加后重复。用于立即添加一个新组件的其他实例。

(3)添加后生成阵列。用于创建添加组件的阵列,若添加多个组件则此选项失效。

4. 设置

(1)名称。将添加的组件名称更改为一个指定名称。

(2)引用集。设置添加的组件引用集,有三种方式,如图 5-11 所示。

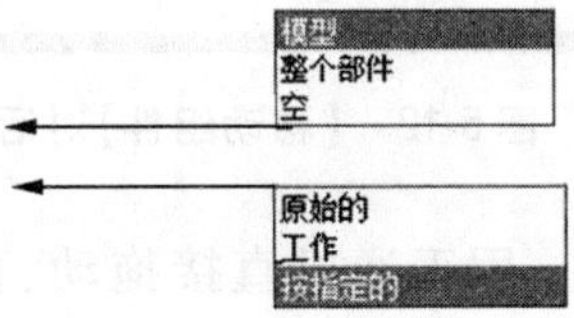

图 5-10 【添加组件】对话框　　图 5-11 设置下拉菜单

(3)图层选项。设置想要在其中添加组件和几何体的图层,有三种方式,如图 5-11 所示。

5.1.4.3 移动组件

使用【移动组件】命令将一组件进行移动对象、按角度旋转等操作。可以选择并移动具有统一父项的多个组件,可以动态移动组件或创建约束,将组件移动到位。

如果要在装配中任意移动组件,而不考虑工作部件,可将移动组件范围用户默认设置为装配的任意位置。当工作部件为子装配时,此设置应用比较多。

在菜单栏中选择【装配】→【组件位置】→【移动组件】命令，或单击【装配】工具条中的图标，弹出如图 5-12 所示的【移动组件】对话框。

1. 要移动的组件

该选项用于选择一个或多个要移动的组件。

2. 变换

该选项用于指定所选组件的移动方式。图 5-13 所示为“运动”下拉菜单。

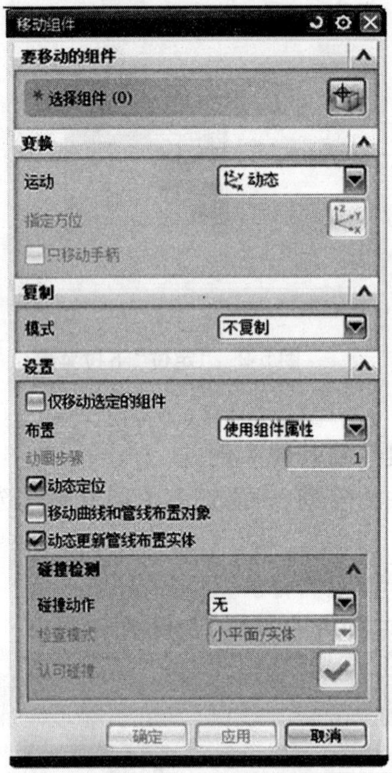

图 5-12　【移动组件】对话框

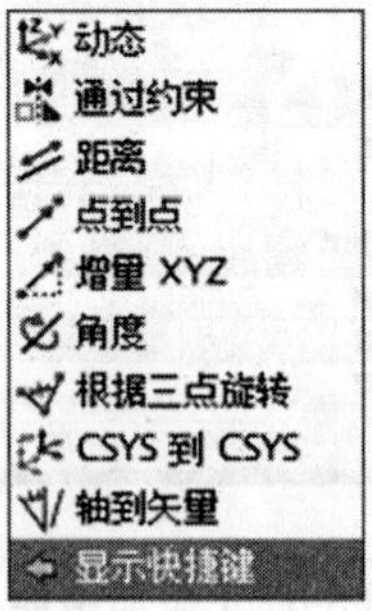

图 5-13　“运动”下拉菜单

(1) 动态。用于通过直接拖动、直接输入移动距离或通过【点】对话框来重新定位组件。

(2) 通过约束。创建装配约束来移动组件。

(3) 点到点。用于将组件从选定的点到目标点的过程。

(4) 距离。用于定义组件移动一定的距离。

(5) 轴到矢量。用于定义组件按照一个固定的矢量方向移动一定的距离。

(6) 角度。组件绕一个固定轴进行一定角度的旋转。

(7) 增量 XYZ。用于在选定的轴之间旋转组件。

(8) CSYS 至 CSYS。用于定义通过移动 CSYS 来重定位选定组件的方式。

(9) 根据三点旋转。用于在选定的点之间旋转组件。

3. 复制

该选项用于指定是否创建副本。“模式”下拉菜单中有三种选择方式：

(1)不复制。在移动过程中不复制组件,直接将组件移动到指定位置。

(2)复制。在移动过程中保留原始的组件,并再复制出一个新的组件。

(3)手动复制。在移动组件过程中复制原始组件并允许控制副本的创建时间。

4. 设置

(1)仅移动选定的组件。用于移动选定的组件,约束到所选组件之外的其他组件,且不会移动。

(2)布置。指定约束如何影响布置中的组件定位。有两种模式:“使用组件属性”模式,即根据【组件属性】对话框的“参数”选项卡上的参数设置可确定位置;“使用到已使用”模式,即在使用每个布置时对其应用约束。

(3)动画步骤。在对话框中设置组件移动的步数。

(4)动态定位。勾选此选项,可对约束求解并移动组件。

(5)移动曲线和管线布置对象。勾选此选项,可对对象和非关联曲线进行管线布置,使其在用于约束时进行移动。

(6)动态更新管线布置实体。勾选此选项,可在移动对象过程中动态更新布置对象的位置。

(7)碰撞检测。当“复制”选项设置为“不复制”时可用。

碰撞动作:指定在移动组件时处理碰撞的方式。

检查模式:指定要检查其间隙的对象类型。

5.1.4.4 替换组件

使用【替换组件】命令可删除现有组件,并用另一种类型为 prt 文件的组件将其替换。

在菜单栏中选择【装配】→【组件】→【替换组件】命令,或单击【装配】工具条中的图标,弹出如图 5-14 所示的【替换组件】对话框。

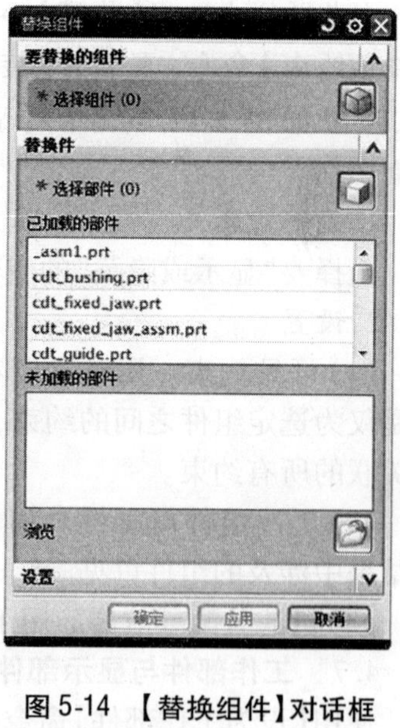

图 5-14 【替换组件】对话框

1. 要替换的组件

允许选择一个或多个被替换的组件。

2. 替换件

新的组件即要替换的组件,有三种选择组件的方式:

(1)在窗口中直接选择一个组件来替换。

(2)在已加载过的组件中选择一个组件。

(3)直接打开电脑中的组件。

3. 设置

(1)维持关系。该选项用于设置替换组件后是否尝试维持关系。

(2)替换装配中的所有实例。该选项用于设置替换组件时是否替换所有实例。

(3)组件属性。该选项用于设置允许指定替换部件的名称、引用集合图层属性。

5.1.4.5 显示自由度

使用【显示自由度】命令可临时显示所选组件的自由度。自由度箭头显示在窗口中,

“状态”行显示组件中存在的平移和旋转自由度数。

在菜单栏中选择【装配】→【组件位置】→【显示自由度】命令,或单击【装配】工具条中的图标,弹出如图 5-15 所示的对话框。选择图 5-16 所示的装配体,单击【确定】按钮,进入“自由度显示”窗口,在“状态”行显示平移和旋转自由度数。图 5-16 为显示自由度的效果示例。

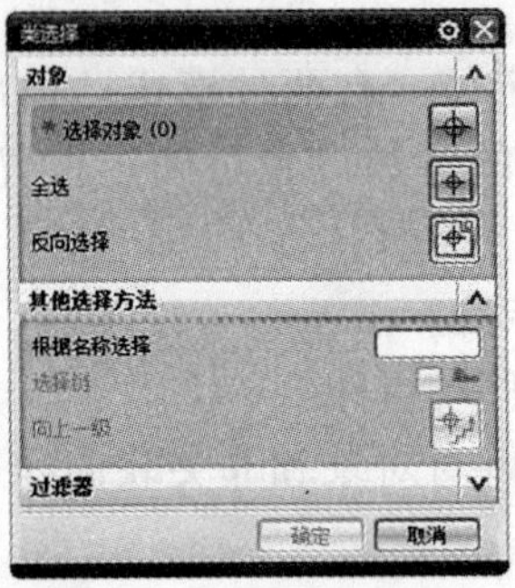

图 5-15　【类选择】对话框

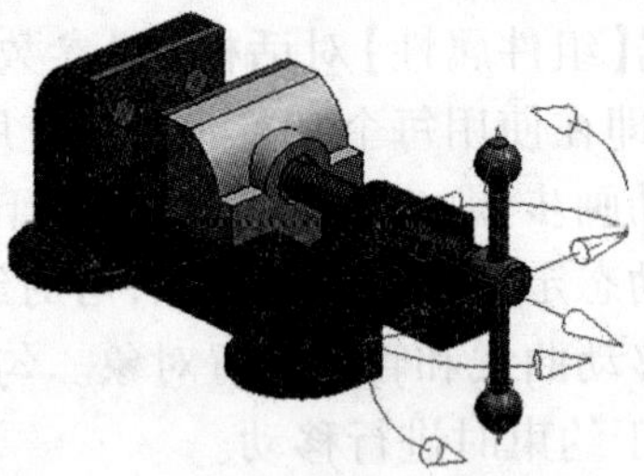
图 5-16　显示自由度的效果示例

5.1.4.6　**显示和隐藏约束**

使用【显示和隐藏约束】命令可使选定的约束、与选定组件相关联的所有约束显示和隐藏,也可控制组件的可见性。

在菜单栏中选择【装配】→【组件位置】→【显示和隐藏约束】命令,或单击【装配】工具条中的图标,弹出如图 5-17 所示的【显示和隐藏约束】对话框。

图 5-17　【显示和隐藏约束】对话框

1. 装配对象

选择要“显示或隐藏”的组件。

2. 设置

(1)可见约束。用于指定在操作之后可见的约束是仅为选定组件之间的约束,还是与任何选定组件相关联的所有约束。

(2)更改组件可见性。用于指定是否仅仅在操作结果中涉及的组件可见。

(3)过滤装配导航器。用于指定是否在装配导航器的过滤结果中未涉及的组件。

5.1.4.7　**工作部件与显示部件设置**

使用【设为工作部件】命令可将选定的组件设置为工作部件。使用【设为显示部件】命令可将选定的组件设置为显示部件。

1. 设为工作部件

将选定的组件定义为工作部件。

在菜单栏中选择【装配】→【关联控制】→【设为工作部件】命令,或单击【装配】工具条中的图标,弹出如图 5-18 所示的【设为工作部件】对话框。

(1)显示部件。将显示装配组件设置为工作部件。

(2)选择已加载的部件。从列表中可选择已加载到装配文件的部件设置为工作部件。

(3)部件名。直接键入文件的名称。

(4)选择所有者。如果选定部件在显示装配中显示部件自身级别更低的父项,则此项可用。

(5)选择组件。在“选择所有者”项可用后,将选择从当前子装配更改为之前选定的组件或子装配。

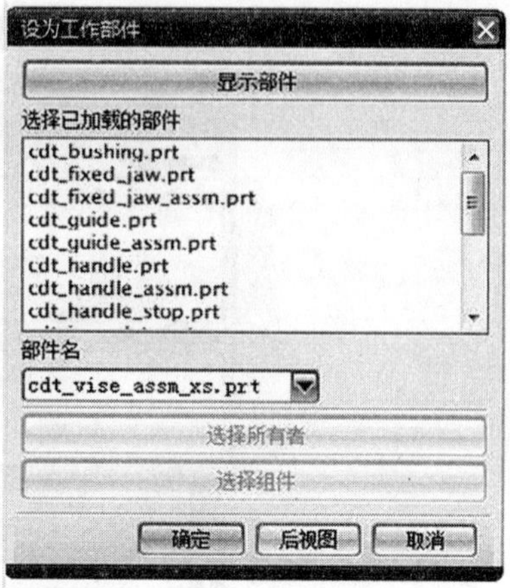

图5-18 【设为工作部件】对话框

2. 设为显示部件

将一个部件或多个部件设置为显示部件。

在菜单栏中选择【装配】→【关联控制】→【设为显示部件】命令,或单击装配工具条中的图标。当选择绘图区中要显示的部件后,单击【确定】按钮,则只显示出该部件,如图5-19所示。

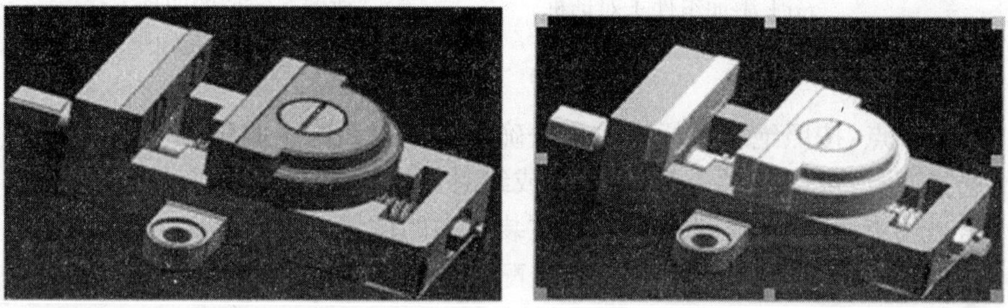

图5-19 选择【设为显示部件】命令时原图及效果图

5.1.5 装配模块的启动

在进入UG的任一功能模块后,单击【开始】→【装配】按钮,启动装配模块后方可使用相关的装配功能。进入装配模块的方法有两种:可以在【装配】|【组件】下拉菜单选择,也可以通过单击【装配】工具条中的图标实现。

新建一个装配件或打开一个已经存在的装配件,再按下述步骤将存在部件添加到装配中。

5.1.5.1 选择要装配的部件

执行【装配】→【组件】→【添加组件】命令,弹出【添加组件】对话框,如图5-20(a)所示,单击图标,从磁盘目录中选择部件,已经打开的部件文件会出现在“已加载的部件”列表框中,可以从列表框中直接选择。

5.1.5.2 指定部件的添加信息

当选择好部件后,单击【确定】按钮,会弹出【部件】对话框,同时还会弹出【组件预览】对话框,定位方法有四种,如图5-20(b)所示。

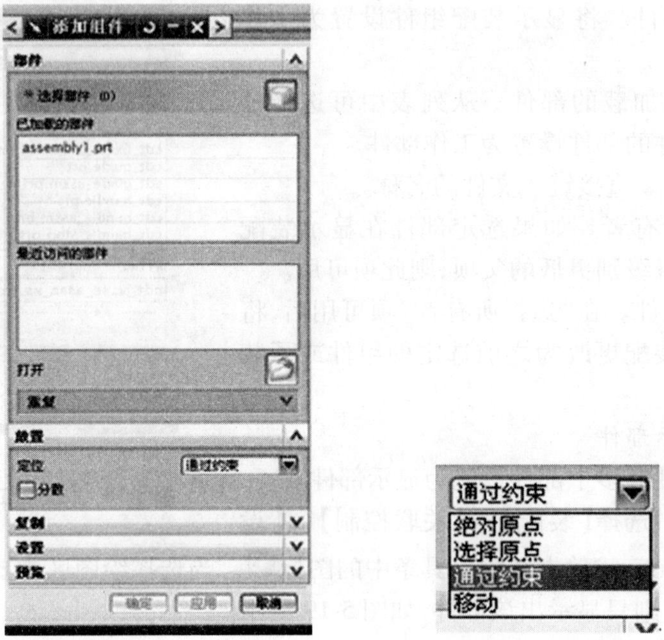

(a)【添加组件】对话框　　(b)“放置”定位的四种方法

图 5-20　添加组件

（1）绝对原点：按照绝对坐标定位方法确定部件在装配中的位置。

（2）选择原点：可以相对于 WCS 坐标或绝对坐标定义位置。

（3）通过约束：按约束条件确定部件在装配中的位置。

（4）移动：通过鼠标移动确定部件在装配中的位置。

5.2　自底向上装配

自底向上装配是指先设计好装配中的部件，再将该部件的几何模型添加到装配中。所创建的装配体将按照组件、子装配体和总装配的顺序进行排列，并利用关联约束条件进行逐级装配，最后完成总装配模型。

在装配过程中，一般需要添加其他组件，将所选组件调入装配环境中，再在组件与装配体之间建立相关约束，从而形成装配模型。添加组件的方法有两种，绝对坐标定位方法和配对约束定位方法。一般说来，第一部件采用绝对坐标定位方法添加，其余部件采用配对约束定位方法添加，配对约束定位方法的优点是：部件修改后，装配关系不会改变。

“装配约束”选项用于定义或设置两个组件之间的约束条件，其目的是确定组件在装配中的位置。

在【添加组件】对话框“定位”下拉列表框中选择“通过约束”选项，单击【确定】按钮（或单击【装配】工具条中的【装配约束】按钮），进入【装配约束】对话框，如图 5-21 所示。

5.2.1 按绝对坐标定位方法添加组件

添加组件到装配文件中时将组件放置到绝对原点上，即放置到坐标(0,0,0)上。

5.2.2 按配对约束定位方法添加组件

5.2.2.1 “接触对齐”约束

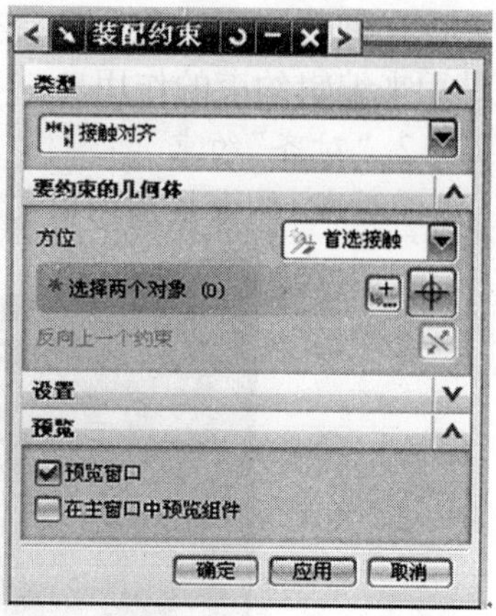

图 5-21 【装配约束】对话框

约束两个组件，使它们彼此接触或对齐。“接触对齐”约束中存在两个约束，分别是“接触”和“对齐”约束。当接触和对齐都可以约束的时候，系统将判断为“接触”约束。在大多数装配设计中，“接触”约束比“对齐”约束运用得更多。

1.“接触”约束

“接触”约束是指约束的两个对象互相贴着的，即面贴面的，效果如图 5-22 所示。

(a) (b)

图 5-22 “接触”约束效果

在图 5-23 中，用户要约束虎钳的两个板贴在一起，这时用户可以在【装配约束】对话框中设置“类型”为“接触对齐”，在“要约束的几何体”组的“方位”下拉菜单中选择“接触”，如图 5-24 所示。

图 5-23 要约束的两个部件

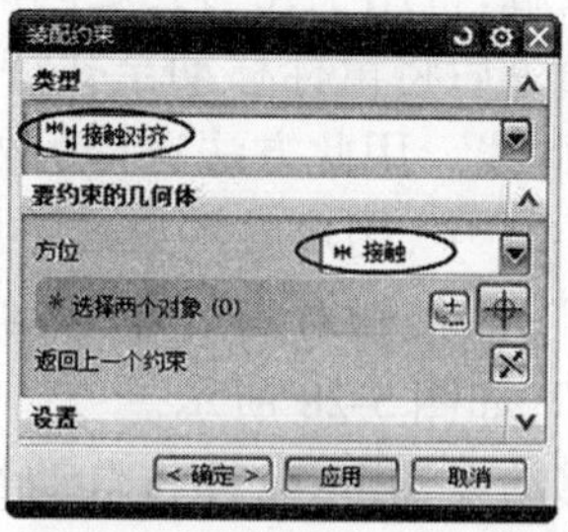

图 5-24 “接触”约束设置

单击选择要贴在一起的两个面，若接触的过程中不符合设计要求，可尝试使用“返回上一个约束”选项即单击图标来调整约束。然后单击【确定】按钮完成创建。

在创建装配约束后都会有相应的约束符号，如图 5-22(a)中的约束符号所示，此符号是用来编辑约束的作用。

2. "对齐"约束

"对齐"约束是指约束对象与约束对象之间是对齐的，如图 5-25(a)、(b)所示。

(a)

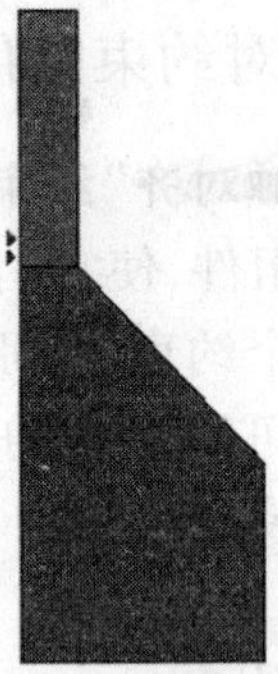
(b)

图 5-25 "对齐"约束效果

在图 5-23 中，用户要约束虎钳的两个板对齐，这时用户可以在【装配约束】对话框中设置"类型"为"接触对齐"，在"要约束的几何体"组的"方位"下拉菜单中选择"对齐"，如图 5-26所示。

图 5-26 "对齐"约束设置

单击选择要对齐的两个面，若接触的过程中不符合设计要求，可尝试使用"返回上一个约束"选项即图标来调整约束，然后单击【确定】按钮完成创建。

3. "自动判断中心/轴"约束

"自动判断中心/轴"约束使两个圆柱/孔的中心相互接触，常用于孔与孔之间的约束。

使用此命令后将鼠标移动至孔特征上，系统会自动判断出孔的中心并显示出一条虚线，单击选择此线。用此方法选择另外一个孔的中心，完成孔与孔之间的"同心"约束。

在如图 5-27 中，用户要约束虎钳的两个孔对齐，这时用户可以在【装配约束】对话框中设置"类型"为"接触对齐"，在"要约束的几何体"组的"方位"的下拉菜单中选择"自动判断中心/轴"，如图 5-28 所示。

将光标移动至孔上，软件将自动判断出孔的中心，单击选择要对齐的两个孔中心线，单击【确定】按钮完成约束。效果如图 5-29(a)、(b)所示。

5.2.2.2 "同心"约束

"同心"约束用于约束两个组件的圆形或椭圆形边，以使中心重合，并使边的平面共面。

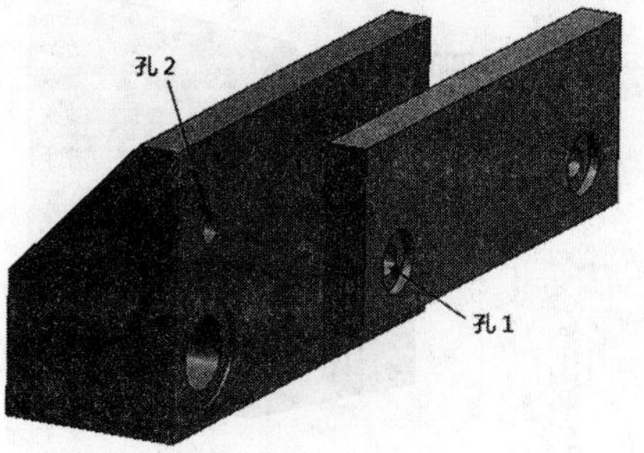

图5-27　要约束的对齐的两个孔

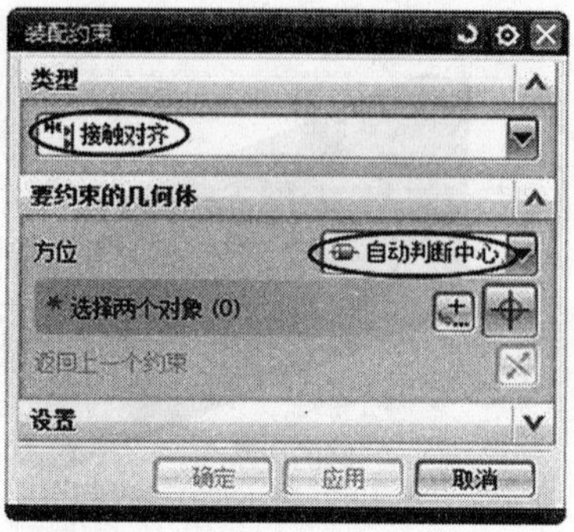

图5-28　“自动判断中心/轴”约束设置

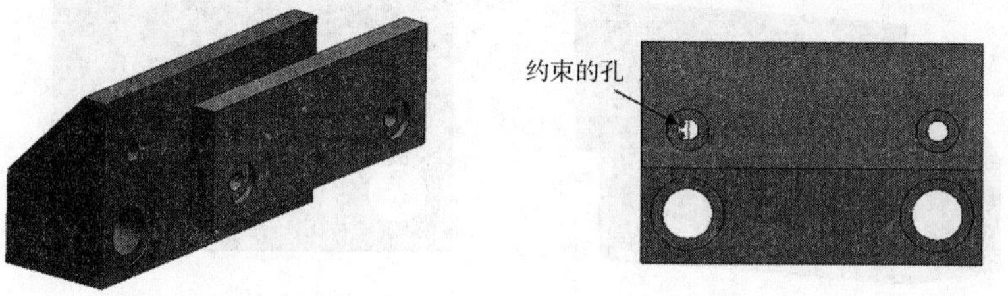

(a)　(b)

图5-29　“自动判断中心/轴”约束效果

在图5-23中,要将虎钳的两块板接触和孔中心对齐约束,用户可以采用“同心”约束。

打开【装配约束】对话框,在“类型”下拉菜单中选择“同心”,如图5-30所示。单击选择如图5-31、图5-32所示的两个圆孔的边界。

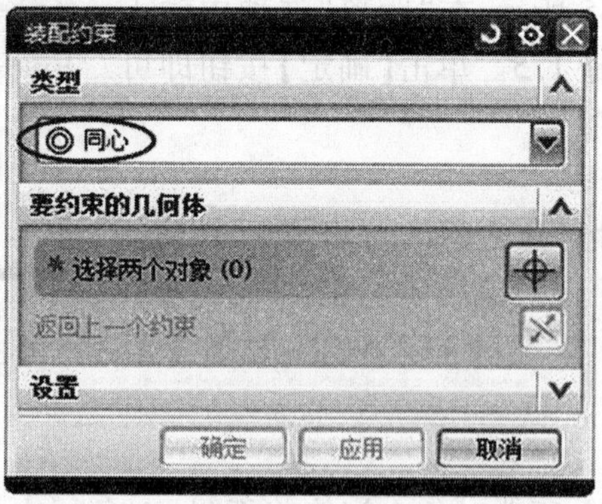

图5-30　“同心”约束设置

选择圆的边界时一定要注意,因为在同心过程中两个圆要同心,就必须在同一平面上,所以在选取同心圆的时候要选取同一平面上的圆来约束。

单击【确定】按钮,得到如图5-33(a)、(b)的效果。

5.2.2.3　“距离”约束

“距离”约束是指两个对象之间的最小3D距离。这种约束主要用于在装配设计过程

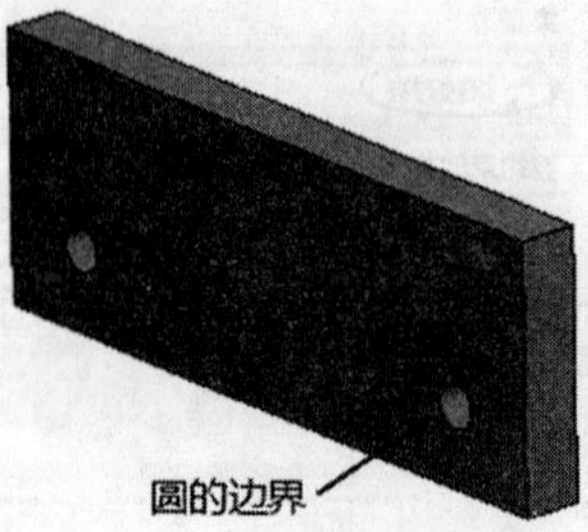

图 5-31　选择要约束圆的边界

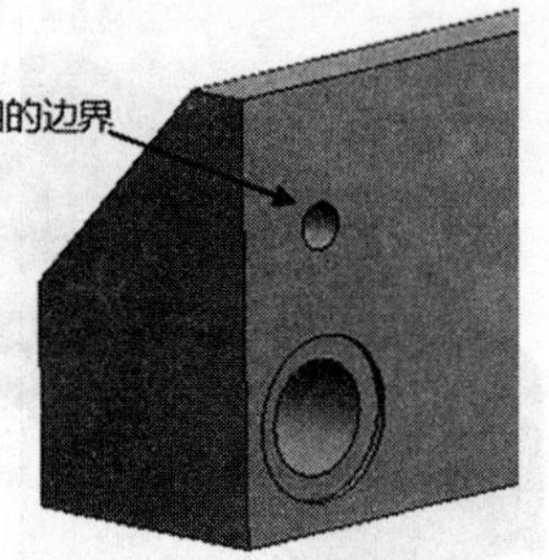

图 5-32　选择目标约束圆的边界

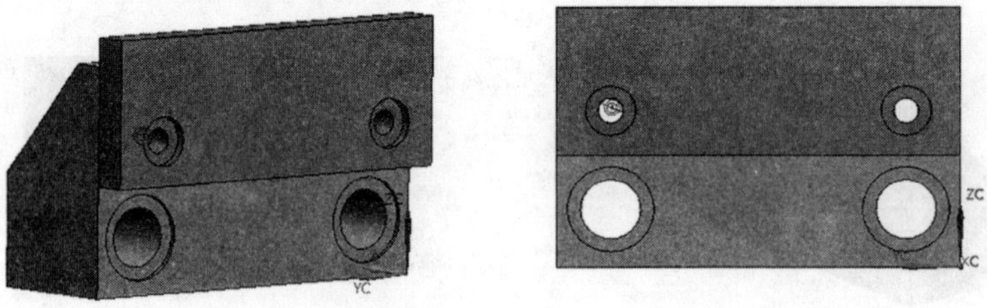

(a)　　(b)

图 5-33　“同心”约束效果

中调整组件与组件之间的位置。

单击【装配约束】按钮，弹出如图 5-34 所示的对话框，在“类型”下拉菜单中选择“距离”，选择要约束距离的两个对象(面)，如图 5-35 所示，在“距离”选项中输入要约束的距离，图 5-36 中是 1.5。单击【确定】按钮即可完成创建。

图 5-34　“距离”约束对话框

5.2.2.4　“中心”约束

“中心”约束是指一对对象之间的一个或两个对象居中，或使一对对象沿另一个对象居中。在“中心”约束中有三种约束类型：1 对 2、2 对 1、2 对 2，如图 5-37 所示。

1. 1 对 2

此类型约束在后面两个所选对象之间使前面“1”对象居中。

单击打开【装配约束】对话框，在“类型”下拉菜单中选择“中心”，如图 5-38 所示。

在“中心”约束中，选择子类型为“1 对 2”，然后单击选择对象，第一步单击选择图 5-39中的基准平面，第二步单击选择面 1，第三步单击选择面 2，单击【确定】按钮完成组件约束，效果如图 5-40 所示。

2. 2 对 1

此类型约束使两个所选对象沿第三个所选对象居中。

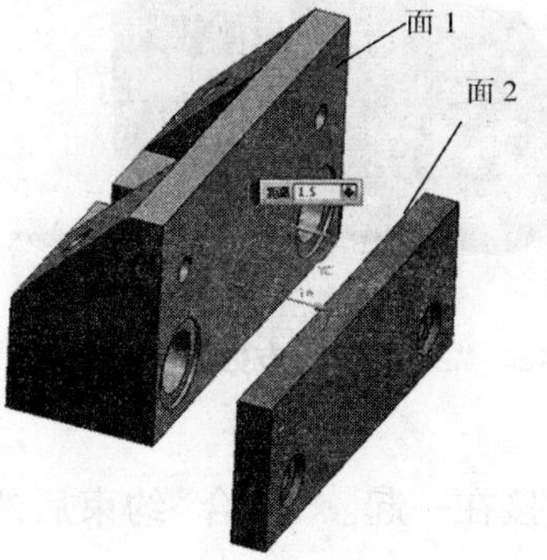

图 5-35　“距离”约束对象选择

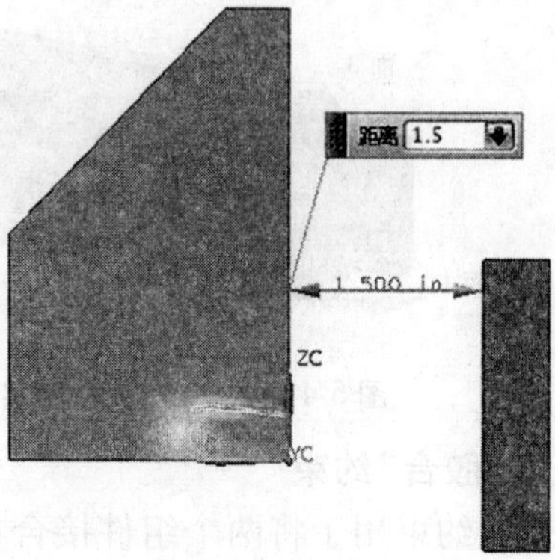

图 5-36　“距离”约束的距离值输入

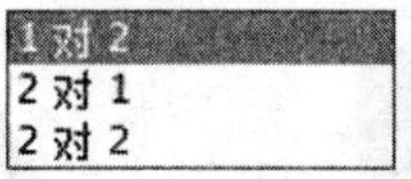

图 5-37　“中心”约束子类型

图 5-38　“中心”约束设置

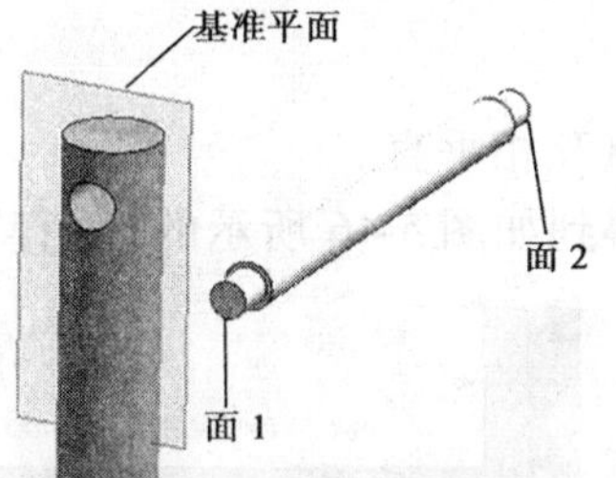

图 5-39　“1 对 2”约束实例

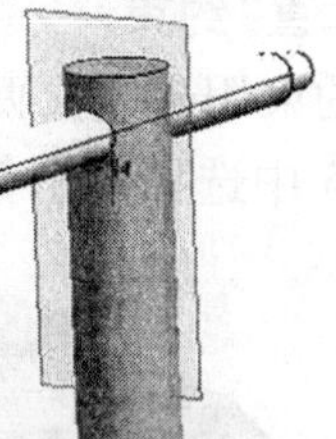

图 5-40　“1 对 2”约束效果

在选取过程中，“2 对 1”的“2”分别为图 5-39 中的面 1 和面 2，“1”为图 5-39 的基准平面。基准平面的圆柱体为目标。约束效果同“1 对 2”，如图 5-40 所示。

3.2 对 2

此类型约束使两个选取的对象在两个对象之间居中。

在选取过程中，“2 对 2”先选择小长方体中的面 1 和面 2 为前面的一个“2”，选择大长方体的面 3 和面 4 为后面一个“2”，后者为目标，如图 5-41 所示。约束效果如图 5-42 所示。

图 5-41　“2 对 2”约束实例

图 5-42　“2 对 2”约束效果

5.2.2.5　**“胶合”约束**

“胶合”约束用于将两个组件接合在一起，就像焊接在一起。“胶合”约束后的两个组件无法单独进行平移、旋转，而是成为一体一起运动。

5.2.2.6　**“角度”约束**

“角度”约束用于定义两个对象间的角度。

在图 5-43 中选择两个成 3D 角度的面，并输入角度 60，得到如图 5-44 所示的“角度”约束效果。在“角度”约束过程中，角度是两个方向矢量的夹角。

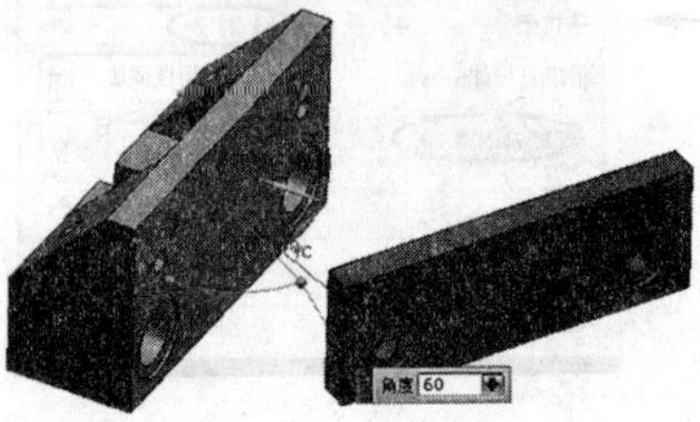

图 5-43　“角度”约束实例

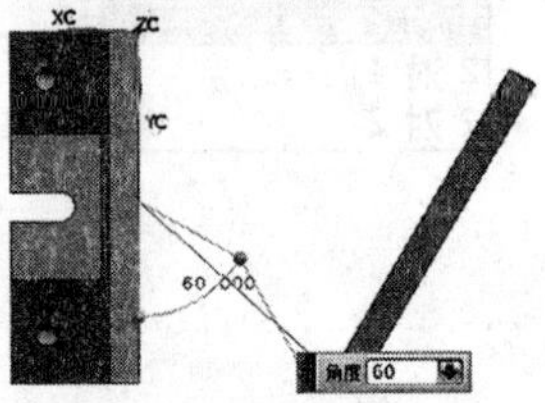

图 5-44　“角度”约束效果

5.2.2.7　**“垂直”约束**

“垂直”约束用于定义两个对象间的方向矢量互相垂直。

在图 5-45 中选择两个 3D 角度为 90°的面，得到如图 5-46 所示的“垂直”约束效果。

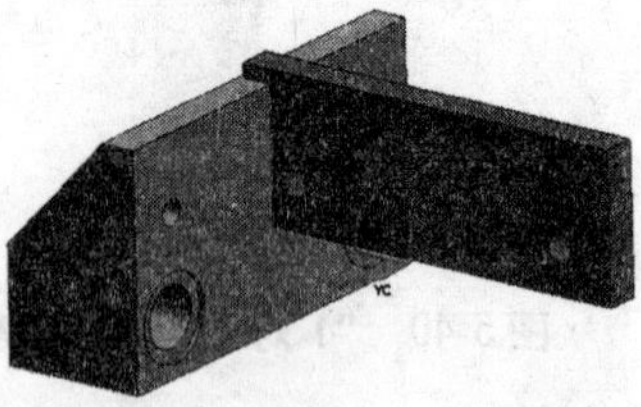

图 5-45　“垂直”约束实例

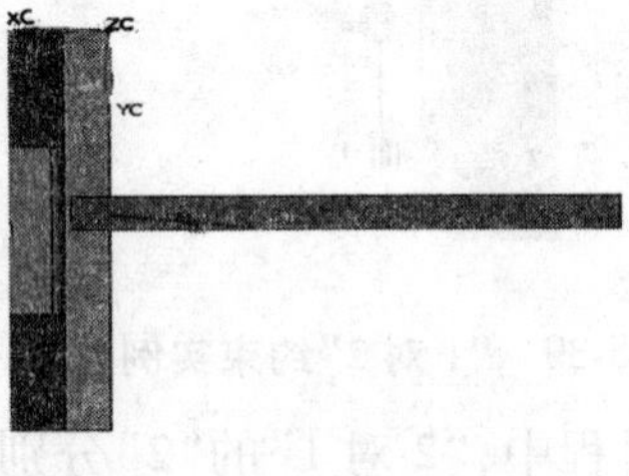

图 5-46　“垂直”约束效果

5.2.2.8　**“平行”约束**

“平行”约束用于定义两个对象间的方向矢量互相平行。

打开【装配约束】对话框，在“类型”下拉菜单中选择“平行”。单击选择要约束组件的两个面，即可预览效果。如果约束效果与设计不符，可以使用“返回上一个约束”选项来改变效果。“平行”约束常用来改变约束组件的方位和方向。

在图 5-47 中选择两个平行的面 1 和面 2，如果在装配过程中平行的面与面之间不符合要求,可以单击“返回上一个约束”选项后的按钮,如图 5-48 所示。约束后的效果如图 5-49(a)、(b)所示。

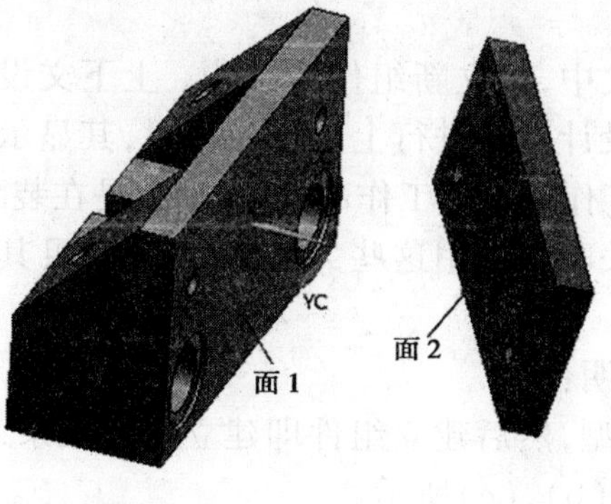

图 5-47　要约束的两个面

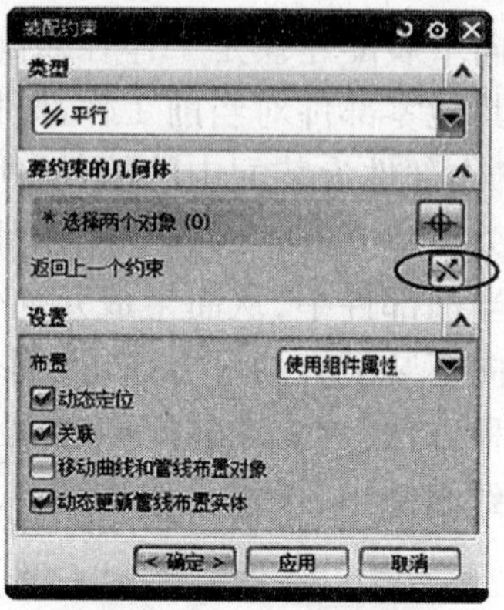

图 5-48　“平行”约束设置

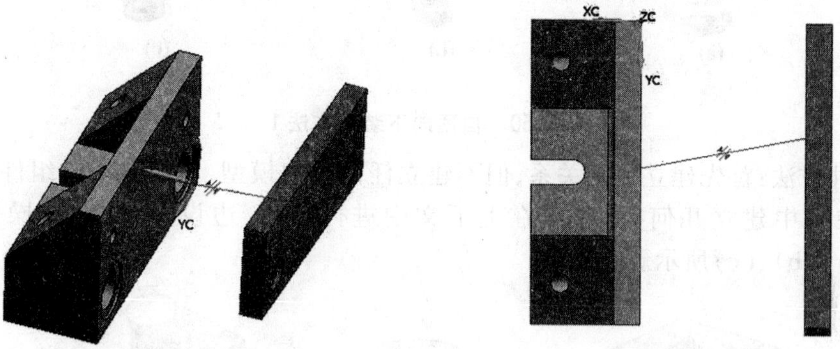

(a)　　　　(b)

图 5-49　“垂直”约束效果

5. 2. 2. 9　**“固定”约束**

“固定”约束用于将组件固定在其当前的位置上。

在需要隐含静止对象时,固定约束会很有用。如果没有固定的节点,整个装配可以自由移动。

5. 2. 2. 10　**“拟合”约束**

“拟合”约束用于半径相等的两个圆柱面结合在一起。此约束对确定孔中销或螺栓的位置很有用。如果将半径改变为不等,则该约束无效。

在 NX5 和 NX6. 0. 1 之间的版本中所创建的配合约束会被列为原有配合约束。在 NX6. 0. 2 或更高版本中所创建的配合约束会被列为配合约束。原有配合约束和配合约束的区别仅在于它们对圆锥或圆环面所采取的行为。原有配合约束会使两个圆锥或圆环面的轴重合,配合约束可使两个圆锥或圆环面完全重合。

5.3　自顶向下装配

自顶向下装配建模是工作在装配上下文中，建立新组件的方法。上下文设计指在装配中参照其他零部件对当前工作部件进行设计。在进行上下文设计时，其显示部件为装配部件，工作部件为装配中的组件，所做的工作发生在工作部件上，而不是在装配部件上，利用链接关系建立其他部件到工作部件的关联。利用这些关联，可链接拷贝其他部件几何对象到当前部件中，从而生成几何体。

自顶向下装配有两种方法，下面分别说明：

第一种方法：首先在装配中建立几何模型，然后建立组件即建立装配关系，并将几何模型添加到组件中，操作步骤如图 5-50(a)、(b)、(c)所示。

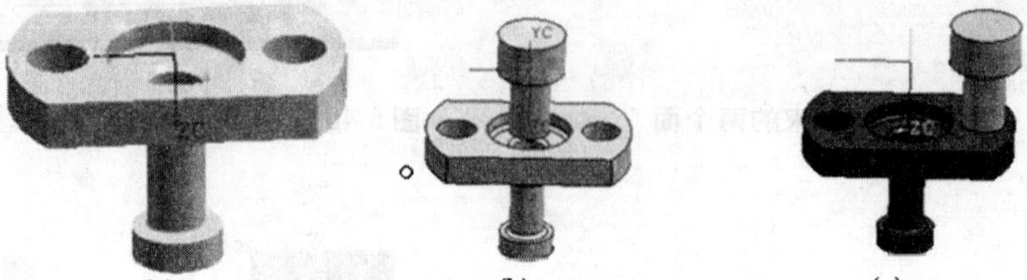

(a)　(b)　(c)

图 5-50　自顶向下装配方法 1

第二种方法：首先建立装配关系，但不建立任何几何模型，然后其中的组件成为工作部件，并在其中建立几何模型，即在上下文中进行设计，边设计边装配，操作步骤如图 5-51(a)、(b)、(c)所示。

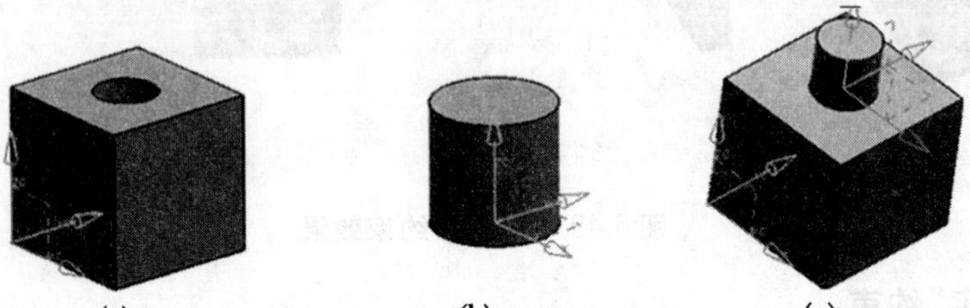

(a)　(b)　(c)

图 5-51　自顶向下装配方法 2

5.4　混合装配

5.4.1　编辑装配结构

组件添加到装配件后，可对其进行删除、抑制、阵列、替换和重定位等操作。删除组件是把组件从装配件中删除，但不会删除相关组件；抑制组件与删除组件不同，组件的数据仍然在装配件中，只是暂时断开指针，不可对抑制件执行一些相关装配的操作，可以用

【解除抑制】命令来解除抑制。

5.4.2 组件阵列

在装配中组件阵列是一种对应配对条件快速生成多个组件的方法。单击图标或单击【装配】→【组件】→【创建组件阵列】按钮，弹出【创建组件阵列】对话框，如图5-52所示，从对话框中可以看出组件阵列有从实例特征阵列、线性阵列和环形（圆形）阵列三种方法。

1. 基于特征的阵列集

基于特征的阵列集的组件根据模板组件的配对约束生成各组件的配对约束。因此，要实现基于特征的阵列必须满足以下两个条件：

（1）模板组件必须具有配对约束。

（2）基础组件上与模板组件配对特征必须有按阵列方法产生的特征阵列集。基于特征的阵列集组件阵列是关联的，如果放置阵列的基础组件发生变化，则配对到其上的组件也会变化。例如，在基础组件上增加、删除特征个数或者改变其位置，则阵列组件的个数或者位置也会随之发生变化。

2. 线性阵列

线性阵列包括一维和二维阵列，二维阵列也称为矩形阵列。在图5-52中选择“线性”，弹出如图5-53所示的对话框，对话框上部用来确定线性阵列的X、Y方向，下部用来确定线性阵列的参数。下面分别对各项进行介绍：

（1）面的法向：根据所选表面的法线方向确定阵列的X、Y方向。

（2）基准平面法向：根据所选基准平面的法线方向确定阵列的X、Y方向。

（3）边：根据所选实体的边确定阵列的X、Y方向。

（4）基准轴：根据所选基准轴确定阵列的X、Y方向。

（5）总数－XC：指定组件阵列在X方向的阵列数目。

（6）偏置－XC：指定组件阵列在X方向的阵列距离。

（7）总数－YC：指定组件阵列在Y方向的阵列数目。

（8）偏置－YC：指定组件阵列在Y方向的阵列距离。

3. 环形阵列

环形阵列的定义方法与线性阵列基本相同，在图5-52中选择“圆形”，弹出如图5-54所示的对话框，对话框上部用来设置环形阵列的中心轴，下部用来设置环形阵列的参数。下面分别对各项进行介绍：

（1）圆柱面：指定所选圆柱的轴线为环形阵列的中心轴。

（2）边：选择实体的边为环形阵列的中心轴。

（3）基准轴：选择基准轴为环形阵列的中心轴。

（4）总数：指定环形阵列的组件数目。

（5）角度：指定环形阵列组件的夹角。

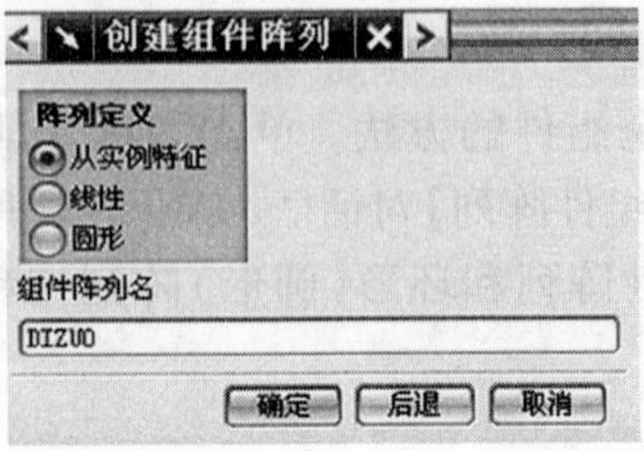

图 5-52 【创建组件阵列】对话框

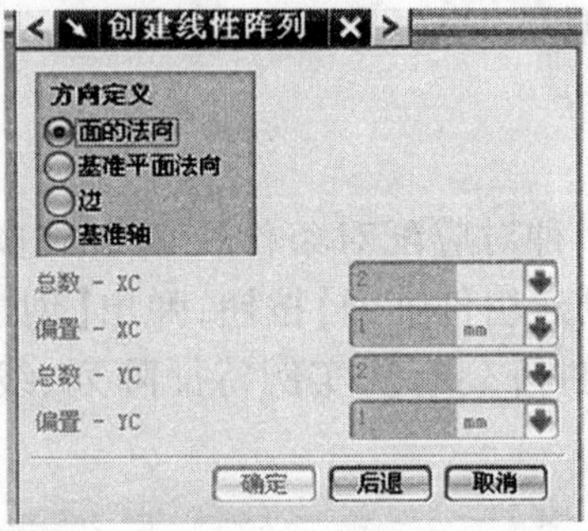

图 5-53 【创建线性阵列】对话框

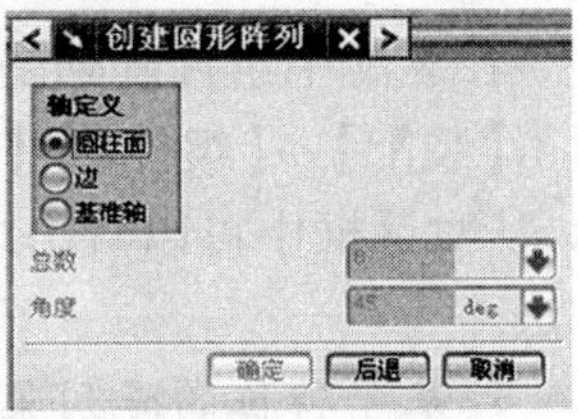

图 5-54 【创建圆形阵列】对话框

5.5　装配爆炸图

装配爆炸图是指在装配环境下，将装配体中的组件拆分开来，目的是更好地显示整个装配的组成情况。同时可以通过对视图的创建和编辑，将组件按照装配关系偏离原来的位置，以便观察产品内部结构以及组件的装配顺序。

5.5.1　装配爆炸图的建立和编辑

爆炸图同其他用户定义的视图一样，各个装配组件或子装配已经从它们的装配位置移走。用户可以在任何视图中显示爆炸图，并对其进行各种操作。

爆炸图有以下特点：

(1) 可对爆炸图组件进行编辑操作。

(2) 对爆炸图组件进行操作会影响非爆炸图组件。

(3) 爆炸图可随时在任一视图中显示或不显示。

菜单栏中选择【装配】→【爆炸图】→【显示工具条】命令（或单击【装配】工具条中的【爆炸图】按钮），弹出【爆炸图】工具栏，如图 5-55 所示。

5.5.1.1　创建爆炸图

使用【新建爆炸图】命令可在工作部件中新建爆炸图，可在其中重定位已生成爆炸图。

在菜单栏中选择【装配】→【爆炸图】→【新建爆炸图】命令，或单击【爆炸图】工具栏中的图标，弹出如图 5-56 所示的对话框。图 5-57 为要爆炸的机构，图 5-58 为生成的产品结构爆炸图。

5.5.1.2　编辑爆炸图

使用【编辑爆炸图】命令可手动将组件爆炸。

在菜单栏中选择【装配】→【爆炸图】→【编辑爆炸图】命令，或单击【爆炸图】工具栏中的图标，弹出如图 5-59 所示的对话框。

(1) 选择对象：选择要移动的组件，如图 5-60 所示。

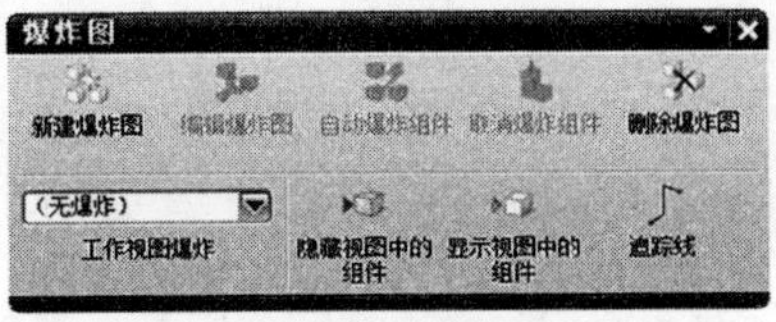

图5-55　【爆炸图】工具栏

图5-56　【新建爆炸图】对话框

图5-57　要爆炸的机构

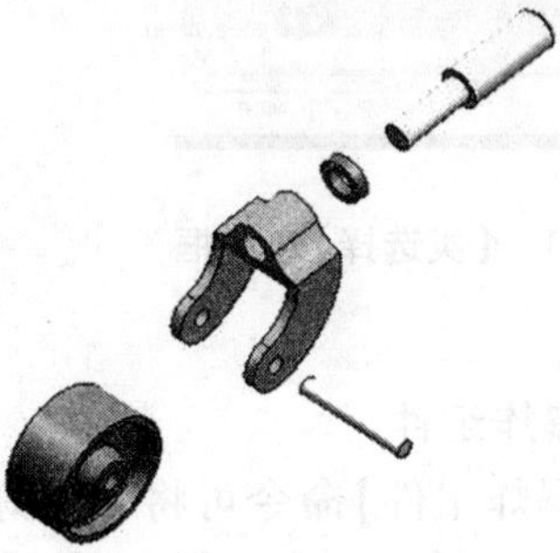

图5-58　产品结构爆炸图

(2)移动对象:用于移动组件。

(3)只移动手柄:移动过程中只拖动手柄而不移动任何组件。

(4)距离和角度:“距离”项在选择平移矢量的箭头并输入距离时有用;“角度”项在选择旋转角度并输入角度值时有用。

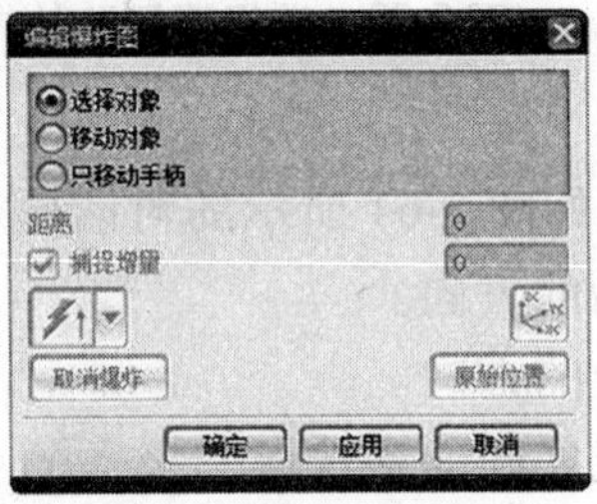

图5-59　【编辑爆炸图】对话框

图5-60　拖动箭头移动组件

5.5.1.3　创建自动爆炸组件

使用【自动爆炸组件】命令可以自动爆炸开组件。

在菜单栏中选择【装配】→【爆炸图】→【自动爆炸组件】命令,或单击【爆炸图】工具栏中的图标,弹出如图5-61所示的对话框。点选图中要炸开的部件后,单击【确定】按钮,弹出对话框,输入参数,如图5-62所示。

(1)距离:自动爆炸组件时偏置的距离,此值可以是负数。

(2)添加间隙:勾选此项就可生成间隙偏置,如图5-62所示。

5.5.1.4　取消爆炸组件

使用【取消爆炸组件】命令可将爆炸出来的组件恢复原始状态。选中要恢复的组件单击【确定】按钮即可。

在菜单栏中选择【装配】→【爆炸图】→【取消爆炸组件】命令,或单击【爆炸图】工具

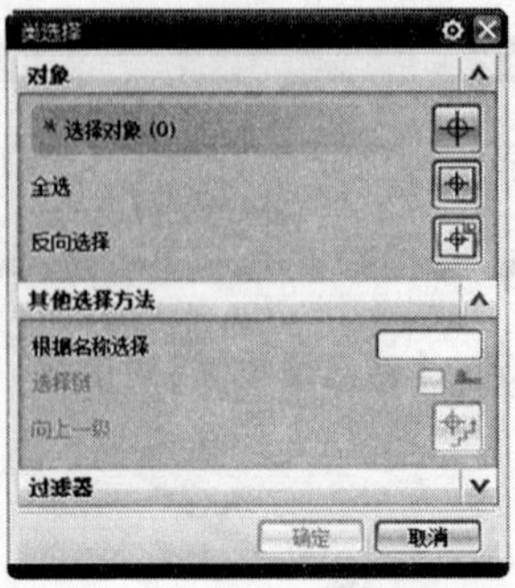

图 5-61　【类选择】对话框

图 5-62　自动爆炸组件参数设置

栏中的图标。

5.5.1.5　删除爆炸组件

使用【删除爆炸组件】命令可将创建好的爆炸图删除。

在菜单栏中选择【装配】→【爆炸图】→【删除爆炸组件】命令，或单击【爆炸图】工具栏中的图标。在如图 5-63 所示的对话框中，单击选择要删除的爆炸图名称，再单击【确定】按钮即可。

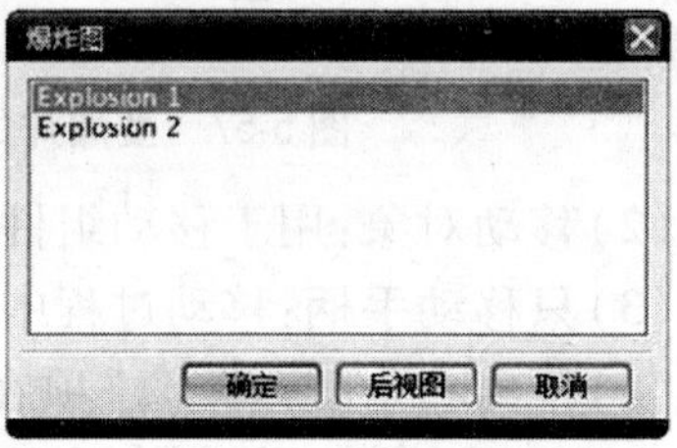

图 5-63　选择要删除的爆炸图名称

5.5.1.6　创建追踪线

使用【追踪线】命令可以创建线条来表示爆炸组件的移动路径。

在菜单栏中选择【装配】→【爆炸图】→【追踪线】命令，或单击【爆炸图】工具栏中的图标，弹出如图 5-64 所示的对话框。

(1) 起始：选择追踪线的起点。可控制点和起始的方向。

(2) 终止：选择追踪线的终点。可控制点和终止的方向。

(3) 路径：可在选择的起点和选择的终点追踪线之间的备选解。

追踪线效果如图 5-65 所示。

图 5-64　【追踪线】对话框

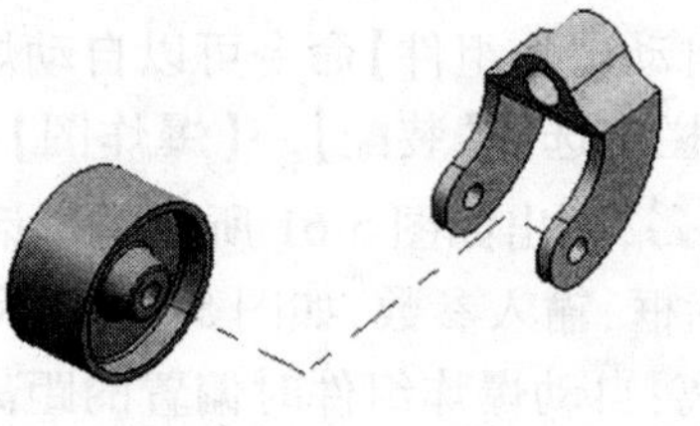

图 5-65　追踪线效果

5.5.1.7　切换爆炸图

在装配过程中，尤其是已创建了多个爆炸图，当需要在多个爆炸图间进行切换时，可以利用【爆炸图】工具栏中的【列表框】按钮，进行爆炸图的切换。只需单击该按钮，打开下拉列表框，在其中选择爆炸图名称，就可以进行爆炸图的切换操作。

5.5.2 爆炸图与装配图纸

需要输出生成的爆炸图时可以按如下步骤操作:【视图】→【布局】→【另存为】，给出布局名称。

装配工程图由多个零件组成。首先创建装配爆炸图并将爆炸图保存，然后在制图模式中创建一般视图、剖视图，最后根据需要对工程图中的各个零件添加标志。

【任务实施】

5.6 螺旋千斤顶的装配模型

5.6.1 实施计划和决策

模型分析:千斤顶通过旋转杆转动带动起重螺杆并通过螺旋传动沿着底座上下移动，通过螺钉连接与起重螺杆顶部的顶座一起移动顶起重物。

5.6.2 实施步骤和结果

装配设计步骤如下所述。

5.6.2.1 新建装配文件

打开 NX6 软件，单击【新建】按钮，按照图 5-66 所示新建名称为 qianjinding_asm1. prt 的装配文件。

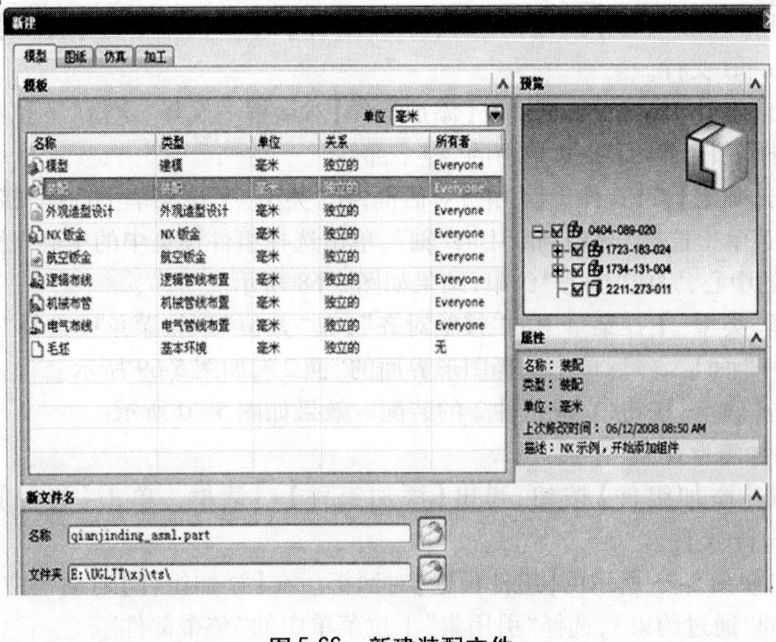

图 5-66 新建装配文件

5.6.2.2　**添加组件 1**

(1)单击【添加组件】按钮,弹出【添加组件】对话框。单击【打开】按钮,选择 dizuo.prt 文件。

(2)弹出如图 5-67 所示的【组件预览】对话框。在【添加组件】对话框中选择“定位”下拉菜单中的“绝对原点”,即将第一个组件放置到装配文件的绝对原点上。

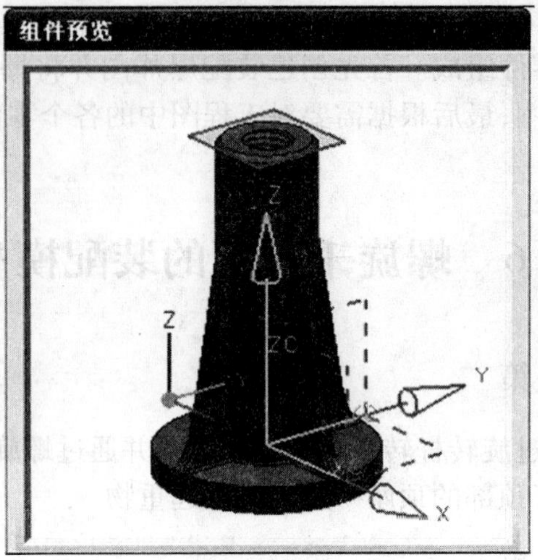

图 5-67　【组件预览】对话框

(3)选择“引用集”下拉菜单中的“整个部件”。

(4)完成添加组件。

5.6.2.3　**添加组件 2**

(1)单击【添加组件】按钮,弹出【添加组件】对话框。单击【打开】按钮,选择 qizhongluogan.prt 文件。

(2)弹出【组件预览】对话框。在【添加组件】对话框中选择“定位”下拉菜单中的“通过约束”,选择“引用集”下拉菜单中的“整个部件”。

(3)单击【确定】按钮,弹出【约束】对话框,在“类型”下拉菜单中选择“接触对齐”,在“方位”下拉菜单中选择“自动判断中心/轴”,单击选择组件预览中的中心,然后单击选择图形界面中的中心,完成“中心”约束,结果如图 5-68 所示。

(4)选择“类型”下拉菜单中的“接触对齐”,在“方位”下拉菜单中选择“接触”,单击选择起重螺杆“面 1”,然后单击选择图形界面的“面 2”,如图 5-69 所示。

(5)单击【确定】按钮,完成组件 2 的装配。效果如图 5-70 所示。

5.6.2.4　**添加组件 3**

(1)单击【添加组件】按钮,弹出【添加组件】对话框。单击【打开】按钮,选择 xuanzhuangan.prt文件。

(2)弹出如图 5-71 所示的【组件预览】对话框。在【添加组件】对话框中选择“定位”下拉菜单中的“通过约束”,选择“引用集”下拉菜单中的“整个部件”。

(3)单击【确定】按钮,弹出【约束】对话框,在“类型”下拉菜单中选择“自动判断中心/轴”,单击选择旋转杆的中心轴,然后选择起重螺杆孔中心轴,完成“自动判断中心/轴”约束,如图5-72所示。选择【装配】→【组件】→【移动组件】命令,单击旋转杆,输入移动距离75,如图5-73所示。

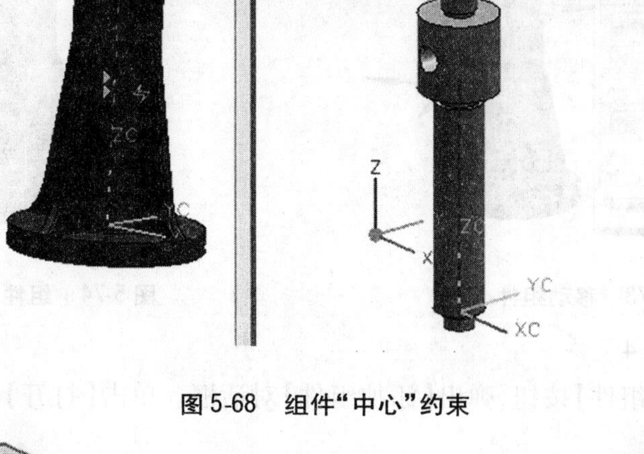

图5-68 组件“中心”约束

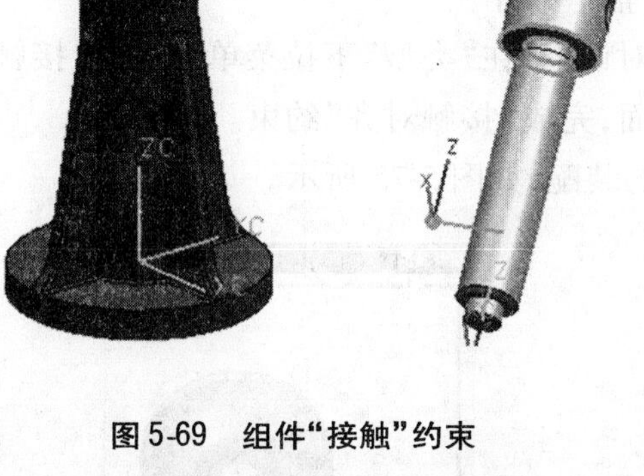

图5-69 组件“接触”约束

图5-70 组件2装配效果

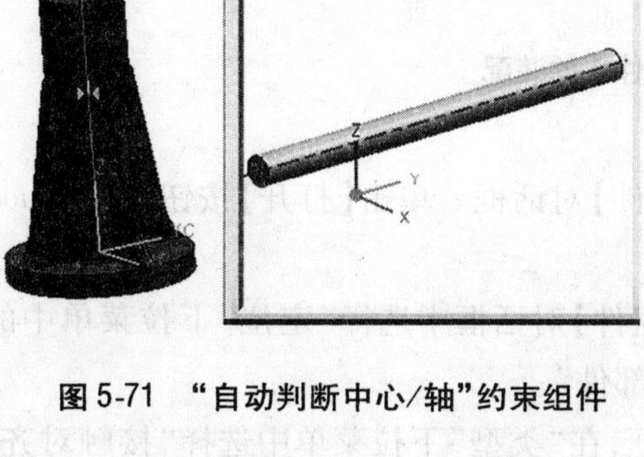

图5-71 “自动判断中心/轴”约束组件

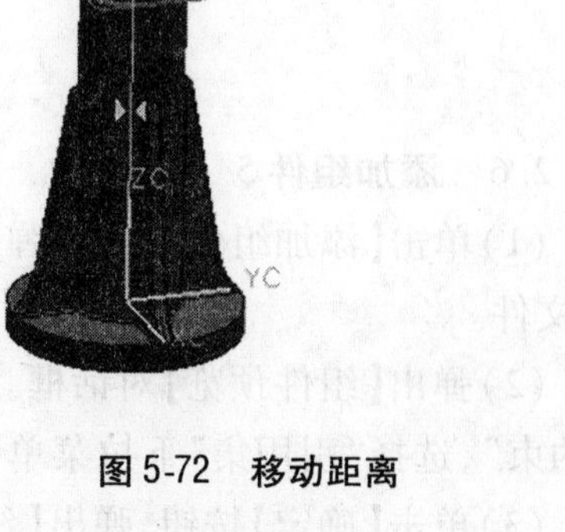

图5-72 移动距离

（4）单击【确定】按钮，完成组件 3 的装配，如图 5-74 所示。

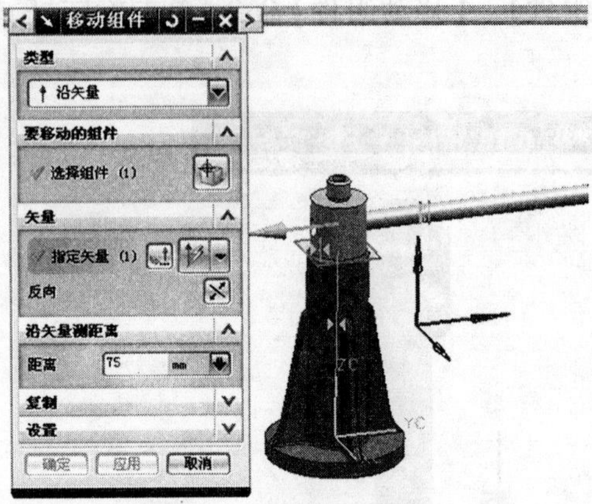

图 5-73　移动组件

图 5-74　组件 3 的装配

5.6.2.5　添加组件 4

（1）单击【添加组件】按钮，弹出【添加组件】对话框。单击【打开】按钮，选择 dinggai.prt 文件。

（2）弹出【组件预览】对话框。在【添加组件】对话框中选择“定位”下拉菜单中的“通过约束”，选择“引用集”下拉菜单中的“整个部件”。

（3）单击【确定】按钮，弹出【约束】对话框，在“类型”下拉菜单中选择“接触对齐”，单击选择顶盖底面，然后选择起重螺杆顶面，完成“接触对齐”约束。

（4）单击【确定】按钮，完成组件 4 的装配，如图 5-75 所示。

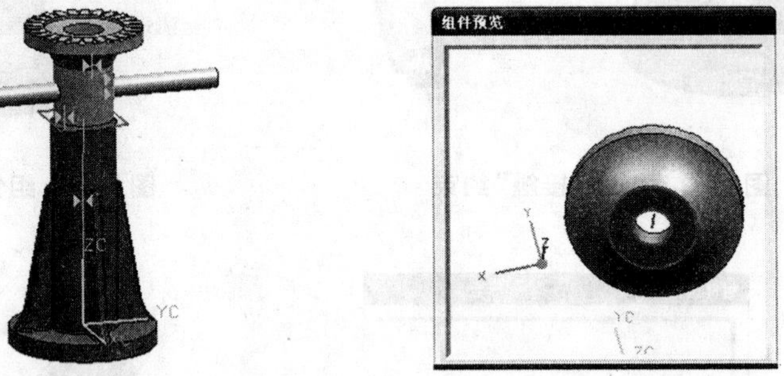

图 5-75　组件 4 的装配

5.6.2.6　添加组件 5

（1）单击【添加组件】按钮，弹出【添加组件】对话框。单击【打开】按钮，选择 luoding.prt 文件。

（2）弹出【组件预览】对话框。在【添加组件】对话框中选择“定位”下拉菜单中的“通过约束”，选择“引用集”下拉菜单中的“整个部件”。

（3）单击【确定】按钮，弹出【约束】对话框，在“类型”下拉菜单中选择“接触对齐”，自动判断中心轴，选择螺钉中心轴和顶盖中心轴，如图 5-76 所示。

(4)在“类型”下拉菜单中选择“接触对齐”，选择螺钉头下部和顶盖孔顶面，如图 5-77所示。

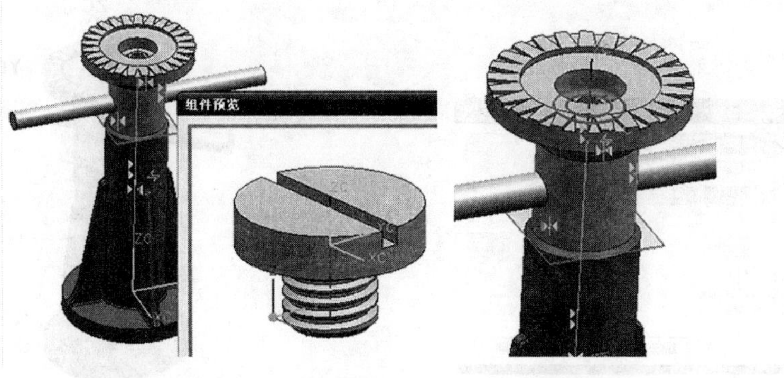

图 5-76　“自动判断中心/轴”约束组件

(5)单击【确定】按钮，完成组件 5 的装配。

装配最终效果如图 5-78 所示。

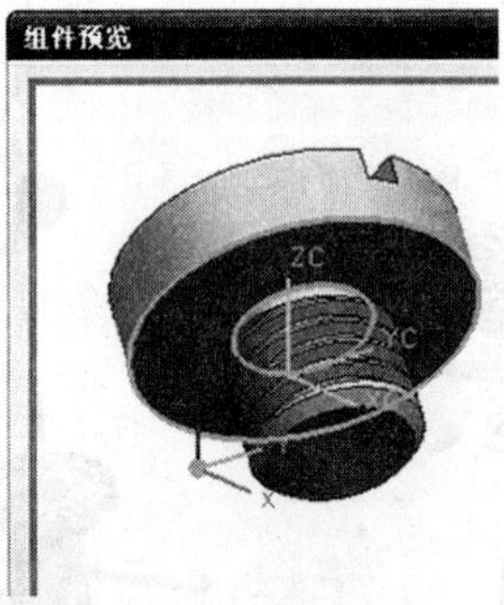

图 5-77　接触约束组件

图 5-78　装配最终效果

5.7　螺旋千斤顶的爆炸图

5.7.1　实施计划和决策

实施方案：新建爆炸图→编辑爆炸图→选择对象→移动对象。

5.7.2　实施步骤和结果

(1)单击【爆炸图】按钮，弹出【爆炸图】工具栏。单击【新建爆炸图】按钮，新建爆炸图“Explosion 1”,单击【确定】按钮。

(2)单击【编辑爆炸图】按钮,弹出如图 5-79 所示的对话框,单击选择组件 luoding,如图 5-80 所示。

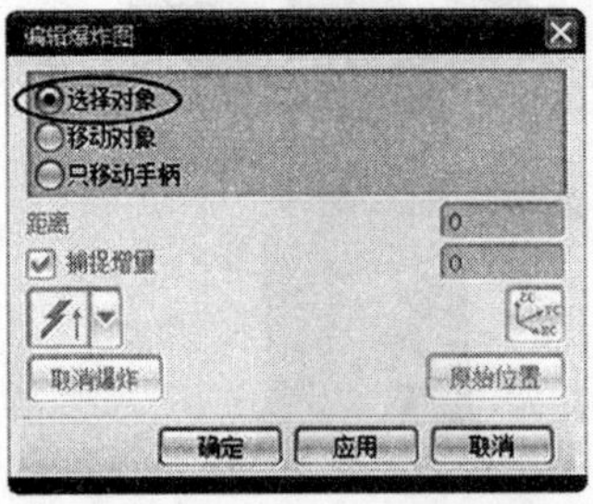

图 5-79 【编辑爆炸图】对话框

图 5-80 选择要编辑的组件

(3)单击【编辑爆炸图】对话框中的“移动对象”,将“移动对象”选项激活,如图 5-81 所示。“移动对象”选项激活后,弹出如图 5-82 所示的动态坐标系,用鼠标拖动 Z 箭头来移动组件,结果如图 5-83 所示。

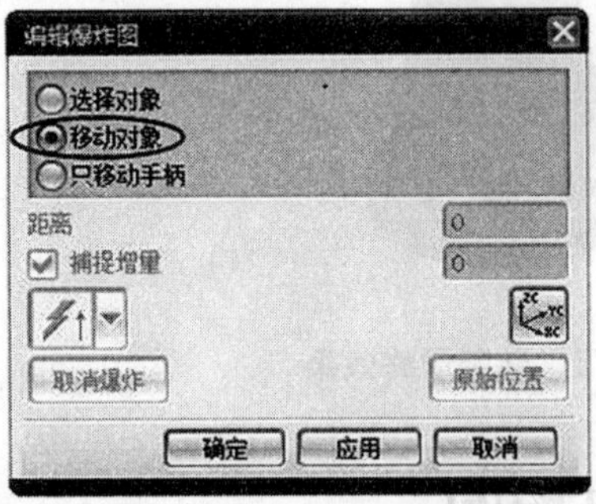

图 5-81 【编辑爆炸图】对话框

图 5-82 选择要移动的组件

图 5-83 移动组件

(4)单击【确定】按钮,完成组件 luoding 的移动。

(5)按照组件 luoding 的移动方式,依次移动其他组件。爆炸图最终效果如图 5-84 所示。

图5-84 爆炸图最终效果

思考与练习

完成电子文件中的虎钳等装配图，并生成爆炸图。

项目 6　工程图技术及应用

【学习目标】

1. 掌握工程图创建的基本过程。
2. 了解制图模块的基本操作和管理。
3. 会使用一些常用命令工具。
4. 掌握工程图的标注和注释方法。

【工作任务】

任务　建立端盖零件的工程图

要求创建如图 6-1 所示的端盖零件三维模型,根据三维模型创建工程图,并完成尺寸及注释标注,如图 6-2 所示。

图 6-1　端盖零件三维模型

【相关基本知识和基本技能】

在 UG 软件中,制图是指经三维空间到二维空间投影变换得到二维图形,这些图形严格地与三维模型相关,用户一般不能在二维空间进行随意修改,因为它会破坏零件模型与视图之间的对应关系。用户的主要工作是在投影视图之后,完成图纸需要的其他信息的绘制、标注、说明等。工程制图的内容包括制图标准的设定、图纸的确定、视图的布局、各种符号标注(如中心线、粗糙度)、尺寸标注、几何形位公差标注和文字说明等。

6.1　概　述

零件图是表达零件的图样,是设计部门交给生产部门的重要技术文件。反映出设计者的意图、表达出机器对零件的要求,同时考虑到结构和制造的可能性与合理化,是制造

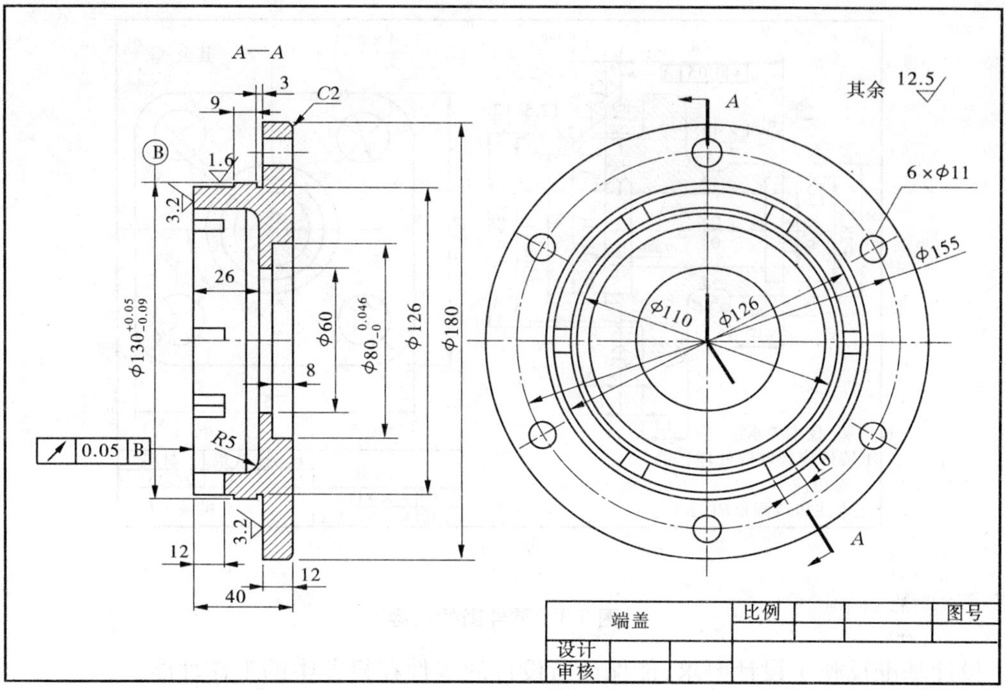

图6-2 端盖零件的工程图

与检验零件的依据。

6.1.1 零件图的内容

零件图是指导制造零件的图样。因此,图样中必须包括制造和检验该零件时所需要的全部资料。如图6-3所示,零件图的内容主要有:

(1)图形:用一组视图正确、完整、清晰和简便地表达出零件的结构形状。

(2)尺寸:用一组尺寸正确、完整、清晰和合理地标注出零件各部分的结构形状及其相互位置的大小。

(3)技术要求:用一些规定的符号、数字、字母和文字,简明、准确地给出零件在使用、制造和检验时应达到的技术要求。

(4)标题栏:在标题栏中明确地填写出零件的名称、材料、数量、编号比例等。

6.1.2 零件图中尺寸的合理标注

零件图的尺寸标注要满足设计要求和工艺要求,即标注尺寸合理。必须对零件进行结构分析、工艺分析和形体分析,确定零件的基准,选择合理的标注形式,结合具体情况合理地标注尺寸。

6.1.2.1 基准

基准是用于确定零件位置的一些面、线、点,也是标注尺寸的起点。

选择基准就是指在标注尺寸时,确定是从设计基准出发,还是从工艺基准出发。

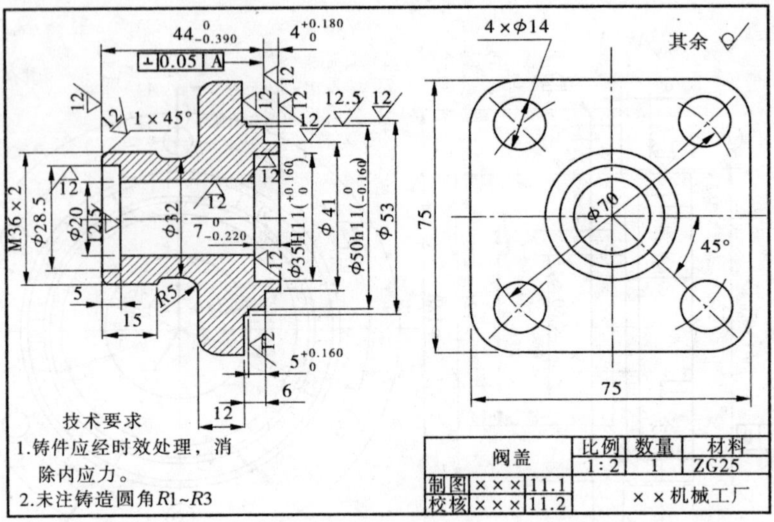

图 6-3　零件图的内容

设计基准反映了设计要求，能保证所设计的零件在机器中的工作性能。

工艺基准是把尺寸的标注与零件的加工制造联系起来，标注尺寸反映了工艺要求，便于制造、加工、测量。

在标注尺寸时，要综合考虑，既能满足设计要求，又能满足工艺要求。如不能统一，则以保证设计要求为主。

6.1.2.2　尺寸内容

定形尺寸：确定几何形状的尺寸。

定位尺寸：零件主体上的其他结构（如孔、槽等）相对于基准的位置尺寸。

6.1.2.3　合理标注零件尺寸的方法步骤

（1）选择基准。最好把设计基准和工艺基准统一起来。

（2）考虑设计要求，标注出功能尺寸。

功能尺寸是影响产品工作性能、精度及互换性的重要尺寸。

直接标注出功能尺寸，能够直接提出尺寸公差、形状和位置公差的要求，还可以避免加工误差的积累，以保证设计要求。

（3）考虑工艺要求，标注出非功能尺寸。

非功能尺寸是不影响产品的工作性能，也不影响零件间的配合性质的精度的尺寸。

用形体分析、结构分析法补全和检查尺寸，同时计算分析三个方向（长、宽、高）的尺寸链是否正确、合理。

6.1.3　零件图上的技术要求

零件图上除有图形、尺寸外，还必须有制造该零件时应该达到的一些质量要求、技术要求。

技术要求的内容包括表面粗糙度、尺寸公差、形状与位置公差、材料、材料的热处理、表面处理等。

6.2　工程图基本操作

6.2.1　工程图的新建、打开

6.2.1.1　新建图纸

单击菜单【开始】→【制图】按钮，进入“制图”应用模块，自动弹出【工作表】对话框，如图 6-4 所示，或者在“制图”模块里单击【新建图纸页】按钮，弹出【工作表】对话框，指定图幅大小、比例、名称、绘图单位、投影角度等工程图参数，然后单击【确定】按钮，系统自动新建一张工程图。

6.2.1.2　打开图纸

打开图纸是指打开一张已存在的工程图。UG 允许一个部件或装配模型创建多张工程图，但只允许一个图纸处于工作状态。

要打开图纸，可用【部件导航器】中的快捷菜单来完成，如图 6-5 所示，在某个图纸页上单击鼠标右键并选择“打开”选项，可以打开某个图纸页，即该图纸页进入“工作”状态。

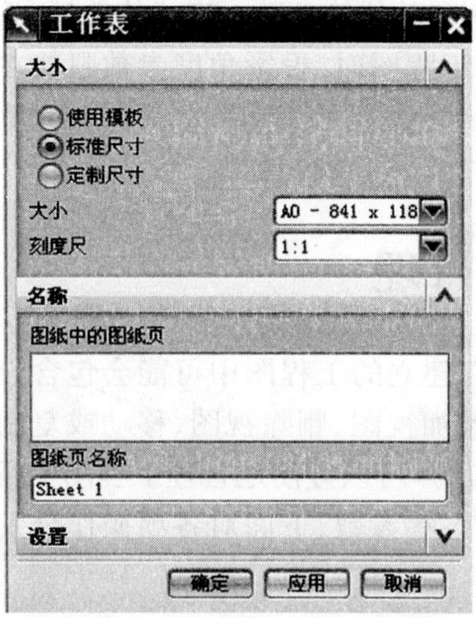

图 6-4　【工作表】对话框

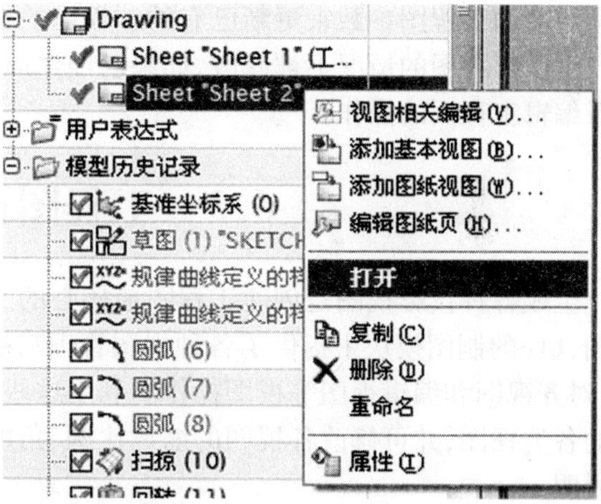

图 6-5　打开工程图

6.2.2　工程图的删除、编辑

6.2.2.1　删除图纸

删除图纸可用【部件导航器】中的快捷菜单来完成，选择需要删除的图纸，单击鼠标右键并选择“删除”选项，如图 6-6 所示。注意：在进行删除操作时，不能删除当前正打开的工程图。

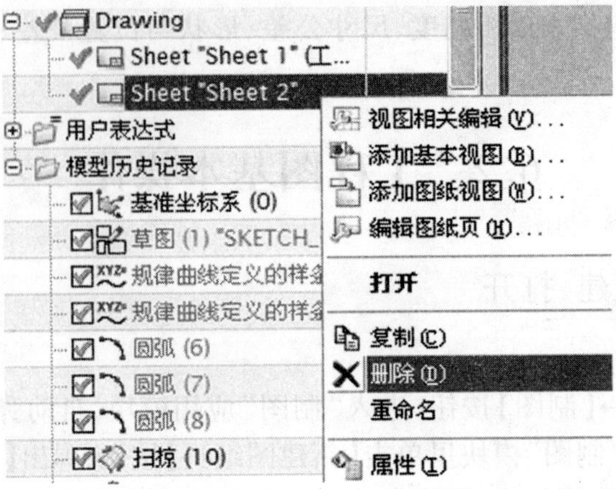

图 6-6　删除图纸

6.2.2.2　编辑图纸

在向工程图添加视图的过程中，如果想更换一种表现三维模型的方式（比如增加剖视图等），那么原来设置的工程图参数（如图纸规格、比例）有可能不符合要求，这时可以对已有的工程图的有关参数进行修改。

选择菜单【编辑】→【图纸页】命令，系统将弹出对话框。可按前面介绍的建立工程图的方法，在对话框中修改已有工程图的名称、尺寸、比例和单位等参数。完成修改后，系统就会用新的工程图参数来更新已有的工程图。在编辑工程图时，投影角度参数只能在没有产生投影视图的情况下被修改，如果已经生成了投影视图，请将所有的投影视图删除后进行编辑工程图的操作。

6.3　工程图视图管理

生成各种投影视图是创建工程图最核心的工作，在建立的工程图中可能会包含许多视图，UG 的制图模块中提供了各种视图管理功能，如添加视图、删除视图、移动或复制视图、对齐视图和编辑视图等视图操作。利用这些功能，用户可以方便地管理工程图中所包含的各类视图，并可修改各视图的缩放比例、角度和状态等参数，下面对各项操作分别进行说明。

6.3.1　基本视图

单击【图纸布局】工作条中的【基本视图】图标，弹出如图 6-7 所示的【基本视图】辅助工具条，设定某个视图以及比例等参数，在屏幕上指定视图的安放位置，即可生成基本视图。

6.3.2　投影视图

添加基本视图后移动鼠标，系统会自动转换到添加投影视图状态，同时辅助工具条也会转换成【添加投影视图】命令下的形式。

或者单击【图纸布局】工作条中的【投影视图】图标，弹出如图6-8所示的【投影视图】辅助工具条。单击"父视图"栏中的【选择视图】按钮，可以更改父视图的选择，选择了父视图后【放置视图】图标会自动激活，将鼠标移动至绘图工作区中，这时会随铰链线拖动视图，系统将投影视图定位到工作图中即可。

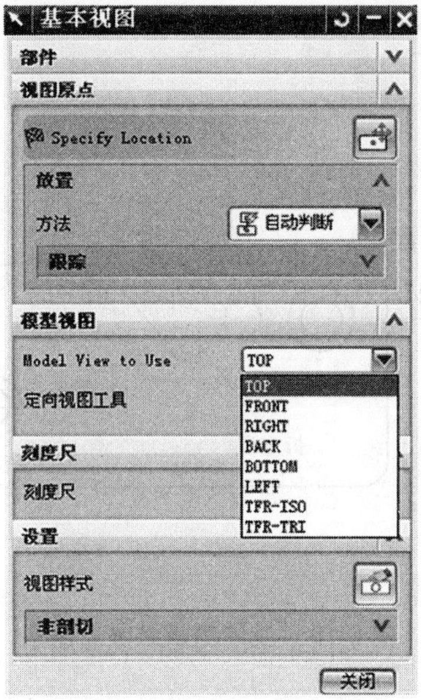

图6-7　【基本视图】辅助工具条

图6-8　【投影视图】辅助工具条

6.3.3　局部放大图

局部放大图用于表达视图的细小结构，用户可对任何视图进行局部放大。单击【图纸布局】工作条中的【局部放大图】图标，弹出如图6-9所示的【局部放大图】辅助工具条。在基本视图和投影视图上选择任意需要局部放大的结构，再在屏幕上指定局部放大图的安放位置，即可生成局部放大图。

6.3.4　剖视图

剖视图操作中的一些基本概念如下所述：

- 剖切线：由剖切段、折弯段、箭头段组成，如图6-10所示。
- 剖切段：剖切线的一部分，用来定义剖切平面。
- 箭头段：箭头所在位置。
- 折弯段：非剖切位置，主要用于阶梯剖、旋转剖中连接两个剖切段。
- 剖视图：只包含一个剖切段和两个箭头段，用一个直的剖切平面通过整个零件，如图6-11所示。
- 半剖视图：用于对称零件，它由一个剖切段、一个箭头段和一个折弯段组成，最终将剖开部分和未剖部分展现在一个视图中，通常省略标记，如图6-12所示。

图 6-9　【局部放大图】辅助工具条

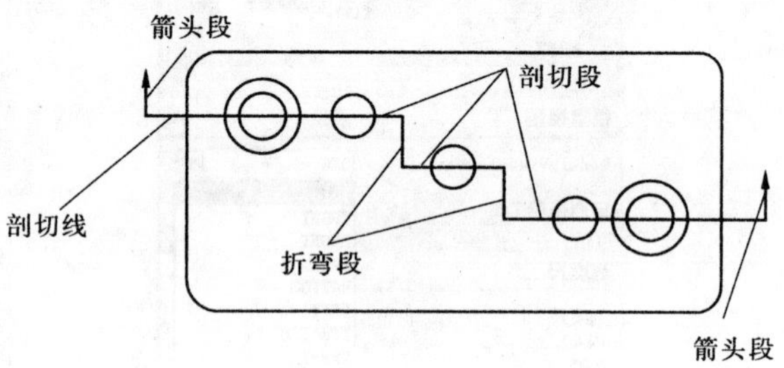

图 6-10　剖视图基本概念图示

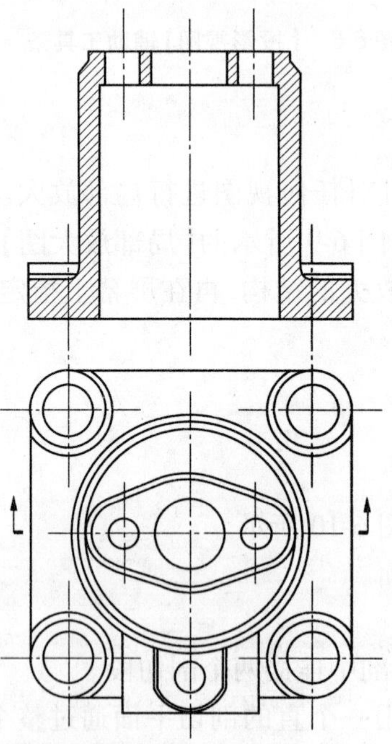

图 6-11　剖视图

图 6-12　半剖视图

• 局部剖视图：用于局部表现零件不可见部分的结构，需要定义剖切范围、切削基点、投影方向等，如图 6-13 所示。

• 阶梯剖视图：阶梯剖含有多个互相平行的剖切段，剖切段之间由折弯段连接，如图 6-14所示。

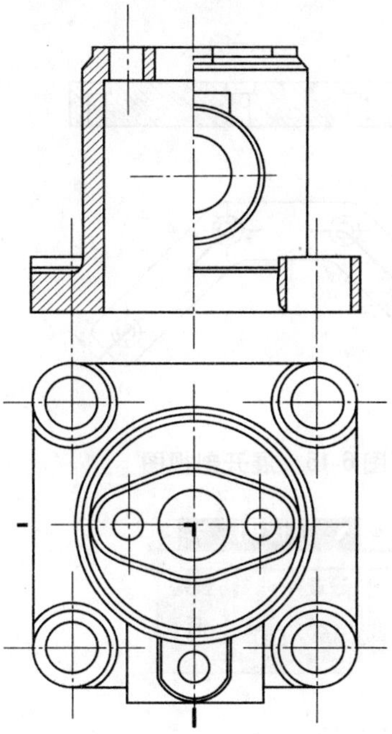

图 6-13　局部剖视图

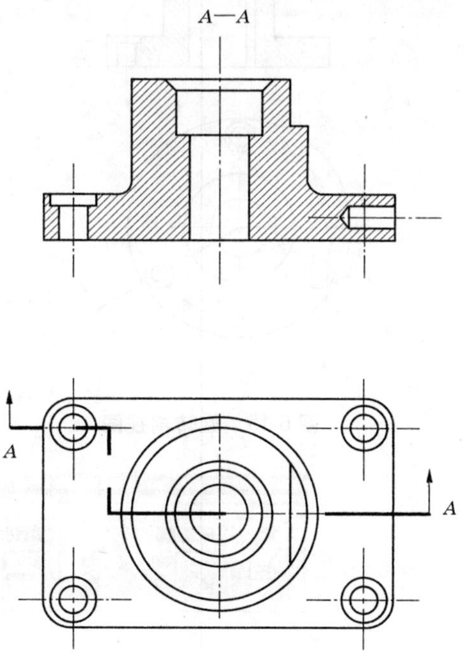

图 6-14　阶梯剖视图

• 旋转剖视图：旋转剖包含两段，每段由若干个剖切段、折弯段和箭头组成，它们相交于旋转中心，剖切线都绕同一个旋转中心旋转，所有的剖切面展开在一个公共平面上，如图 6-15 所示。

• 展开剖视图：展开剖是不含折弯段的连续剖切段相接的剖切方法，最终将它们展开在一个平面上，如图 6-16 所示。

如何在工程图中添加如半剖视图、阶梯剖视图、旋转剖视图和局部剖视图等常用的剖视图呢？编辑剖视图又要如何进行呢？

单击【图纸布局】工作条中的【剖视图】图标，选择已存在的视图作为父视图，辅助工具条变成如图 6-17 所示的形式。指定切割位置，确定投影方向，在屏幕上指定新视图的放置位置，生成剖视图。必要时可用辅助工具条上的【添加段】图标，添加新的剖切位置点。

添加半剖视图的操作方法是选择已存在的视图作为父视图，指定切割位置，再指定一个折弯位置，确定投影方向，在屏幕上指定新视图的安放位置，生成半剖视图。

添加旋转剖视图时，首先选择要剖切的父视图，接着在父视图中选择旋转点，再在旋转点的一侧指定折弯位置、剖切位置和箭头位置。完成剖切位置的指定工作后，将鼠标移到绘图工作区，拖动剖视图边框到理想位置，则系统会将选择剖视图定位在工程图中。

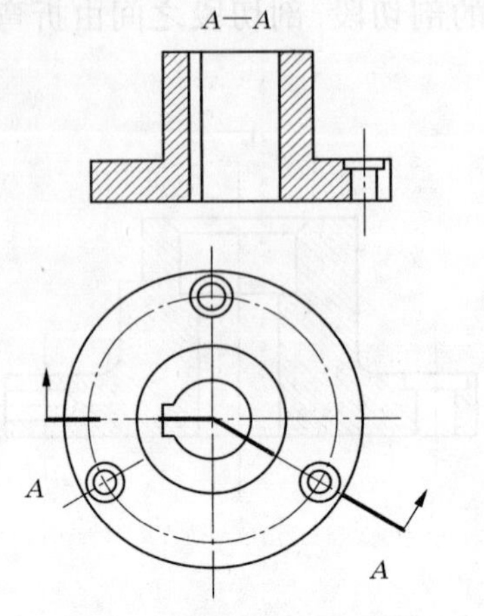

图 6-15　旋转剖视图

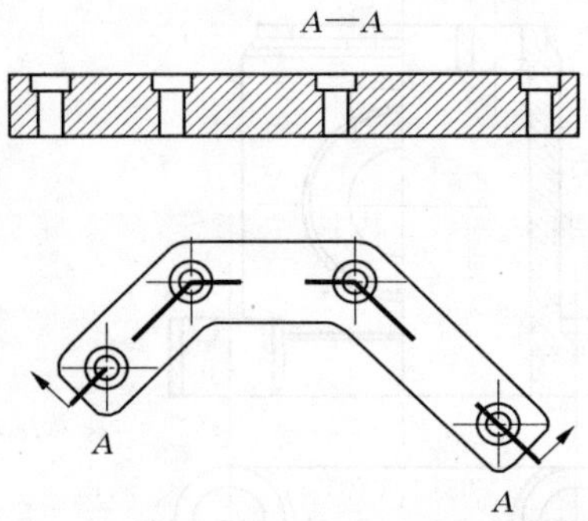

图 6-16　展开剖视图

图 6-17　【剖视图】辅助工具条

6.4　工程图视图的编辑

6.4.1　移动复制视图

选择菜单【编辑】→【视图】→【移动/复制视图】命令，或者在【图纸布局】工具条中单击【移动/复制视图】图标，系统将弹出如图 6-18 所示的【移动/复制视图】对话框。用户在进行移动或复制视图操作时，首先在视图列表框或绘图工作区中选择要移动的视图，再确定视图的操作方式：是进行移动，还是进行复制。然后设置视图移动或复制的方式，并拖动视图边框到理想位置，则系统会将所选视图按指定方式移动到工程图中的指定位置。

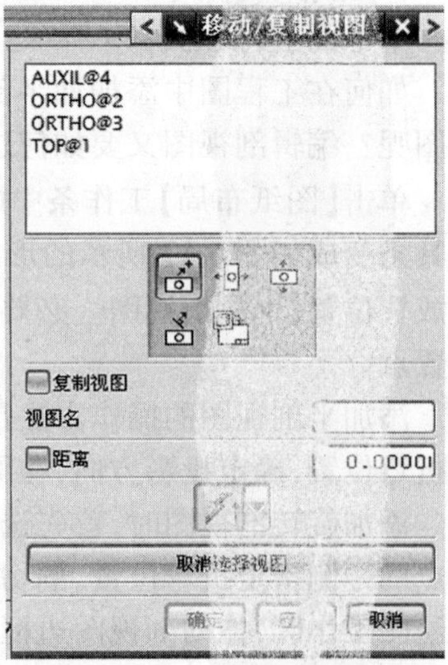

图 6-18　【移动/复制视图】对话框

下面对各个选项的功能及用法进行说明。

6.4.1.1　移动或复制方式

在 UG 系统中，共提供了 5 种移动或复制视图的方式。

- 【至一点】

选取该选项，则在工程图中指定了要移动或复制的视图后，系统将移动或复制该视图到某指定点。

- 【水平】

选取该选项，则在工程图中指定了要移动或复制的视图后，系统即可沿水平方向来移动或复制该视图。

- 【竖直】

选取该选项，则在工程图中指定了要移动或复制的视图后，系统即可沿垂直方向来移动或复制该视图。

- 【垂直于直线】

选取该选项，则在工程图中指定了要移动或复制的视图后，系统即可沿垂直于一条直线的方向移动或复制该视图。

- 【至另一图纸】

选取该选项，则在工程图中指定了要移动或复制的视图后，系统即可将所选的视图移动或复制到指定的另一张工程图中。

6.4.1.2　复制视图

该选项用于指定视图的操作方式是移动还是复制，选中该复选框，系统将复制视图，否则将移动视图。

6.4.1.3　视图名

该选项可以指定进行操作的视图名称，用于选择需要移动或复制的视图，与在绘图区中选择视图的作用相同。

6.4.1.4　距离

该选项用于指定移动或复制的距离。选取该选项，则系统会按文本框中指定的距离移动或复制视图，不过该距离是按照规定的方向来计算的。

6.4.1.5　取消选择视图

该选项用于取消用户已经选择过的视图，以进行新视图的选择。

图6-19所示的就是利用垂直于直线方式移动视图的示例。

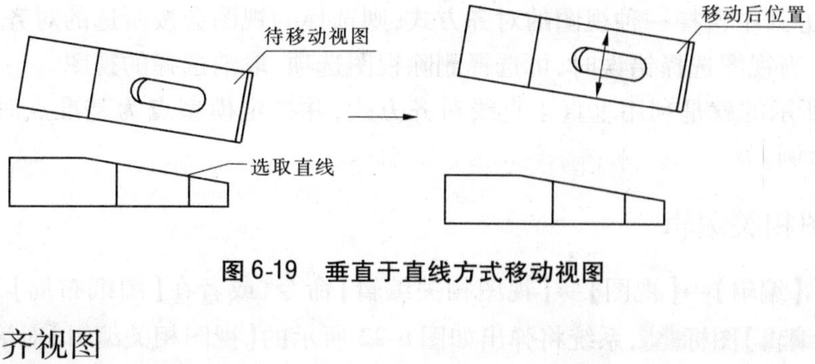

图6-19　垂直于直线方式移动视图

6.4.2　对齐视图

选择菜单【编辑】→【视图】→【对齐视图】命令，或者在【图纸布局】工具条中单击【对齐视图】图标，系统将弹出如图6-20所示的【对齐视图】对话框。该对话框由视图列表框、视图对齐方式、点位置选项和矢量选项等组成。下面对各个选项进行说明。

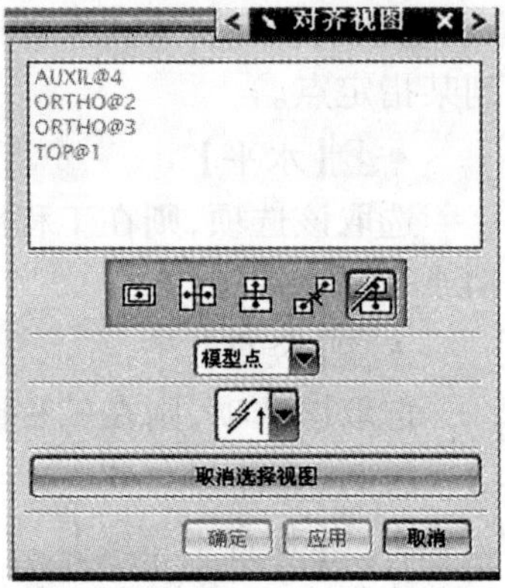

图 6-20　【对齐视图】对话框

6.4.2.1　视图对齐方式

该选项组的图标选项用于确定视图的对齐方式。系统提供了以下 5 种视图的对齐方式。

- 【叠加】

选取该对齐方式后，系统会设置各视图的基准点进行重合对齐。

- 【水平】

选取该对齐方式后，系统会设置各视图的基准点进行水平对齐。

- 【竖直】

选取该对齐方式后，系统会设置各视图的基准点进行垂直对齐。

- 【垂直于直线】

选取该对齐方式后，系统会设置各视图的基准点进行垂直于某一直线的对齐。

- 【自动判断】

选取该对齐方式后，系统会根据选择的基准点不同，用自动判断方式对齐视图。

6.4.2.2　视图对齐选项

视图对齐选项用于设置对齐时的基准点。基准点是视图对齐时的参考点，对齐基准点的选择方式有以下 3 种：

（1）模型点。该选项用于选择模型中的一点作为基准点。

（2）视图中心。该选项用于选择视图的中心点作为基准点。

（3）点到点。该选项按点到点的方式对齐各视图中所选择的点。选择该选项时，用户需要在各对齐视图中指定对齐基准点。

在对齐视图时，首先要选择对齐基准点的方式，并用点位置选项或矢量选项在视图中指定一个点作为对齐视图的基准点。然后在视图列表框或绘图工作区中选择要对齐的视图，再在对齐方式中选择一种视图的对齐方式，则选择的视图会按所选的对齐方式自动与基准点对齐。当视图选择错误时，可选择删除视图选项，取消选择的视图。

图 6-21 所示的就是利用垂直于直线对齐方式，并指定模型点为基准点时，进行视图对齐操作的示例。

6.4.3　视图相关编辑

选择菜单【编辑】→【视图】→【视图相关编辑】命令，或者在【图纸布局】工具条中单击【视图相关编辑】图标，系统将弹出如图 6-22 所示的【视图相关编辑】对话框。

该对话框上部为添加编辑选项、删除编辑选项和转换相关性选项，中部为线框编辑选项，用来设置视图对象的颜色、线型和线宽，下部为着色编辑选项。应用该对话框，可以擦除视图中的几何对象和改变整个对象或部分对象的显示方式，也可取消对视图中所做的

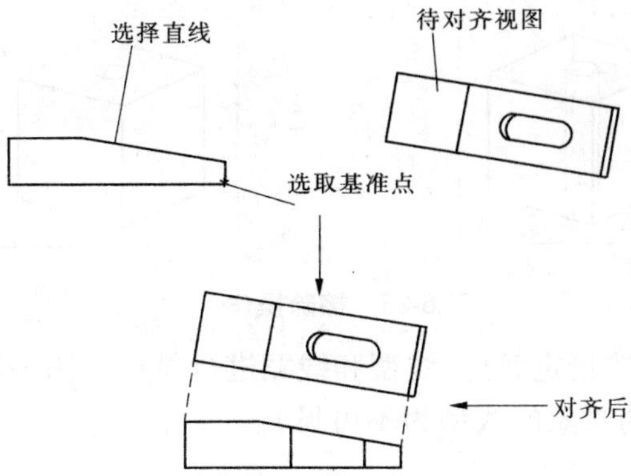

图 6-21　对齐视图

相关编辑操作。

6.4.3.1　**添加编辑**

该选项组用于让用户选择要进行的视图编辑操作，系统提供了 4 种编辑操作方式。

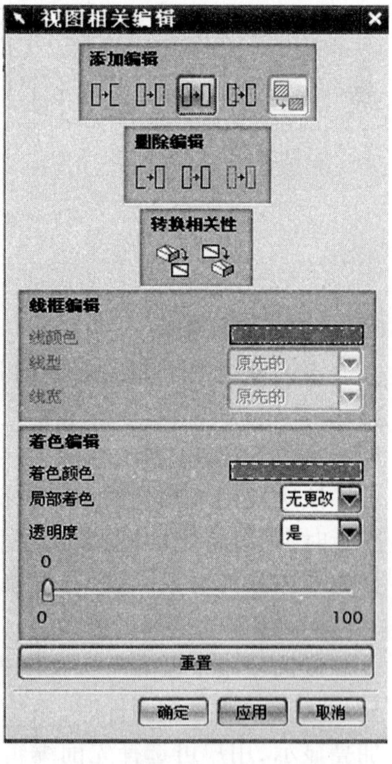

图 6-22　【视图相关编辑】对话框

- 【擦除对象】

该选项用于擦除视图中选择的对象。选择该图标时，系统将弹出【对象选取】对话框，用户可在视图中选择要擦除的对象（如曲线、边和样条曲线等），完成对象选择后，则系统会擦除所选对象。擦除操作不同于删除操作，擦除操作仅仅是将所选取的对象隐藏起来，不进行显示。该选项无法擦除有尺寸标注的对象。图 6-23 所示的就是进行了擦除操作的示例。

- 【编辑完全对象】

该选项用于编辑视图或工程图中所选整个对象的显示方式，编辑的内容包括颜色、线型和线宽。选择该图标时，其他图标将显示。用户设置了颜色、线型和线宽选项后，将弹出【类对象选取】对话框，用户可在选择的视图或工程图中选择要编辑的对象（如曲线、边和样条曲线等），选择对象后，则所选对象会按指定的颜色、线型和线宽进行显示。

- 【编辑着色对象】

该选项用于控制成员视图中对象的局部着色和透明度。选择该图标时，将弹出【类对象选取】对话框，选择需要编辑着色的对象后，着色编辑选项变为可用。

- 【编辑对象段】

该选项用于编辑视图中所选对象的某个片断的显示方式，编辑的内容包括颜色、线型和线宽。选择该图标后，先设置对象的颜色、线型和线宽，接着将弹出【对象选取】对话框，用户在视图中选择要编辑的对象，然后选择该对象的一个或两个边界点，则所选对象

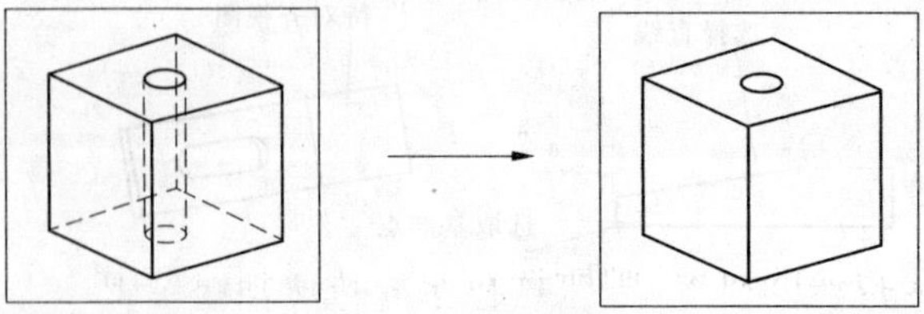

图 6-23　擦除操作

在指定边界点内的部分会按指定颜色、线型和线宽进行显示。图 6-24 所示的就是这种编辑操作的示例(编辑选取的对象的线型为不可见)。

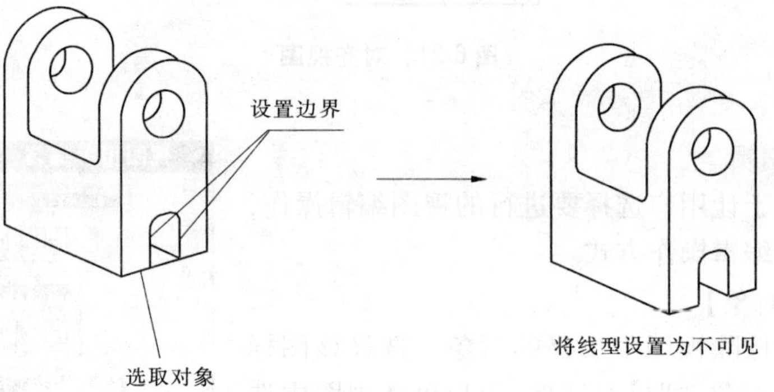

图 6-24　编辑对象段

6.4.3.2　**删除编辑**

该选项组用于删除前面所进行的某些编辑操作,系统提供了 3 种删除编辑操作的方式。

- 【删除选择的擦除】

该选项用于删除前面所进行的擦除操作,使先前擦除的对象重新显示出来。选择该图标时,系统将弹出【对象选取】对话框,已擦除的对象会在视图中加亮显示,在视图中选择先前擦除的对象,则所选对象会重新显示在视图中。

- 【删除选择的修改】

该选项用于删除所选视图先前进行的某些编辑操作,使先前编辑的对象回到原来的显示状态。选择该图标时,系统将弹出【对象选取】对话框,已编辑过的对象会在视图中加亮显示,用户可选择先前编辑的对象,完成选择后,则所选对象会按原来的颜色、线型和线宽在视图中显示出来。

- 【删除所有修改】

该选项用于删除所选视图先前进行的所有编辑操作,所有对象全部回到原来的显示状态。选择该图标时,系统将弹出一个【确认信息】对话框,让用户确定是否要删除所有的编辑操作,如果选择了"Yes"键,则所选视图先前进行的所有编辑操作都将被删除。

6.4.3.3　**转换相关性**

该选项组用于设置对象在视图与模型间进行转换。

- 【模型转换到视图】

该选项用于转换模型中存在的单独对象到视图中。选择该图标，系统将弹出【对象选取】对话框，选择要转换的对象，则所选对象会转换到视图中。

- 【视图转换到模型】

该选项用于转换视图中存在的单独对象到模型中。选择该图标，系统将弹出【对象选取】对话框，选择要转换的对象，则所选对象会转换到模型中。

6.4.3.4　**线框编辑**

（1）线颜色。该选项用于改变选择对象的颜色，单击该选项，系统将弹出【Color（调色板）】对话框，用户可以设置所需的颜色类型。

（2）线型。该选项用于改变选择对象的线型，系统提供了9种线型供用户选择，如图6-25（a）所示为其中的一部分线型。

（3）线宽。该选项用于改变几何对象的线宽，系统提供了4种线宽类型供用户选择，如图6-25（b）所示为其中的一部分线型。

（a）

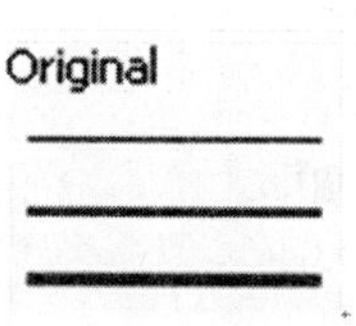

（b）

图6-25　线型和线宽类型

当要进行视图相关编辑操作时，应先在视图列表框或绘图工作区中选择某个视图，再选择相关的编辑图标，最后选择要编辑的对象。

6.4.3.5　**着色编辑**

只有在选择了编辑着色对象后，该选项才可用。

（1）着色颜色：允许从【颜色】对话框中选择着色颜色。

（2）局部着色：

无更改——该选项的所有现有的编辑将保持不变。

原先的——移除该选项所有的现有编辑，以便遵守该选项的对象初始值。

否——选定的对象禁用此编辑设置。

是——将局部着色应用于选定的对象。

（3）透明度：

无更改——保留当前视图的透明度。

原先的——移除该选项所有的现有编辑，以便遵守该选项的对象初始值。

否——选定的对象禁用此编辑设置。

是——允许使用滑块来定义选定对象的透明度。

透明度滑块用于控制透明程度。

6.5　工程图的标注

工程图的标注是反映零件尺寸和公差信息的最重要的方式。本节将介绍如何在工程图中使用标注功能。利用标注功能,用户可以在工程图中添加尺寸、形位公差、制图符号和文本注释等内容。

6.5.1　标注尺寸

6.5.1.1　尺寸标注的主要方法

单击菜单【插入】→【尺寸】选项,弹出尺寸标注菜单,如图 6-26 所示,【尺寸标注】工具条如图 6-27 所示。在菜单中选择相应选项或在工具条中单击图标,可以在视图中标注对象的尺寸。尺寸标注具体的方法如下所述:

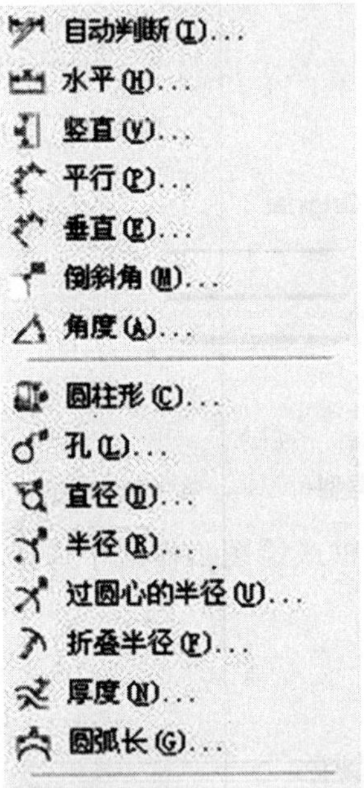

图 6-26　尺寸标注菜单

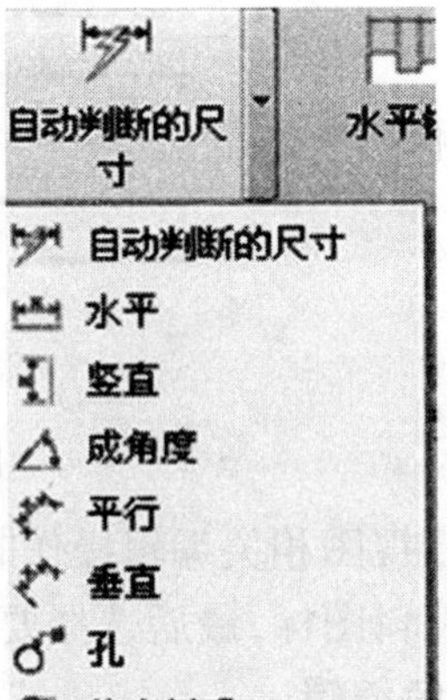

图 6-27　【尺寸标注】工具条

- 【自动判断】:系统根据所选对象的类型和鼠标位置自动判断生成尺寸标注。可选对象包括点、直线、圆弧、椭圆弧等。

- 【水平】:选择该选项后,界面窗口下方出现【捕捉点】工具条。利用该工具条在视图中选择定义尺寸的参考点。选择好参考点后，移动光标到合适位置，单击【确定】按钮，就可以在所选的两个点之间建立水平尺寸标注。

- 【竖直】：选择该选项后，界面窗口下方出现【捕捉点】工具条，利用该工具条在视图中选择定义尺寸的参考点。选择好参考点后，移动光标到合适位置，单击【确定】按钮，就可以在所选的两个点之间建立竖直尺寸标注。

- 【平行】：选择该选项后，界面窗口下方出现【捕捉点】工具条，利用该工具条在视图中选择定义尺寸的参考点。选择好参考点后，移动光标到合适位置，单击【确定】按钮，就可以建立尺寸标注平行于所选的两个参考点的连线。

- 【垂直】：选择该选项后，首先选择一个线性参考对象，线性参考对象可以是存在的直线、线性中心线、对称线或者是圆柱中心线。然后利用【捕捉点】工具条在视图中选择定义尺寸的参考点，移动鼠标到合适位置，单击【确定】按钮，就可以建立尺寸标注。建立的尺寸为参考点和线性参考对象之间的垂直距离。

- 【倒斜角】：该选项用于定义倒角尺寸，但是该选项只能用于45°的倒角。在尺寸属性栏中可以设置倒角标注的文字、引线等的类型。

- 【角度】：该选项用于标注两个不平行的线性对象间的角度尺寸。

- 【圆柱形】：该选项以所选两个对象或点之间的距离建立圆柱的尺寸标注。系统自动将系统默认的直径符号添加到所建立的尺寸标注上，在尺寸中可以自定义直径符号和直径符号与尺寸文本的相对关系。

- 【孔】：该选项用于标注视图中孔的尺寸。在视图中选取圆弧特征后，系统自动建立尺寸标注，并且自动添加直径符号，所建立的标注只有一条引线和一个箭头。

- 【直径】：该选项用于标注视图中的圆弧或圆。在视图中选取圆弧或圆后，系统自动建立尺寸标注，并且自动添加直径符号，所建立的标注有两个方向相反的箭头。

- 【半径】：该选项用于建立半径尺寸标注，所建立的尺寸标注包括一条引线和一个箭头，并且箭头从标注文本指向所选的圆弧。系统还会在所建立的标注中自动添加半径符号。

- 【过圆心的半径】：该选项用于建立半径尺寸标注，与“半径”选项的用法基本相同，不同的是，该方法自动从圆心到圆弧添加一条延长线。

- 【折叠半径】：该选项用于建立大半径圆弧的尺寸标注。首先选择要建立尺寸标注的圆弧，然后选择偏置中心点和折线弯曲位置，移动光标到合适位置，单击鼠标左键，建立带折线的尺寸标注。系统也会在标注中自动添加半径符号。

- 【厚度】：该选项用于建立两条相似曲线的尺寸标注。选择该项后，在图纸中选取两条相似曲线，选取后移动光标到合适位置，单击鼠标左键，系统标注出所选两条相似曲线的距离。

- 【圆弧长】：该选项用于建立所选弧长的长度尺寸标注，系统自动在标注中添加弧长符号。

- 【水平链】：该选项用于建立一串首尾相接的水平尺寸标注。选择该选项后，系统下方出现【捕捉点】工具条，利用该工具条在视图中选择定义尺寸的多个参考点，选择好后，系统自动建立在相邻的参考点之间水平方向的尺寸标注，移动光标到合适位置，单击【确定】按钮，建立水平链尺寸标注。

• 【竖直链】：该选项与“水平链”选项标注方法类似，不同的是，该选项建立的是竖直方向的尺寸标注。

• 【水平基线】：该选项用于建立一串具有相同基准的水平尺寸标注，选取的第一个参考点为公共基准。

• 【竖直基线】：该选项用于建立一串具有相同基准的竖直尺寸标注，选取的第一个参考点为公共基准。

6.5.1.2　尺寸标注属性栏

选择标注尺寸的方法后，弹出尺寸标注属性栏如图 6-28 所示，该属性栏中相关图标功能如下：

图 6-28　尺寸标注属性栏

• 【尺寸样式】：可以对尺寸、直线/箭头、文字和单位进行设置。

• 【名义】：设置主尺寸小数点后的位数。

• 【公差样式】：设置尺寸的公差类型，其默认类型为无公差。

• 【注释编辑器】：可以在工程图中添加必要的图形、符号，以表示零件的某些特征或形位公差等内容。

• 【重置】：重置所做的设置。

6.5.1.3　尺寸标注实例

在已有的视图上标注尺寸，如图 6-29 所示。操作步骤如下所述：

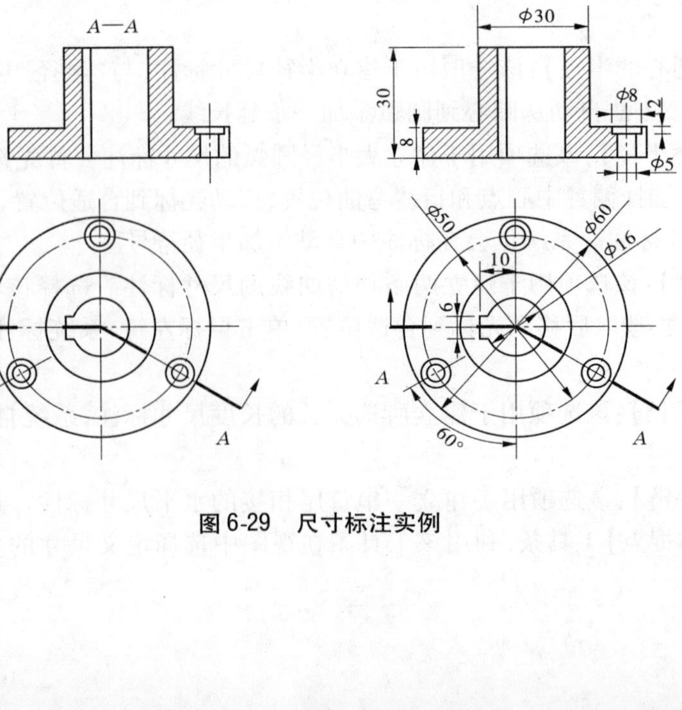

图 6-29　尺寸标注实例

(1)单击图标,在弹出的尺寸标注属性栏中单击图标,在【尺寸样式】对话框中进行设置,如图6-30所示,单击【确定】按钮。

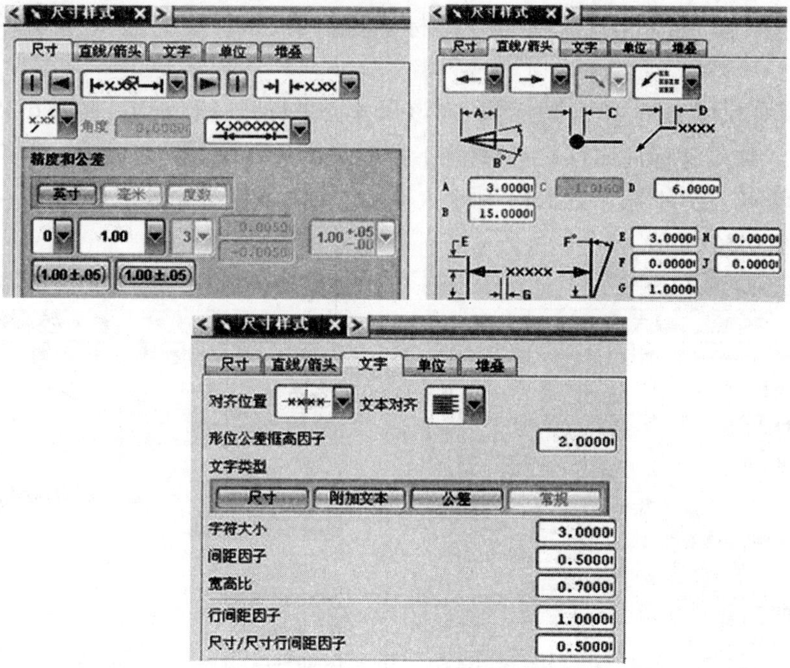

图6-30 尺寸样式设置

(2)选择圆弧进行直径尺寸的标注。单击图标,进行角度标注,如图6-31所示。单击图标,进行圆柱形尺寸标注,如图6-32所示。单击图标,进行直线尺寸标注,如图6-33所示。

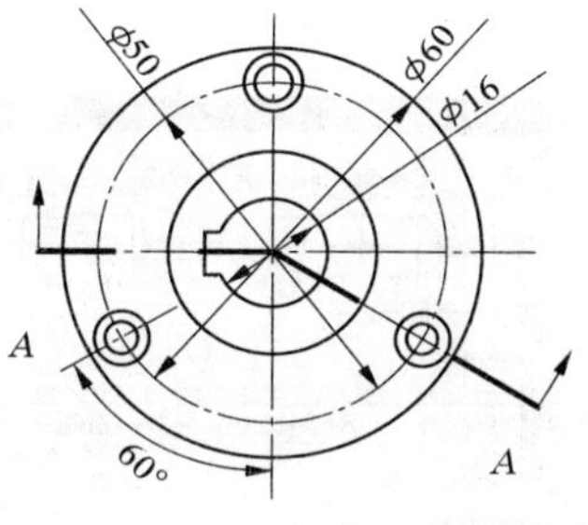

图6-31 圆弧直径及角度尺寸标注

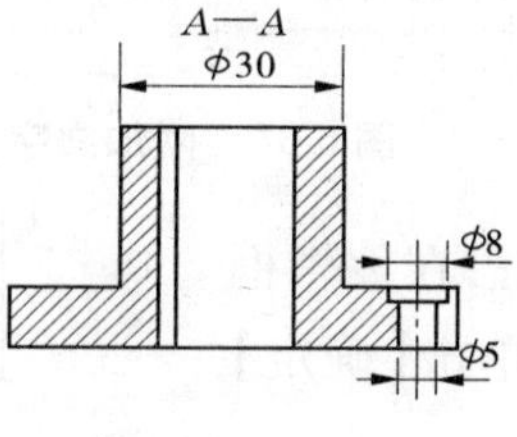

图6-32 圆柱形尺寸标注

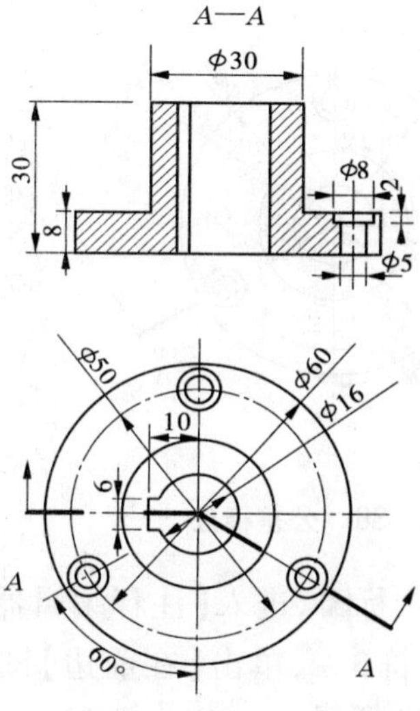

图6-33 直线尺寸标注

(3)对尺寸增加公差值:选择键槽尺寸 6,单击图标,对该尺寸公差样式进行设置,如图 6-34 所示,单击【确定】按钮。在尺寸标注属性栏 1.00 的下拉列表中选择 1.00±.05“相等的双向公差”模式,单击【公差值】图标 ±.XX,在文本框中输入 0.1、-0.1,单击 Enter 键。

(4)选择孔尺寸 ϕ16,单击图标,对该尺寸公差样式进行设置,如图 6-35 所示,单击【确定】按钮。在尺寸标注属性栏的 1.00 下拉列表中选择 $1.00^{+.05}_{-.02}$“双向公差”模式,单击【公差值】图标 ±.XX,在“上限”文本框中输入 0.05,在“下限”文本框中输入 -0.02,单击 Enter 键,如图 6-36 所示。

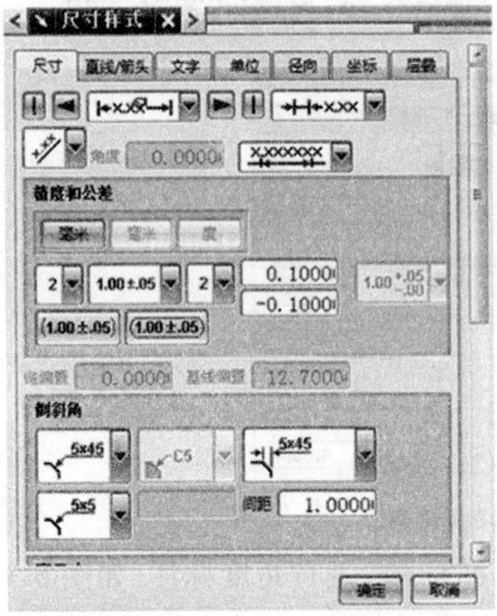

图 6-34　相等的双向公差样式设置

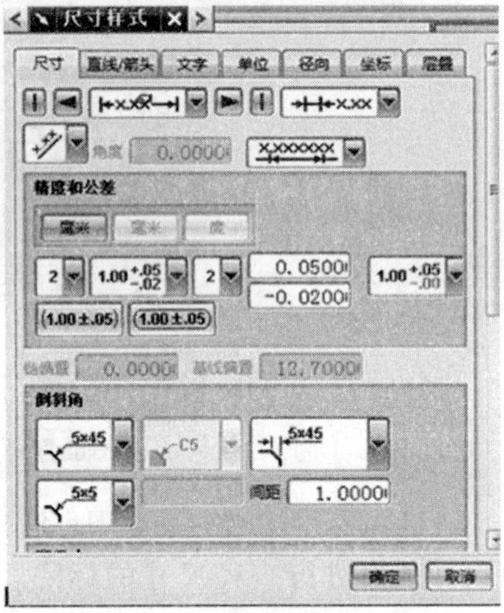

图 6-35　双向公差样式设置

(5)在尺寸中添加字符:选择孔尺寸 ϕ8,单击图标,对该尺寸附加文字样式进行设置,如图 6-37 所示,单击【确定】按钮。

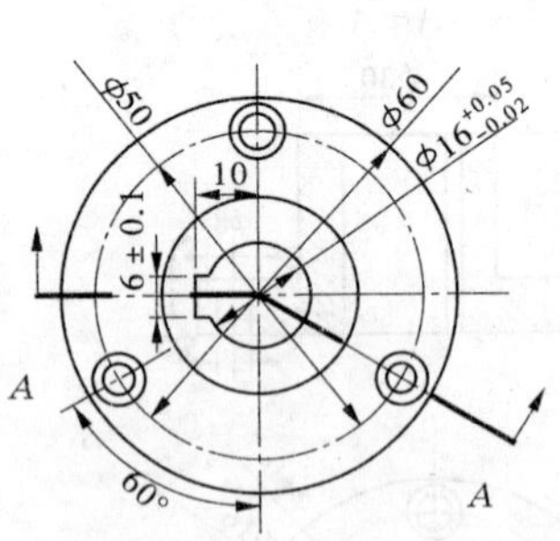

图 6-36　公差标注

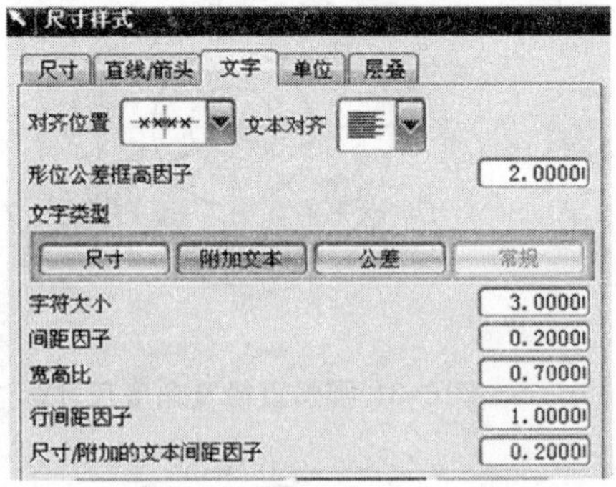

图 6-37　附加文字样式设置

(6)单击图标,进入【注释编辑器】对话框,在编辑框中输入前缀字符 3 -,单击【在前边】图标,单击【确定】按钮,如图 6-38 所示。

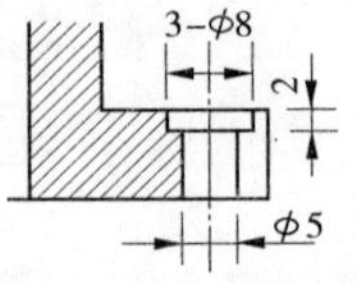

图 6-38　附加文字标注

6.5.2　制图注释

6.5.2.1　文本注释

在工程图中插入或编辑文本,系统提供了两种文本输入方式。

第一种:单击菜单【插入】→【注释】选项或单击【制图注释】工具条中的【注释】图标,弹出【注释】对话框,如图6-39所示。单击图标,弹出如图6-40所示【样式】对话框,进行文字样式设置。在格式化框中输入文字,移动鼠标确定文本位置,完成文本注释。

图6-39　【注释】对话框

图6-40　【样式】对话框

第二种:如图6-41所示,在选择"尺寸"选项后,例如选择"水平尺寸",单击【注释编辑器】按钮,系统弹出如图6-42所示的【文本编辑器】对话框。

如果要修改已存在的文本注释内容,可先在视图中选择要修改的文字。所选文字会

图 6-41　【水平尺寸】对话框

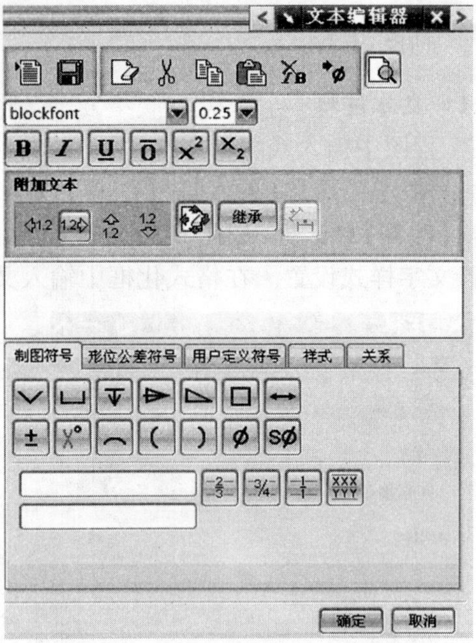

图 6-42　【文本编辑器】对话框

显示在【文本编辑器】对话框中的文本输入框内，根据需要修改相应的文本内容、字型、字体、颜色、大小和行距等参数即可。

6. 5. 2. 2　符号注释

在工程图中除视图和尺寸标注外，还有其他一些标注符号，如中心线、粗糙度、形位公差、注释等与视图相关的内容需要进行标注。

1. 实用符号

在工程图中插入和编辑各种中心线、螺纹圈或交点等实用符号，主要用于工程图的图面注释。

单击【制图注释】工具条中的【实用符号】图标或单击菜单【插入】→【符号】→【实用符号】选项，弹出【实用符号】对话框，如图 6-43 所示。选择符号类型，设置相关参数，选择标注对象即可。

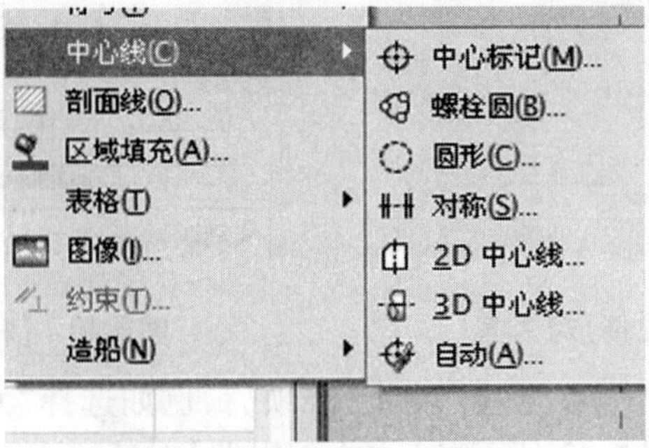

图 6-43　【实用符号】对话框

•【中心标记】:适合画在同一直线上分布的中心线,如图6-44所示。注意:孔的圆心必须共线。如果若干个孔中有的不在同一线上,系统就不在该孔上标注。

•【螺栓圆】:适合圆周阵列分布的孔,如图6-45所示,依次选择要标注的小圆,中心线过点或弧的圆心。

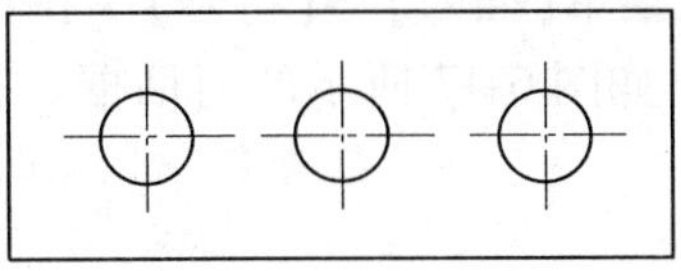

图6-44　直线中心线

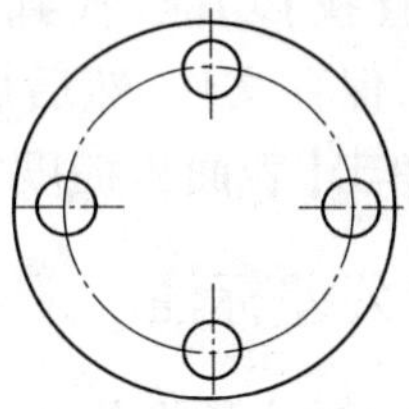

图6-45　螺栓圆中心线

•【圆形】:适合圆形中心线,与局部圆中心线类似,但中心线为一个整圆,显示不含十字型。注意:局部圆中心线和整圆中心线至少要选择3个点。

2. 标识ID符号

标识符号多用来表示装配图零件引出序号等。单击【制图注释】工具条中的【标识符号】图标,弹出【标识符号】对话框,如图6-46所示。

图6-46　【标识符号】对话框

标识类型:提供各种标识符号。

文本:输入在标识符号内的字符。

符号大小:指定符号的尺寸大小。

引出线类型:提供各种引出线的形式。

指定引出位置:可以指定多个引出位置。

生成标识符号:在屏幕上给出符号的放置位置。

3. 表面粗糙度符号

符合国家标准的粗糙度标注功能,应当在启动 UG 之前设定相应的环境变量值。在 UG NX6 的安装目录中找到"\UGII\ugii_env. dat"文件,用记事本打开该文件,利用菜单中的【编辑】→【查找】功能,找到"UGII_SURFACE_FINISH"选项,设定"UGII_SURFACE_FINISH = ON",保存文件,然后启动 UG,即可在菜单【插入】→【符号】中找到【表面粗糙度符号】按钮。单击【表面粗糙度符号】按钮,弹出如图 6-47 所示的对话框。

6.5.3 形位公差标注

形位公差的标注是将几何、尺寸和公差符号组合在一起的符号。用户要生成一个形位公差符号,可以使用【特征控制框】命令添加图纸中的形位公差标注,选择菜单【插入】→【特征控制框】命令,或者单击【制图注释】工具条中的【特征控制框】图标,系统弹出如图 6-48 所示的【特征控制框】对话框。

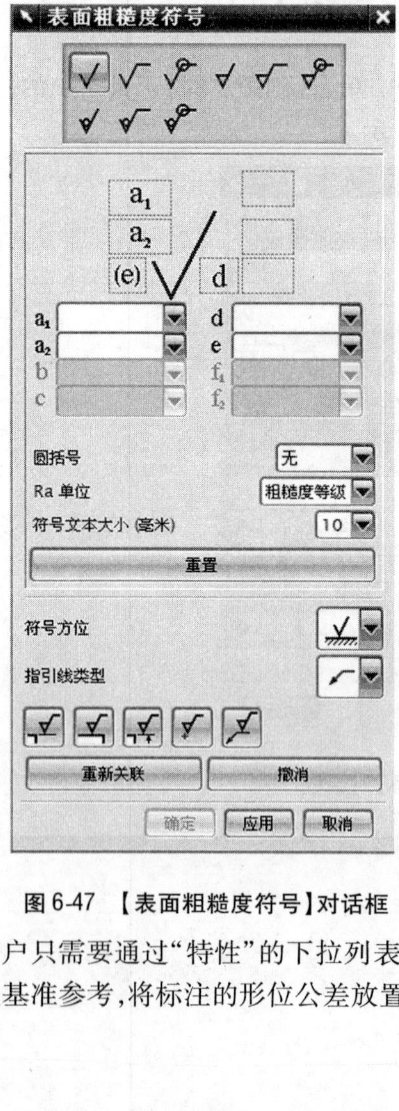

图 6-47 【表面粗糙度符号】对话框

图 6-48 【特征控制框】对话框

用户只需要通过"特性"的下拉列表框选择需要标注的形位公差,然后输入公差值,选择主基准参考,将标注的形位公差放置在相应的位置即可。

【任务实施】

6.6 建立端盖零件的工程图

6.6.1 实施计划和决策

6.6.1.1 分析任务

首先根据端盖的三维模型创建视图,再标注尺寸和公差,最后标注粗糙度和注释。

6.6.1.2 实施计划

方案:建模→创建图框和标题栏→创建基本视图→创建旋转剖视图→标注尺寸→标注公差→标注形位公差符号→标注基准符号→标注表面粗糙度→标注注释,整理视图和标注。

6.6.2 实施步骤和结果

端盖的零件图实施步骤和效果图见表6-1。

表6-1 端盖的零件图实施步骤和效果图

操作步骤	效果图
1. 选择【文件】→【新建】命令,名称为duangai,进入建模界面	
2. 建立端盖零件模型(建模在前面已经详细讲解,在此不再赘述)	
3. 创建A3图纸绘制图框和标题栏:单击菜单【开始】→【制图】按钮,进入制图模式。选择A3,比例1:1。单击【确定】按钮。绘制边框和标题栏:单击菜单【插入】→【曲线】按钮,用直线绘制边框和标题栏	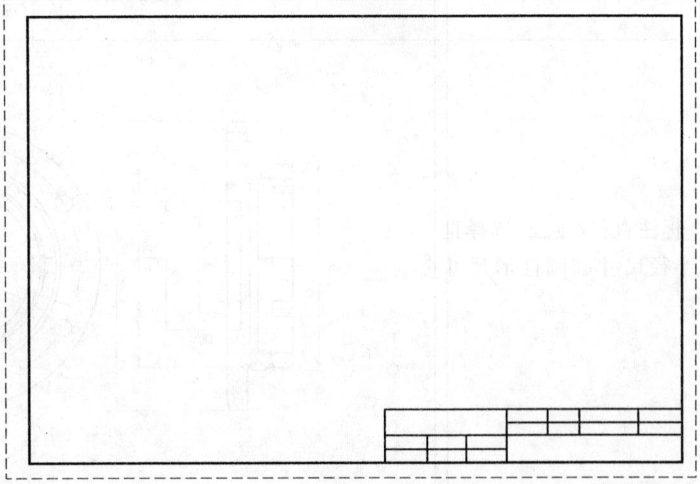

续表 6-1

操作步骤	效果图
4. 单击菜单【插入】→【注释】按钮,在格式化框中输入文字,单击【样式】按钮,修改字符大小、字体和颜色后,放置在合适的位置上	
5. 创建基本视图:单击【基本视图】按钮,将基本视图按照工程图所示放置在规定位置;再单击【旋转剖视图】按钮,选择图示的剖切线方向,在图纸上选择合适位置放置剖视图	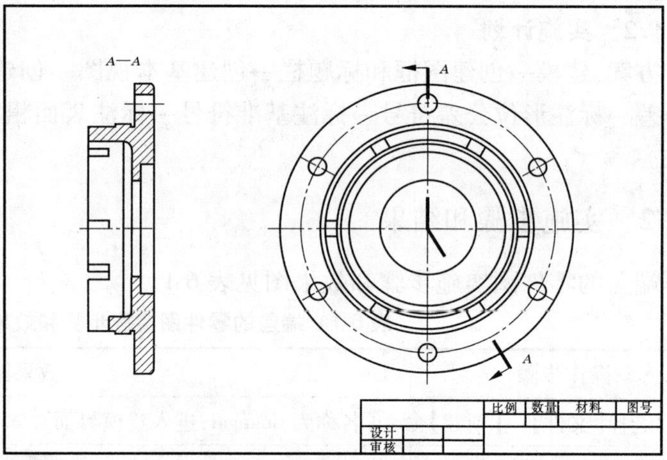
6. 单击菜单【首选项】→【注释】按钮,对尺寸、文字、直线/箭头、符号、单位等选项进行预设置	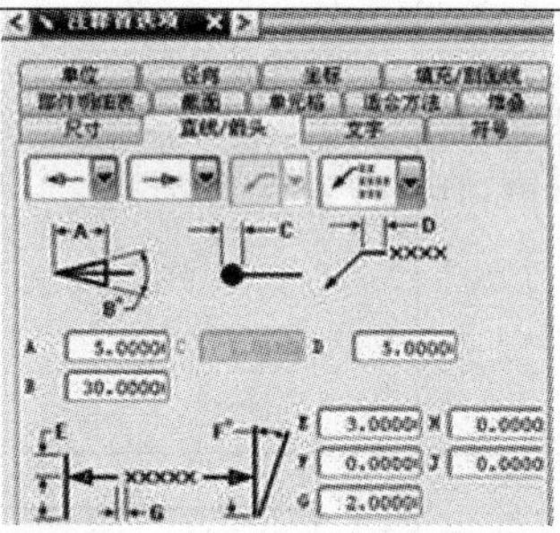
7. 标注直径/半径:选择直径、半径尺寸和圆柱形尺寸标注	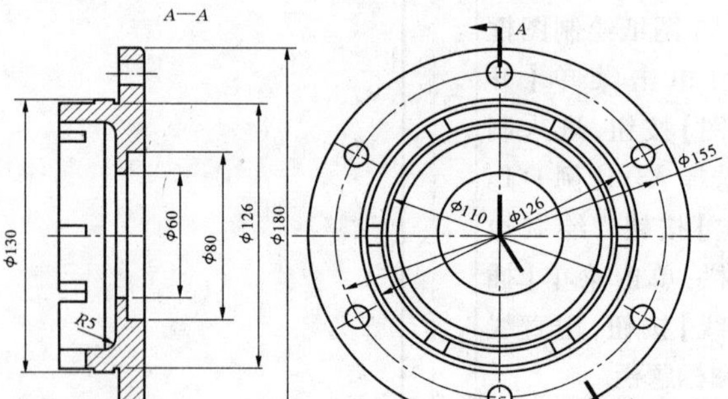

续表 6-1

操作步骤	效果图
8. 标注线性尺寸：单击图标，选择“自动判断”方法，进行线性尺寸标注	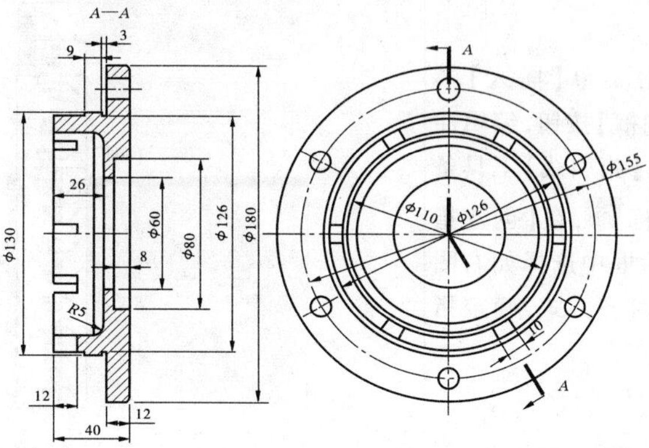
9. 标注公差：选择ϕ 130 尺寸，单击鼠标右键，选择菜单【编辑】命令，选择【双向公差】命令，输入公差值，选择ϕ 80 尺寸，进行同样的操作	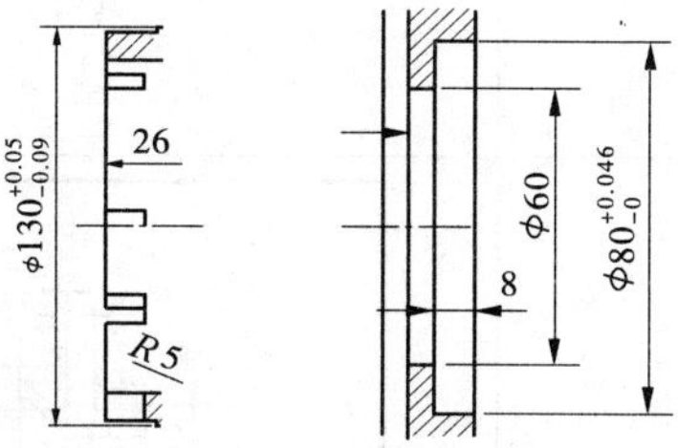
10. 标注形位公差符号：单击菜单【插入】→【特征控制框】按钮，在“特征控制框”中编辑形位公差符号，确定指引线位置	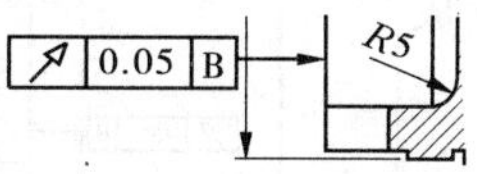
11. 标注基准符号：单击菜单【插入】→【符号】→【标识符号】按钮，选择符号类型，输入文本，确定符号大小以及指引线位置	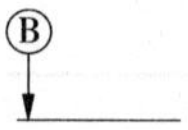
12. 单击菜单【插入】→【符号】→【表面粗糙度符号】按钮，在【表面粗糙度符号】对话框中选择符号类型，输入粗糙度值，选择符号方向及创建方向，确定符号的位置	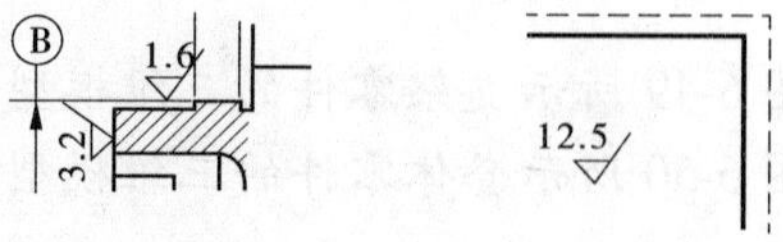

续表 6-1

操作步骤	效果图
13. 单击菜单【插入】→【特征控制框】按钮，编辑注释内容，在【指引线】工具条中单击图标，在【创建指引线】对话框中选择如右图所示文本对齐方式，确定指引线位置	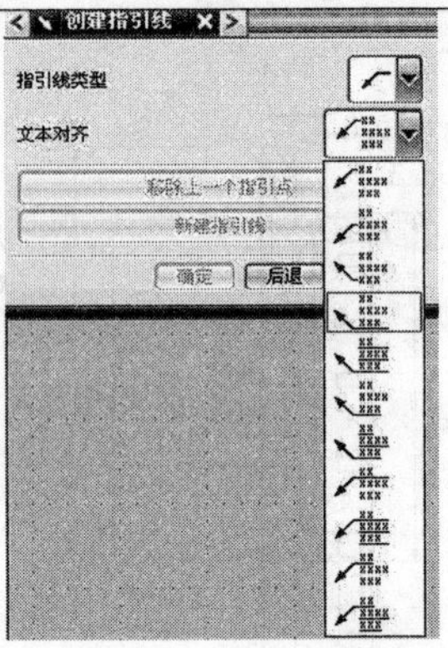 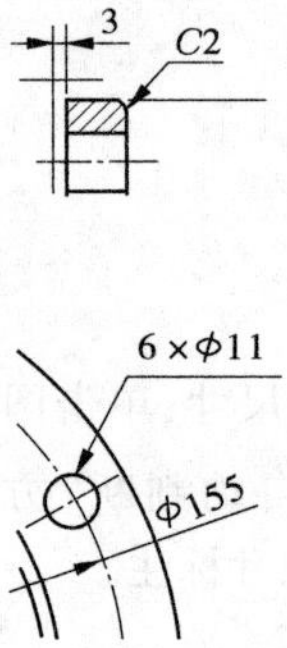
14. 在【注释编辑器】对话框中，选择文本高度，输入文字，确定文字位置	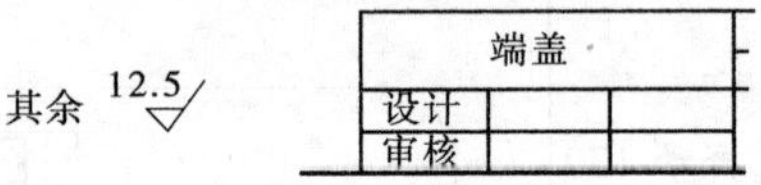
15. 整理视图和标注，完成端盖工程图操作	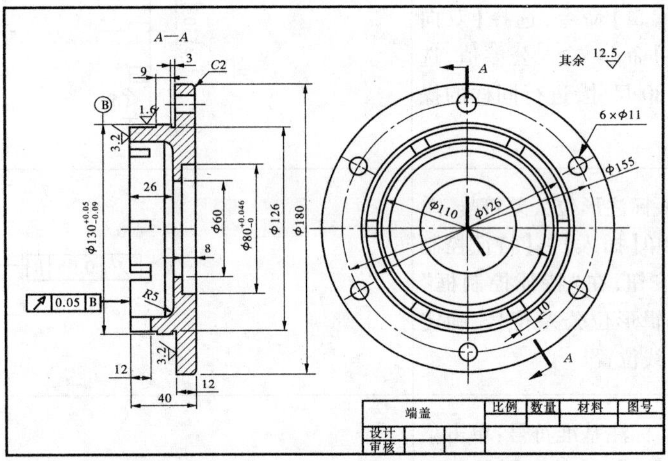

思考与练习

1. 创建如图 6-49 所示支架零件的三维模型，并完成工程图。
2. 创建如图 6-50 所示套体零件的三维模型，并完成工程图。

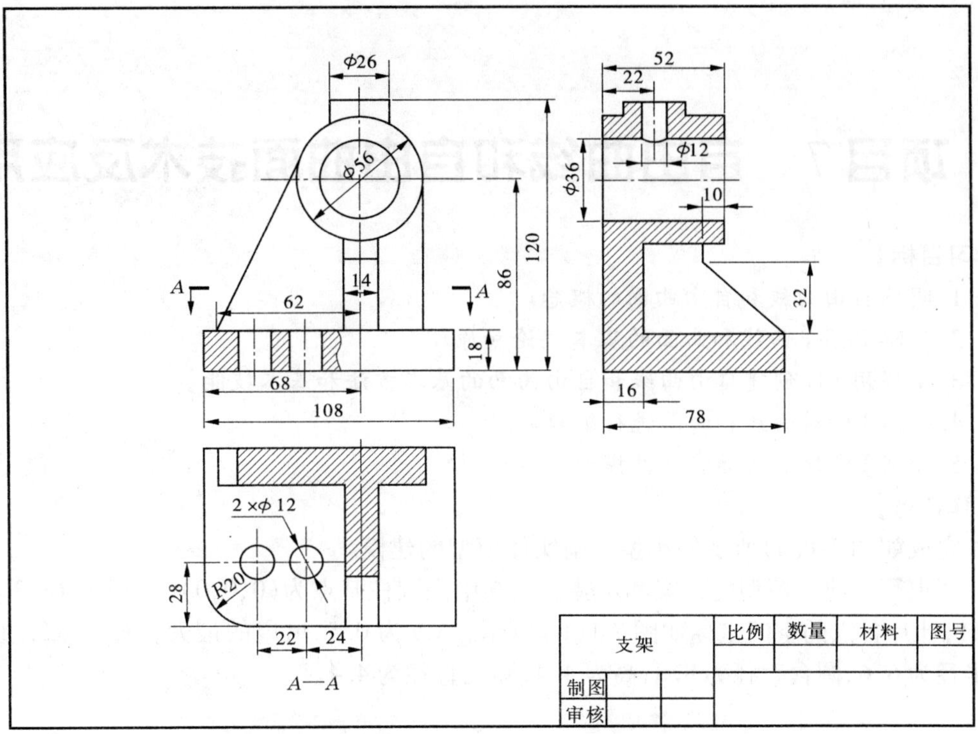

图6-49　支架工程图

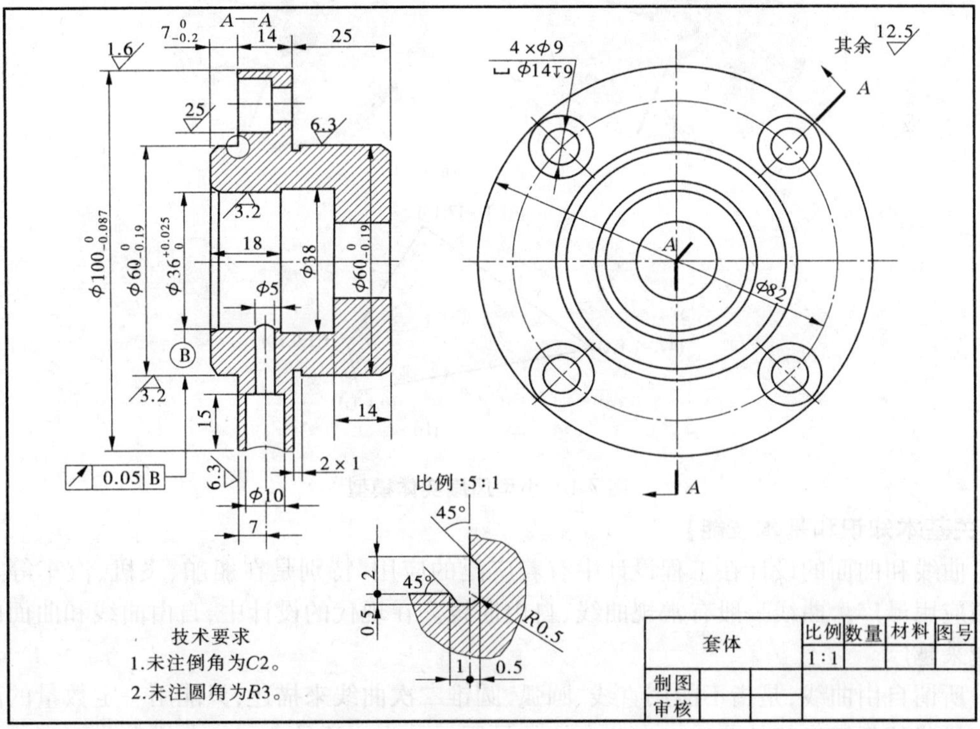

图6-50　套体工程图

项目 7　自由曲线和自由曲面技术及应用

【学习目标】

1. 明确自由曲线和自由曲面的概念。
2. 了解 Bezier 曲线和曲面的基本理论和原理。
3. 掌握用 UG 创建自由曲线和自由曲面的基本方法和基本技能。
4. 会用 UG 对曲线和曲面进行编辑。
5. 能用 UG 建立实际零部件模型。

【工作任务】

完成如图 7-1(a)所示的小型风扇实体模型的建模。

要求写出建立模型的方案和步骤。已知中间圆柱基点为(0,0,0),直径为 13.2,高度为 11,叶片各点的空间坐标如图 7-1(b)所示,厚度为 0.5,风扇的最大直径为 62,边缘倒角半径为 6.6,圆台直径为 8.8,高为 4.4,圆孔直径为 4.4。

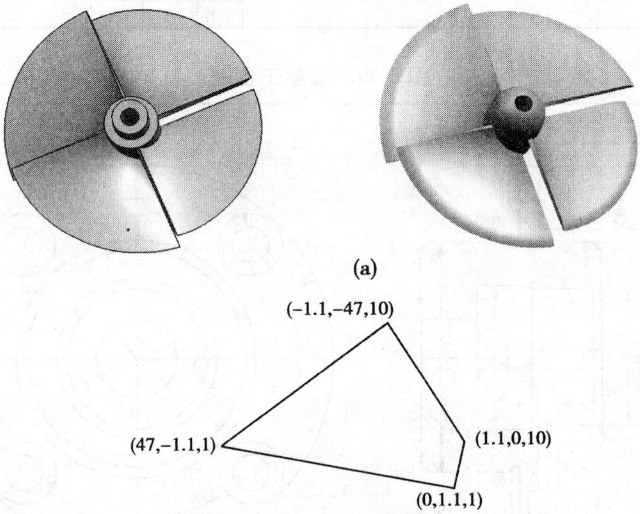

图 7-1　小型风扇实体模型

【相关基本知识和基本技能】

曲线和曲面的设计在工程设计中有着广泛的应用,特别是在船舶、飞机、汽车等工业领域应用最广。曲线一般有常规曲线、自由曲线。在现代的设计中,自由曲线和曲面的应用越来越广。

所谓自由曲线,是指不能用直线、圆弧、圆锥二次曲线来描述,只能用一定数量的离散点来描述的任意形状的曲线。在此介绍的是用得较为广泛的 Bezier 曲线和曲面。

7.1 Bezier 曲线

7.1.1 Bezier 曲线的定义

给定 $n+1$ 个控制点 P_0、P_1、…、P_n，引入伯恩斯坦(Bernstein)基函数，即

$$B_{j,n}(u) = C_n^j u^j (1-u)^{n-j}$$

式中

$$C_n^j = \frac{n!}{j!(n-j)!} \quad (j = 0、1、\cdots、n)$$

$$0 \leqslant u \leqslant 1$$

可以定义一条曲线

$$P(u) = \sum_{j=0}^{u} P_j B_{j,n}(u) \tag{7-1}$$

该曲线被称为 Bezier 曲线，$P_j(j=0、1、\cdots、n)$称为控制点或 Bezier 点。依次连接 $n+1$ 个控制点所形成的空间折线，称为控制多边形。

7.1.2 Bezier 曲线的性质

现以三次 Bezier 曲线为例讨论 Bezier 曲线的性质。对于式(7-1)，令 $n=3$，则由 P_0、P_1、P_2、P_3 四个控制点可构成一条三次 Bezier 曲线，如图 7-2 所示。此时，基函数为

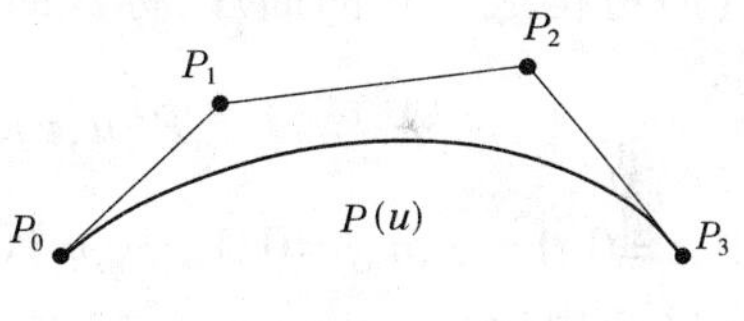

图 7-2 三次 Bezier 曲线

$$B_{j,3}(u) = C_3^j u^j (1-u)^{3-j} \quad (j = 0、1、2、3)$$

即各阶基函数为

$$B_{0,3}(u) = (1-u)^3, B_{1,3}(u) = 3u(1-u)^2$$

$$B_{2,3}(u) = 3u^2(1-u), B_{3,3}(u) = u^3$$

则三次 Bezier 曲线可表示为

$$P(u) = \sum_{j=0}^{3} P_j B_{j,3}(u) = [B_{0,3} \quad B_{1,3} \quad B_{2,3} \quad B_{3,3}][P_0 \quad P_1 \quad P_2 \quad P_3]^{\mathrm{T}}$$

$$= [u^3 \quad u^2 \quad u \quad 1]\begin{bmatrix} -1 & 3 & -3 & 1 \\ 3 & -6 & 3 & 0 \\ -3 & 3 & 0 & 0 \\ 1 & 0 & 0 & 0 \end{bmatrix}\begin{bmatrix} P_0 \\ P_1 \\ P_2 \\ P_3 \end{bmatrix} \tag{7-2}$$

由 Bezier 曲线的定义和伯恩斯坦基函数的性质，三次 Bezier 曲线有如下特点：

(1)曲线过控制点的首末两个端点。将 $u=0$ 和 $u=1$ 代入式(7-2)，有 $P(0)=P_0$，$P(1)=P_3$。

(2)曲线在两端点处相切于控制多边形。通过对 Bezier 曲线的表达式求一阶导数，并分别将 $u=0$ 和 $u=1$ 代入，得

$$P'(0) = 3(P_1 - P_0)$$
$$P'(1) = 3(P_3 - P_2)$$

(3)凸包性。Bezier 曲线不会越出控制多边形顶点 P_0、P_1、P_2、P_3 所形成的凸包(包含所有顶点的最小凸多边形)的范围。

(4)几何不变性。Bezier 曲线的几何特征不随坐标的变化而变化。

(5)可分割性。可将一段 Bezier 曲线在其中某点处分割为两段,每一段仍然为一段新的 Bezier 曲线。因此,Bezier 曲线具有无限可分割性。

前两个特点是 Bezier 曲线的基本性质,为手工绘制 Bezier 曲线提供了方便。

三次 Bezier 曲线通常为一条空间曲线,当控制多边形顶点 P_0、P_1、P_2、P_3 在同一平面上时,则 Bezier 曲线为一平面曲线。当 P_0、P_1、P_2、P_3 在同一直线上时,则 Bezier 曲线退化为一直线段。

7.2 Bezier 曲面

7.2.1 Bezier 曲面定义

利用控制点、基函数生成 Bezier 曲线的方法可以推广生成 Bezier 曲面。给定 $(n+1)\cdot(m+1)$ 个排成网格的控制顶点 $P_{i,j}(i=0、1、\cdots、n, j=0、1、\cdots、m)$,利用基函数 $B_{i,n}(u)$,$B_{j,m}(v)$ 可构成一张曲面片,称该曲面为 $n \times m$ 次 Bezier 曲面。它可描述为

$$P(u,v) = \sum_{i=0}^{n}\sum_{j=0}^{m} P_{i,j}B_{i,n}(u)B_{j,m}(v) \tag{7-3}$$

其中,$i=0、1、\cdots、n, j=0、1、\cdots、m, (u,v) \in [0,1] \times [0,1]$。$B_{i,n}(u)$、$B_{j,m}(v)$ 与 Bezier 曲线的基函数相同。

固定参数 v 对参数 u 而言是一族 Bezier 曲线;固定参数 u 对参数 v 而言是一族 Bezier 曲线。因此,Bezier 曲面是由 Bezier 曲线族交织而构成的曲面。也就是说,可利用 Bezier 曲线的网格来绘制或显示 Bezier 曲面。现以双三次 Bezier 曲面来说明,如图 7-3 所示。令 $n=m=3$,则式(7-3)可表示为

$$\begin{aligned} P(u,v) &= \sum_{i=0}^{3}\sum_{j=0}^{3} P_{i,j}B_{i,3}(u)B_{j,3}(v) \\ &= [(1-u)^3 \quad 3(1-u)^2u \quad 3(1-u)u^2 \quad u^3] \cdot \\ &\quad B[(1-v)^3 \quad 3(1-v)^2v \quad 3(1-v)v^2 \quad v^3]^{\mathrm{T}} \end{aligned}$$

即
$$P(u,v) = UMBM^{\mathrm{T}}V^{\mathrm{T}}$$

$$M = \begin{bmatrix} -1 & 3 & -3 & 1 \\ 3 & -6 & 3 & 0 \\ -3 & 3 & 0 & 0 \\ 1 & 0 & 0 & 0 \end{bmatrix}, B = \begin{bmatrix} P_{0,0} & P_{0,1} & P_{0,2} & P_{0,3} \\ P_{1,0} & P_{1,1} & P_{1,2} & P_{1,3} \\ P_{2,0} & P_{2,1} & P_{2,2} & P_{2,3} \\ P_{3,0} & P_{3,1} & P_{3,2} & P_{3,3} \end{bmatrix}$$

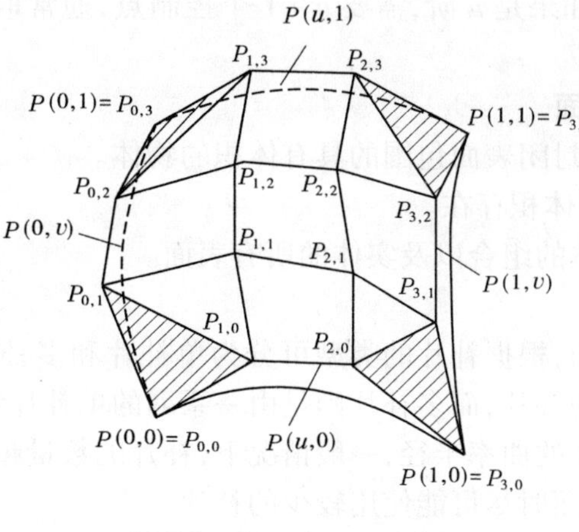

图 7-3 双三次 Bezier 曲面

$$U = [u^3 \quad u^2 \quad u \quad 1]^T, V = [v^3 \quad v^2 \quad v \quad 1]^T$$

当 $j \neq 0$ 时，$B_{j,3}(0)=0$；当 $j \neq 3$ 时，$B_{j,3}(1)=0$。

此时，令 $v=0$，则有

$$P(u,0) = \sum_{i=0}^{3} P_{i,0} B_{i,3}(u)$$

上式表明，$P_{i,0}(i=0、1、2、3)$恰好是 $P(u,0)$ 的 4 个控制顶点。再令 $v=1$，则有

$$P(u,1) = \sum_{i=0}^{3} P_{i,3} B_{i,3}(u)$$

即 $P_{i,3}(i=0、1、2、3)$也是 $P(u,1)$ 的 4 个控制顶点。同理，$P_{0,j}(j=0、1、2、3)$是 $P(0,v)$ 的 4 个控制顶点，$P_{3,j}(j=0、1、2、3)$是 $P(1,v)$ 的 4 个控制顶点，而其余的 $P_{i,j}$ 并不是 $P(u,v_0)$ 或 $P(u_0,v)$（其中，$u_0、v_0 \in (0,1)$，为常数）的控制顶点。

7.2.2 Bezier 曲面的特点

进一步地分析，4 个控制顶点 $P_{0,0}、P_{0,3}、P_{3,0}、P_{3,3}$ 与 Bezier 曲面的 4 个角点 $P(0,0)$、$P(0,1)$、$P(1,0)$、$P(1,1)$ 重合，并且在该点处保持相切，这与 Bezier 曲线具有一样的特点。此外，Bezier 曲面具有与 Bezier 曲线相似的特点，如凸包性、几何不变性、可分割性等。

工程上常用的曲面还有 B 样条曲面、Coons 曲面。近年来，非均匀有理 B 样条（NURBS）技术也引起了人们的普遍关注，并且在越来越多的 CAD/CAM 系统中得到应用。

7.3 曲面建模的一些基本概念及原则

7.3.1 曲面建模的基本概念

7.3.1.1 曲面的阶次

曲面的两个方向，即 U 方向和 V 方向描述片体参数曲线的多项式的幂次，UG 规定片

体的阶次取值为 1 ~ 24，如果是 n 阶，需要 $n+1$ 个控制点，通常取 3，阶次越高，曲面偏离极点越远，后续操作越慢。

7.3.1.2　实体、片体、曲面

实体：具有厚度并由封闭表面包围的具有体积的物体。

片体：厚度为 0，没有体积存在。

曲面：任何片体、片体的组合以及实体的所有表面。

7.3.1.3　补片类型

片体是由补片构成的，根据补片的类型可分为单补片和多补片。单补片是指所建立的片体只包含一个单一的补片，而多补片则是由一系列的单补片组成的。补片越多，越能在更小的范围内控制片体的曲率半径，一般情况下，补片的数量越少，曲面越光滑。因此，从加工角度上讲，创建曲面时尽可能使用较少的补片。

7.3.1.4　曲面公差

距离公差：构造的曲面与数学表达的理论曲面在对应点所允许的最大距离误差。

角度公差：构造的曲面与数学表达的理论曲面在对应点所允许的最大角度误差。

7.3.1.5　栅格线

在创建曲面时，一般先预设置。单击菜单【首选项】→【建模】按钮，在线框显示模式下，控制曲面内部是否以线条显示，以区别是曲面还是曲线。曲面内部曲线的条数可用 U、V 方向的显示条数来控制。如图 7-4(a) 所示的线框，不能看出是 1 个曲面还是 4 条曲线，而图 7-4(b) 所示的，则可明显看出是 1 个曲面。如果在建模首选项中没有设定，可以在曲面构造完成后，单击菜单【编辑】→【对象显示】按钮，选择需编辑的曲面，单击【确定】按钮，在如图 7-4 所示的对话框中设置 U、V 数值即可。

7.3.1.6　曲面类型

根据创建曲面的方法不同，可分为以下几类：

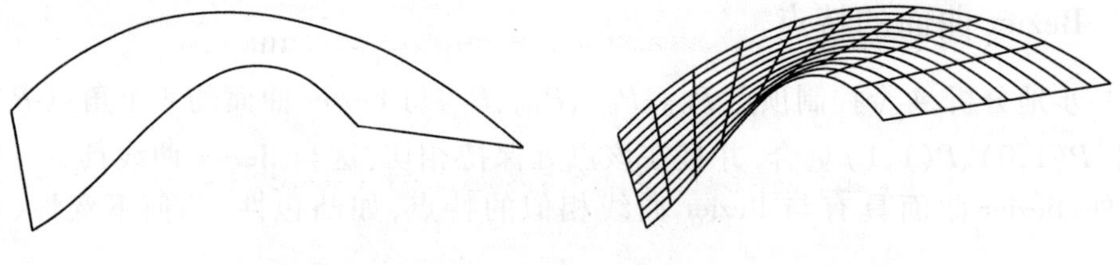

(a)无网格的曲面　　(b)有网格的曲面

图 7-4　曲面的显示

(1) 基于点的曲面：主要采用通过点、从极点、从点云来创建曲面。

(2) 基于曲线的曲面：主要采用直纹、通过曲线组、通过曲线网络、扫掠和截面体来创建曲面。

(3) 基于片体的曲面：主要采用延伸片体、桥接片体、增厚片体、面圆角、软圆角、偏置曲面等来创建曲面。

7.3.2 曲面建模的一般原则

(1)用于构造曲面的曲线尽可能简单,曲线阶次一般小于3。

(2)用于构造曲面的曲线要保证光顺连续,避免产生尖角、交叉和重叠。

(3)曲面的曲率半径应尽可能大。

(4)避免构造非参数化特征。

(5)如果有测量的数据点,建议可先生成曲线,再利用曲线构造曲面。

设计薄壳零件时,尽可能修剪实体,再用抽壳的方法进行创建。面之间的圆角过渡尽可能在实体上进行操作。

(6)内圆角半径应略大于标准刀具半径,以方便加工。

7.3.3 自由曲面的相关工具栏

在UG软件曲面设计模块中,主要包含常规曲面设计、自由曲面设计和曲面编辑等功能。各类有关曲面的工具栏如图7-5~图7-7所示。

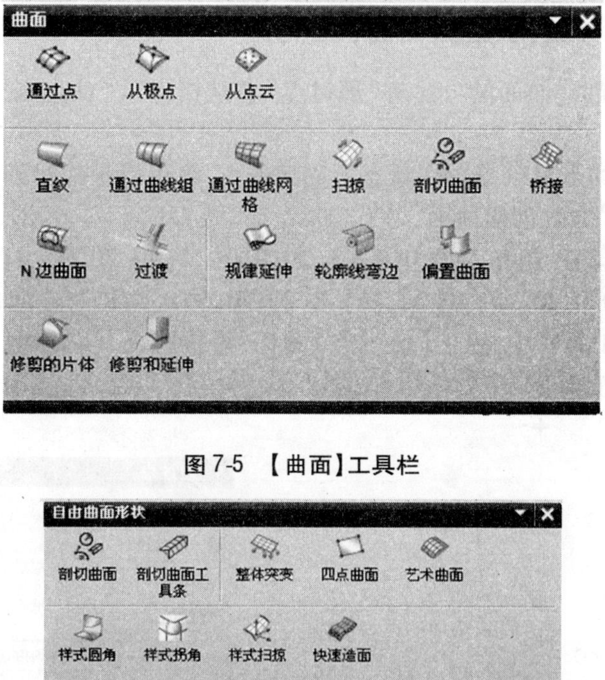

图7-5 【曲面】工具栏

图7-6 【自由曲面形状】工具栏

图 7-7 【编辑曲面】工具栏

7.4　自由曲面的构造方法

通常根据产品外形建立曲面的边界曲线，再通过各种命令（比如扫掠）来创建曲面。常用“通过点”方式、“通过曲线”方式、“通过曲面”方式来创建曲面。为了保证曲面的参数化特征，保证其关联性以有利于编辑，在构造曲面时尽可能采用草图来生成曲面的曲线。

7.4.1　“通过点”方式创建自由曲面

“通过点”方式创建曲面的方法有“通过点”、“从极点”、“从点云”，对应图标见图 7-5 中的前三个。

用来创建曲面的点可以是草图状态下创建的点，也可以是临时创建的点。

7.4.1.1　“通过点”方式创建曲面

先建立两组点，第一组是 1(0,0,0)、2(20,0,0)、3(40,20,0)、4(20,20,10)，第二组是 5(0,0,20)、6(20,0,20)、7(40,20,40)、8(20,20,60)，共 8 个点，如图 7-8 所示。

(1)在【曲面】工具栏中，点击【通过点】图标，系统打开其对话框，输入图 7-9 中的参数，点击【确定】按钮。

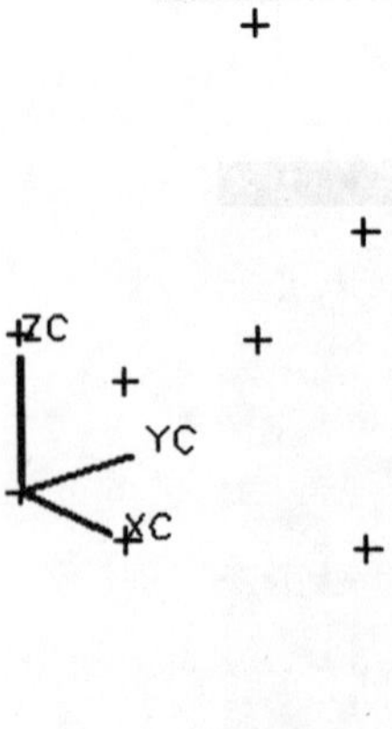

图 7-8　现有的点

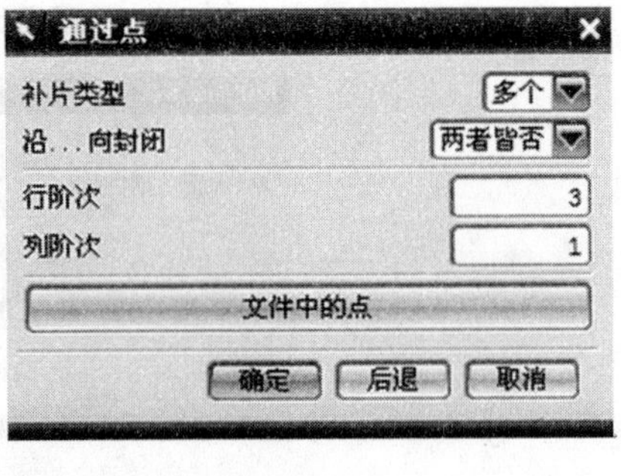

图 7-9　【通过点】对话框

(2)弹出【过点】对话框，单击图 7-10 中的【点构造器】按钮。

(3)弹出【点】对话框，在“类型”下拉列表中选择“现有点”，如图 7-11 所示。

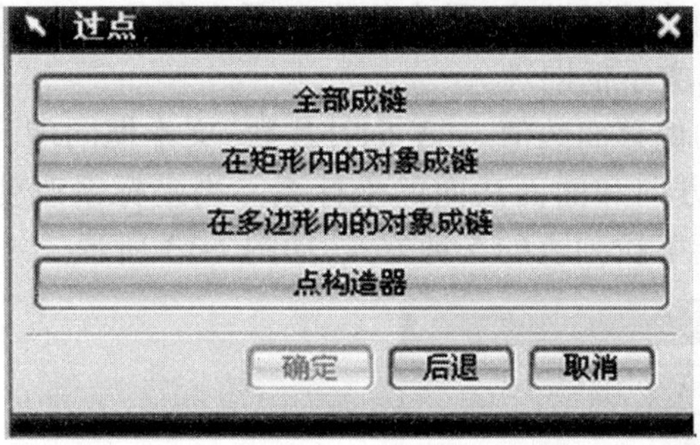

图 7-10 【过点】对话框

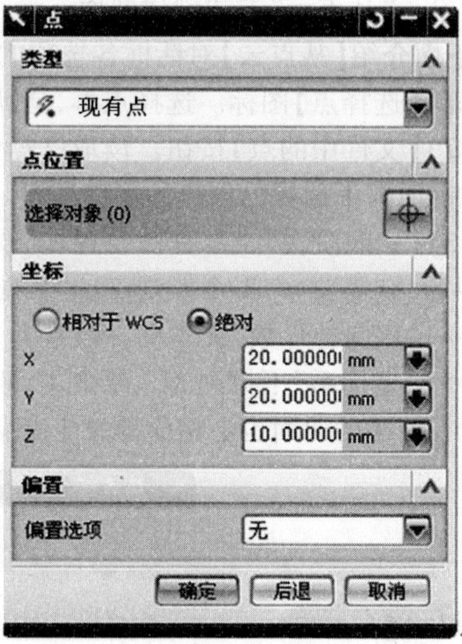

图 7-11 【点】对话框

(4)依次选择 1、2、3、4 点,单击【确定】按钮,弹出【指定点】对话框,单击【是】按钮。

(5)弹出【点】对话框,重复步骤(4),依次选择 5、6、7、8 点,单击【确定】按钮,弹出【指定点】对话框,单击【是】按钮。

(6)弹出【过点】对话框,单击【所有指定的点】按钮。生成曲面如图 7-12(a)所示。

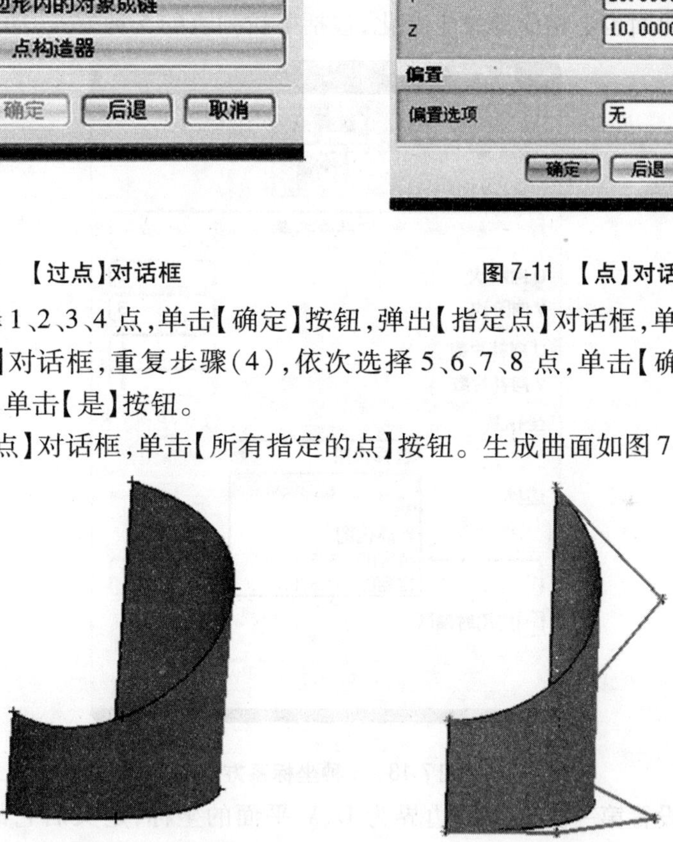

(a)“通过点”方式创建曲面效果图　　(b)“从极点”方式创建曲面效果图

图 7-12 曲面效果图

7.4.1.2 “从极点”方式创建曲面

选择菜单【插入】→【曲面】→【从极点】命令或单击【曲面】工具栏中的图标,弹出【从极点】对话框。然后,依照“通过点”方式的步骤做下去。

图 7-12(b)就是上面例子做出的效果。

由于两种命令具有不同的计算法,对于同样的点将产生不同的形状。

7.4.1.3 “从点云”方式创建曲面

下面介绍【从点云】对话框各选项的含义：

(1)【选择点】图标。选择点群，是默认方式。

(2)【文件中的点】按钮。读取已经创建的点。单击该按钮后将打开选择文件的对话框，在对话框中选择已创建的文件即可。

(3)“U 向阶次”文本框。设置 U 方向的创建面的阶次，最小值为 1，最大值为 24。若阶次为 n，则需要 $n+1$ 个控制点。“V 向阶次”文本框同理。

(4)“U 向补片数”文本框。设置 U 方向的偏移面数值。“V 向补片数”文本框同理。

(5)“坐标系”下拉列表。改变 U、V 向量方向和曲面法向的坐标系。当坐标系改变后，所有创建的曲面也会相应地发生变化，包括下拉列表的 5 种方式，如图 7-13 所示。

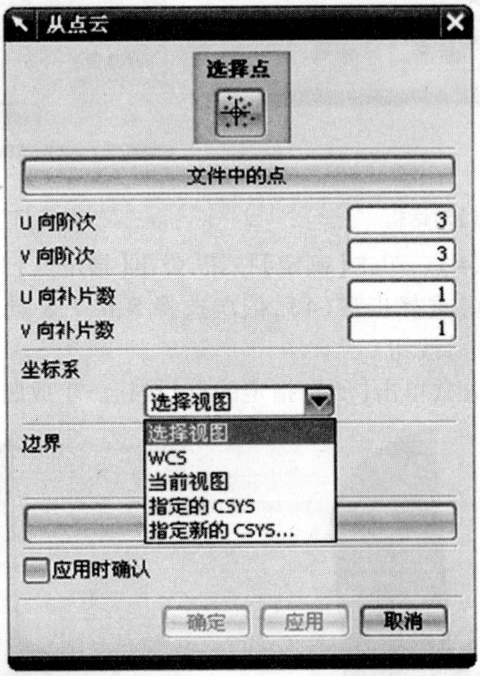

图 7-13 5 种坐标系方式

选择视图：设置第一次定义的边界为 U、V 平面的坐标，定义后它的 U、V 平面即固定，当旋转视图后，其 U、V 平面仍为第一次定义的坐标平面。

WCS：把当前工作坐标系作为方位坐标系。

当前视图：将当前的视角作为 U、V 平面的坐标，该选择项与工作坐标系无关。

指定的 CSYS：将以前创建的坐标系作为方位坐标系。

指定新的 CSYS：利用坐标系功能定义一个新的坐标系作为方位坐标系。

(6)边界。设置选择点时方框的大小，包括以下三个选项：

最小包围盒：系统默认最小矩形。

指定边界：用鼠标或用选取框选择边界。

指定新的边界：定义新的边界。

(7)【重置】按钮。重新设置【从点云】对话框中的参数。

(8)【应用时确认】复选框。选中该复选框,在创建完曲面后会出现检查曲面的选项。

实例:利用已知的一群点,创建一个 U 向阶次和 V 向阶次均为 3 的曲面。

先建立一群点(控制点为 4×4=16 个),1(0,0,0)、2(10,0,0)、3(20,0,0)、4(30,0,0)、5(0,10,0)、6(0,20,0)、7(0,30,0)、8(0,0,10)、9(0,0,20)、10(0,0,30)、11(10,10,0)、12(10,10,10)、13(10,10,20)、14(10,10,30)、15(20,10,10)、16(20,10,30)。

(1)点击【曲面】工具栏中的【从点云】图标,系统弹出【从点云】对话框。

(2)在对话框中输入和点选结果如图 7-14 所示。

(3)选择先前建立的点,单击【确定】按钮。

(4)弹出【拟合信息】对话框,单击【确定】按钮,得出如图 7-15 所示的结果。

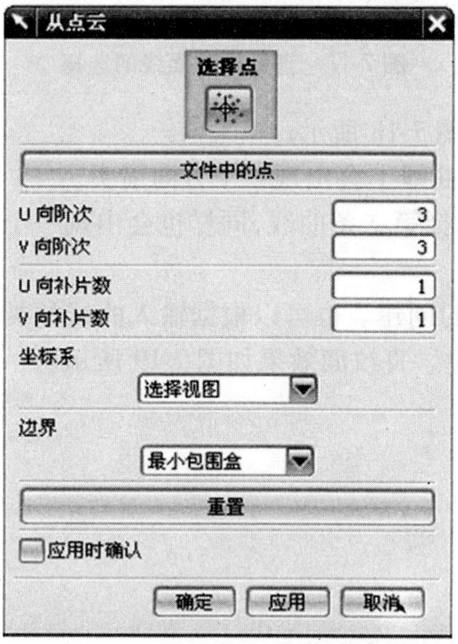

图 7-14 【从点云】对话框

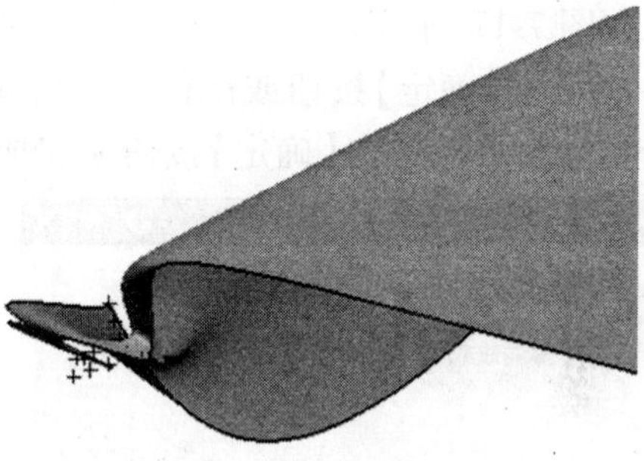

图 7-15 "从点云"方式创建曲面效果图

提示:选择的坐标方式不同,得出的曲面效果也会不同。

7.4.2 "通过曲线"方式创建自由曲面

工程上用曲线构造曲面已很广泛。如飞机机翼、机身的构造,先将原始数据的若干点生成样条曲线,再用曲线构造成曲面,最后进行编辑,即得所需曲面。

如图 7-16 所示,利用曲线构造曲面的方法主要有:

(1)输入一个方向的曲线:直纹、通过曲线组。

(2)输入两个方向的曲线:通过曲线网格、扫掠。

这里所指的曲线可以是曲线、片体的边界、实体表面的边、多边形的边。

7.4.2.1 直纹

直纹是指通过两条截面线而生成直纹片体或实体。其中,第一条截面线可以是直线、光滑的曲线，也可以是点。每一条曲线可以是单段的，也可以是由多段组成的。

先画两条样条线，如图 7-17 所示。

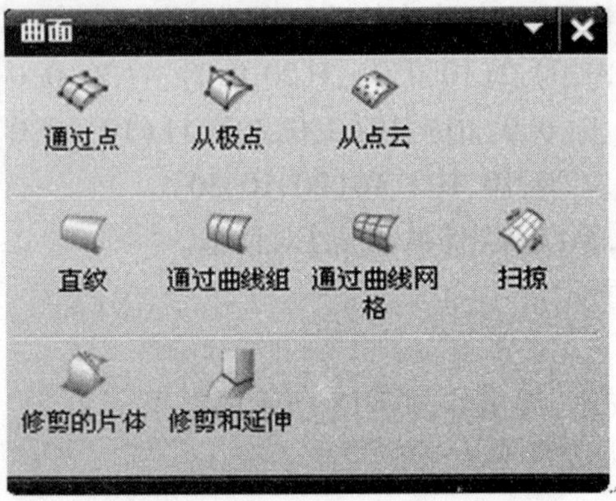

图 7-16　利用曲线构造曲面的方法

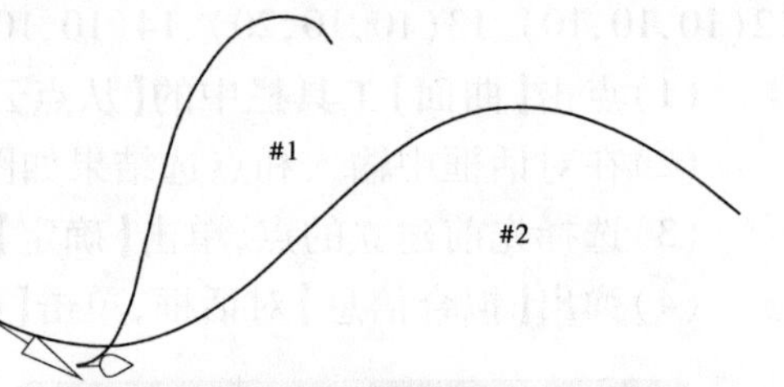

图 7-17　直纹面截面线的选择

(1)单击【直纹】图标，弹出【直纹】对话框，如图 7-18 所示。

(2)根据选择步骤选择第一条曲线，在第一条曲线上会出现一个方向箭头。

(3)单击鼠标中键完成第一条曲线的选择，选择第二条曲线，同样也会出现一个方向箭头，如图 7-17 所示。

(4)单击【确定】按钮或鼠标中键可完成曲面的创建。也可以根据输入曲线的类型选择对齐方式，然后单击【确定】按钮来完成曲面创建。直纹面效果如图 7-19 所示。

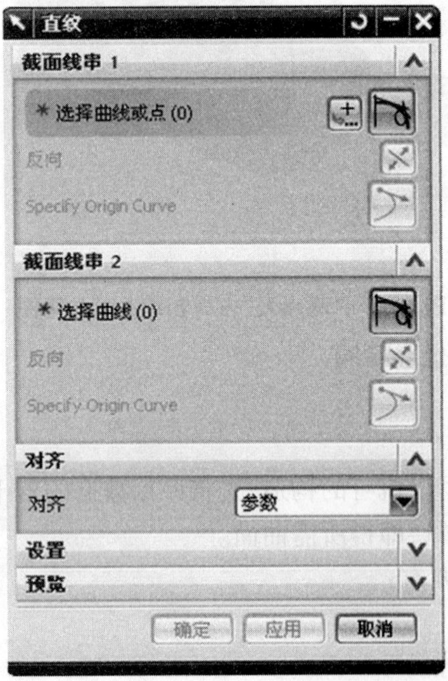

图 7-18　【直纹】对话框

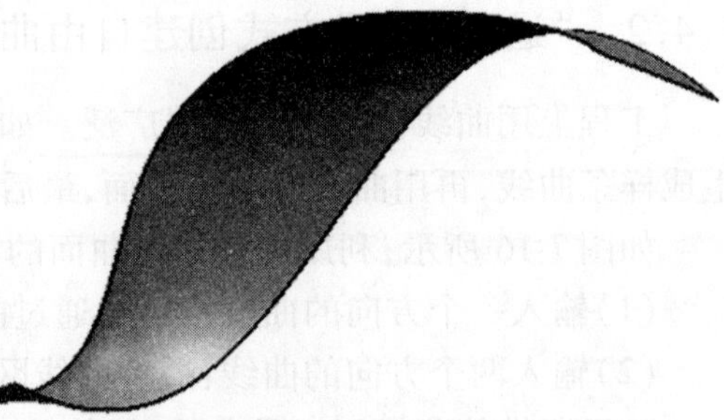

图 7-19　直纹面效果

注意：第二条曲线的箭头方向应与第一条曲线的箭头方向一致，否则会导致扭曲。

7.4.2.2 通过曲线组

先画一组曲线，见图 7-20 中的 Section1、Section2、Section3、Section4、Section5。

(1)单击【通过曲线组】图标，弹出对话框如图 7-21 所示。

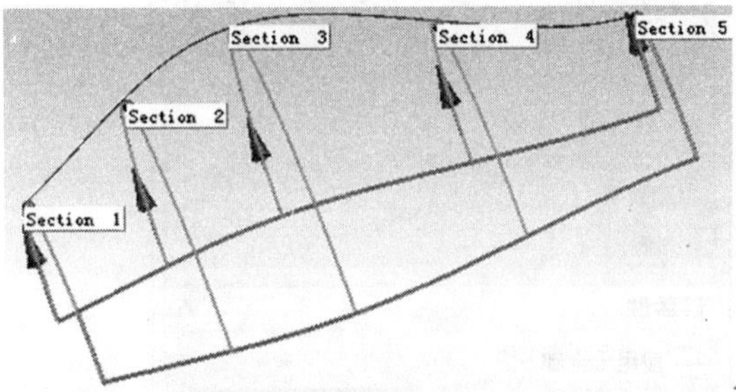

图 7-20 选择截面线串

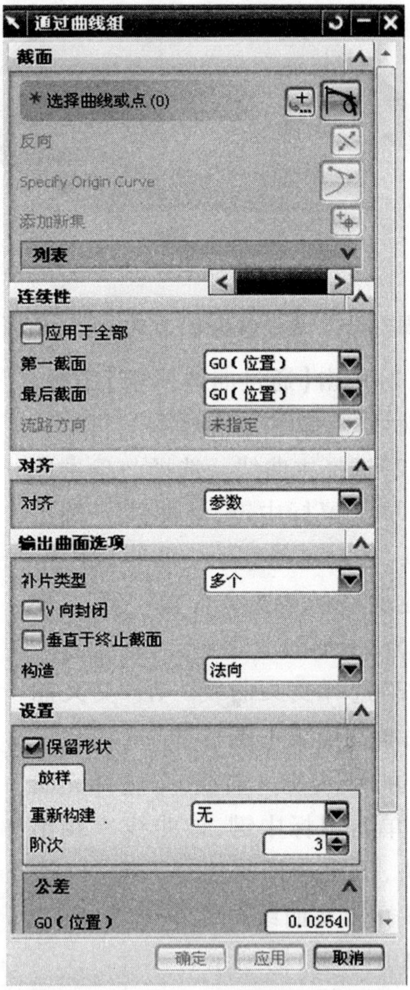

图 7-21 【通过曲线组】对话框

(2)依次选择每一条曲线（每选完一条曲线串，单击鼠标中键，该曲线一端出现箭头，注意各曲线箭头方向应一致），完成所有曲线的选择，如图 7-20 所示。

(3)在“调整”选项中选择“参数”。

(4)在“设置”选项中 V 向阶次为 3。

(5)单击【确定】按钮，得到如图 7-22 所示的曲面。

7.4.2.3 通过曲线网格

“通过曲线网格”方式是使用两个方向的曲线来构造曲面的。其中，一个方向的曲线称为主曲线，另一个方向的曲线称为交叉曲线。其生成的曲面是双三次，即 U、V 方向都是三次。

由于曲线是两个方向的,构造的曲面不能保证完全通过两个方向的曲线,因此选择一条曲线为主曲线,另一方向的曲线可能存在一定的误差。

先画一曲线网格,如图 7-23 所示。

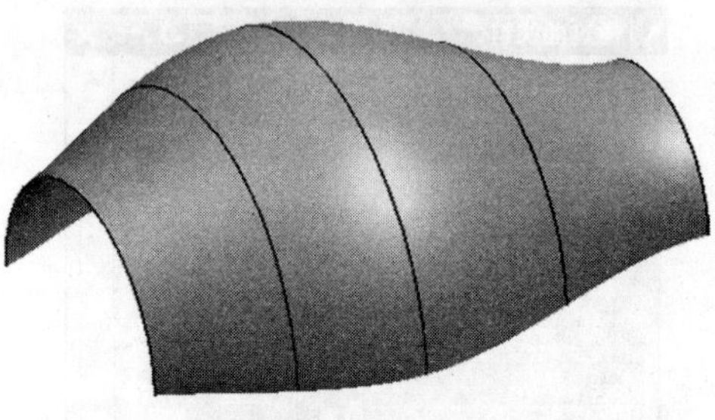

图 7-22 "通过曲线组"方式构造的曲面

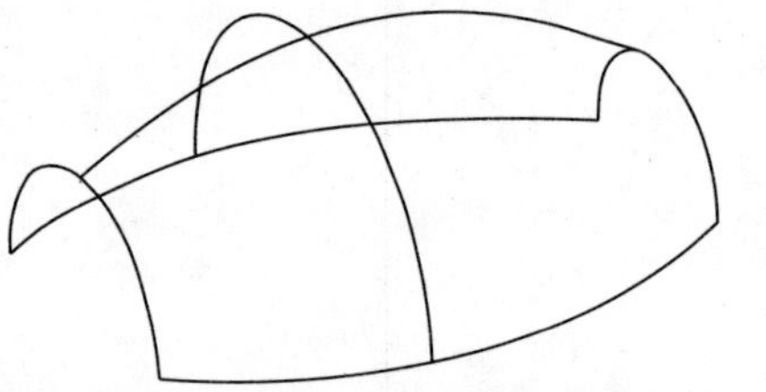

图 7-23 已知曲线网格

(1)单击【通过曲线网格】图标,弹出对话框,如图 7-24 所示。

(2)选择主曲线。选择一条主曲线后,单击鼠标中键,该曲线一端出现箭头,依次选择其他主曲线(注意:每条主曲线的箭头方向应一致),如图 7-25(a)所示。

(3)选择交叉曲线。在"交叉曲线"选项组中单击图标,选择另一方向的曲线为交叉曲线,每选择完曲线后,单击鼠标中键,该曲线一端出现箭头,依次选择其他交叉曲线(注意:每条交叉曲线的箭头方向应一致),如图 7-25(b)所示。

(4)在"输出曲面选项"中选择"强调方法",然后单击【确定】按钮,生成如图 7-26所示的曲面。

注意:当曲面由三条曲线构成时,可将点作为第一条截面线或最后一条截面线,其余两条为交叉曲线,如图 7-27 所示。创建的曲面如图 7-28 所示。

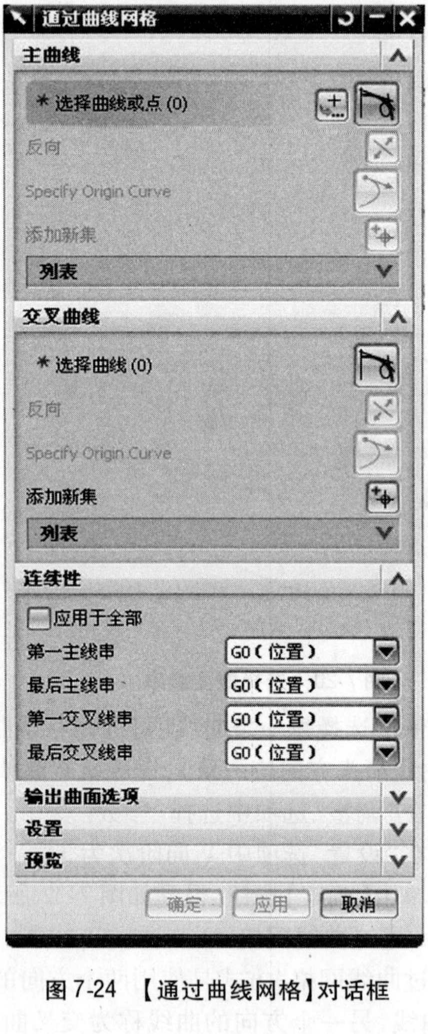

图 7-24 【通过曲线网格】对话框

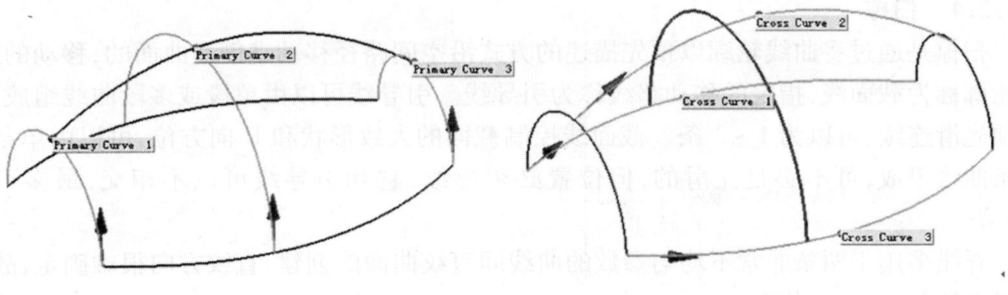

(a) (b)

图 7-25 选择主曲线和交叉曲线

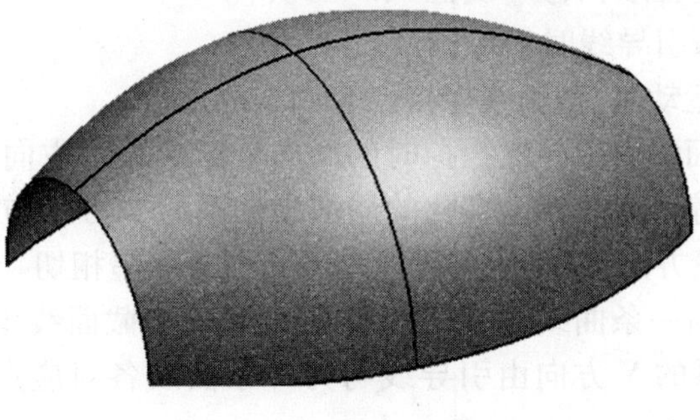

图 7-26 “通过曲线网格”方式生成的曲面

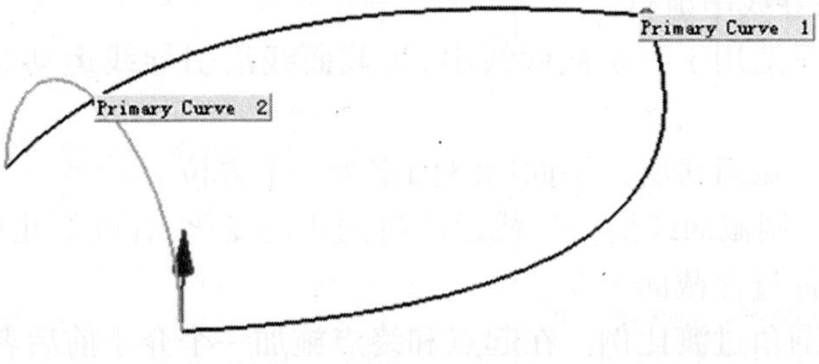

图 7-27 点作为第一条截面线串

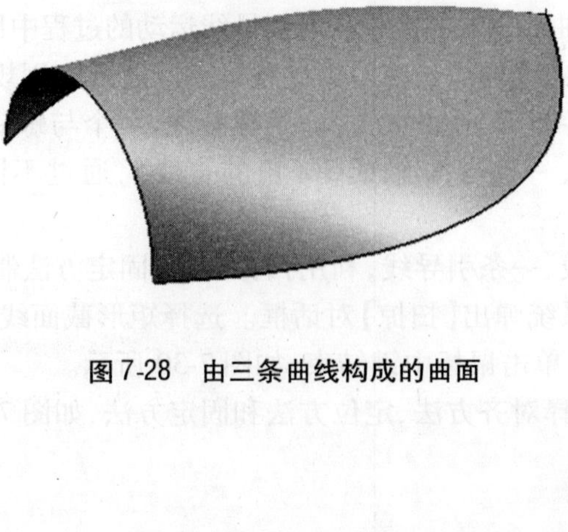

图 7-28 由三条曲线构成的曲面

7.4.2.4　扫掠

扫掠是通过将曲线轮廓以预先描述的方式沿空间路径移动来创建曲面的，移动的曲线轮廓称为截面线，指定的移动路线称为引导线。引导线可以由单段或多段曲线组成，但必须光滑连续，可以为 1 ~ 3 条。截面线控制截面的大致形状和 U 向方位，可以由单条或多条曲线组成，可不必是光滑的，但位置必须连续，它和引导线可以不相交，最多可选 400 条。

脊线多用于两条非常不均匀参数的曲线间直纹曲面的创建，直纹方向很难确定，故由脊线来控制方位、形状。

当截面线多于一条时，必须指定介于截面线间的插值方法，用于确定扫掠时在两组截面线串之间扫掠体的过渡形状，分“线性”和“三次”。

方位控制用于一条引导线时扫掠，有以下几种：

(1) 固定：截面线运动时，截面线保持一个固定的方位。

(2) 面的法向：截面线沿引导线扫掠时的局部坐标系的 Y 方向与选择的面法向相同。

(3) 矢量方向：扫掠时截面线串变化的局部坐标系的 Y 方向与选择矢量方向相同，使用者必须定义一个矢量方向，而且此矢量决不能与引导线串相切。

(4) 另一曲线：用另一条曲线或实(片)体的边来控制截面线串的方位。扫掠时截面线串变化的局部坐标系的 Y 方向由引导线与另一条曲线各对应点之间的连续的方向来控制。

(5) 一个点：仅适用于扫掠三边扫掠体的情况，截面线串的一个端点占据一个固定的位置，另一端点沿引导线串滑行。

(6) 角度规律：只适用于一条截面线串，当截面线沿引导线运动时，用规律曲线控制方位。

(7) 强制方向：交截面线所在平面始终固定为一个方位。

缩放方法用于控制截面线沿引导线运动时的比例变化，有以下几种：

(1) 恒定的：扫掠过程截面不变。

(2) 倒圆函数：圆角过渡比例。在起点和终点施加一个介于前后者之间的比例。

(3) 另一曲线：同方位控制中的另一曲线。

(4) 一个点：与另一曲线方法类似。

(5) 面积规律：截面曲线围成的面积在沿引导线运动的过程中用规律曲线来控制大小。

(6) 周长规律：截面曲线的周长在沿引导线运动的过程中用规律曲线来控制长短。

实例：先绘制如图 7-29 所示的曲线(一条螺旋线、一个与螺旋线端面垂直的矩形面、一条沿 Z 轴方向的直线、一条与 X 轴成 30°角的直线)，通过不同形式的扫掠来创建曲面体。

(1) 已知一条截面线、一条引导线，利用扫掠方法、固定方法制作弹簧。

单击【扫掠】图标，系统弹出【扫掠】对话框。选择矩形截面线串，单击鼠标中键结束。选择螺旋线为引导线串，单击鼠标中键结束，如图 7-30 所示。

在“截面选项”中选择对齐方法、定位方法和固定方法，如图 7-31 所示。

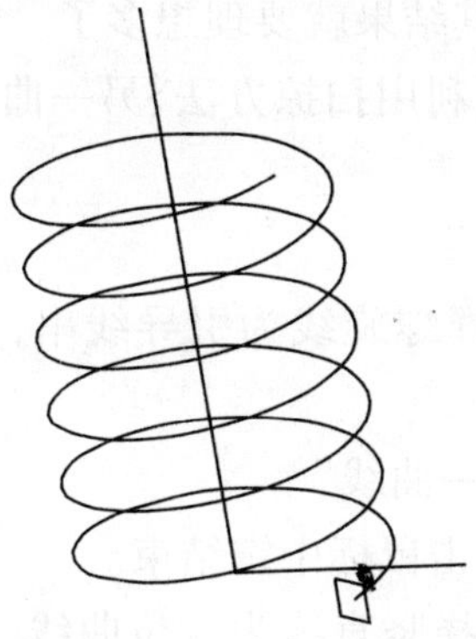

图7-29 创建曲面的已知曲线

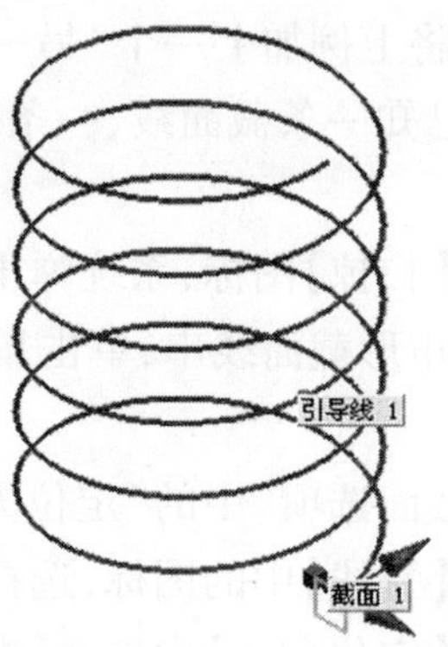

图7-30 选择截面线和引导线

单击【确定】按钮,得到如图7-32所示的弹簧。

图7-31 各项选择

图7-32 扫掠结果1

如果将上例加上一个“另一曲线”方向控制，其结果就要理想多了。

(2)已知一条截面线、一条引导线、一条脊线，利用扫掠方法、另一曲线方位控制来制作弹簧。

单击【扫掠】图标，系统弹出【扫掠】对话框。

选择矩形截面线串，单击鼠标中键结束。选择螺旋线为引导线串，单击鼠标中键结束。

在“截面选项”中的“定位方法”选择“选择另一曲线”。

单击【脊线】中的图标，选择竖直线为脊线，单击鼠标中键结束。

单击【定位方法】中选择【曲线选项】图标，选择竖直线为方位曲线，单击鼠标中键完成选择。如图 7-33 所示。

单击【确定】按钮，结果如图 7-34 所示。

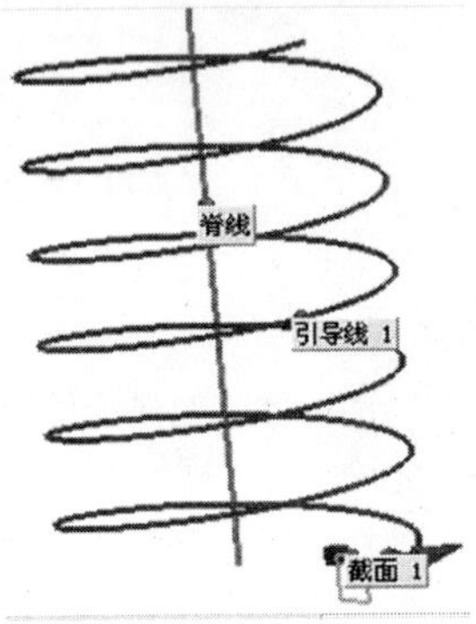

图 7-33　选择截面线、引导线、脊线、方位曲线

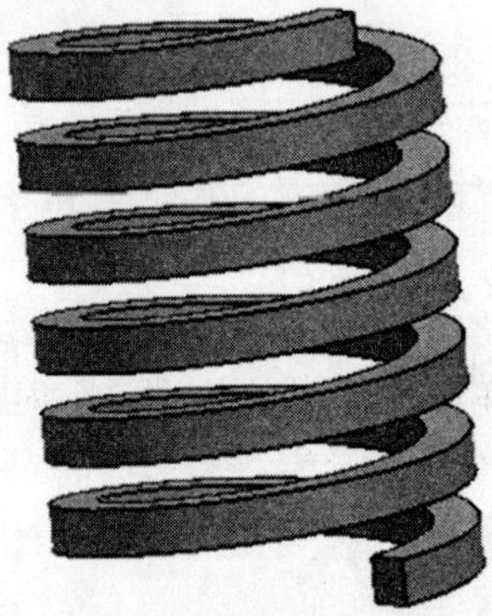

图 7-34　扫掠结果 2

(3)已知一条截面线、一条引导线、一条脊线，利用扫掠方法、另一曲线方位控制、面积规律比例方式制作弹簧。

单击【扫掠】，系统弹出【扫掠】对话框。

选择矩形截面线串，单击鼠标中键结束。选择螺旋线为引导线串，单击鼠标中键结束。

在“截面选项”中的“定位方法”选择“选择另一曲线”。“缩放方法”中的“缩放”选择“面积规律”，“规律类型”选项选择“根据规律曲线”。

单击“规律类型”中的【选择曲线】按钮，选择图中 30°斜线，单击鼠标中键。

单击“脊线”选项中的图标，选择竖直线为脊线，单击鼠标中键。

单击“定位方法”中的【选择曲线】按钮，选取图中和 x 轴成 30°的斜线，单击鼠标中键，如图 7-35 所示。

单击【应用】按钮，完成制作。扫掠结果如图 7-36 所示。

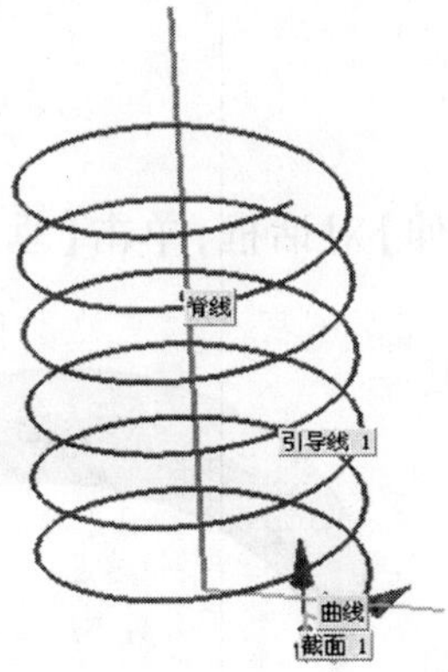

图 7-35 选择截面线、引导线、规律曲线、脊线、定位曲线

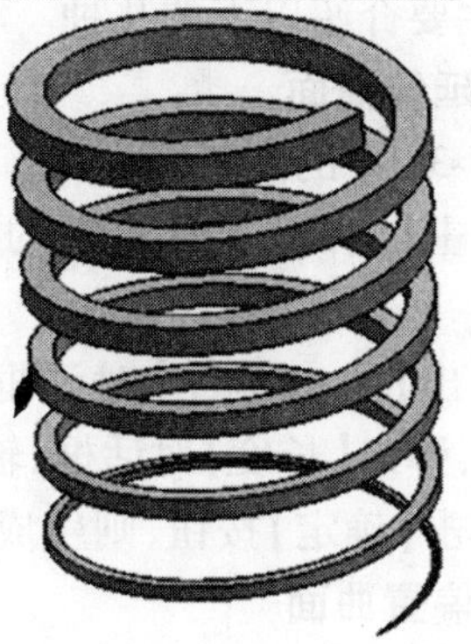

图 7-36 扫掠结果 3

7.4.2.5 **截型体**

利用截型体创建曲面的选项很多。这里主要介绍一种“圆形—相切”创建方式。

首先建立如图 7-37 所示的素材(一个圆弧面和一条直线)。

(1)单击【曲面】工具栏中的【截型体】图标,系统弹出【截面】对话框。单击【圆形—相切】按钮,设置截面类型为二次曲线,拟合类型设置为三次,单击【确定】按钮。

(2)弹出【截面】对话框,点选圆弧,单击【确定】按钮。

(3)弹出另一截面对话框,提示“选择起始”,点选图中直线,单击【确定】按钮。

(4)提示“选择脊线”,再次点选直线,单击【确定】按钮。

(5)弹出【截面选项】对话框,点选“圆角圆弧”,输入半径,单击【确定】按钮,则生成如图 7-38 所示的曲面效果。

注意:如果输入半径小于直线和圆弧母线间的最小距离,则不能生成曲面。

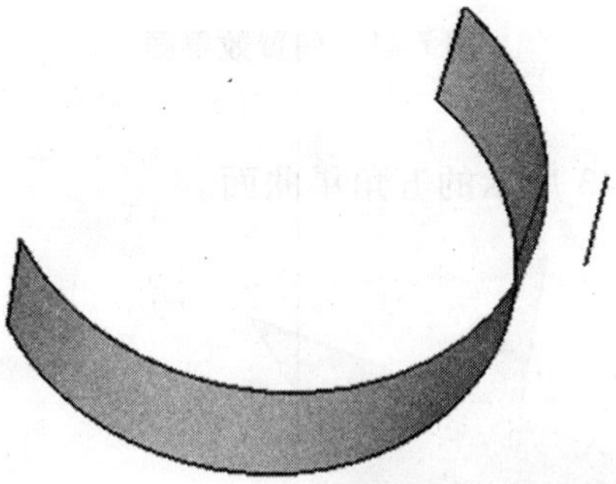

图 7-37 素材

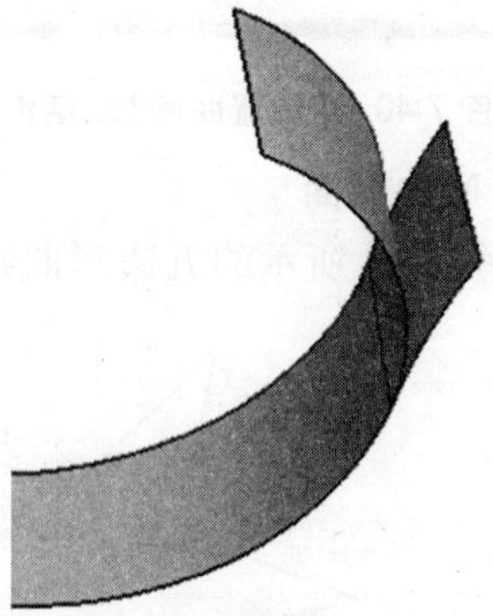

图 7-38 “圆形—相切”方式生成的曲面

7.4.3 “通过曲面”方式创建自由曲面

常用的方法有延伸曲面、扩大曲面、偏置曲面、桥接曲面、按函数整体变形、修剪曲面、熔合曲面、倒角和中面等方法。

这里主要介绍以下的几种。

7.4.3.1　延伸曲面

以图 7-38 中的圆弧面为例。

(1)点击【曲面】工具栏中的【延伸】图标，弹出【延伸】对话框，单击【垂直于曲面】按钮。

(2)弹出【法向延伸】对话框，依次点选图中的圆弧面、圆弧线，弹出【长度】对话框，输入数值 20。

(3)单击【确定】按钮，则生成如图 7-39 所示的曲面。

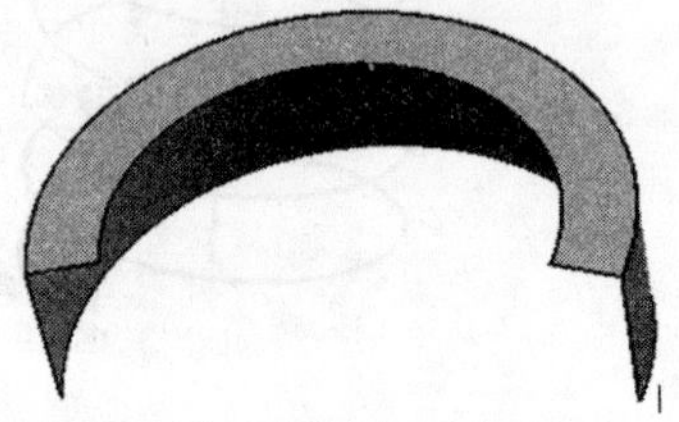

图 7-39　曲面延伸效果图

7.4.3.2　偏置曲面

(1)点击【曲面】工具栏中的【偏置曲面】图标，弹出【偏置曲面】对话框，如图 7-40 所示。

(2)点选要偏置的面。

(3)选择箭头拖动实现偏置值，或输入偏置值。

(4)单击【确定】按钮，完成操作。图 7-39 所示圆弧面的偏置效果如图 7-41 所示。

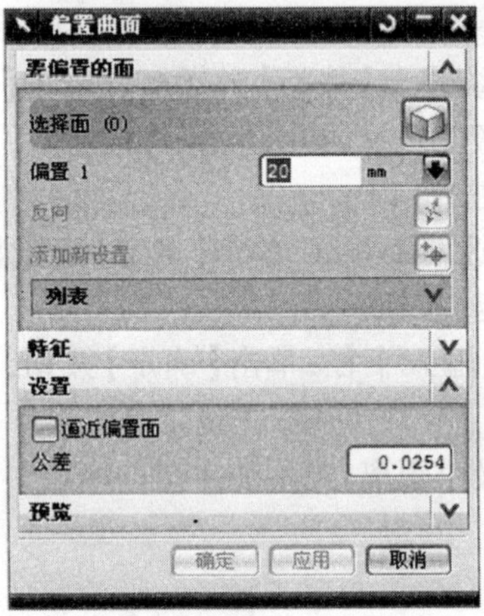

图 7-40　【偏置曲面】对话框

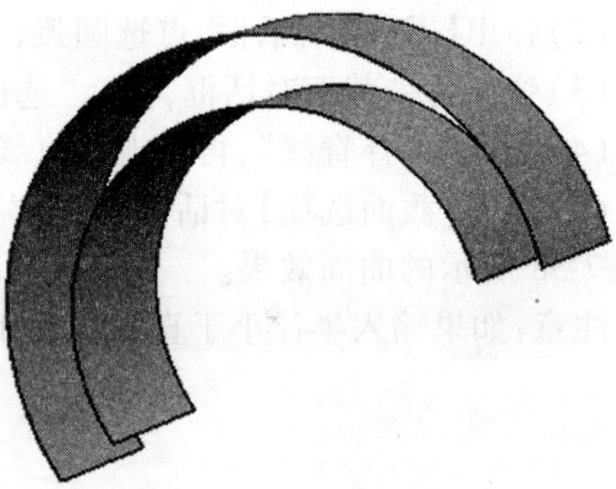

图 7-41　偏置效果图

7.4.3.3　N 边曲面

将如图 7-42 所示的五边形曲线建立成如图 7-43 所示的五角星曲面。

图 7-42　五边形

图 7-43　五角星

(1)单击【曲面】工具栏中的【N 边曲面】图标,弹出【N 边曲面】对话框,如图 7-44 所示。

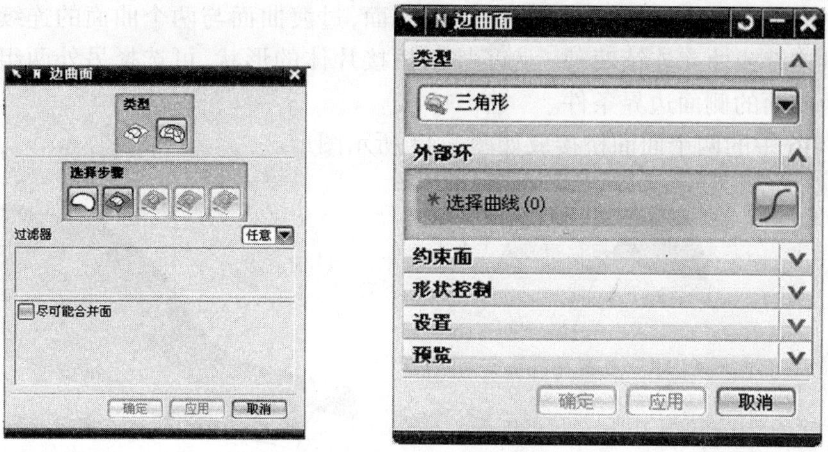

图 7-44 【N 边曲面】对话框

(2)选择 N 边曲面的类型为“三角形”,依次选择所有直线为边界曲线。单击【应用】按钮。

(3)弹出【形状控制】对话框,“中心控制”方式选择“位置”,调整中心平面、Z 参数、预览结果,如图 7-45 所示。

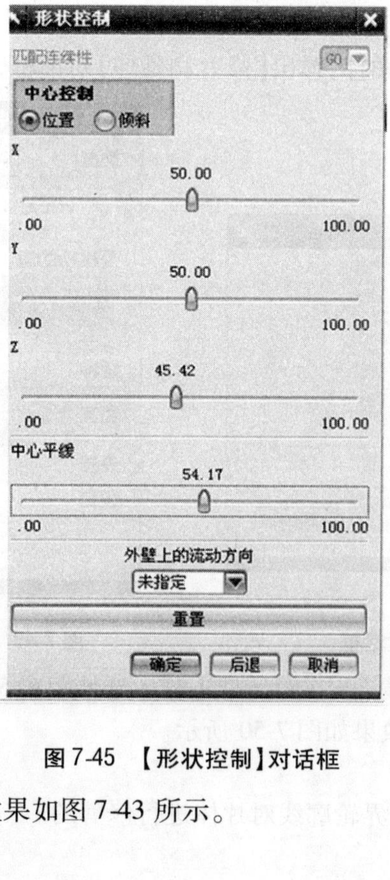

图 7-45 【形状控制】对话框

(4)单击【确定】按钮,效果如图 7-43 所示。

7.4.3.4　**桥接曲面**

桥接曲面是在两个主曲面间构造一个新曲面，过渡曲面与两个曲面的连续条件可以采用切矢量连续或曲率连续两种。为了控制桥接片体的形状，可选择另外两组曲面或两组曲线作为曲面的侧面边界条件。

将图 7-46 中的两个曲面桥接成如图 7-47 所示图形。

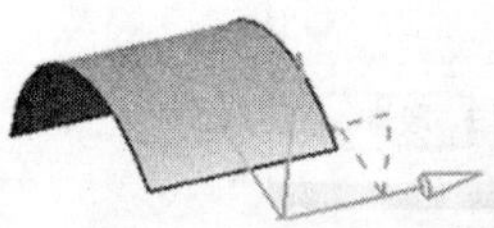

图 7-46　已知两曲面

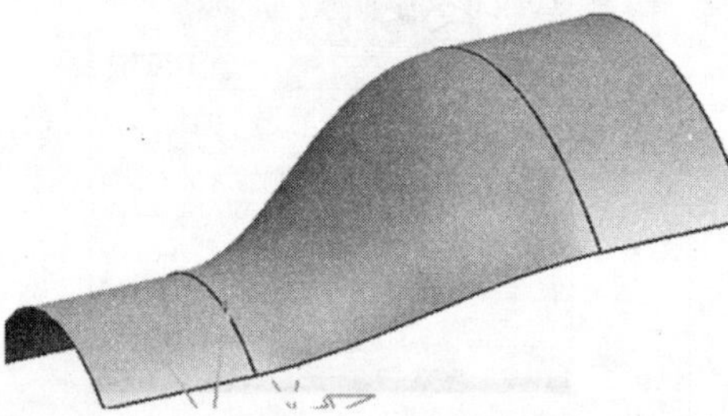

图 7-47　桥接结果

(1) 单击【曲面】工具栏中的【桥接】图标，弹出【桥接】对话框，如图 7-48 所示。

(2) 选择桥接的两个主面，注意两个主面的箭头方向应一致。

(3) 单击【应用】按钮，完成如图 7-47 所示的桥接。

7.4.3.5　**修剪和延伸**

将图 7-47 进行修剪和延伸。

(1) 单击【修剪和延伸】图标，弹出【修剪和延伸】对话框，如图 7-49 所示。

图 7-48　【桥接】对话框

图 7-49　【修剪和延伸】对话框

(2) 选择图中最左边的圆线，在对话框中输入延伸距离 50。

(3) 点击【应用】按钮，效果如图 7-50 所示。

7.4.3.6　**修剪片体**

修剪片体是通过投影边界轮廓线对片体进行修剪的。

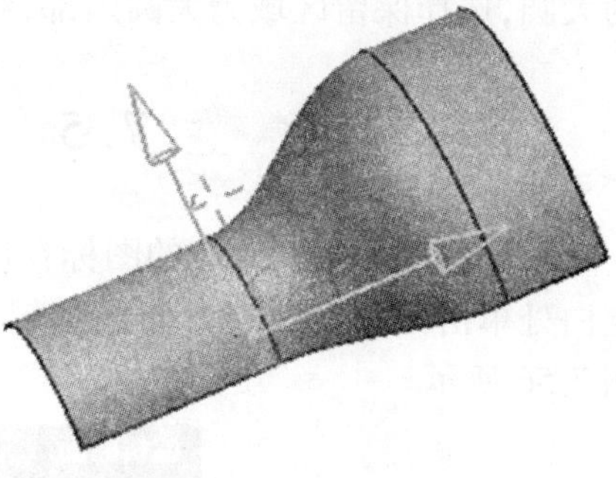

图7-50　修剪和延伸效果

选择步骤如下：

(1)目标片体：选择需要修剪的目标体。

(2)边界对象：用于选择作为修剪边界的曲线或边。

(3)投影方向：有面的法向、基准轴、ZC 轴、XC 轴、YC 轴以及矢量构成等几种方式。当投影方向设为基准轴时，用于选择一个基准轴。

(4)区域：用于选择需要剪去和保留的区域。

对图7-51所示素材（一个抽空的圆柱体，一张曲面，两个圆）进行修剪片体，结果如图7-52所示。

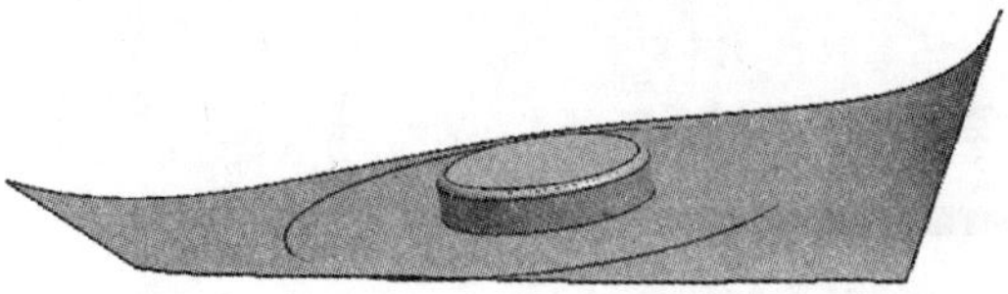

图7-51　修剪片体素材

图7-52　修剪的片体结果

点击【修剪的片体】图标，弹出对话框如图7-53所示。

点选曲面，单击鼠标中键。再选择中间小圆，选择保留区域为小圆外部，结果如图7-54所示。

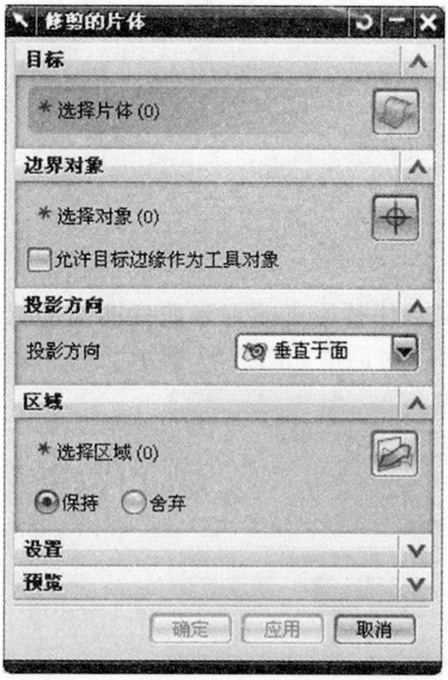

图7-53　【修剪的片体】对话框

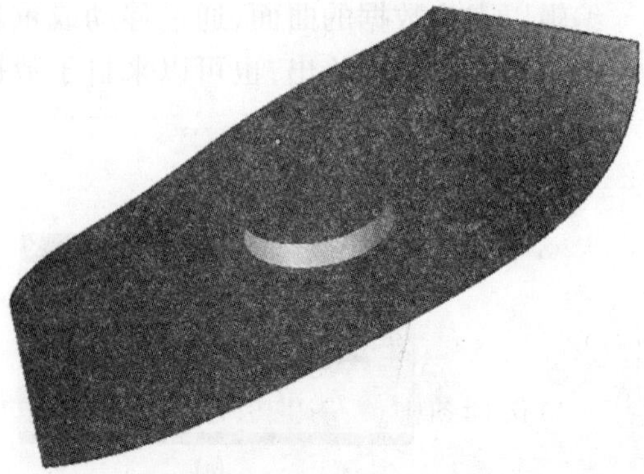

图7-54　修剪中间小圆孔结果

同理，点击【修剪的片体】图标，弹出对话框，点选曲面，单击鼠标中键。再选择外面的大圆，选择保留区域为大圆内部，结果如图 7-52 所示。

7.5　自由曲面的编辑

自由曲面的编辑对应的图标在【编辑曲面】和【自由曲面形状】工具栏中。在提示栏空白处单击鼠标右键，在"曲面编辑"和"自由曲面形状"前方框内打钩，结果如图 7-55、图 7-56 所示。

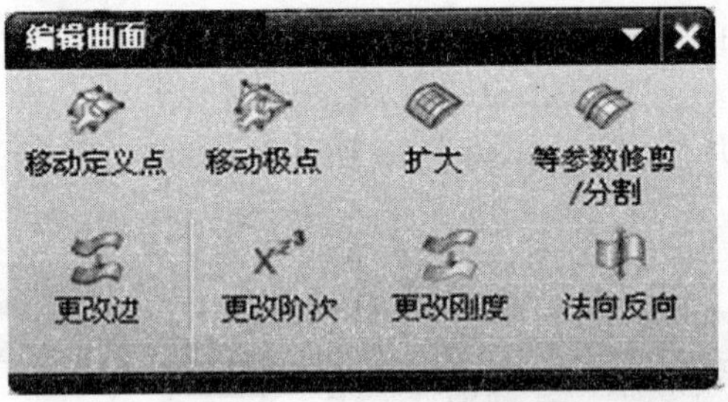

图 7-55　编辑曲面功能

图 7-56　自由曲面形状功能

下面就介绍设计时经常用到的几种命令。

7.5.1　移动定义点

编辑以点为数据的曲面，通过移动或重新定义点代替原来的点来改变曲面形状。新点可以直接在屏幕上给出，也可以来自于数据文件。对话框如图 7-57 所示。

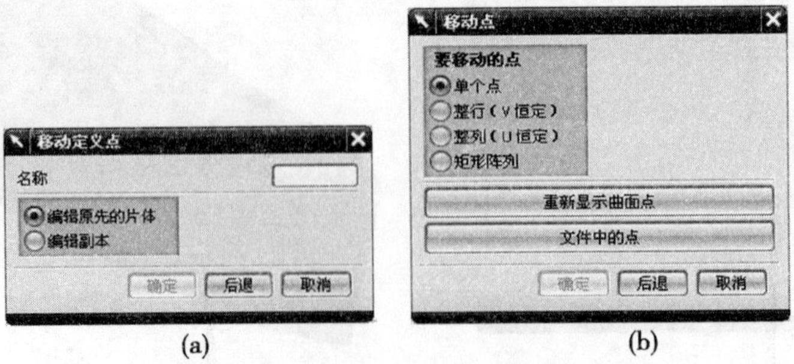

图 7-57　【移动定义点】和【移动点】对话框

7.5.1.1 对话框选项说明

(1)编辑原先的片体:直接编辑原来的曲面。

(2)编辑副本:使原来的曲面保持不变,编辑另一个复制的曲面。

(3)单个点:选择一个点,并指定一个新位置。

(4)整行:选择某行上的一个点,则整行被选中,给定一个位移量,整行点同时按此值移动。

(5)整列:选择某列上的一个点,则整列被选中,给定一个位移量,整列点同时按此值移动。

(6)矩形阵列:用光标指定两个对角点,在对角点围成的矩形区域内包含的所有点都按照给定的位移量移动。

7.5.1.2 确定定义点的位置方式

定义点的定位有单个点的定位(见图7-58(a)),整行或整列的定位(见图7-58(b))。

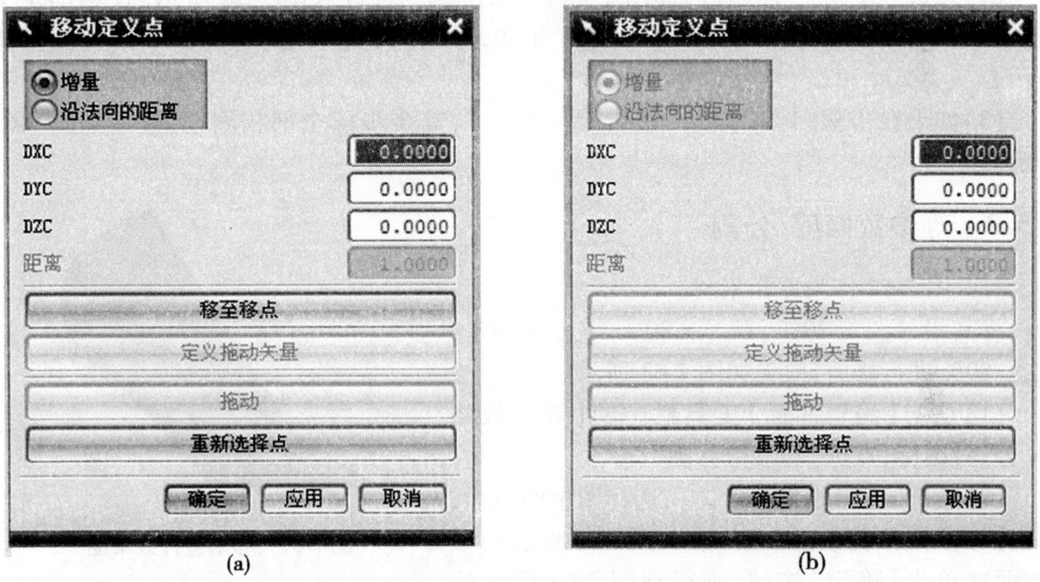

图7-58 确定点的新位置的对话框

(1)增量:相对于原来的点,给定3个方向的偏移量,即得到点的新位置。

(2)沿法向的距离:指定沿曲面该点的法矢移动距离。

(3)移至移点:从当前位置移动到指定位置。

(4)拖动:定义一个拖动矢量,用光标拖动原来的点到新位置,只用于移动极点。

7.5.1.3 操作实例

将图7-59通过移动单个点变成图7-60所示的形状,通过移动整行变成图7-61所示的形状。

(1)打开图7-59,点击【编辑曲面】工具栏中的【移动定义点】图标,弹出如图7-57(a)所示的对话框,选择图中曲面,则进入如图7-57(b)所示的【移动点】对话框。

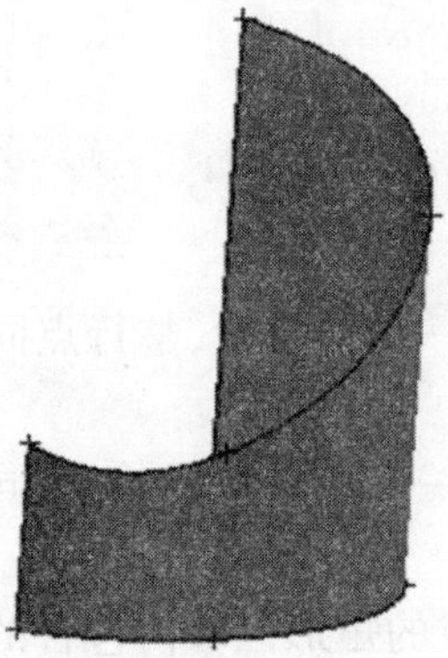

图 7-59　原始素材

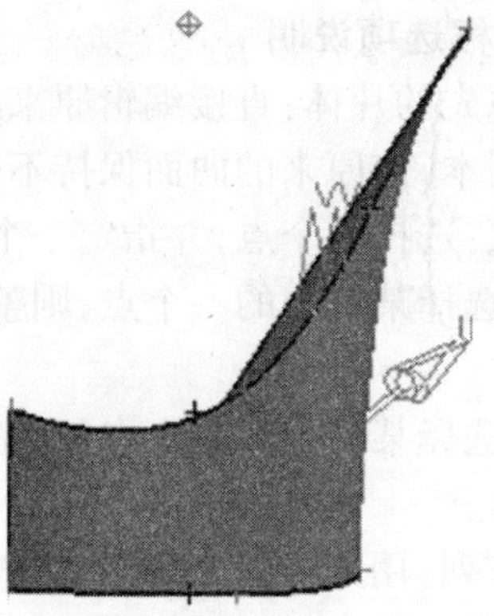

图 7-60　移动单个点效果图

(2) 点选“单个点”，然后选择图中最上面的一个点，进入图 7-58 所示的【移动定义点】对话框，点选“增量”，将“DXC”设置为 30，单击两次【确定】按钮。效果如图 7-60 所示。

(3) 如果在步骤(1)中点选“整行(V 恒定)”，其余步骤全部相同，其效果如图 7-61 所示。

7.5.2　等参数修剪/分割

打开图 7-62 作为原始素材。

将其沿 $U_{min}=20\%$，$U_{max}=80\%$，$V_{min}=20\%$，$V_{max}=80\%$ 进行修剪，效果如图 7-63 所示。

(1) 点击【编辑曲面】工具栏中的【等参数修剪/分割】图标，点选“等参数修剪”。

(2) 点选“编辑原先的片体”，选择图中的曲面，弹出【等参数修剪】对话框，输入图 7-64 所示的参数，两次单击【确定】按钮，则得到图 7-63 所示的效果。

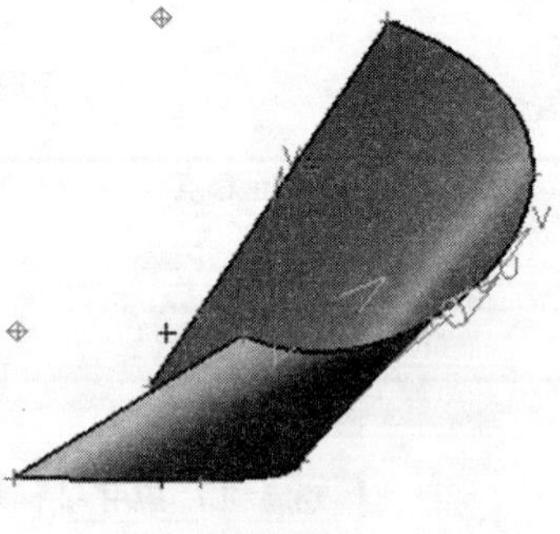

图 7-61　移动整行效果图

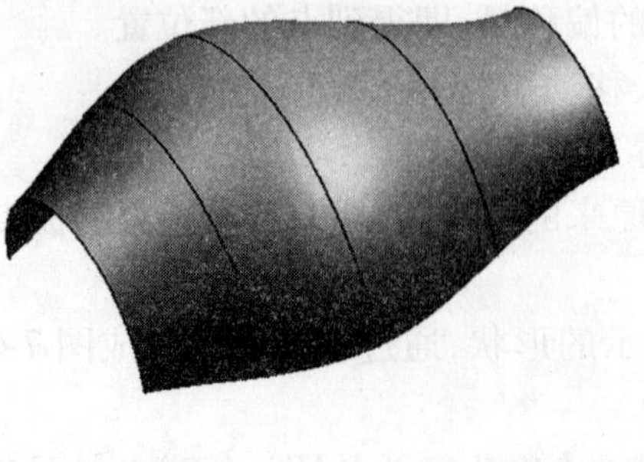

图 7-62　原始素材

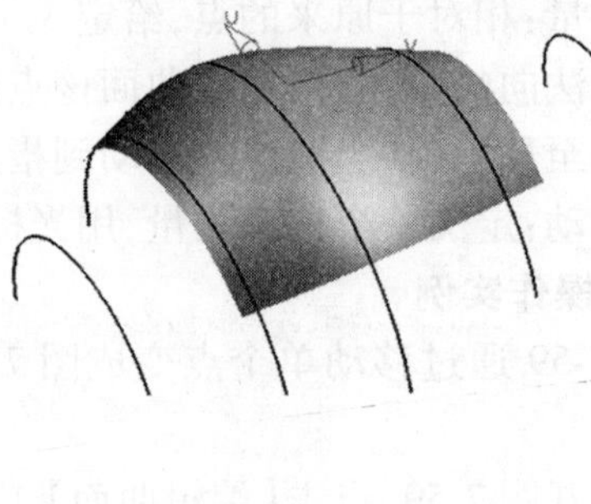

图 7-63　等参数修剪效果图

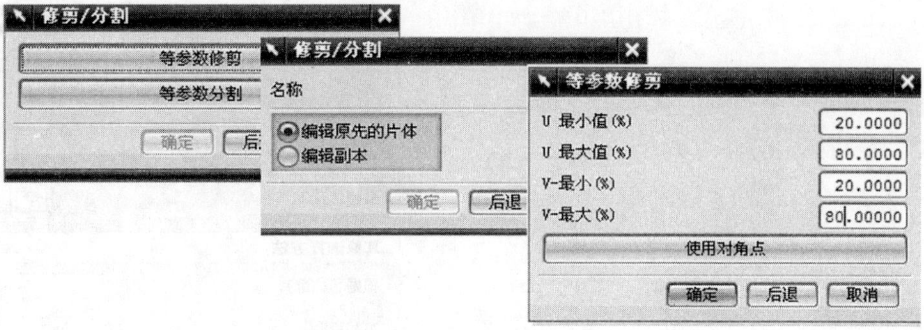

图 7-64 【等参数修剪】对话框

7.5.3 片体边界和改变边

7.5.3.1 片体边界

将图 7-62 所示的原始素材利用“片体边界”方式编辑曲面，选择“替换边”，最后编辑成如图 7-65 所示的效果。

（1）打开原始素材，单击【编辑曲面】对话框中的【边界】图标，弹出【编辑片体边界】对话框如图 7-66 所示，点选“编辑原先的片体”，在图中选择曲面。

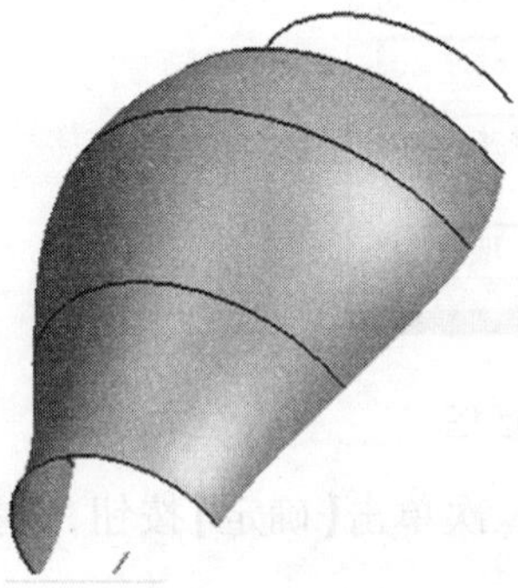

图 7-65 片体边界编辑曲面的效果图

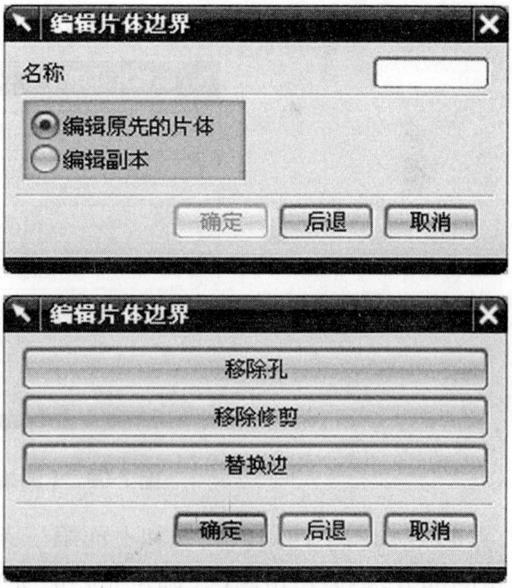

图 7-66 【编辑片体边界】对话框

（2）点选“替换边”，出现图 7-67 所示的提示，单击【确定】按钮。弹出图 7-68 所示的【类选择】对话框。

（3）点选图中的上面一条弧线，单击【确定】按钮，弹出图 7-69 所示的【编辑片体边界】对话框，点选“沿法向的曲线”，弹出图 7-68 所示的【类选择】对话框。

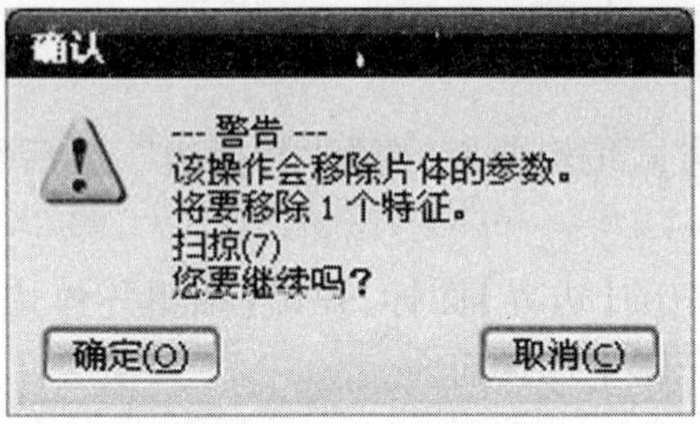

图 7-67 提示信息

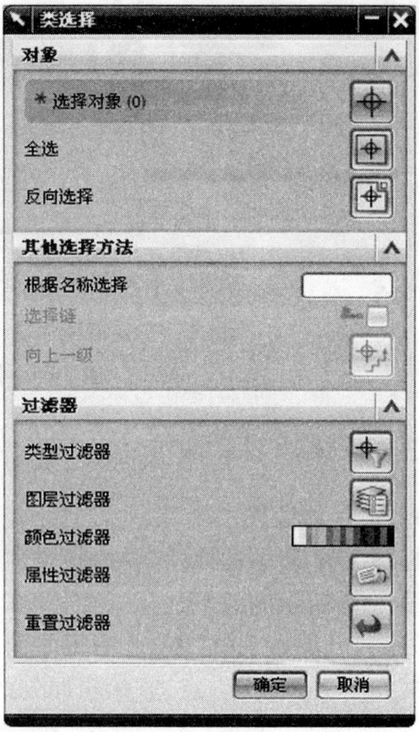

图 7-68 【类选择】对话框

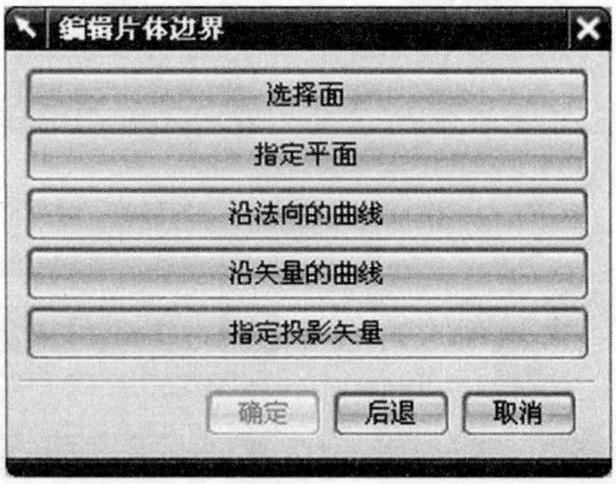

图 7-69 【编辑片体边界】对话框

(4)点选图中四周的曲线和上面第三条弧线,连续三次单击【确定】按钮,选择图中要保留的部分,然后单击两次【确定】按钮,完成操作。

7.5.3.2 改变边

将如图 7-70 所示的素材,利用"改变边"方式编辑曲面,选择"仅边"和"匹配到曲线",最后编辑成如图 7-71 所示的效果。

(1)单击【编辑曲面】对话框的【更改边】图标,出现如图 7-72 所示的【更改边】对话框。点选"编辑原先的片体",然后选择图中的曲面,弹出提示,单击【确定】按钮。

(2)出现如图 7-72(b)所示的【更改边】对话框,选择图中最左边的曲线,弹出如

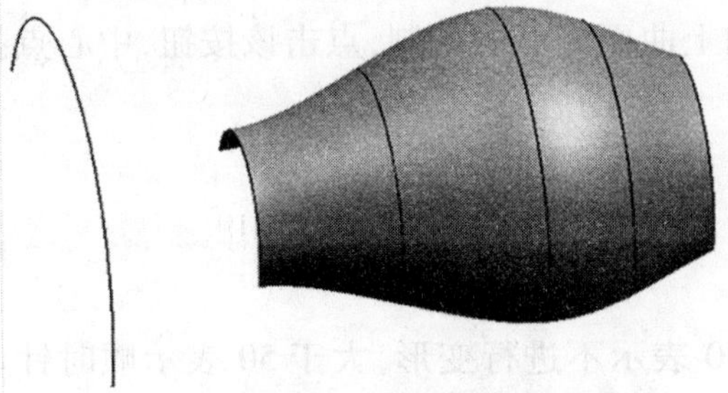

图 7-70　原始素材

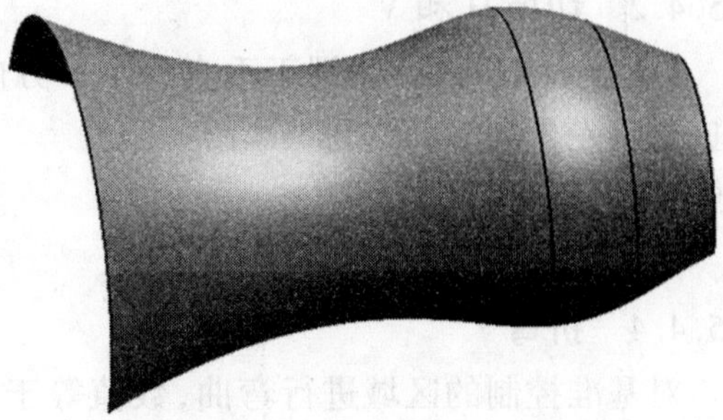

图 7-71　“改变边”效果图

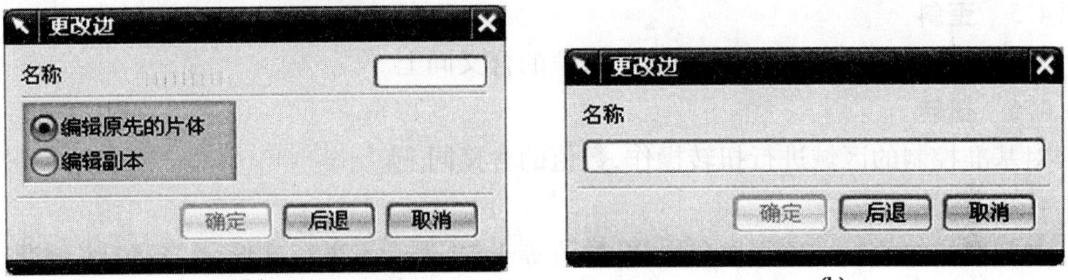

(a)　(b)

图 7-72　【更改边】对话框

图 7-73所示的【更改边】对话框。选择“仅边”进入下一步，选择“匹配到曲线”。

(3)弹出如图 7-72(b)所示的对话框，选择曲线外的曲线，然后单击【取消】按钮，则完成操作，效果如图 7-71 所示。

图 7-73　【更改边】对话框

7.5.4　片体变形

片体变形各选项说明如下。

7.5.4.1　中心控制(5 个选项)

水平：变形仅在水平方向上起作用。

竖直：变形仅在垂直方向上起作用。

V - 低：变形仅在垂直方向上较小区域起作用。

V - 高：变形仅在垂直方向上较大区域起作用。

V - 中间：变形仅在垂直方向的中值附近起作用。

7.5.4.2　切换 H 和 V

【切换 H 和 V】按钮用于垂直和水平方向上曲面变形的控制，点击该按钮，中心点控制区域将发生相应的变化。

7.5.4.3　拉长

对基准控制的区域进行比例缩放。

7.5.4.4　折弯

对基准控制的区域进行弯曲，数值等于 50 表示不进行变形，大于 50 表示顺时针弯曲，小于 50 表示逆时针弯曲。

7.5.4.5　歪斜

对基准控制的区域进行偏斜操作，数值的含义同上。

7.5.4.6　扭转

对基准控制的区域进行扭转操作，数值的含义同上。

7.5.4.7　移位

对基准控制的区域进行偏移操作，数值等于 50 表示不进行变形，大于 50 表示沿正向偏移，小于 50 表示沿负向偏移。

7.5.4.8　重置

点击该按钮，曲面恢复变形前的形状。

7.5.4.9　截面分析

用来分析生成的曲面的形状和质量，分析的结果可以通过图形的方式表现出来。

7.5.4.10　偏差检查

用来检查一个曲线或曲面偏离其他元素的程度，并可以实时地生成图形和数字化的反馈信息，通过对该对话框中参数的设置，可以生成一种适合用户自己需求的图形及数字输出方式。

7.5.4.11　实例

打开如图 7-62 所示的原始素材，进行片体变形。

(1) 点击【自由曲面形状】工具栏中的【片体变形】图标，弹出【使曲面变形】对话框，如图 7-74 所示，点选“编辑原先的片体”，然后点选图中的曲面，弹出提示，单击【确定】按钮。

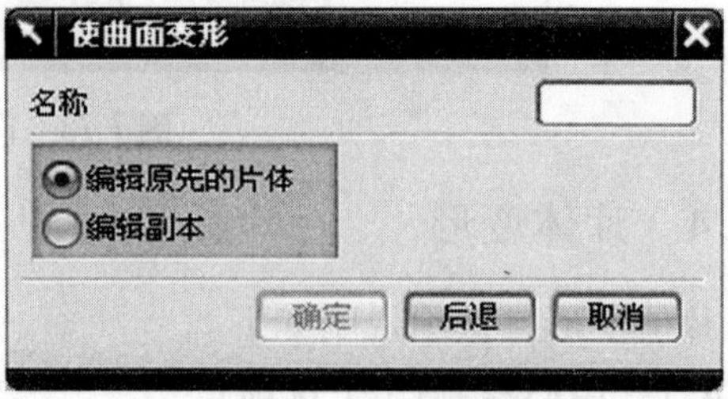

图 7-74　【使曲面变形】对话框

(2) 弹出如图 7-75 所示的【使曲面变形】对话框，在“中心点控制”栏中点选“V－低”，将移位值设为 100。

(3) 在“中心点控制”栏中点选“V－高”，将移位值设为 0。单击【确定】按钮，得出如图 7-76 所示的变形后的曲面。

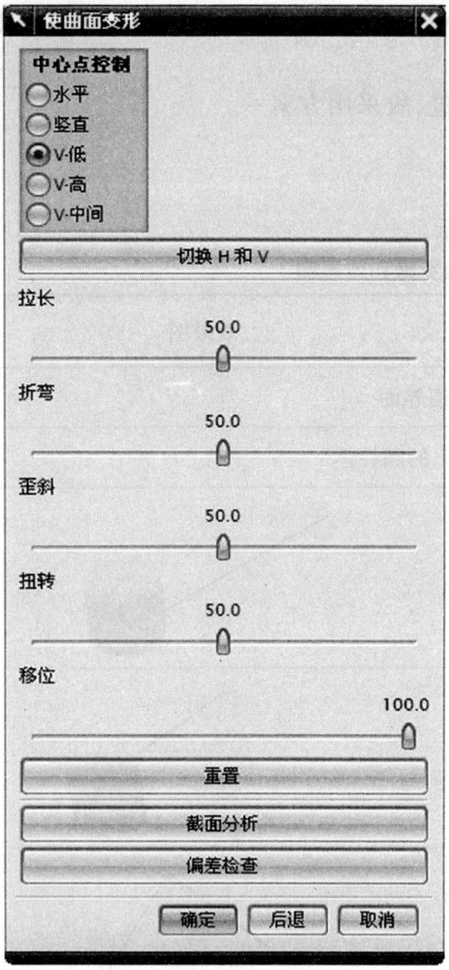

图7-75 【使曲面变形】对话框

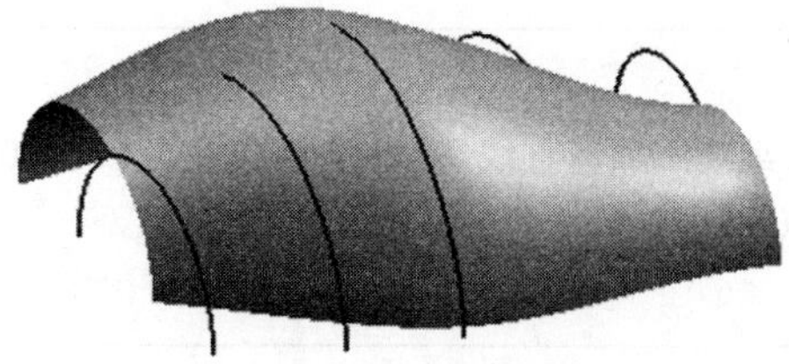

图7-76 变形后的曲面

【任务实施】

7.6 小型风扇实体模型的建模

7.6.1 实施计划和决策

7.6.1.1 分析任务

小型风扇由中间圆柱体和周围风扇叶片两大部分组成,圆柱体部分有圆球和孔,叶片是自由曲面。

7.6.1.2 实施计划

方案一:建立草图→建立圆→拉伸建立圆柱→建立叶片曲线→通过网格曲面建立叶片→阵列→细节处理。

方案二:建模→建立圆柱→建立叶片曲线→通过网格曲面建立叶片→阵列→细节处理。

方案一较方案二参数化较强,便于修改和改进,故采用方案一。

7.6.2　实施步骤和结果

小型风扇的实施步骤和效果图,如表 7-1 所示。

表 7-1　小型风扇的实施步骤和效果图

操作步骤	效果图
1. 选择【文件】→【新建】命令,名称为 CPUFS,进入建模界面	
2. 建立一个以(0,0,0)为基点,直径为 13.2,高度为 11 的圆柱体	
3. 单击【曲线】工具栏中的【直线】按钮,通过【点】对话框依次设置直线的起点为(0,1.1,1),终点为(47,-1.1,1)	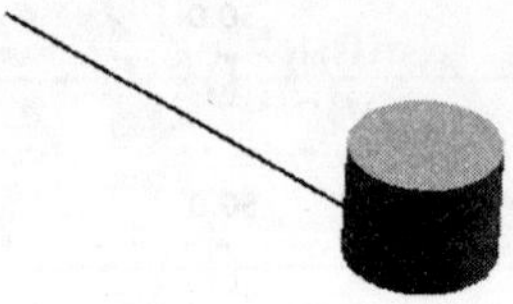
4. 继续添加新直线,依次设置起点为(1.1,0,10),终点为(-1.1,-47,10)	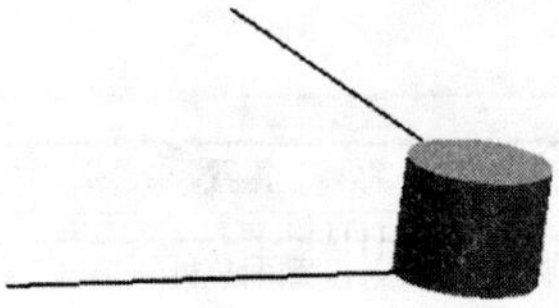
5. 用直线段连接前面绘制的两直线段的首末端点,使之形成封闭线框	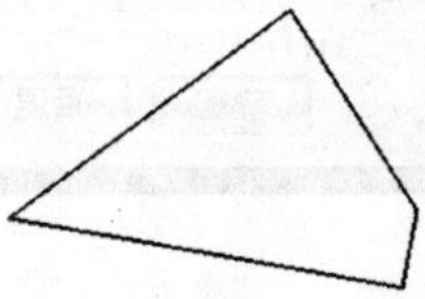
6. 单击【曲面】工具栏中的【通过网格曲面】图标,利用前面讲的创建曲面的方法,依次选择截面线串和引导线串	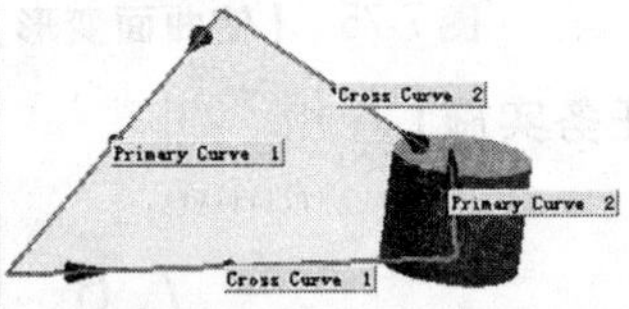
7. 单击【确定】按钮	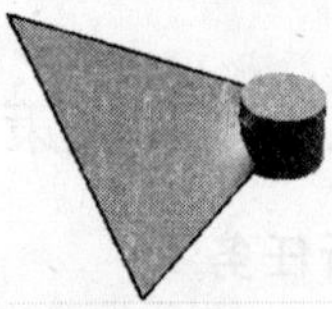
8. 单击【特征】工具栏中的【加厚】图标,设置扇叶向内外各偏置 0.5	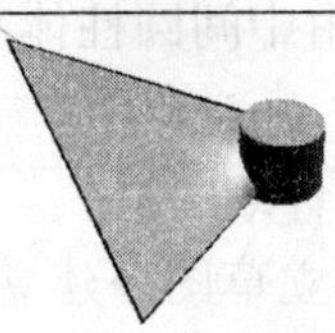

表7-1 小型风扇的实施步骤和效果图

操作步骤	效果图
9. 在部件导航器中将加厚的片体特征 THICKEN 生成一个组 G(有些特征不能做阵列引用,如片体)	
10. 单击【特征】工具栏中的【实例】图标,选择“圆形阵列”,在弹出的对话框中选择新建的组 G,设置数量为 4,角度为 90,单击【确定】按钮,在弹出的对话框中继续点击“点和方向”,选择 ZC,选择圆柱底面圆心为通过点,单击【确定】按钮	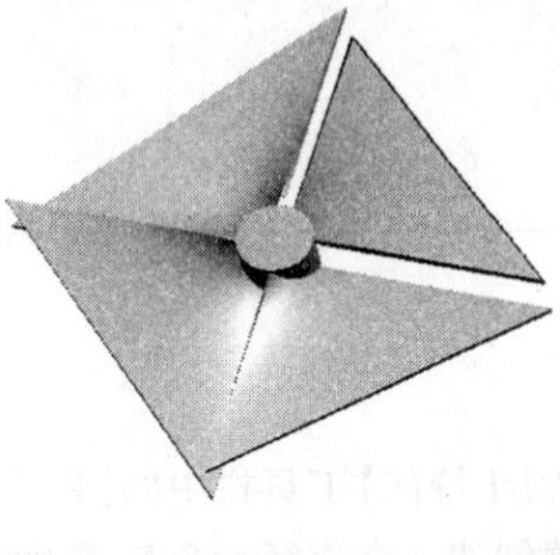
11. 将四扇叶片和圆柱求和	
12. 单击草图,以圆柱底面为草图平面,底面圆心为圆心,画一个直径为 62 的圆	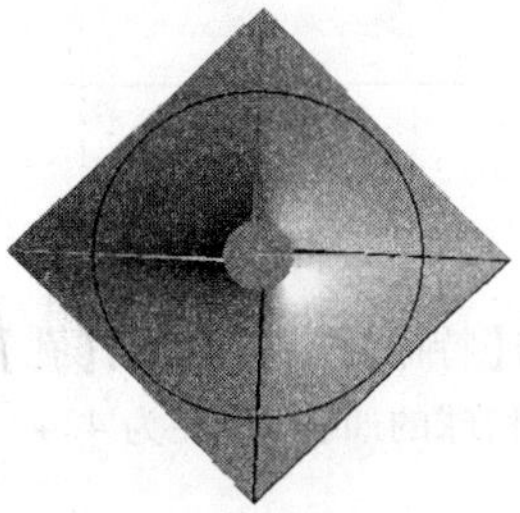
13. 进入建模界面,沿 Z 轴正方向拉伸刚建好的圆,高度为 16,设置布尔运算为求交	
14. 单击【特征】工具栏中的【边倒圆】图标,指定扇叶边缘倒半径为 6.6 的圆角	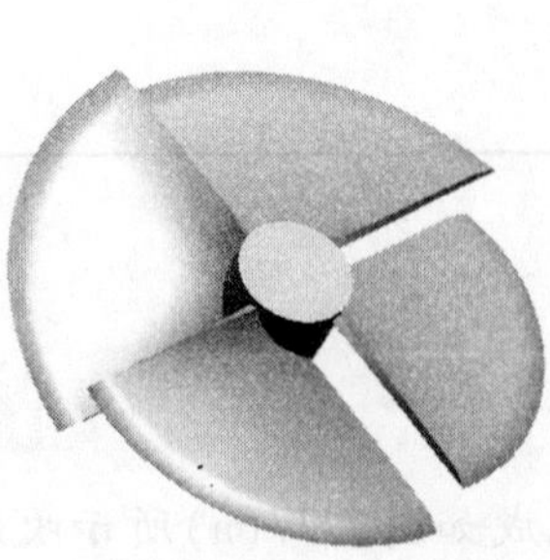

续表 7-1

操作步骤	效果图
15. 单击【特征】工具栏中的【球】图标，采用“选择弧”方式在圆柱体的顶端创建圆球	
16. 单击【特征】工具栏中的【圆台】图标，在圆柱体的另一端创建一个直径为 8.8，高度为 4.4 的圆台	
17. 单击【特征】工具栏中的【孔】图标，创建一个贯穿圆柱体和球的通孔，孔径为 4.4	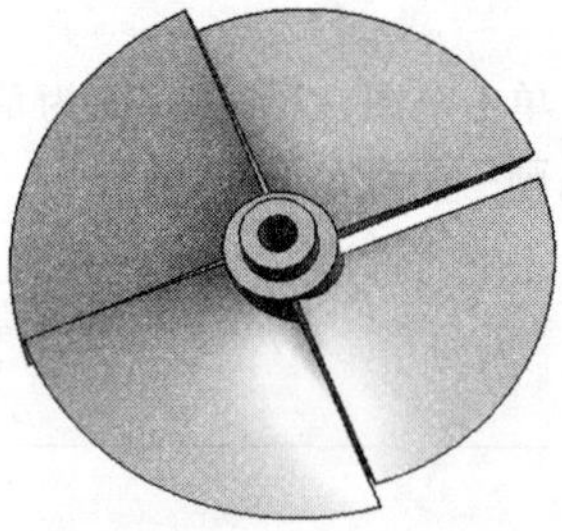
18. 保存文件	

思考与练习

1. 完成如图 7-77(a)所示吹风嘴实体的创建。壳体厚度为 2，参考尺寸如图 7-77(b)所示。

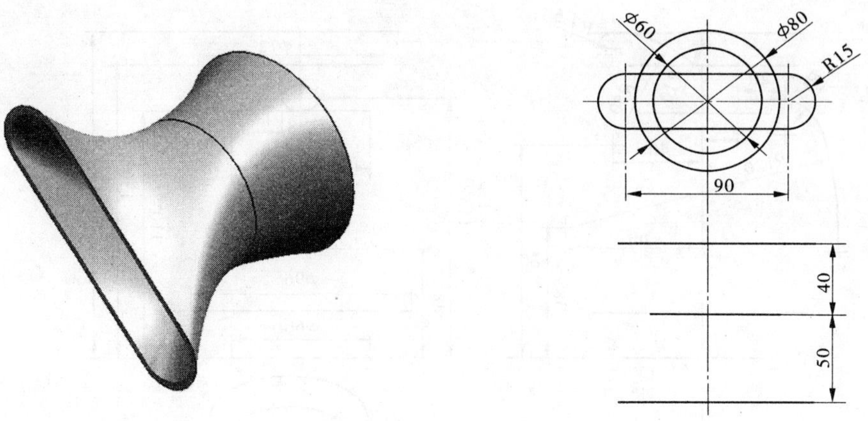

(a) (b)

图 7-77 吹风嘴

2. 根据图 7-78(a)中尺寸完成如图 7-78(b)所示橄榄球实体的创建。

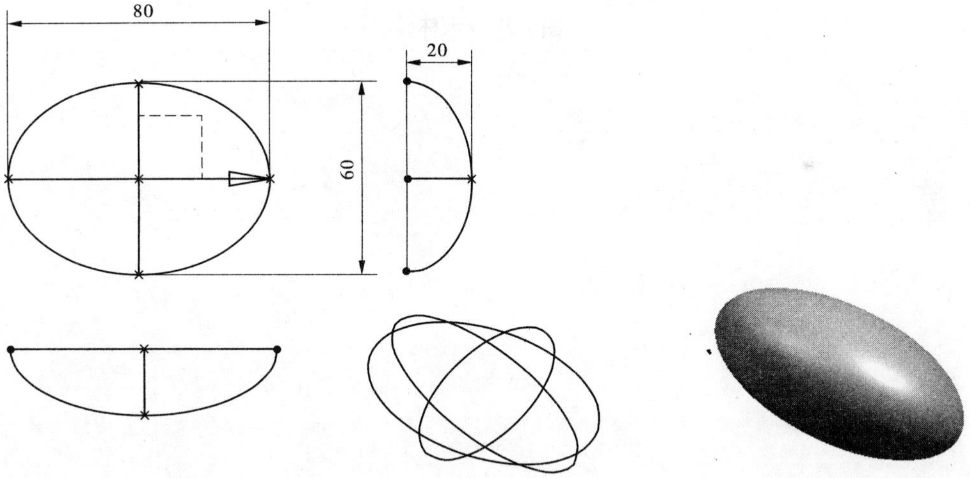

(a) (b)

图 7-78 橄榄球

3. 完成如图 7-79 所示水杯的三维建模，倒圆角尺寸由读者自行确定。

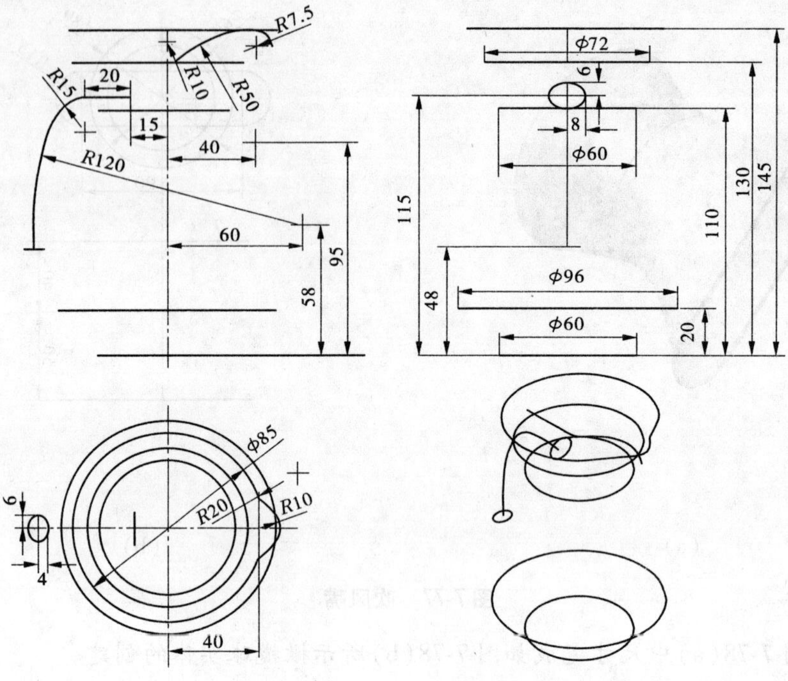
R7.5
20
R15
R10
R50
15
40
R120
60
95
58
ϕ72
6
8
ϕ60
115
110
130
145
ϕ96
48
ϕ60
20
ϕ85
6
R20
R10
4
40

图 7-79　水杯

项目8 CAM技术及应用

【学习目标】

1. 明确CAM技术的基本原理。

2. 了解数控机床的基本类型和应用。

3. 掌握用UG进行CAM操作的基本方法和基本技能，即会创建加工环境、创建刀具、创建几何体等。

4. 会用UG对零件进行编程和加工仿真。

5. 能用UG进行后处理及输出加工程序。

【工作任务】

创建底座三维建模及加工仿真。图8-1为底座的二维工程图，图8-2为底座的三维图。

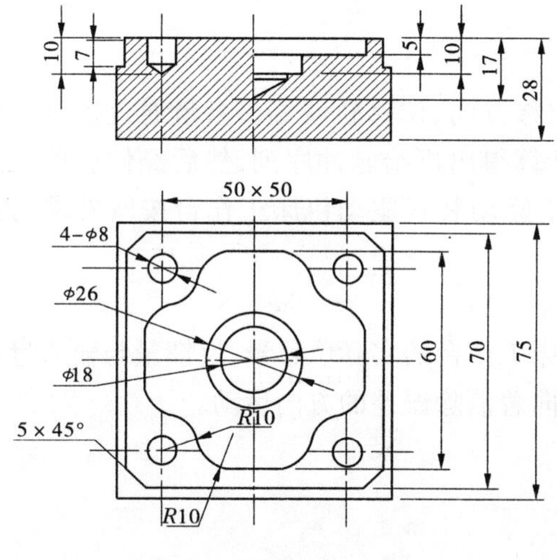

图8-1 底座的二维工程图

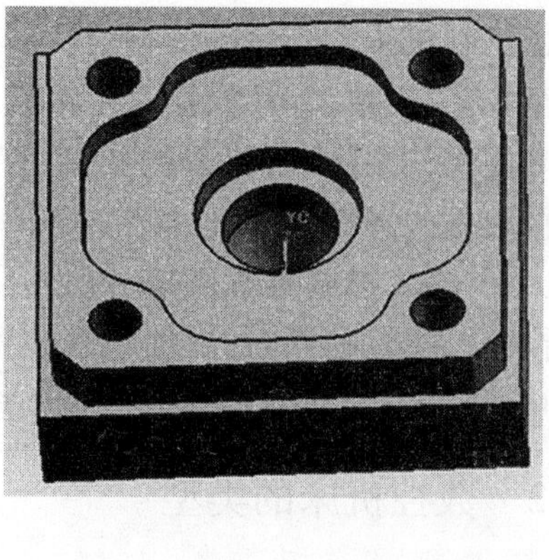

图8-2 底座的三维图

【相关基本知识和基本技能】

8.1 数控机床

8.1.1 数控机床的工作原理

采用数字信息控制的机床称为数控机床。具体地说，凡是用代码化的数字信息将刀具移动轨迹的信息记录在程序介质上，然后输入数控系统经过译码、运算控制机床的刀具和工件的相对运动,加工出所需工件的机床即为数控机床。

数控机床的组成如图 8-3 所示。

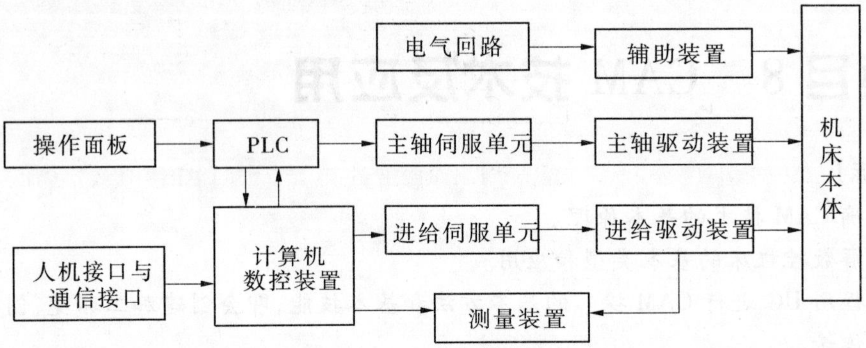

图 8-3　数控机床的组成

数控机床是由计算机数字控制(Computer Numberial Control,简称 CNC)的。CNC 机床一般由人机接口与通信接口、CNC 装置、伺服单元、驱动装置(或称执行机构)、可编程控制器(PLC)及电气控制装置、辅助装置、机床本体、测量装置组成。如图 8-3 所示,除机床本体外的部分统称为计算机数控系统(CNC)。如果 CNC 没有测量装置,称之为开环控制系统,反之称之为闭环控制系统。

8.1.1.1　开环控制系统原理

将控制机床工作台的位移量、位移速度、位移方向、位移轨迹等多参量通过控制介质输入至 CNC 装置,CNC 根据这些参量的指令计算得出进给脉冲序列,然后经伺服单元进行功率放大,形成驱动装置的控制信号,最后由驱动装置驱动机床工作台按所要求的速度、轨迹、方向和距离移动。

8.1.1.2　闭环控制系统原理

在输入指令的同时,反馈检测装置检测机床工作台的实际位移量,反馈量与输入量在 CNC 中进行比较,若有差值,则 CNC 控制机床向着消除误差的方向运动。

8.1.2　数控机床的类型

8.1.2.1　按控制运动的方式分类

点位控制的数控机床:从一点到另一点中间不切削。如冲、镗、钻床(见图 8-4(a))。

直线控制的数控机床:从一点到另一点要进行切削加工。刀具走刀线和机床坐标平行。如车、铣床(见图 8-4(b))。

轮廓控制的数控机床:多坐标连续控制。如车、铣、磨床、加工中心(见图 8-4(c))。

8.1.2.2　按工艺用途分类

金属切削类数控机床:数控车、铣床等。

金属成型类数控机床:冲、剪床等。

数控特种加工机床:电火花机床等。

其他类型的数控机床:加工中心等。

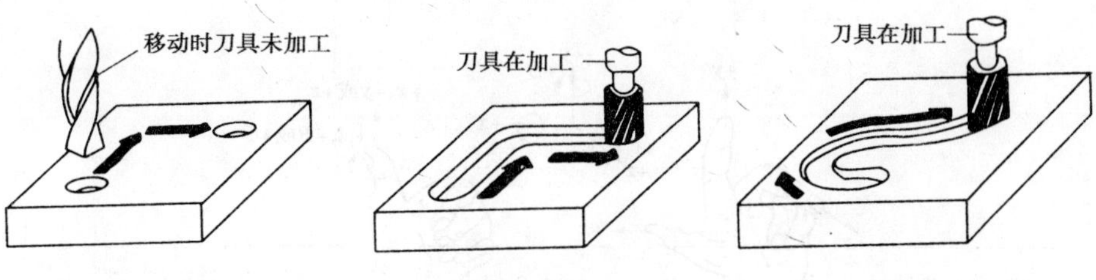

(a) 点位控制的数控钻床　(b) 直线控制的数控铣床　(c) 轮廓控制的数控加工

图 8-4　按控制运动方式分类

8.1.2.3　按伺服系统的控制方式分类

按伺服系统的控制方式分类的数控机床如图 8-5 所示。

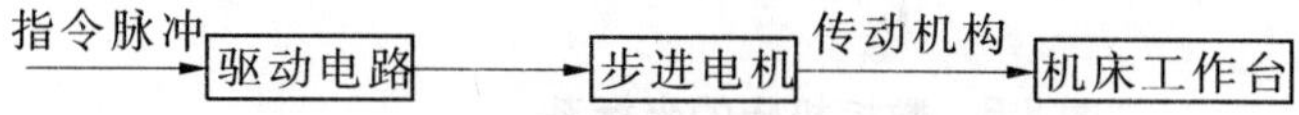

(a)开环数控机床(无位置检测元件)

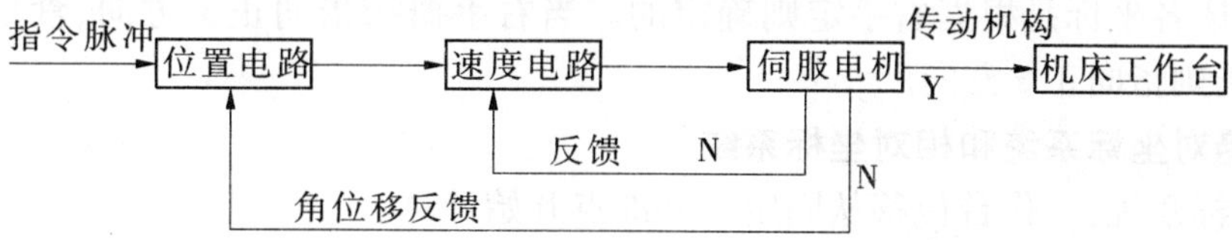

(b)半闭环数控机床(在电机和传动机构间安装位置检测元件)

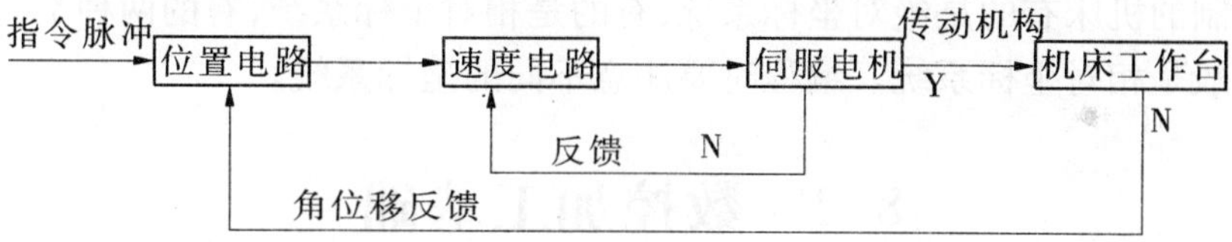

(c)闭环数控机床(在机床工作台上安装位置检测元件)

图 8-5　按伺服系统的控制方式分类

8.1.3　数控机床的坐标系统

8.1.3.1　数控机床的坐标轴和运动方向

按照等效于 ISO 841 的我国 JB 3051—82 规定，如图 8-6 所示，数控机床直线坐标轴 x、y、z（也称为线性轴）规定为右手笛卡儿坐标系。x 、y 、z 的正方向是使工件尺寸增加的方向，即增大工件及刀具距离的方向。通常以平行于主轴的轴线为 z 轴（即 z 坐标运动由传递切削动力的主轴所规定），而 x 轴是水平的，并平行于工件的装卡面，y 轴则可按右手笛卡儿坐标来确定。三个旋转轴 A 、B 、C 相应地表示其轴线平行于 x 、y 、z 的旋转运动，A 、B 、C 的正向相应地表示在 x 、y 、z 坐标正方向按右旋螺纹前进的方向。上述规定是在工件固定、刀具移动的情况下定义的，反之则其正方向分别用 x' 、y' 、z' 、A' 、B' 、C' 表示。通常以刀具移动的正方向为编程的正方向。

除上述坐标外，还可使用附加坐标。在主要线性轴 x 、y 、z 之外，另有平行于它们的第二线性轴 u 、v 、w ，第三线性轴 p 、q 、r 。

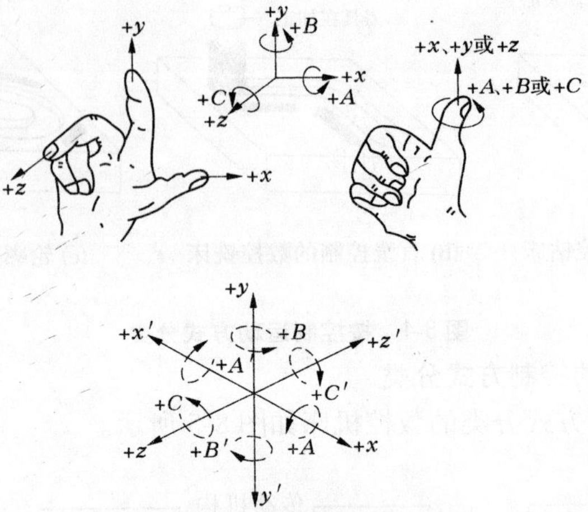

图 8-6　数控机床的坐标系

数控机床各坐标是根据右手定则确定的。当右手拇指指向正 x 方向、食指指向正 y 方向时，中指则指向正 z 方向。

8.1.3.2　绝对坐标系统和相对坐标系统

绝对坐标系统：工作台位移从固定的基准点开始计算。

相对（增量）坐标系统：工作台的位移从工作台现有位置开始计算。

点位控制的机床有的是绝对坐标系统，有的是相对坐标系统，有的两种都有。轮廓控制的机床一般是相对坐标系统。编程时要注意不同的坐标系统。

8.2　数控加工基础

数控加工是指在数控机床上执行数控程序，自动加工零件的一种工艺方法。数控程序有自动编程和手动编程两类。目前，我国手动编程应用较广，自动编程还有待发展。因此，下面主要讲手动编程。数控机床加工零件时，将编制好的零件加工数控程序输入到数控装置中，再由数控装置控制机床主运动的变速、启停、进给运动的方向、速度和位移大小，以及其他诸如刀具的选择交换、工件的夹紧松开、冷却润滑的启停等动作，使刀具和工件及其他辅助装置严格按照数控程序规定的顺序、路径和参数进行工作，从而加工出形状、尺寸与精度符合要求的零件。

8.2.1　数控加工常用术语

8.2.1.1　两坐标和多坐标加工

数控机床的坐标加工是指有几个方向的运动采用了数字控制。

两坐标加工：两个坐标方向的运动采用了数字控制。

多坐标加工：多个坐标方向的运动采用了数字控制。

常用的有两坐标加工、三坐标加工等。

8.2.1.2　**插补**

一个零件的形状虽然看起来很复杂，但实际上大多数是由一些简单的几何元素（直线、圆弧等）构成的。数控机床如何加工出直线、圆弧呢？例如要加工如图 8-7 所示的一段圆弧，已知的仅是该圆弧的起点 A 和终点 B 的坐标、圆心 O 的坐标及半径 R，要想把圆弧段 AB 段光滑地描绘出来，必须把圆弧段 A、B 之间诸点的坐标值计算出来，并把这些点填补到 A、B 之间。通常把这种"填补空白"的工作称为插补，把计算机补点的运算称为插补运算，把实现插补运算的装置称为插补器。

从图 8-8 清楚地看出，在加工直线、圆弧等的轮廓控制中，刀具中心从 A 点移动到 B 点时，仅仅是寻求格点（即以每个脉冲当量使工作台产生最小移动量的单位运动的合成）来实现刀具移动的。所以，不能丝毫不偏离地走直线或圆弧，也就是说，在走平滑直线或圆弧时，是通过图 8-8（a）、（b）那样非常接近于平滑直线或圆弧的格点的单位运动使其逼近于轮廓线的。

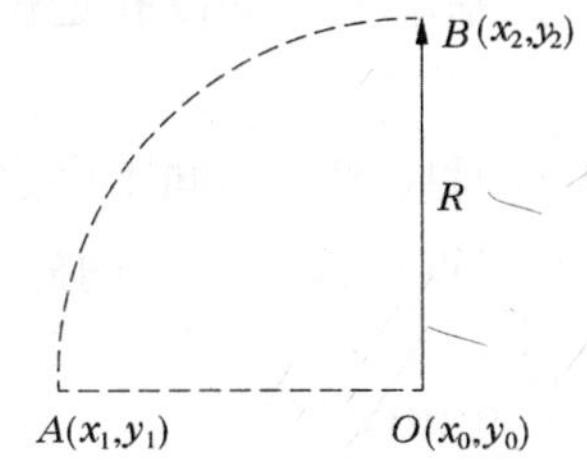

图 8-7　插补概念

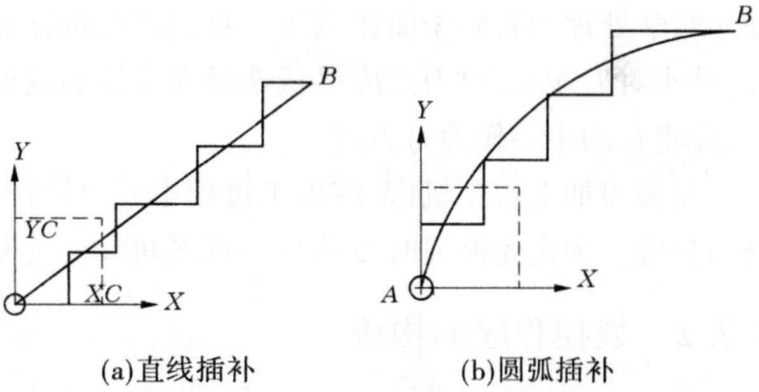

(a)直线插补　(b)圆弧插补

图 8-8　直线或圆弧插补

数控装置是根据程序介质上的信息来控制对各坐标的脉冲分配比例而得到所希望的轨迹的。如图 8-8（a）所示斜率的直线，一定要按 X、Y、X、Y、X、Y、X、Y、X 的顺序分配脉冲。具有沿平滑直线分配脉冲功能的插补叫直线插补，实现这种插补运算的装置叫直线插补器。在图 8-8（b）中，一定要按 Y、X、Y、X、Y、X、Y、X 的顺序分配脉冲，沿圆弧分配脉冲功能的插补叫圆弧插补，实现这种插补运算的装置叫圆弧插补器。现在使用的轮廓控制数控机床，其数控装置大多数具有直线插补和圆弧插补功能。

8.2.1.3　**刀补**

刀补是刀具补偿的简称。具有这种功能的数控装置能使刀具中心自动从零件实际轮廓上偏离一个指定的刀具半径（补偿量），并使刀具中心在这一被补偿的轨迹上运动，从而把工件加工成图纸要求的轮廓形状，如图 8-9 所示。

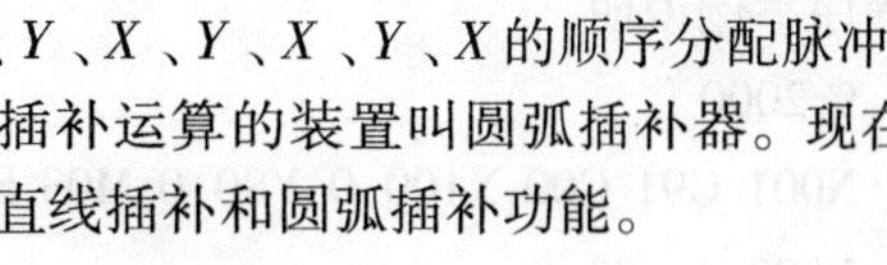

图 8-9　刀具半径补偿

当控制机具有刀具半径补偿功能时，在编程时，不考虑加工所用的刀具半径，直接按照零件的实际轮廓形状来编制数控带的程序指令；而在加工时，把实际采用的刀具半径值由刀具半径拨码盘或键拨入，系统自动地算出每个程序段在各坐标方向上的补偿量。

刀具半径补偿只是刀具补偿的一种，如果是长度方向（Z 轴方向）上的补偿，称为刀具长度补偿，其原理和刀具半径补偿的基本相同。

8.2.1.4　对刀点和换刀点

对刀点是数控加工时刀具相对于零件运动的起点，又称为起刀点，也是程序运行的起点。对刀点选定后，便确定了机床坐标和零件坐标之间的相互位置关系。

刀具在机床上的位置由刀位点的位置来表示。不同的刀具，其刀位点不同。平头立铣刀、端面铣刀类刀具的刀位点为它们的底面中心；钻头的刀位点为钻尖；球头铣刀的刀位点为球心；车刀、镗刀类刀具的刀位点为其刀尖。在对刀时，刀位点应尽量与对刀点一致。

对刀点的选择原则：主要考虑对刀点在机床上使对刀方便，便于观察和检测，编程时便于数学处理和有利于简化编程。对刀点可选择在零件和夹具上。为提高零件的加工精度、减小对刀误差，对刀点应尽量选择在零件的设计基准或工艺基准上。如以孔定位的零件，应将孔的中心作为对刀点。

对多刀加工数控机床，在加工过程中需要进行换刀，故编程时应考虑不同工序之间的换刀位置。为避免换刀时刀具与工具之间及夹具发生干涉，换刀点应设在工件的外部。

8.2.2　数控程序的构成

一个完整的程序，由许多程序段组成。每个程序段是由序号、若干个字和结束符号组成的，每个字由字母和数字组成。有些字母也叫代码，它表示某种功能，如 G 代码、M 代码；有些字母表示坐标，如 X、Y、Z，还有一些表示其他的功能符号。

一个完整的数控加工程序可以分解为三种成分，即程序头、程序段、程序字。以下面的程序举例说明。

```
%2000
N001 G91 G00 X100.0 Y80.0 M03 S650;
N002 Z-33.0;
N003 G01 Z-26.0 F100;
N004 G00 X26.0;
N005 X50.0 Y30.0;
N006 G01 Z-17.0;
N007 G04 F2;
N008 G00 Z50.0;
N009 X-150.0 Y-110.0;
N010 M02
```

在该加工程序中，“%2000”是程序名，放在程序的开头。为了能在存储器中找到该程序,每个程序都要有一个程序名。不同的数控系统对程序名的结构有不同的规定。FANUC系统一般都采用英文字母"O"作为程序名首字母,而西门子的数控系统大部分以"%"作为程序名的首字母。程序名是一个完整程序存放在内存中的首地址标识符。

从第二行(即N001行)直至最后一行(即N010行)是数控程序段的主体,称为程序体。根据不同的加工零件,程序体大小不同。从本例中可以看出,程序体是由一行一行的程序组成的,每行程序称为一个程序段。数控系统是以程序段为处理基本单位,一段一段地把程序读进内存并进行处理的。一段程序基本包含如下三部分:

(1)程序标号字。

程序标号字也称为程序段号,是用以识别和区分程序段的标号,用地址N和后面的若干位数字来表示。例如:N008就表示该程序段的标号为008。在大部分数控系统中,可以对所有的程序段标号,也可以对一些特定的程序段标号,而不是所有的程序段都要标号。但是程序段标号对程序的查找提供了方便,另外,对于程序跳转来说,程序段标号就是必要的。程序段标号与程序的执行顺序无关,不管有无标号,程序都是按排列的先后次序执行的。通常标号是按程序的排列次序给出的。

(2)程序段的结束符号。

可以用";"作程序段的结束符号,有些系统使用"。"或LF(回车键)作为结束符号。任何一个程序段都必须有结束符号,没有结束符号的语句是错误的语句。计算机不执行含有错误语句的程序段。

(3)程序段的主体部分。

一个程序段中,除标号和结束符号外的其余部分是程序的主体部分。主体部分规定了一段完整的加工过程,它一般由若干个代码组成,每个代码之间以空格分开。可以称程序段内的代码为程序字,一般而言,程序字是由数字和字母共同组成的。程序字是数控系统对机床进行控制的基本单元,每一个程序字都代表了一种数控功能。数控系统在读入程序段后,会对其中的每一个程序进行翻译、理解、处理,并向机床发出控制信息。

8.2.3 数控编程的基本指令

数控机床加工中的动作,在加工程序中用程序字的方式事先予以规定。这类程序字按功能不同可以划分为:准备功能G、辅助功能M、刀具功能T、主轴转速功能S和进给功能F。对于准备功能G和辅助功能M,我国已依据IOS 1056—1975(E)国际标准制定了我国JB 3208—83部颁标准。由于我国目前数控机床的形式和数控系统的种类较多,它们的指令代码定义还不统一,同一G指令或同一M指令,其含义不完全相同,甚至完全不同。因此,编程人员在编程前必须对自己使用的数控系统的功能进行仔细研究,以免发生错误。

8.2.3.1 准备功能

准备功能又称G功能或G代码,是建立机床数控系统工作方式的一种命令,由地址G及其后的两位数组成。常用准备功能如表8-1所示。

表 8-1　常用准备功能

代码	级别	功能	后续地址字
G00	01	快速点定位	X,Y,Z,A,B,C,U,V,W
G01		直线插补	X,Y,Z,A,B,C,U,V,W
G02		顺时针圆弧插补	X,Y,Z,A,B,C,U,V,W,I,J,K,R
G03		逆时针圆弧插补	X,Y,Z,A,B,C,U,V,W,I,J,K,R
G04	00	延迟(暂停)	P
G07		虚轴指定	
G09		准信校验	X,Y,Z,A,B,C,U,V,W
G11	07	单段允许	
G12		单段停止	
G15	00	直接工件坐标编程	
G17	02	XY 平面选择	X,Y,U,V
G18		ZX 平面选择	X,Z,U,W
G19		YZ 平面选择	Y,Z,V,W
G21	08	毫米输入	
G22		脉冲当量	
G24	03	镜像开	X,Y,Z,A,B,C,U,V,W
G25		镜像关	X,Y,Z,A,B,C,U,V,W
G27	00	返回参考点确认	X,Y,Z,A,B,C,U,V,W
G28		返回参考原点	X,Y,Z,A,B,C,U,V,W
G29		从参考点回到切削点	X,Y,Z,A,B,C,U,V,W
G32	01	螺纹切削	
G36	09	自动刀具补偿 X	
G37		自动刀具补偿 Z	
G40	09	刀具半径补偿取消	
G41		刀具半径左补偿	D
G42		刀具半径右补偿	D
G43	10	刀具长度加补	H
G44		刀具长度减补	H
G49		取消刀具长度补偿	
G50	04	缩放开	X,Y,Z,P
G51		缩放关	

续表 8-1

代码	级别	功能	后续地址字
G52 G53	00	局部坐标系设定 直接机械坐标系编制	X,Y,Z,A,B,C,U,V,W
G54 G55 G56 G57 G58 G59	11	直线偏移 x 直线偏移 y 直线偏移 z 直线偏移 xy 直线偏移 xz 直线偏移 yz	
G70 G71 G72 G73 G74 G75 G76	06	精车循环 粗车外圆复合循环 粗车端面复合循环 固定粗加工复合循环 Z 向深孔钻削循环 切槽(X 向) 螺纹切削复合循环	
G90 G91	13	绝对坐标 相对坐标	
G92	11	坐标系指定	X,Y,Z,A,B,C,U,V,W
G94 G95 G96 G97	14	每分钟进给 每转进给 恒速切削控制有效 恒速切削控制取消	
G98 G99	15	固定循环返回起始点 固定循环返回 R 点	

同一组的 G 代码,其性质相同,同组中的代码出现在同一段中时,最后一个代码有效。例如表 8-1 中的组别,01 组中的代码均为路径控制代码。

G 代码分为模态代码和非模态代码两种。所谓模态代码,是指某 G 代码一经指定就一直有效,直到后续程序段中使用同组 G 代码才能取代它;而非模态代码只在指定的本程序段中有效,下一段程序需要时必须重写。

8.2.3.2 辅助功能

辅助功能又称为 M 功能,主要用来表示机床操作时各辅助动作及其状态,它由地址

M 及其后的两位数字组成。常用辅助功能如表 8-2 所示。

表 8-2 常用辅助功能

序号	代号	功能	序号	代号	功能
1	M00	程序停止	9	M10	车螺纹 45°退刀
2	M01	选择停止	10	M11	车螺纹直退刀
3	M02	程序结束	11	M12	误差检测
4	M03	主轴正转	12	M13	误差检测取消
5	M04	主轴反转	13	M19	主轴准停
6	M05	主轴停止	15	M30	程序结束
7	M08	切削液开	16	M98	调用子程序
8	M09	切削液关	17	M99	返回子程序

8.2.3.3 F、T、S 功能

1. F 功能

F 功能用于指定进给速度,由地址 F 和其后面的数字组成。

每转进给(G99):在含有 G99 程序段后面,遇到 F 指令时,则认为 F 所指定的进给速度单位为 mm/r。系统开机状态为 G99 状态,只有输入 G98 指令后,G99 才被取消。

每分进给(G98):在含有 G98 程序段后面,遇到 F 指令时,则认为 F 所指定的进给速度单位为 mm/min。G98 被执行一次后,系统将保持 G98 状态,直到被 G99 取消。

2. T 功能

T 功能用于指定数控系统进行选择刀和换刀,用地址 T 和其后的数字来指定刀具号和刀具补偿号。车床上刀具号和刀具补偿号有两种形式:T_1+1 或 T_2+2。

3. S 功能

S 功能用于指定主轴转速或速度,由地址 S 和其后的数字组成。

恒线速度控制(G96):G96 是接通恒线速度控制的指令。系统执行 G96 指令后,S 后面的数字表示切削速度。如 G96 S100 表示切削速度为 100 mm/min。

主轴转速控制(G97):G97 是取消恒线转速的指令。系统执行 G97 指令表示 S 后面的数字为主轴转速(r/min)。

主轴最高转速限定(G50):G50 除有坐标系设定功能外,还有主轴最高转速设定功能,即用 S 指定的数字设定主轴每分最高转速。

用恒线速度控制加工端面、锥度和圆弧时,由于 X 坐标值不断变化,当逐渐接近工件的旋转中心时,主轴转速会越来越高,工件有从卡盘飞出的危险,所以为了防止事故的发生,有时必须限制主轴的最高转速。

F 功能、T 功能、S 功能均为模态代码。

8.2.4 自动编程

8.2.4.1 自动编程及类型

自动编程是采用计算机辅助数控编程技术实现的,现代数控编程软件主要分为以批处理命令方式为主的语言编程系统和交互式 CAD/CAM 编程系统。

8.2.4.2 语言编程系统

APT(Automatically Programmed Tool)是一种自动编程工具,是对工件、刀具的几何形状及刀具相对于工件的运动等进行定义所用的一种符号语言。在编程时,编程人员依据零件图样以 APT 语言的形式表达出加工的全部内容,再把用 APT 语言书写的零件加工程序输入到计算机,经 APT 语言编程系统编译产生刀位文件,通过后处理,生成数控系统能接受的零件数控加工程序的过程,称为 APT 语言自动编程。

语言自动编程的特点有以下几点:

(1)效率可提高数十倍。计算机代替程序编制人员完成了烦琐的数值计算工作,且省去了编制程序单的工作量,同时解决了手工编程中无法解决的许多复杂零件的编程难题,所以效率大大提高了。

(2)一旦语言出错后纠正费时。在语言编程系统中,计算机对信息的处理是批处理,编程人员必须一次性将编程的全部信息向计算机交代清楚,计算机一次就把这些信息处理完毕,如果信息正确就可以马上得出结果。编程人员要依据所用编程语言的编程手册以及零件图样,用规定的编程语言写好零件源程序,将源程序输入计算机处理,如果源程序编写正确,就可以通过语言自动编程系统直接获得所需要的机床 NC 加工程序。当零件复杂时,一旦出错,查找错误语句并加以改正是非常费时且需要丰富工作经验的。

8.2.4.3 交互式 CAD/CAM 系统自动编程

交互式 CAD/CAM 系统自动编程是现代 CAD/CAM 系统中常用的方法。编程时,编程人员首先利用软件本身的 CAD 部分的零件造型功能,构建出零件的几何形状,对零件进行工艺分析,确定加工方案。然后还需要利用软件的计算机辅助制造功能,即 CAM 功能,来完成工艺方案的制订,包括切削用量的选择、刀具及其参数的设定等,自动计算并生成刀位轨迹文件,利用后置处理功能生成指定数控系统用的加工程序。这种自动编程方法称为交互式自动编程。

交互式自动编程特点有以下几点:

(1)不易出错。因采用人机对话方式编程,编程人员根据菜单提示的内容反复与计算机对话,选择菜单指令或回答计算机提问,直接把问题全部答完,最后得到所需要的 NC 加工程序。

(2)CAD 和 CAM 高度结合。这种编程要通过创建几何体、创建毛坯、创建机床、创建加工,几何体和毛坯是 CAD 内容,后面的是 CAM 内容。

8.2.4.4 数控自动编程过程

数控自动编程的一般过程如图 8-10 所示。编程人员首先将加工零件的几何图形及有关工艺过程用计算机能够识别的形式输入计算机,利用计算机内的数控系统程序对输入信息进行翻译,形成机内零件拓扑数据;然后进行工艺处理(如刀具选择、走刀分配和工艺参选择等)与刀具运动轨迹的计算,生成一系列的刀具位置数据(包括每一次走刀运动的坐标数据和工艺参数),这一过程称为前置处理;最后经过后置处理输出适应某一具体数控机床要求的零件数控加工程序(又称 NC 加工程序),该加工程序可以通过控制介质(如磁盘等)送入机床的数控系统。在现代数控机床上,可经通信接口直接将计算机内的加工程序传输给机床的数控系统,免去了制备控制介质的工作,提高了程序信息传递的速度及可靠性。

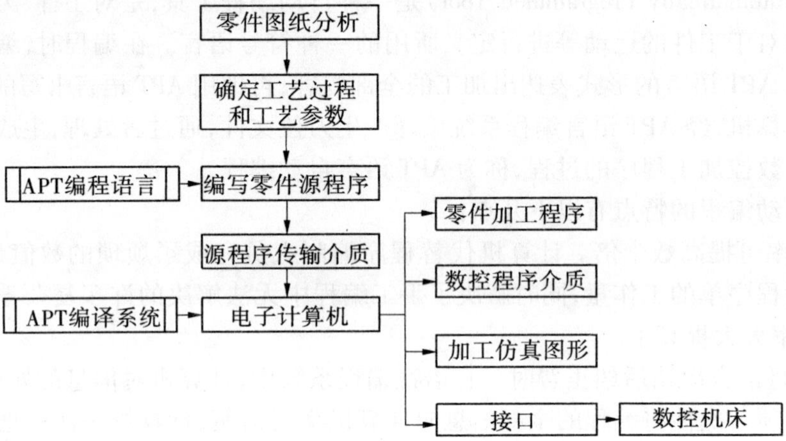

图 8-10　数控自动编程的一般过程

1. 加工工艺决策

在数控编程之前,编程人员应了解所用数控机床的规格、性能、数控系统所具备的功能及编程指令格式等。根据零件形状尺寸及其技术要求,分析零件的加工工艺,选定合适的机床、刀具与夹具,确定合理的零件加工工艺路线、工步顺序以及切削用量等工艺参数,这些工作与普通机床加工零件时的编制工艺规程基本是相同的。

首先,确定加工方案。确定加工方案时,应考虑数控机床使用的合理性及经济性,并充分发挥数控机床的功能。

其次,夹具的设计和选择。应特别注意:要迅速完成工件的定位和夹紧过程,以减少辅助时间。若使用组合夹具,生产准备周期短,夹具零件可以反复使用,经济效果好。此外,所用夹具应便于安装,便于协调工件和机床坐标系之间的尺寸关系。

再次,选择合理的走刀路线。合理地选择走刀路线对于数控加工是很重要的。应考虑以下几方面:尽量缩短走刀路线,减少空走刀行程,提高生产效率;合理选取起刀点、切入点和切入方式,保证切入过程平稳,没有冲击;保证加工零件的精度和表面粗糙度的要求;保证加工过程的安全性,避免刀具与非加工面的干涉;有利于简化数值计算,减少程序段数目和编制程序工作量。

然后,选择合理的刀具。应根据工件材料的性能、机床的加工能力、加工工序的类型、切削用量以及其他与加工有关的因素来选择刀具,包括刀具的结构类型、材料牌号和几何参数。

最后，确定合理的切削用量。

2. 刀位轨迹计算

编写 NC 程序时，根据零件形状尺寸、加工工艺路线的要求和定义的走刀路径，在适当的工件坐标系上计算零件与刀具相对运动的轨迹的坐标值，以获得刀位数据，诸如几何元素的起点、终点，圆弧的圆心，几何元素的交点或切点等坐标值，有时还需要根据这些数据计算刀具中心轨迹的坐标值，并按数控系统最小设定单位（如 0.001 mm）将上述坐标值转换成相应的数字量，作为编程的参数。

在计算刀具加工轨迹前，正确选择编程原点和工件坐标系是极其重要的。工件坐标系是指在数控编程时在工件上确定的基准坐标系，其原点也是数控加工的对刀点。

工件坐标系的选择原则：所选的工件坐标系应使程序编制变得简单；工件坐标系原点应选在容易找正，并在加工过程中便于检查的位置；引起的加工误差要小。

3. 编制或生成加工程序清单

根据制定的加工路线、刀具运动轨迹、切削用量、刀具号码、刀具补偿要求及辅助动作，按照机床数控系统使用的指令代码及程序格式要求，编写或生成零件加工程序清单。需要对以上内容进行初步的人工检查，并进行反复修改。

4. 程序输入

近年来，许多数控机床都采用磁盘、计算机通信技术等各种与计算机通用的程序输入方式，实现加工程序的输入。因此，只需要在普通计算机上输入编辑好的加工程序，就可以直接传送到数控机床的数控系统中。当程序较简单时，也可以通过键盘人工直接输入到数控系统中。

5. 数控加工程序正确性校验

通常所编制的加工程序必须经过进一步的校验和试切削才能用于正式加工。当发现错误时，应分析错误的性质及其产生的原因，或修改程序单，或调整刀具补偿尺寸，直到符合图纸规定的精度要求。

8.2.4.5 图形交互式自动编程系统

当计算机的图形处理能力发展到一定水平时，出现了一种可以直接将零件的几何图形信息自动转化为数控加工程序的全新的计算机辅助编程技术——图形交互式自动编程技术。该技术在 20 世纪 70 年代以后得到了迅速的发展和推广应用。

所谓图形交互式自动编程系统，就是应用计算机图形交互式自动编程技术开发出来的数控加工程序自动编程系统。使用者利用计算机键盘、鼠标等输入设备以及屏幕显示设备通过交互操作，建立、编辑零件轮廓的几何模型，选择加工工艺策略，生成刀具运动轨迹，再利用屏幕动态模拟显示数控加工过程，最后生成数控加工程序。现代图形交互式自动编程系统是建立在 CAD/CAM 系统的基础上的。图形交互式自动编程系统通常有两种类型的功能：一种是 CAM 系统中内嵌的三维造型功能；另一种是独立的 CAD/CAM 系统具备的图形交互式自动编程功能。

图形交互式自动编程系统采用人机交互的实时对话的方式。在计算机屏幕上指定被加工的部位，再输入相应的加工参数，计算机便可自动进行必要的数学处理并编制出数控加工程序，同时在计算机屏幕上动态地显示出刀具的加工轨迹。在人机交互过程中，根据所设置的菜单命令和屏幕上的提示,引导编程人员有条不紊地工作。菜单一般包括主菜单和各级分菜单,它们相当于语言系统中几何、运动、后置等处理阶段及其所包含的语句等内容,只是表现形式和处理方式不同。

图形交互式自动编程系统一般由几何造型、刀具轨迹生成、刀具轨迹编辑、刀位验证、后置处理(相对独立)、图形显示、数据库、运行控制及用户界面等部分组成,如图 8-11 所示。

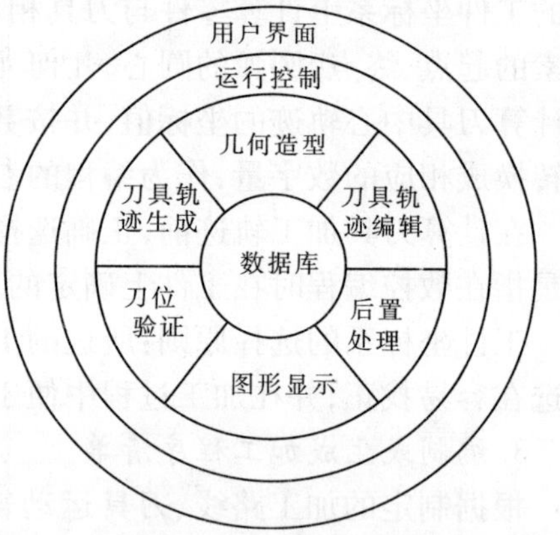

图 8-11　图形交互式自动编程系统的组成

在图形交互式自动编程系统中,数据库部分是整个系统的基础;几何造型部分完成零件几何图形的构建,并在计算机内自动形成零件图形的数据文件;刀具轨迹生成部分根据所选用的刀具及加工方式进行刀位计算,生成数控加工刀具轨迹;刀具轨迹编辑部分根据加工单元的约束条件,对刀具轨迹进行剪裁、编辑和修改;刀位验证部分用于检验刀具轨迹的正确性,也用于检验刀具是否与加工单元的约束面发生干涉和碰撞,检验刀具是否啃切加工表面;图形显示部分贯穿整个编程过程的始终;用户界面部分为用户提供一个良好的运行环境;运行控制部分支持用户界面所有的输入方式到各功能部分之间的接口。

8.2.4.6　图形交互式自动编程的基本步骤

由于各种 CAD/CAM 系统的图形交互式自动编程部分的功能、面向用户的接口方式会有所不同,因此编程的具体过程及编程过程中所使用的指令也不尽相同。但从总体上讲,编程的基本原理及基本步骤大体上是一致的,可分为 5 个步骤:零件造型;加工工艺决策;刀位轨迹计算及生成;后置处理;程序输出。

1. 零件造型

零件造型就是利用 CAD/CAM 系统的三维造型功能把要加工的工件的三维几何模型构造出来,并将零件被加工部位的几何图形准确地绘制在计算机屏幕上,与此同时,在计算机内自动形成零件三维几何模型数据库。它相当于 APT 语言编程中用几何定义语句定义零件的几何图形的过程,其不同点在于它不是用语言,而是用计算机造型的方法将零件的图形数据输送到计算机中。这些三维几何模型数据是下一步刀位轨迹计算的依据。在自动编程过程中,图形交互式自动编程软件将根据加工要求提取这些数据,进行分析判断和必要的数学处理,形成加工时刀具位置数据。

2. 加工工艺决策

选择合理的加工方案以及工艺参数是准确、高效加工工件的前提条件。加工工艺决策内容包括设定毛坯尺寸、边界、刀具尺寸、刀具基准点、进给率、快进路径以及切削加工方式。首先按模型形状及尺寸大小设置毛坯的尺寸形状,然后定义边界和加工区域,选择合适的刀具类型及其参数,并设置刀具的基准点。

CAD/CAM 系统中有不同的切削加工方式供编程时选择,可为粗加工、半精加工、精加工各个阶段选择相应的切削加工方式。

3. 刀位轨迹计算及生成

图形交互式自动编程系统中刀位轨迹的生成是面向屏幕上的零件模型交互进行的。首先在刀位轨迹生成菜单中选择所需的菜单项；然后根据屏幕提示，用光标选择相应的图形目标，指定相应的坐标点，输入所需的各种参数；自动从图形文件中提取编程所需的信息，进行分析判断，计算出节点数据，并将其转换成刀位数据，存入指定的刀位文件中或直接进行后置处理生成数控加工程序，同时，在屏幕上显示出刀位轨迹图形。

4. 后置处理

由于各种机床使用的控制系统不同，所用的数控指令文件的代码及格式也有所不同。为解决这个问题，图形交互式自动编程系统通常设置一个后置处理文件。在进行后置处理前，编程人员需对该文件进行编辑，按文件规定的格式定义数控指令文件所使用的代码、程序格式、圆整化方式等内容，在执行后置处理命令时将自行按设计文件定义的内容生成所需要的数控指令文件。另外，由于某些CAD/CAM软件采用固定的模块化结构，其功能模块与数控系统是一一对应的，后置处理过程已固化在模块中，因此在生成刀位轨迹的同时便自动进行后置处理，生成数控指令文件，而无须再进行单独后置处理。

5. 程序输出

图形交互式自动编程系统在计算机内自动生成刀位轨迹图形文件和数控程序文件，可用打印机打印数控加工程序单，也可在绘图仪上绘制出刀位轨迹图，使机床操作者更加直观地了解加工的走刀过程。有标准通信接口的机床数控系统可以和计算机直接联机，由计算机将加工程序直接送给机床控制系统。

图8-12为图形交互式自动编程系统流程图。该实例中，零件几何信息是从CAD图形数据文件中读取的，对此文件进行一定的转换便会产生所要加工零件的图形，并在屏幕上显示；工艺信息是由编程人员以交互方式通过用户界面输入的。

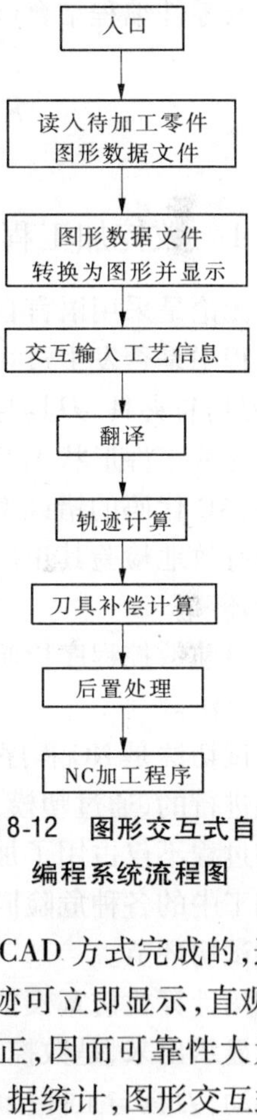

图8-12 图形交互式自动编程系统流程图

图形交互式自动编程系统的用户不需要编写任何源程序，当然也就省去了调试源程序的烦琐工作。如果零件图形设计是用CAD方式完成的，这种编程方法就更有利于计算机辅助设计和制造的集成。由于刀具轨迹可立即显示，直观、形象地模拟了刀具轨迹与被加工零件之间的关系，易发现错误并改正，因而可靠性大为提高，试切次数减少，对于不太复杂的零件，往往可以一次加工合格。据统计，图形交互式自动编程的编程时间比语言自动编程平均节省2/3左右。

8.2.4.7 图形交互式自动编程的特点

图形交互式自动编程是一种全新的编程方法，与语言自动编程比较，主要有以下几个特点：

(1)图形交互式自动编程既不像手工编程那样需要用复杂的数学手工计算算出各节点的坐标数据，也不需要像APT语言编程那样用数控编程语言去编写描绘零件的几何形状、加工走刀过程及后置处理的源程序，而是在计算机上直接面向零件的几何图形，以光标指点、菜单选择及交互对话的方式进行编程，其编程结果以图形的方式显示在计算机上。因此，该方法具有简便、直观、便于检查修改的优点。

(2)图形交互式自动编程将加工零件的几何造型、刀位计算、图形显示和后置处理结合在一起，有效地解决了编程数据来源、几何显示、走刀模拟、交互修改等问题，弥补了单一利用数控语言进行编程的不足。

(3)在图形交互式自动编程过程中，图形数据的提取、节点数据的计算、程序的编制及输出都是由计算机自动进行的。因此，编程的速度快、效率高、准确性好。

(4)图形交互式自动编程有利于实现与 CAD/CAM 其他功能的结合，既可以把产品设计与零件编程结合起来，也可以与工艺过程设计、刀具设计等过程结合起来。

8.3 数控加工过程检验与仿真

8.3.1 数控加工程序的检验

无论是采用语言自动编程还是采用图形交互式自动编程生成的数控加工程序，在加工过程中是否发生过切、少切，所选择的刀具、走刀路线、进退刀方式是否合理，零件与刀具、刀具与夹具、刀具与工作台是否发生干涉和碰撞等，编程人员往往事先很难预料，结果可能导致工件形状不符合要求，出现废品，有时还会损坏机床、刀具。随着 NC 编程的复杂化，NC 代码的错误率也越来越高。因此，零件的数控加工程序在投入实际的加工之前，如何有效地检验其正确性、确保投入实际应用的数控加工程序正确，是数控加工编程中的重要环节。

目前数控程序检验方法主要有试切、刀位轨迹仿真、三维动态切削仿真和虚拟加工仿真等方法。

试切法是 NC 程序检验的有效方法。传统的试切是采用塑模、蜡模或木模在专用设备上进行的，通过塑模、蜡模或木模零件尺寸的正确性来判断数控加工程序是否正确。但试切过程不仅占用了加工设备的工作时间，需要操作人员在整个加工周期内进行监控，而且加工中的各种危险同样难以避免。因此，有必要尽可能地排除试切过程中的危险，甚至取代试切环节。

用计算机仿真模拟系统，实现零件的试切过程，将数控程序的执行过程在计算机的屏幕上显示出来，是数控加工程序检验的有效方法。在动态模拟时，刀具可以实时地在屏幕上移动，刀具与工件接触之处、工件的形状都会随刀具移动的轨迹发生相应的变化。

观察者可在屏幕上看到连续的、逼真的加工过程。利用这种视觉检验装置，就可以很容易发现刀具和工件之间的碰撞以及其他错误的程序指令。

8.3.2 刀位轨迹仿真

刀位轨迹仿真一般在后置处理之前进行。通过读取刀位数据文件来检查刀具位置计算是否正确，加工过程中是否发生过切，所选刀具、走刀路线、进退刀方式是否合理，刀位轨迹是否正确,刀具与约束面是否发生干涉与碰撞。这种仿真一般可以采用动画显示的方法,效果逼真。由于该方法是在后置处理之前进行刀位轨迹仿真的,因此可以脱离具体的数控系统环境进行。刀位轨迹仿真法是目前比较成熟有效的仿真方法,应用比较普遍。该方法主要有刀具轨迹显示验证、刀具轨迹截面法验证和刀具轨迹数值验证三种方式。

8.3.2.1 刀具轨迹显示验证

刀具轨迹显示验证的基本方法是:当待加工零件的刀具轨迹计算完成以后,将刀具轨迹在图形显示器上显示出来,从而判断刀具轨迹是否连续,检查刀位计算是否正确。图8-13是采用球形棒铣刀五坐标侧铣加工透平压缩机叶轮叶片型面的显示验证图,从图中可看出刀具轨迹与叶片型面的相对位置是合理的。

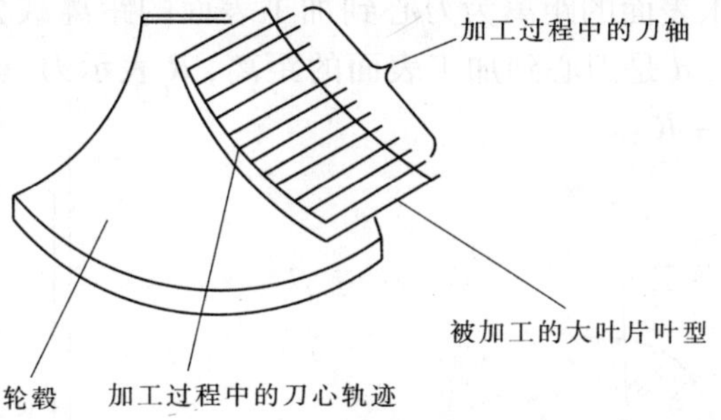

图8-13 刀具轨迹显示验证

8.3.2.2 刀具轨迹截面法验证

截面法验证是先构造一个截面,然后求该截面与待验证的刀位点上的刀具外形表面、加工表面及其约束面的交线,构成一幅截面图显示在屏幕上,从而判断所选择的刀具是否合理,检查刀具与约束面是否发生干涉与碰撞,加工过程中是否存在过切。

截面法验证主要应用于侧铣加工、型腔加工及通道加工的刀具轨迹验证。截面形式有横截面、纵截面及曲截面等三种。

采用横截面方式时,构造一个与走刀路线上刀具的刀轴方向大致垂直的平面,然后用该平面去剖截待验证的刀位点上的刀具表面、加工表面及其约束面,从而得到一张所选刀位点上刀具与加工表面及其约束面的截面图。该截面图能反映出加工过程中刀杆与加工表面及其约束面的接触情况。图8-14是采用二坐标侧铣加工轮廓及二坐标端铣加工型腔时的横截面验证图。

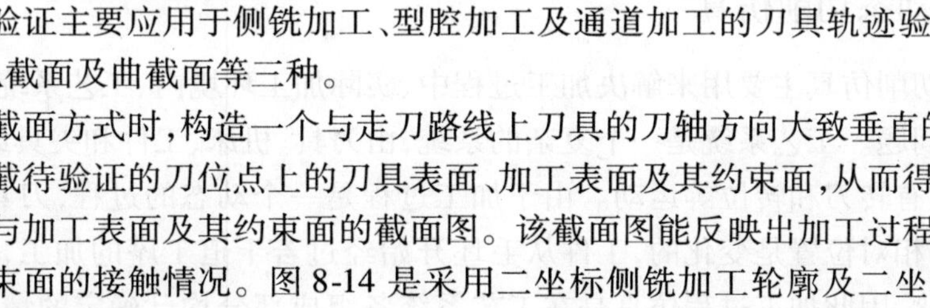

图8-14 刀具轨迹横截面验证法

纵截面验证不仅可以得到一张反映刀杆与加工表面、刀尖与导动面的接触情况的定性验证图,还可以得到一个定量的干涉分析结果表。如图 8-15 所示,在用球形刀加工自由曲面时,若选择的刀具半径大于曲面的最小曲率半径,则可能出现过切干涉或加工不到位的现象。

8.3.2.3　刀具轨迹数值验证

刀具轨迹数值验证也称为距离验证,是一种刀具轨迹的定量验证方法。它通过计算各刀位点上刀具表面与加工表面之间的距离进行判断,若此距离为正,表示刀具离开加工表面一定距离;若此距离为负,表示刀具与加工表面过切。

如图 8-16 所示,选取加工过程中某刀位点上的刀心,然后计算刀心到所加工表面的距离,则刀具表面到加工表面的距离为刀心到加工表面的距离减去球形刀刀具半径。设 C 表示加工刀具的刀心, d 是刀心到加工表面的距离, R 表示刀具半径,则刀具表面到加工表面的距离为 $\delta = d - R$ 。

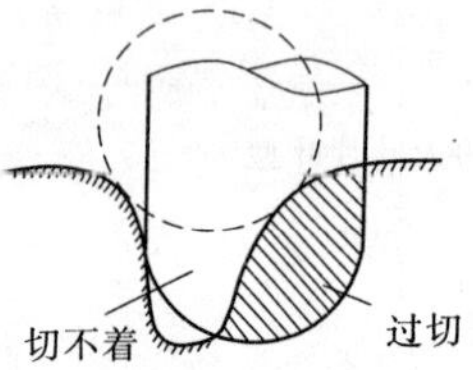

图 8-15　刀具轨迹纵截面验证法

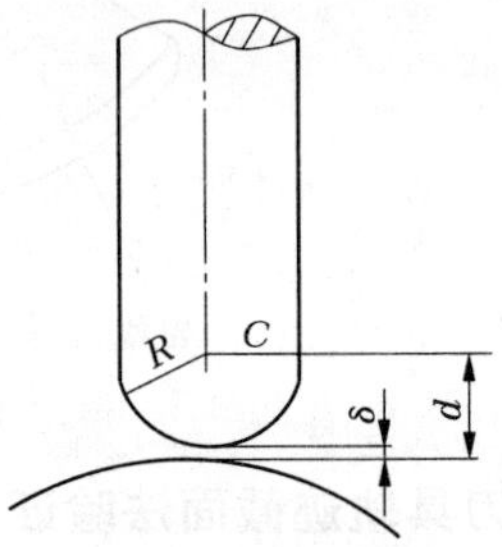

图 8-16　数值验证

8.3.3　三维动态切削仿真

三维动态切削仿真主要用来解决加工过程中、实际加工环境内、工艺系统间的干涉碰撞和运动关系问题。工艺系统是一个复杂的系统,由刀具、机床、工件和夹具组成,在加工中心上加工,还有转刀和转位等运动。由于加工过程是一个动态的过程,刀具与工件、夹具、机床之间的相对位置是变化的,工件从毛坯开始经过若干道工序的加工,形状和尺寸均在不断地变化,因此加工过程仿真是在工艺系统各组成部分均已确定的情况下进行的一种动态仿真。应该注意的是,三维动态切削仿真在后置处理以后,已有工艺系统实体模型和数控加工程序(根据具体加工零件编好的)的情况下才能进行。

三维动态切削仿真主要经历了两个阶段。在 20 世纪 70 年代,CAD 系统线框模型的诞生使刀具动态显示技术有了突破,毛坯和刀具模型都是以线框方式显示在计算机屏幕上的,人们可以通过在零件上动态显示刀具加工过程来观察刀具与工件之间的几何关系,对有一定经验的编程人员来说,这可以避免很多干涉错误和许多计算不稳定错误。但由于刀具轨迹也要显示在屏幕上,所以这种方法不能很清楚地表示出加工过程的情况。进入 20 世纪 80 年代,实体造型技术给图形仿真技术赋予了新的含义,出现了基于实体的仿真系统。由于实体可以用来表达加工半成品,从而可以建立起有效真实的加工模拟和 NC

加工程序的验证模型。

目前,三维动态切削仿真多是采用实体造型技术建立加工零件毛坯、机床、夹具及刀具在加工过程中的实体几何模型,然后将加工零件毛坯及刀具的几何模型进行快速的布尔运算(一般为减运算),最后采用真实感图形显示技术把加工过程中的零件模型、机床模型、夹具模型及刀具模型动态地显示出来,模拟零件的实际加工过程。

一个完整的三维动态切削仿真过程包括以下几部分:

(1)NC 指令的翻译和检查。将 NC 代码翻译为刀具的运动数据,即仿真驱动文件,并对代码中的语法错误进行检查。

(2)毛坯及零件图形的输入和显示。

(3)机床、刀具、夹具的定义和图形显示。

(4)刀具运动及毛坯被切削的动态图形显示。

(5)刀具碰撞及干涉检查。

(6)仿真结果报告,包括具体干涉位置和干涉量。

三维动态切削仿真的特点是仿真过程的真实感较强,基本具有试切加工的验证效果。目前三维动态切削仿真方法有两种:一种是只显示刀具模型和零件模型;另一种是同时动态显示刀具模型、零件模型、夹具模型和机床模型。

在三维动态切削仿真过程中,一般将加工过程中不同的对象,如机床、刀具、夹具、工件分别采用不同的颜色显示。已切削加工表面与待切削加工表面颜色不同,已加工表面上存在过切、干涉之处又采用另一种不同的颜色。对仿真过程的速度亦要进行控制,从而使编程人员可以清楚地看到零件的整个加工过程,看到刀具是否啃切加工表面,刀具是否与约束面发生干涉与碰撞等。

8.3.4 虚拟加工仿真

虚拟加工仿真是应用虚拟现实技术实现加工过程的仿真技术。虚拟加工方法主要解决加工过程和实际加工环境中,工艺系统间的干涉碰撞和运动关系问题。由于加工过程是一个动态的过程,刀具与工件、夹具、机床之间的相对位置是变化的,工件从毛坯开始经过若干道工序的加工,其形状和尺寸均在不断变化,因此虚拟加工方法是在各组成环节确定的工艺系统上进行的动态仿真。

虚拟加工方法与刀位轨迹仿真方法不同,虚拟加工方法能够利用多媒体技术实现虚拟加工,不只解决工件与刀具之间的运动仿真,它更重视对整个工艺系统的仿真。虚拟加工软件一般直接读取程序,仿真数控系统对其进行逐段翻译,并模拟执行,利用三维真实感图形显示技术模拟整个工艺系统的状态,还可以在一定程度上模拟加工过程的声音等,提供更加逼真的加工环境效果。

从发展前景看,专家学者们正在研究开发加工系统物理、力学特性下的虚拟加工,来实现数控加工仿真技术质的飞跃。

8.4 数控加工

8.4.1 设置加工环境

零件的三维模型创建好之后,就可以用软件来编制其数控加工程序。要进行编程,首先要进入软件的加工模块,其方法是选择【开始】→【加工】命令,如图8-17所示。如果是第一次进入加工环境,系统会弹出如图8-18所示的对话框,提示进行加工环境的设置。该对话框的上半部分列出了加工的配置文件,下半部分列出了相应的配置文件所包含的模块文件。选择与零件相应的加工配置,单击【确定】按钮,就能进入加工环境了。

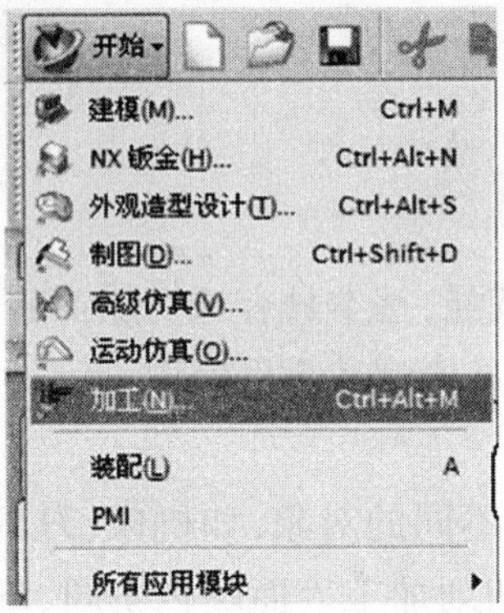

图 8-17 选择加工模块

图 8-18 加工环境初始化

进入加工环境后,就可以对零件进行各种加工操作了。加工环境的工作界面如图8-19所示,出现了一些在加工环境中特有的工具条,各工具条的命令将在后续内容中介绍。

进行数控编程的一般步骤:创建毛坯→创建设置父节点组→创建操作→设置加工参数→生成刀轨并校验→后置处理。

8.4.2 创建毛坯

毛坯是根据零件形状创建的,利用二维线框编程时可用线边界定义毛坯,三维零件加工用实体来定义毛坯。其主要作用是:

(1)根据毛坯形状确定刀具轨迹,生成加工程序;

(2)毛坯可用来定义加工范围,便于控制加工区域;

(3)可利用毛坯来进行实体模拟,验证刀轨是否合理。

不设置三维毛坯,则不能进行动画仿真验证。

8.4.3 创建设置父节点组

父节点组是用来管理零件加工过程中的加工顺序、加工坐标系和加工对象、刀具以及

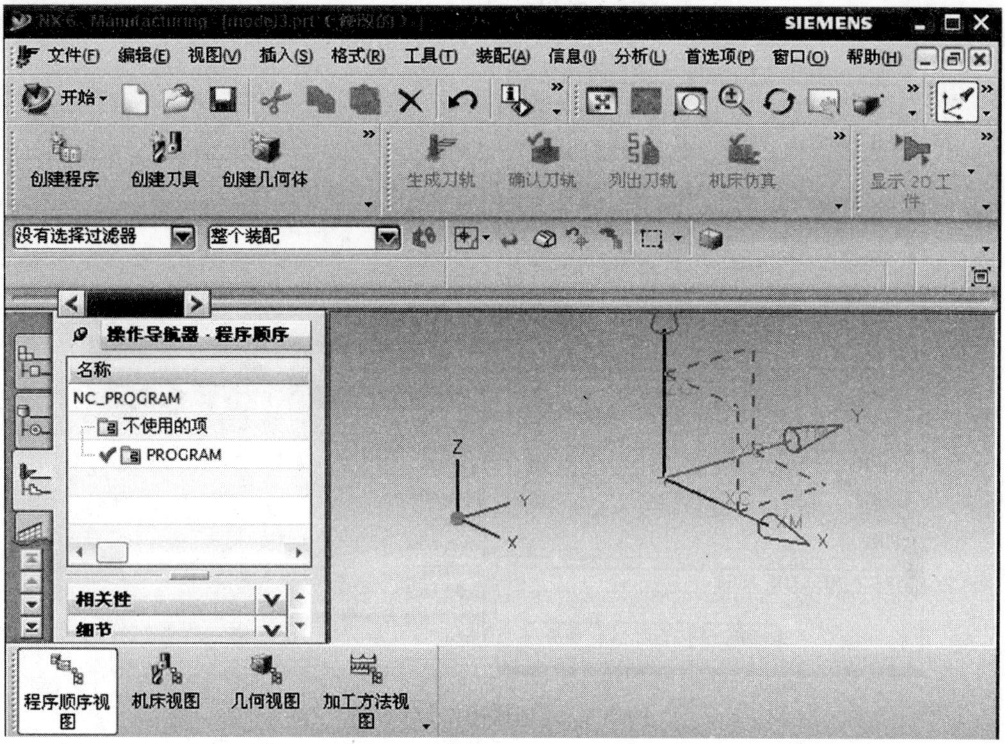

图 8-19　加工环境的工作界面

加工方法的。系统自带的父节点组有四种，分别是程序、几何体、刀具和加工方法。父节点组中存在的信息会被其下属的各种操作继承。父节点组的管理查询是在操作导航器中进行的。

8.4.4　创建操作

操作是指对零件进行的各种加工。进入加工环境并进行初始化后，选择菜单【插入】→【操作】模块，或者单击【插入】工具条上的【创建操作】图标，出现如图 8-20 所示的【创建操作】对话框。该对话框中的“类型”选项用来选择加工方法，单击“类型”下拉列表项，可弹出多个选项，主要有 mill_planar（平面铣削）、mill_contour（固定轴曲面轮廓铣削）、mill_multi - axis（多轴铣）、drill（钻削）、hole_making（孔加工）、turning（车削）、wire_edm（线切割）等。如果用户自己开发了其他加工方法，还可以通过“浏览”选项进行选择添加。每一种加工类型对应多个子选项，子选项主要用来确定走刀方式。

8.4.5　设置加工参数

创建操作后，要对该加工操作设置各种参数，除普通加工工艺中要考虑的切削速度、进给量、背吃刀量等外，还要设置安全距离、顺逆铣方式、进刀/退刀方式等，不同的加工类型所需要设置的参数有所不同，具体的设置在后文中介绍。只有设置的参数正确、合理，才能生成正确的刀具轨迹，编制正确的加工程序，保障加工的安全性，加工出来的零件尺寸及表面质量才能满足要求。

图 8-20　【创建操作】对话框

8.4.6　生成刀轨并校验

设置好所有参数后，执行【生成刀轨】命令就可以生成刀具轨迹了。生成的轨迹是否合理，可以通过校验的方法来进行验证。单击每一步操作对话框后的图标，就可以进行刀轨的验证。刀轨验证有重播、三维动态模拟和二维动态模拟三种方式，重播方式只显示刀具的运动过程，三维和二维动态模拟方式可以动态检查刀具和零件、毛坯的干涉和过切，同时还可以检查零件加工完成后是否达到尺寸要求。

该步骤是非常重要的一个步骤，通过验证，可以检验操作设置是否合理，从而保证后置处理得到的程序是正确的，在实际加工过程中保证零件加工质量的同时保证安全性。

8.4.7　后置处理

后置处理是指由后置处理器读取 CAM 系统所生成的刀具路径文件，从中提取相关的加工信息，并按照指定的数控机床的特点以及 NC 程序的格式要求进行分析处理，生成 NC 程序。不同的数控系统生成的 NC 程序不尽相同。

8.5　铣削加工类型

在 UG 软件中，加工类型分为铣削加工、车削加工、线切割加工及孔加工。铣削加工又分为固定轴铣削和多轴铣削，其中固定轴铣削又可分为平面铣削、固定轴曲面轮廓铣削等。

8.5.1 平面铣削

平面铣削的特点是刀轴固定,侧面与底面垂直,底面是与刀轴垂直的平面。符合这种特征的零件均可用平面铣削来进行加工。加工时平行于零件底面进行多层铣削。

平面铣削适用于粗、精加工,可生成多层刀具路径,也可生成单层刀具路径。图 8-21 所示的零件就适用平面铣削。

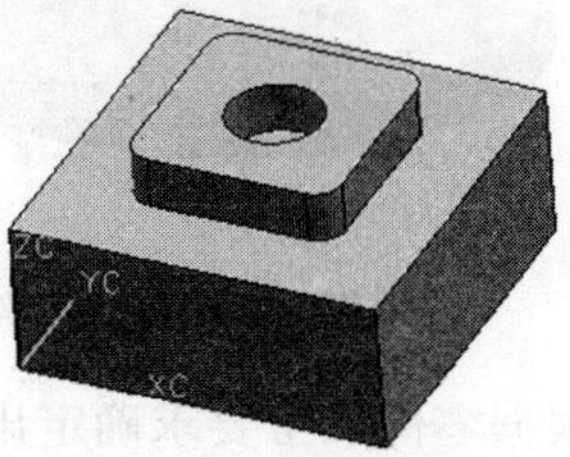

图 8-21 零件图

8.5.2 固定轴曲面轮廓铣削

固定轴曲面轮廓铣削用来加工简单的规则曲面,粗加工和精加工分别对应不同的子类型。在后文再作具体的介绍。

8.5.3 多轴铣削

多轴铣削也称为变轴铣削,其特点是刀轴不固定,也就是说,要采用四轴或四轴以上机床进行加工。这种加工方法主要适合于复杂的曲面零件。

8.6 利用二维线框加工平面

创建平面铣削加工一般有两种方式,一种是直接使用二维线框,另一种是使用三维实体。

二维线框铣削加工适合于简单零件的加工。这些简单零件可以直接画成草图或二维线框,而不用绘制成三维零件。此方法的优点是方便、简单,但局限于二维线框方式,不够直观。

二维线框铣削加工适用的加工子类型通常为 face_milling 和 mill_planar,这两种加工子类型可以用实体表面和实体边线作为加工边界,也可以利用二维线框定义加工边界,可用于粗加工平面,粗、精铣直壁零件轮廓以及直壁型腔。

如果已经创建了零件的三维模型,在加工表面时,可以直接选择零件的表面,系统会自动识别零件表面的边界轮廓作为二维铣削的边界。但是对于这样简单的表面,可以不用创建三维模型,而是利用二维线框来定义需要加工的表面边界,从而实现对该表面的加工,同时减少工作量。

下面以加工如图 8-22 所示零件的上表面为例来说明平面加工的一些基本操作和步骤。要求采用面铣刀对该表面进行铣削,铣削深度为 10 mm。

首先分析零件及其加工要求,确定该零件的毛坯为圆盘,利用二维轮廓来加工。创建如图 8-23 所示的圆线框,其直径为 200 mm,圆心在原点。

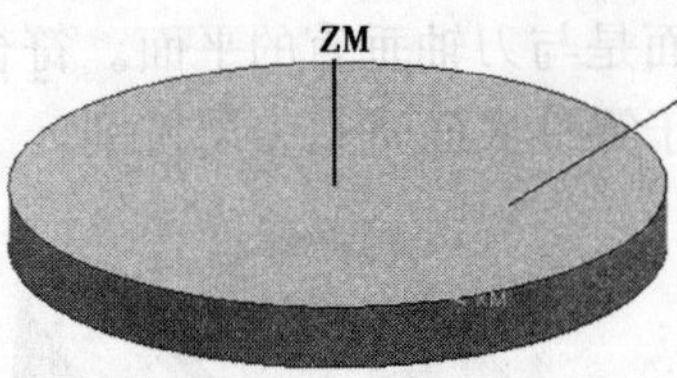

图 8-22 圆盘零件

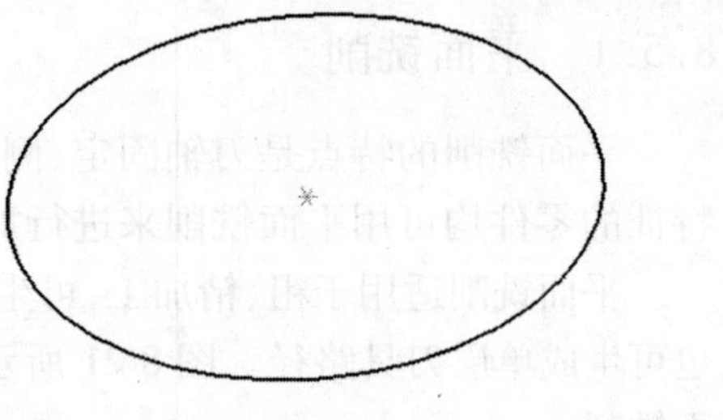

图 8-23 圆线框

根据零件加工要求确定出加工方案，机床为三轴立式加工中心，刀具为 $\phi63$ 的面铣刀，分为粗、精加工两步，精加工余量为 0.5 mm。

8.6.1 加工环境初始化

选择【开始】→【加工】命令，进行加工环境初始化，如图 8-24 所示，在“CAM 会话配置”选项中选择 cam_general，在“要创建的 CAM 设置”选项中选择 mill_planar，单击【确定】按钮，进入加工环境。

进入加工环境后，在屏幕的左侧，除在建模方式下原有的装配导航器和部件导航器外，增加了操作导航器、机床导航器和加工特征导航器，如图 8-25 所示。操作导航器记录了加工操作的各个步骤，可以通过该导航器查询各父节点之间的关系，可以对其进行修改编辑、删除、添加等操作。

图 8-24 加工环境初始化

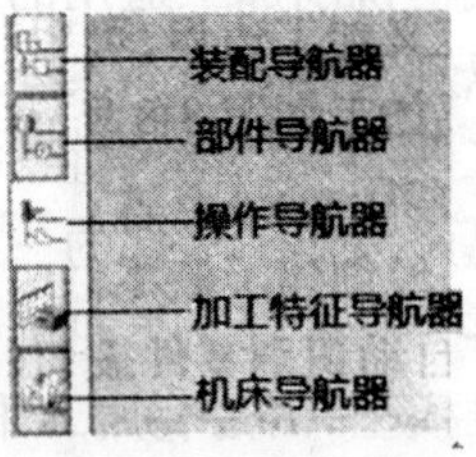

图 8-25 操作导航器

8.6.2 创建刀具组

刀具是进行切削加工的工具，其选择非常重要，应根据零件的加工要求、加工零件的形状及加工范围来选择。本例是铣削平面，而且平面面积较大，所以选择 $\phi63$ 的面铣刀。

选择主菜单【插入】→【刀具】命令，或者单击【插入】工具条上的【创建刀具】图标，出现如图8-26所示的【创建刀具】对话框。在该对话框中作以下设置：

(1)选择“类型”为mill_planar(平面铣削)；

(2)选择“位置”为GENERIC_MACHINE；

(3)刀具“名称”为MXD63。

刀具名称用户自己取，不能用中文名，只要简单好记，最好看到名字就知道是什么刀具，参数是多少。

设置好后单击【确定】或【应用】按钮，出现如图8-27所示的【铣刀-5参数】对话框，按图中设置参数后，单击【确定】按钮，$\phi63$的面铣刀就创建好了。

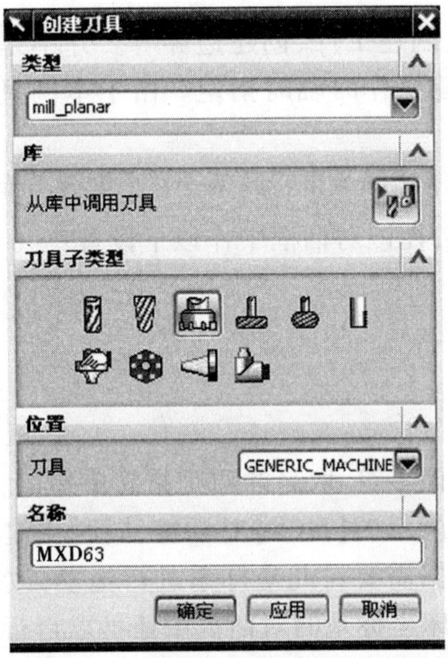

图8-26 【创建刀具】对话框

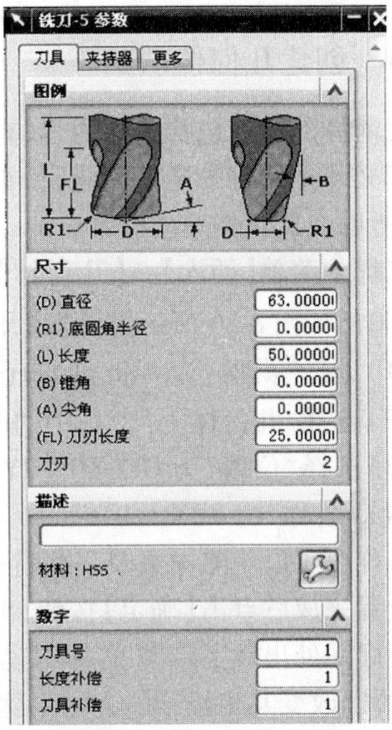

图8-27 设置刀具参数

刀具创建好后，可以在操作导航器中进行查询、修改，具体方法是单击【操作导航器】图标，系统会从左侧弹出如图8-28所示的操作导航器视图，系统默认为程序顺序视图。将鼠标放在空白的地方单击右键，会出现如图8-28所示的选项，选择其中的机床视图，将其更换为加工刀具视图，如图8-29所示，就显示出了刚才创建的名为MXD63的刀具。如果要修改刀具参数，可以在该视图中双击选中的刀具，就会出现如图8-27所示的设置刀具参数的对话框，可以在此修改参数。

图 8-28　程序顺序视图

图 8-29　加工刀具视图

8.6.3　创建几何体

几何体的创建包括多项内容，有创建坐标系、创建工件、创建边界等。并不是每一步加工都必须把所有的选项创建完，有的可以在创建操作时临时指定。由于本例只有一道工序，所以在此仅创建坐标系。

选择主菜单【插入】→【几何体】命令，或者单击【插入】工具条上的【创建几何体】图标，弹出如图 8-30 所示的【创建几何体】对话框，在该对话框中作以下设置：

（1）选择“类型”为 mill_planar（平面铣削）；

（2）选择“几何体子类型”中的图标；

（3）选择“位置”为 GEOMETRY；

（4）“名称”为 ZBX。

名称也可以用除中文及一些特殊符号外的其他字符，取名的原则是简单易记。

设置完成后点击【确定】按钮，出现如图 8-31 所示的【MCS】对话框，同时在建模时所用的坐标系处出现了带 M 的加工坐标系，可以根据需要对此坐标系进行拖动，改变其位置，还可以改变其坐标轴的方向。除此之外，在机床坐标系的对话框中还可以自行对坐标系进行设置，包括其原点、坐标轴方向等。此处不用设置，采用系统默认的设置即可。

图 8-30　【创建几何体】对话框

图 8-31　【MCS】对话框

为了避免刀具在快速下降时直接切入零件，通常用户在设置坐标系时要设置一个安全平面，此平面与工件表面有一定距离，加工时先将刀具定位到该平面上，再下刀。以后凡是属于该坐标系下的操作均能继承该安全平面。

其设置方法是在图 8-31 所示的对话框“间隙”选项中的“安全设置选项”选为“平面”，再单击【指定平面】图标，弹出如图 8-32 所示的【平面构造器】对话框。在该对话框中选择 XC—YC 平面，在“偏置”文本框中输入 20，表示选择距离 XC—YC 平面上方 20 mm 的一个平面作为安全平面，单击【应用】按钮，在坐标系附近出现一个小三角形，代表安全平面，如图 8-32 所示，再单击【确定】按钮，完成安全平面的设置，回到如图 8-31 所示的对话框，单击【确定】按钮，完成坐标系的设置。在操作导航器中也可以看到该坐标系，如图 8-33 所示。

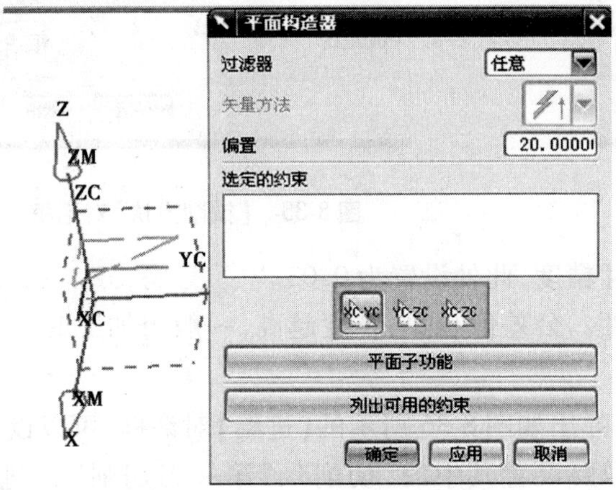

图 8-32　【平面构造器】对话框

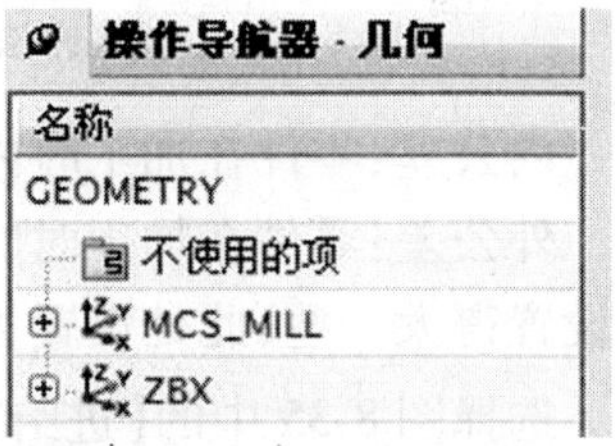

图 8-33　创建的坐标系

8.6.4　创建加工方法

创建加工方法就是设置粗加工、半精加工、精加工零件的余量、公差、指定加工参数以及刀轨显示的方式等。并不是所有的零件都要进行粗加工、半精加工以及精加工，应根据零件的实际工艺要求来设置加工方法，比如本例零件，铣削上表面时就只需要粗加工和精加工两种方法，而有的零件则需要设置多种加工方法。

选择主菜单【插入】→【方法】命令，或者单击【插入】工具条上的【创建方法】图标，弹出如图 8-34 所示的【创建方法】对话框，在该话框中进行如下设置：

(1)选择“类型”为 mill_planar(平面铣削)；

(2)选择“位置”为 METHOD；

(3)“名称”为 CJGFF(粗加工方法)。

单击【确定】或【应用】按钮，打开如图 8-35 所示的【铣削方法】对话框。

在对话框中进行加工参数的设置，主要有以下几项：

部件余量：该工序为后续加工留的余量，不同的零件余量选择不一样，要根据具体的工艺要求来进行设置。此处设置为 0.5。

图 8-34　【创建方法】对话框

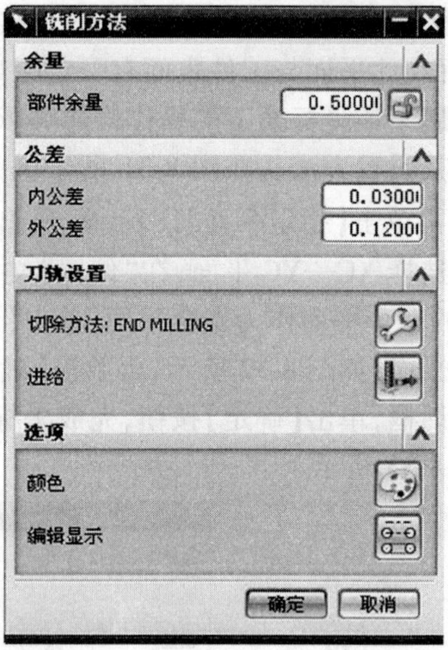

图 8-35　【铣削方法】对话框

内公差:零件在加工时内部的尺寸精度,此处设置为 0.03。

外公差:零件在加工时的尺寸精度。公差值越小,精度越高,一般粗加工时公差值可以设置得大一些,此处设置为 0.12。

选择图 8-35 中的【进给】图标,弹出如图 8-36 所示的【进给】对话框,可以设置刀具在各个阶段的移动速度。在这里只需要设置其中的“切削”、“第一刀切削”、“进刀”为 150 mm/min,其余的全部为 0,即表示将以 G00 的速度走刀。

选择图 8-35 中的【颜色】图标,弹出如图 8-37 所示的【刀轨显示颜色】对话框,在这里可以更改刀轨的显示颜色。本例中不做修改,使用系统默认的设置。

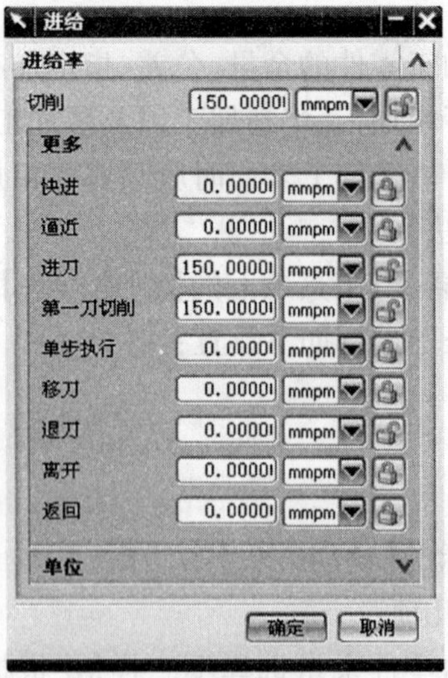

图 8-36　【进给】对话框

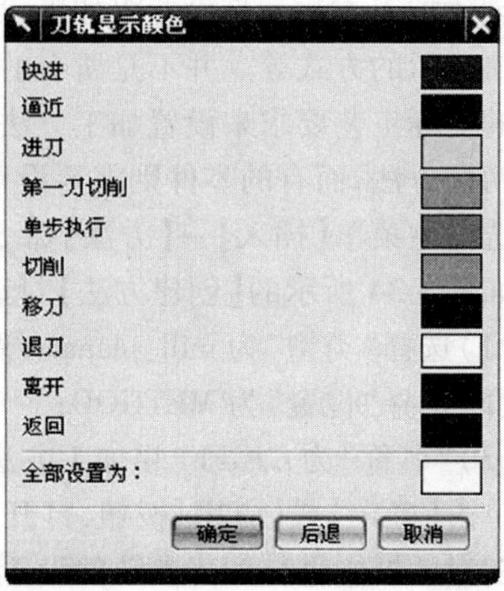

图 8-37　【刀轨显示颜色】对话框

选择图8-35中的【编辑显示】图标，弹出如图8-38所示的【显示选项】对话框。可以指定是否显示刀轨，以及设置显示的速度等。这里也不做修改，使用默认设置。

以上几步设置完毕后，单击图8-35中的【确定】按钮，完成粗加工的参数设置。然后重复以上步骤，设置精加工的加工参数，其中加工方法的名称为JJGFF，余量为0，公差设置为0.03，进给速度中的“进刀”、“第一刀切削”为100 mm/min，其余的全部为0。

当设置完粗加工和精加工的加工参数以后，这两种加工方法在操作导航器中都能看到。具体方法是打开操作导航器，在空白处单击鼠标右键，选择其中的“加工方法视图”，如图8-39所示，将操作导航器更换为加工方法视图，就能看到刚才创建的名称为CJGFF和JJGFF的加工方法，如图8-40所示，如需要修改，双击选项中的对象即可。

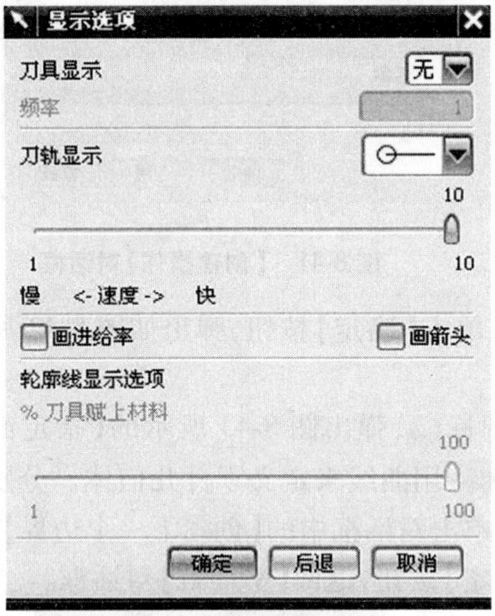

图8-38 【显示选项】对话框

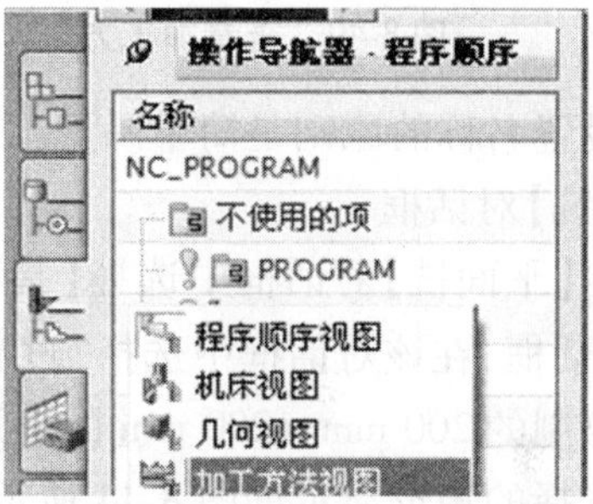

图8-39 操作导航器

8.6.5 创建操作

创建好坐标系、刀具以及加工方法后，就可以创建操作了。

选择【插入】→【操作】命令，或者是单击【插入】工具条上的【创建操作】图标，弹出如图8-41所示的【创建操作】对话框，按图中所示设置参数：

(1)设置“类型”为mill_planar(平面铣削)；

(2)设置“子类型”为face_milling；

(3)设置“程序”为NC_PROGRAM；

(4)设置“刀具”为MXD63；

(5)设置“几何体”为ZBX；

(6)设置“方法”为CJGFF；

(7)设置“名称”为CXPM。

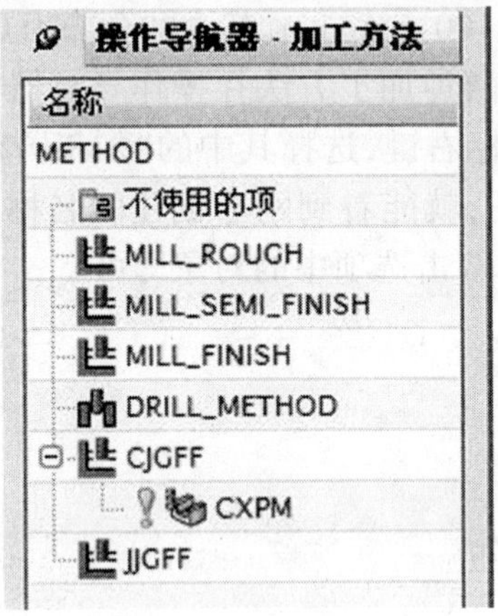

图 8-40　查看加工方法

图 8-41　【创建操作】对话框

设置名称的原则是简单易记。设置完成后，单击【确定】按钮，弹出如图 8-42 所示的【平面铣】对话框。

在【平面铣】对话框中选择【指定面边界】图标，弹出图 8-43 所示的【指定面几何体】对话框，在该对话框中选择“过滤器类型”为，用曲线来定义零件几何体。分别选择前面绘制的 200 mm × 200 mm 的矩形的四条边，单击对话框中的【创建下一个边界】按钮，刚才选择的矩形显示如图 8-44 所示，再单击【确定】按钮，返回【平面铣】对话框。

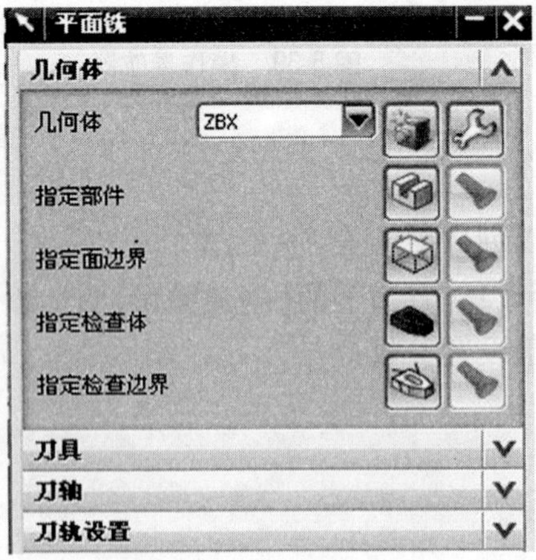

图 8-42　【平面铣】对话框

图 8-43　【指定面几何体】对话框

在【平面铣】对话框中按图 8-45 所示，设置“刀轴”为 + ZM，选择“切削模式”为（往复走刀)，设置行距为刀具直径的75%，毛坯距离为10 mm，每刀深度为4 mm，最终底面由于在粗加工方法中设置了余量，所以这里设置为0。

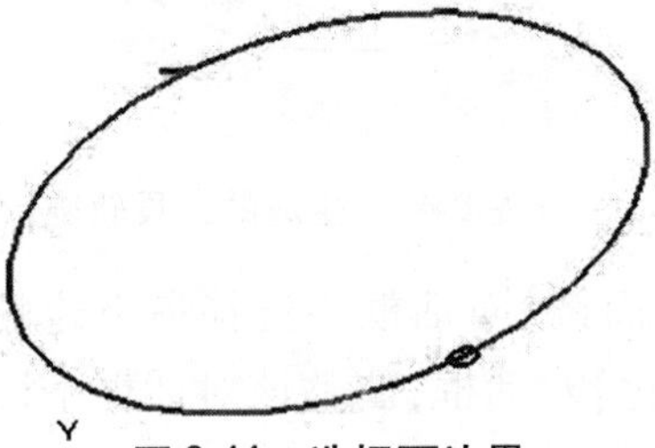

图8-44　选择面边界

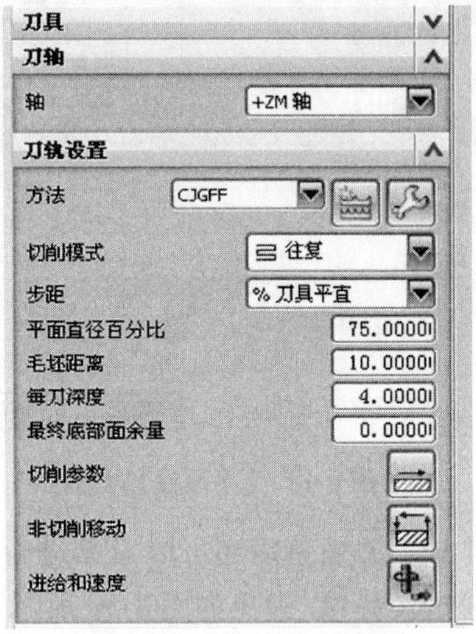

图8-45　【平面铣】对话框

再点击如图8-45所示的【平面铣】对话框上的【切削参数】图标，弹出如图8-46所示的【切削参数】对话框，设置“切削方向”为“逆铣”，单击【确定】按钮，回到如图8-45所示的【平面铣】对话框。

单击该对话框上“开始刀轨事件”后的图标，弹出如图8-47所示的【用户定义事件】对话框，在其上选择【Coolant On】，并单击【添加】按钮，弹出【冷却液开】对话框后，直接单击两次【确定】按钮，回到如图8-48所示的【平面铣】对话框。

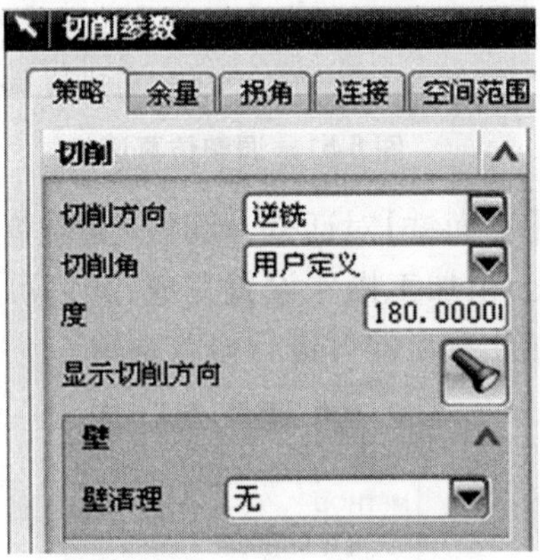

图8-46　【切削参数】对话框

图8-47　【用户定义事件】对话框

在【平面铣】对话框中选择最下边的生成刀具轨迹的图标，生成的刀具轨迹如图8-49所示。由于设置的毛坯余量为10 mm，每次切削深度为4 mm，所以本次铣削分三层进行，在刀具轨迹上可以看见。

图 8-48　【平面铣】对话框

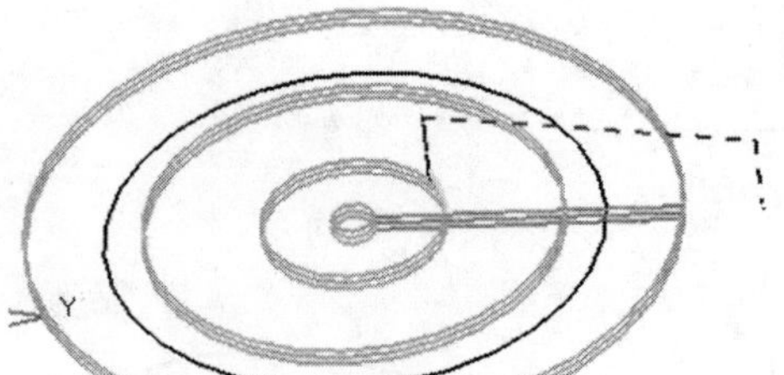

图 8-49　生成的刀具轨迹

生成刀具轨迹后还可以对其进行验证。在【平面铣】对话框中选择最下边的确认刀具轨迹的图标，弹出如图 8-50 所示的【刀轨可视化】对话框，调整该对话框下面的仿真速度至合适的速度。如图 8-51 所示，单击【播放】按钮，可以观察刀具的移动路径，对刀轨进行校验，如图 8-52 所示。因为没有定义三维毛坯，因此无法看到有切除材料效果的三维动画。

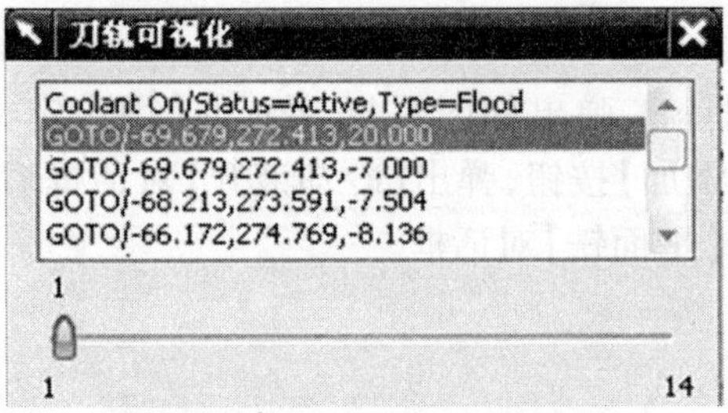

图 8-50　【刀轨可视化】对话框

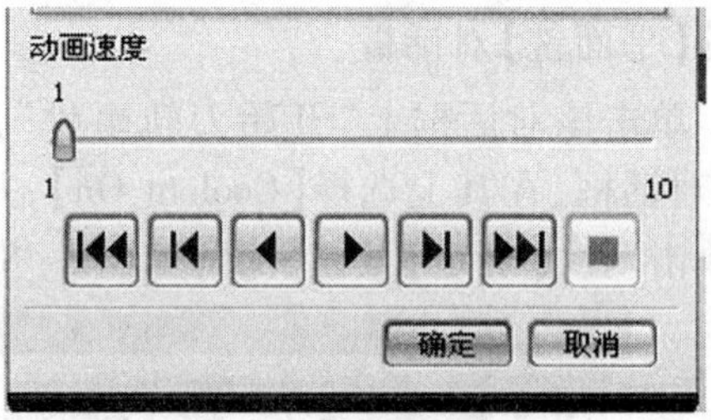

图 8-51　调整仿真速度

刀轨校验没有问题后，单击【确定】按钮，回到【平面铣】对话框，此时一定要单击该对话框中的【确定】按钮，完成本次操作的设置。至此，粗加工操作设置完成，我们可以在操作导航器中看到它，如图 8-53 所示，如需修改，在此双击即可进行修改编辑。

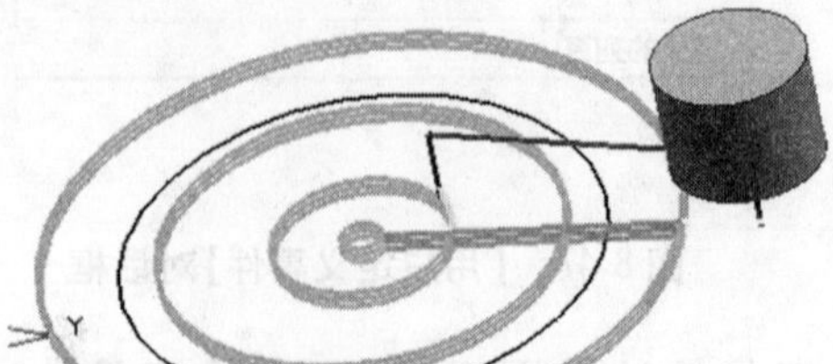

图 8-52　校验刀具轨迹

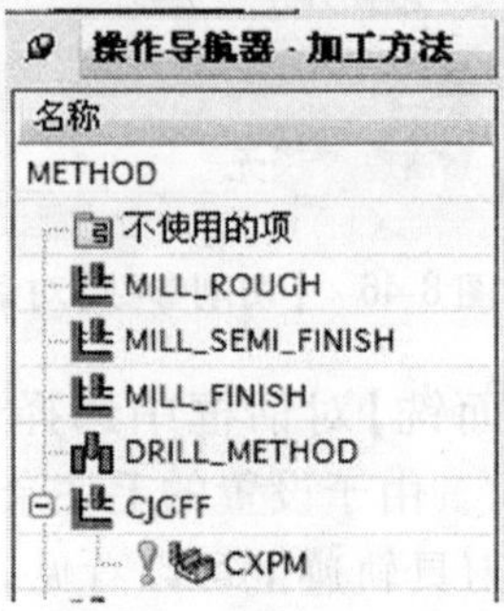

图 8-53　操作导航器

【任务实施】

8.7 底座的三维建模及加工仿真

8.7.1 底座的三维建模

底座三维建模的实施步骤和结果如表8-3所示。

表8-3 底座三维建模的实施步骤和结果

实施步骤	实施结果
1. 在工具栏中单击【长方体】按钮，输入长方体尺寸75、75、18，结果如右图所示	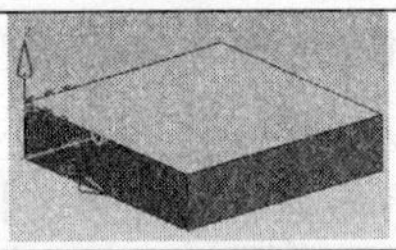
2. 单击【草图】按钮，在长方体上表面创建草图，在工具栏中选择【偏置曲线】按钮。选择曲线为正方形，偏置距离为2.5，创建草图，创建完成后点击【确定】按钮，完成草图	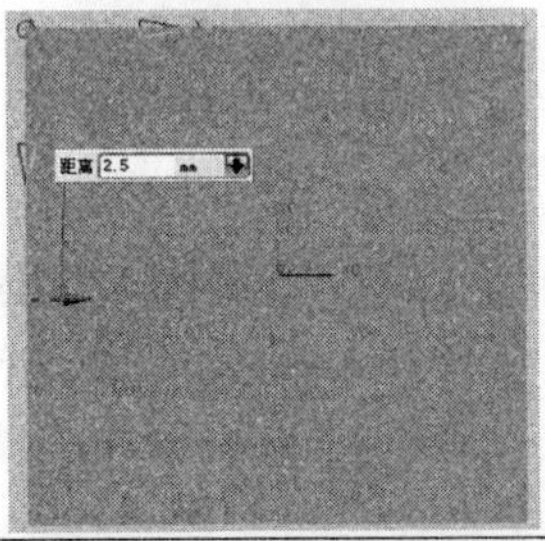
3. 选择【拉伸】按钮，曲线为刚建立的草图，开始值设置为0，结束为10，方向为Z轴正方向，布尔运算选择求和	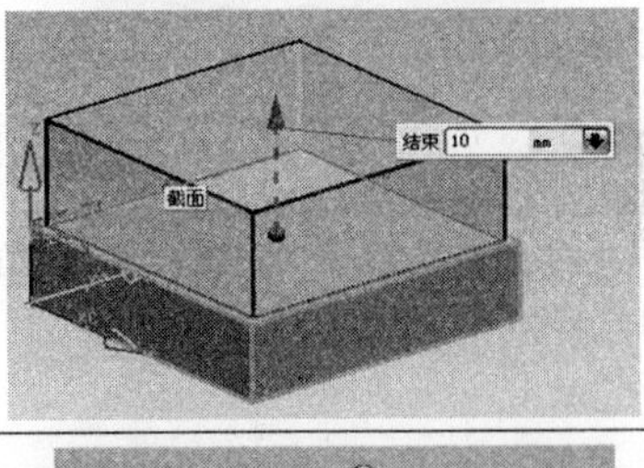
4. 在工具栏中单击【倒斜角】按钮，对刚拉伸的长方体四周倒斜角，倒斜角距离为5	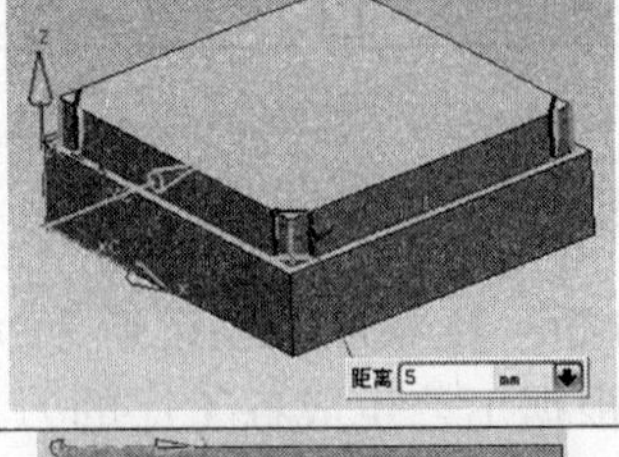
5. 单击工具栏中的【草图】按钮，在刚建立的长方体表面创建草图	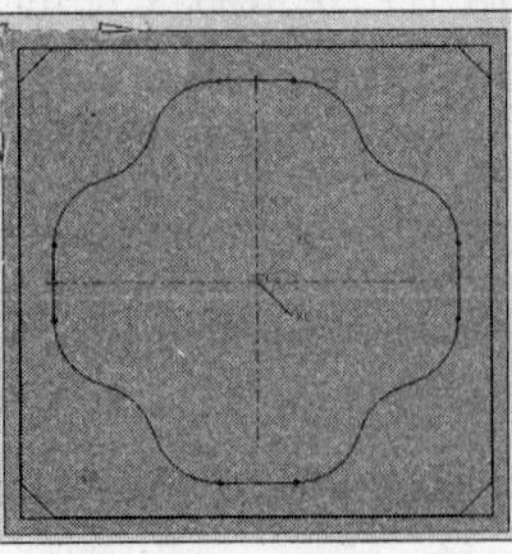

续表 8-3

实施步骤	实施结果
6. 单击工具栏中的【拉伸】按钮，曲线为刚建立的曲线。方向为 Z 轴负方向。开始值为 0，结束值为 5，布尔运算选择求差	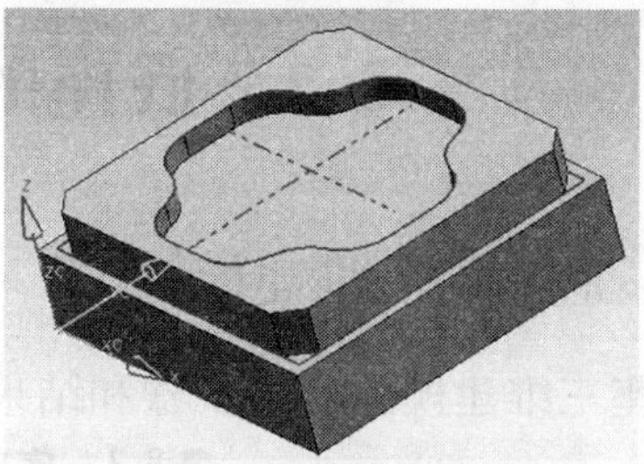
7. 单击【孔】按钮，选择常规孔，直径为 8，深度为 10。指定点选择如右图所示圆弧圆心。布尔运算选择求差，单击【确定】按钮	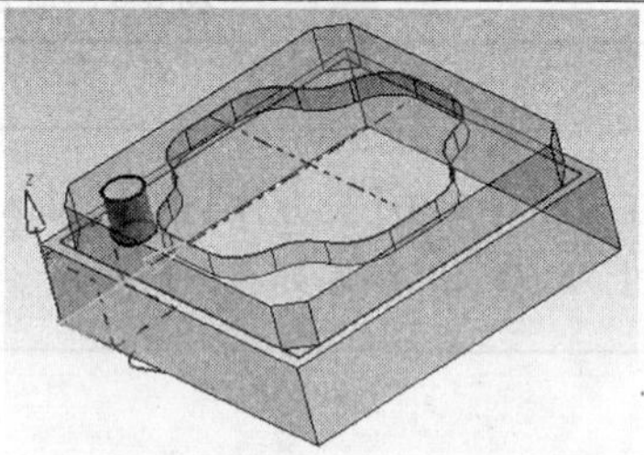
8. 选择实列特征，单击【矩形阵列】按钮。输入 X、Y 方向数量为 2，偏置 50，单击【确定】按钮	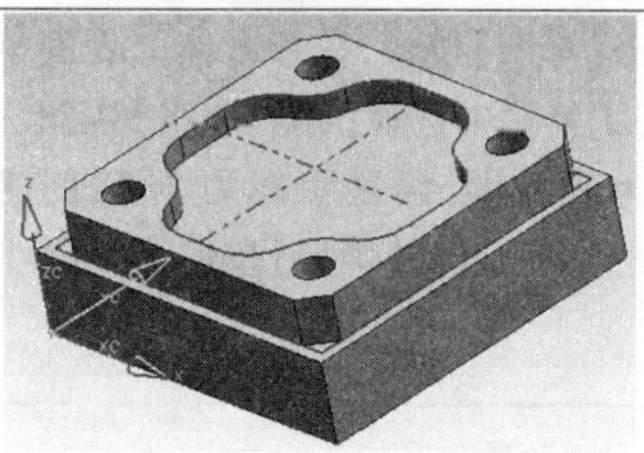
9. 创建中心孔，输入直径 26，深度 5，尖角 0，位置选择矩形中心，单击【确定】按钮	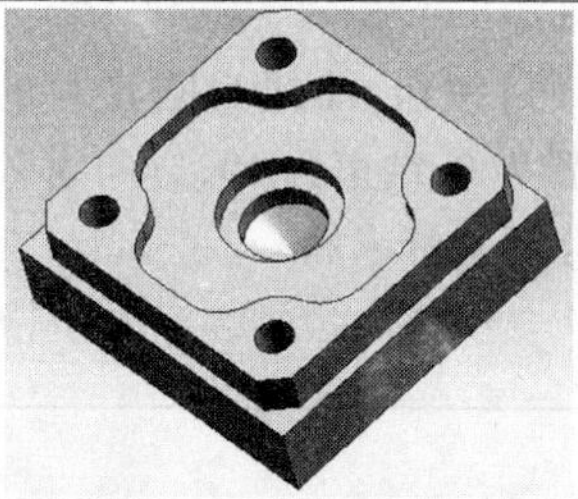

8.7.2　底座加工仿真

任务分析　该零件毛坯选择 75 mm × 75 mm × 28 mm 的长方体。首先要编制合理的加工工艺，根据工艺生成各工序的刀具轨迹，对轨迹验证无误后，选择并设置合理的后置处理器，生成符合数控系统格式的数控程序，最后再在数控机床上加工。因此，要完成这个任务，需要掌握数控加工工艺、刀具、数控机床、夹具等知识，编制出合理的数控加工工艺，还要灵活掌握 UG 的加工操作。

底座的加工仿真步骤如下：

（1）拉伸创建毛坯，如图 8-54 所示。

（2）单击【编辑】按钮，在下拉菜单中选择【对象显示】按钮，透明度选择 60，如图 8-55 所示。

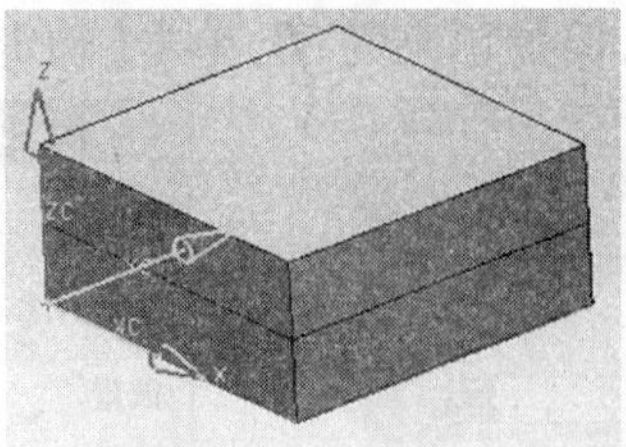

图 8-54 底座毛坯

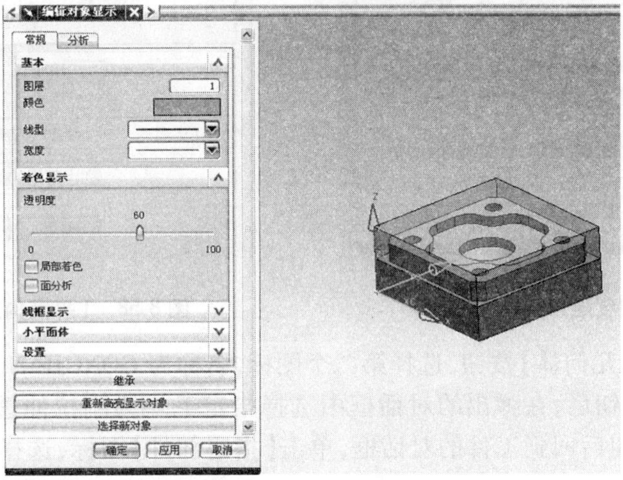

图 8-55 底座透明度 60

(3)单击【开始】按钮,选择【加工】。进入加工模块,在加工环境中选择 mill_planar。

(4)创建刀具,输入刀具名称 D8,输入直径 D8,图 8-56 所示为【创建刀具】对话框。

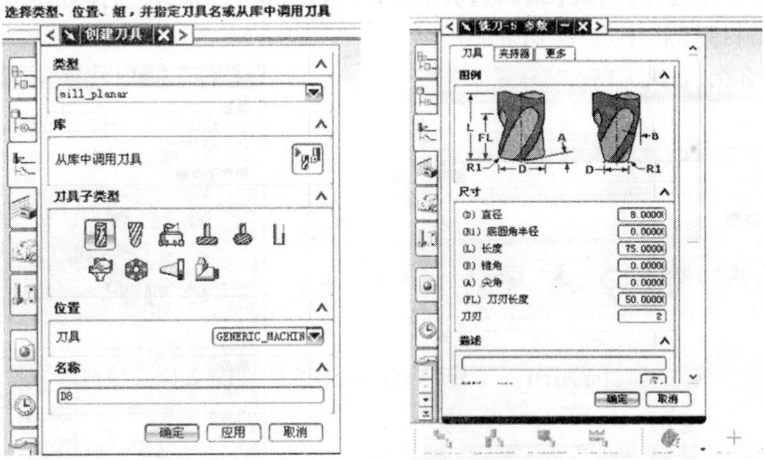

图 8-56 【创建刀具】对话框

(5)单击【创建几何体】按钮,在“几何体子类型”中选择 MCS,名称为 MCS. 单击【确定】按钮,如图 8-57 所示。

(6)上一步单击【确定】按钮后进入 MCS 对话框,在【MCS】对话框中“间隙”选项下的“安全设置”选项中选择“平面”,再单击【指定平面】按钮,进入【平面构造器】对话框,如

图 8-58所示，选择 XC - YC 平面，偏置距离为 50，单击【确定】按钮。

图 8-57　【创建几何体】对话框

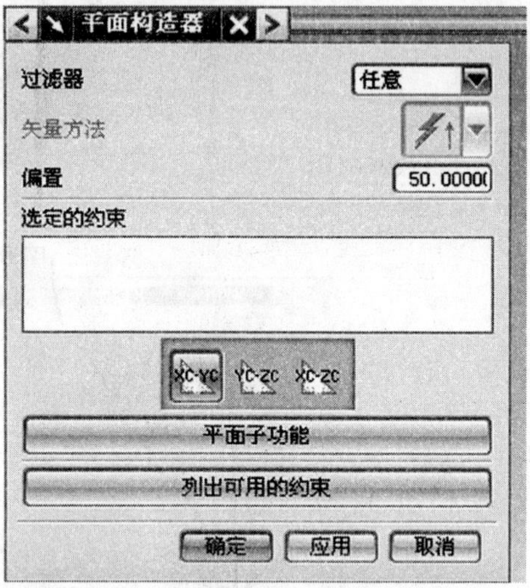

图 8-58　【平面构造器】对话框

(7)单击【创建几何体】按钮，选择第二个图标，名称为 GONGJIAN，如图 8-59 所示。

单击【确定】按钮后，在弹出的对话框中选择指定毛坯为刚拉伸透明度为 60 的长方体，单击【确定】按钮后回到工件的对话框，单击【指定部件】图标，选择模型，单击【确定】按钮完成。

(8)铣梅花内腔。

单击【创建操作】按钮，参数设置如图 8-60 所示。在单击【确定】按钮后出现的对话框中单击指定部件边界，出现【编辑边界】对话框如图 8-61 所示，选择如图 8-62 所示梅花线段(注意在“材料侧”中选择“外部”)。

图 8-59　创建几何体

图 8-60　创建操作

图8-61 【编辑边界】对话框

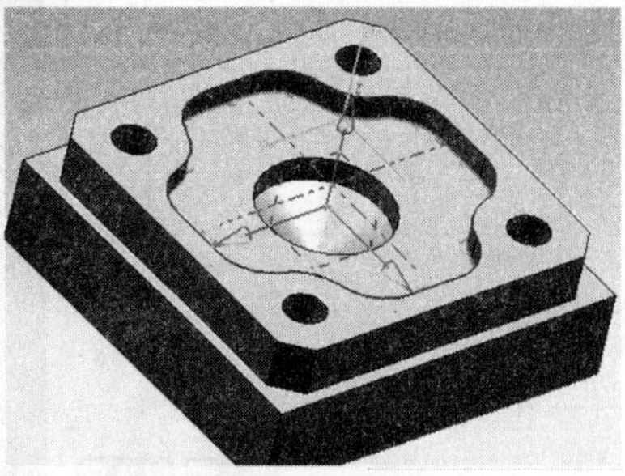

图8-62 选择边界

单击【确定】按钮后，指定底面，选择图8-63所示梅花腔底面作为底面。单击【生成】按钮，生成的刀轨如图8-64所示。

图8-63 指定底面

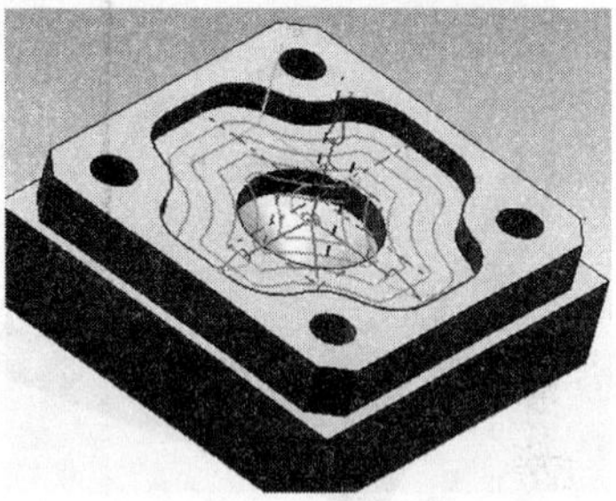

图8-64 生成的刀轨

(9)单击【确认】按钮，选择2D动态和仿真速度进行加工模拟，如图8-65所示。

(10)铣圆弧内腔。继续创建操作，选择如图8-66所示部件的边界和底面，生成刀轨并仿真，结果如图8-67所示。

(11)铣外轮廓。再次单击【创建操作】按钮，指定部件时，各项选择如图8-68所示，单击生成刀轨和确认刀轨，结果如图8-69所示。

(12)四个小圆孔的加工。

单击【创建刀具】按钮，“类型”选择孔选项(drill)，“刀具子类型”选择第三个，名称为kong，如图8-70所示。单击【确定】按钮后，进入“刀具”选项，直径输入8，顶尖角度为118，如图8-71所示。

(13)钻小孔操作创建。

单击【创建操作】按钮，“类型”选择drill，“刀具子类型”选择第三个，“刀具”选择刚建立的kong，名称为zuankong，进入【钻】对话框，单击【确定】按钮后，单击指定孔选项，进入【点到点几何体】对话框。单击“选择”，选择如图8-72所示4个孔，确认后，在最小安

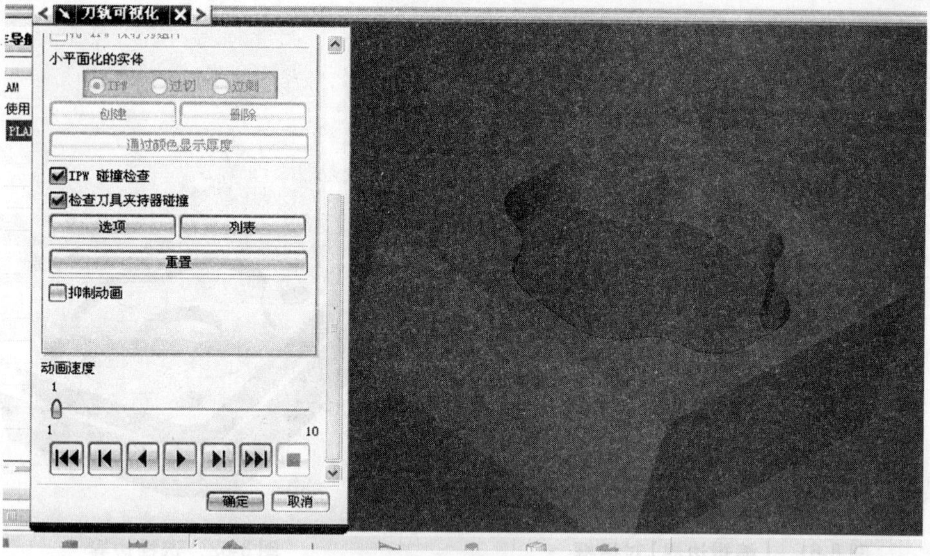

图 8-65　加工仿真

全距离中输入 20,生成 2D 仿真如图 8-72所示。

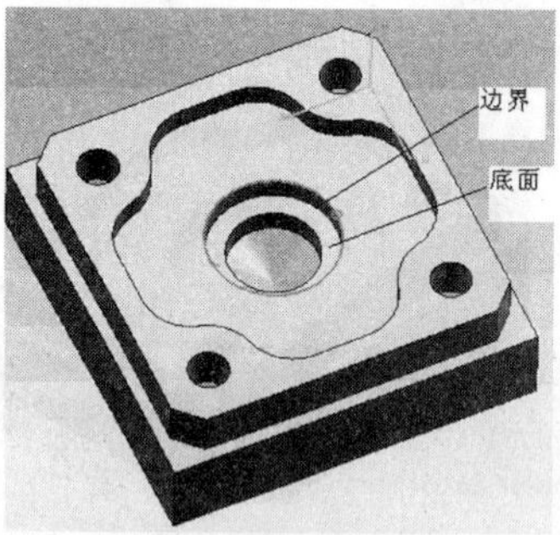

图 8-66　铣圆弧内腔

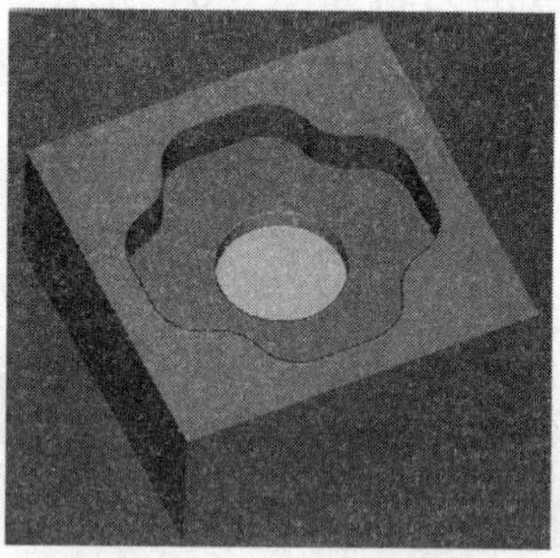

图 8-67　铣内腔结果

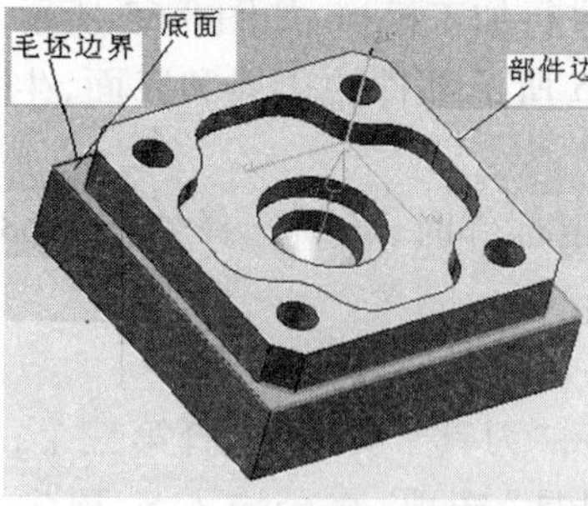

图 8-68　铣外轮廓

图 8-69　铣外轮廓结果

(14) 中心孔。

方法同上一步,先创建刀具,刀具直径为 18,选择中心孔。结果如图 8-73 所示。

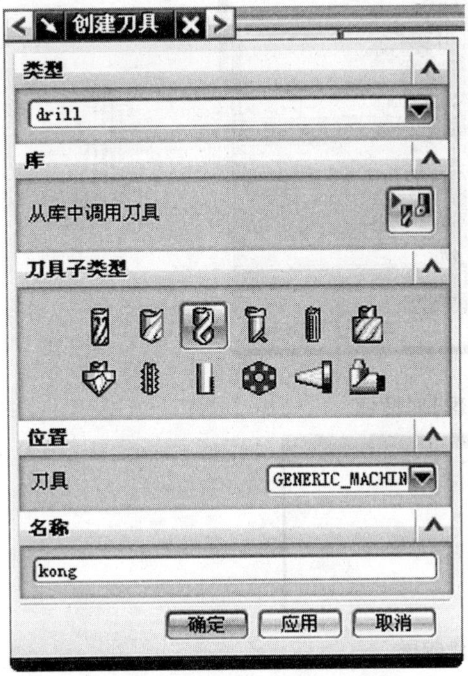

图 8-70 【创建刀具】对话框

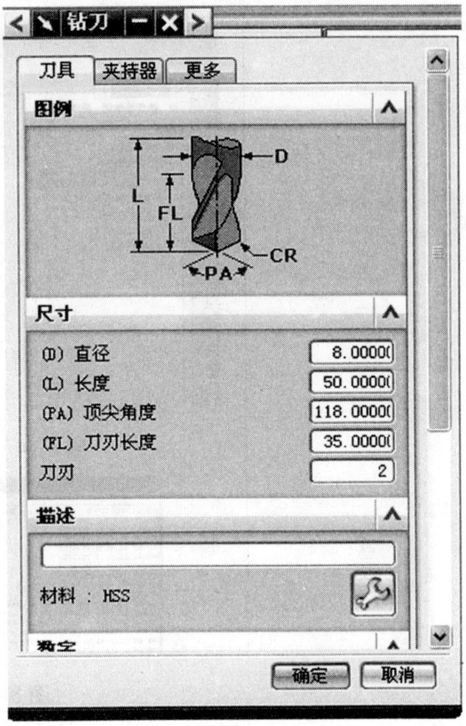

图 8-71 钻头的参数

图 8-72 钻 4 个小孔

图 8-73 钻中心孔

(15)导出程序。

单击工具栏中的【后处理】图标,出现【后处理】对话框,其中包含铣梅花腔、钻小孔、钻中心孔等,比如选择第一步,然后单击右键→后处理,选择程序保存的位置,选择列出输出,如图 8-74 所示,单击【确定】按钮,则生成如图 8-75 所示的程序。

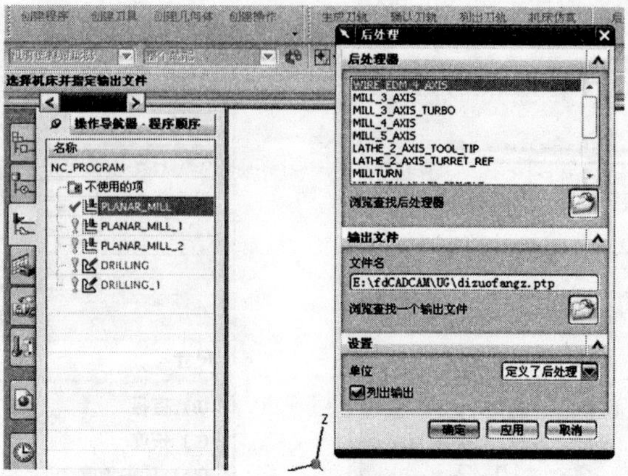

图 8-74　【后处理】对话框

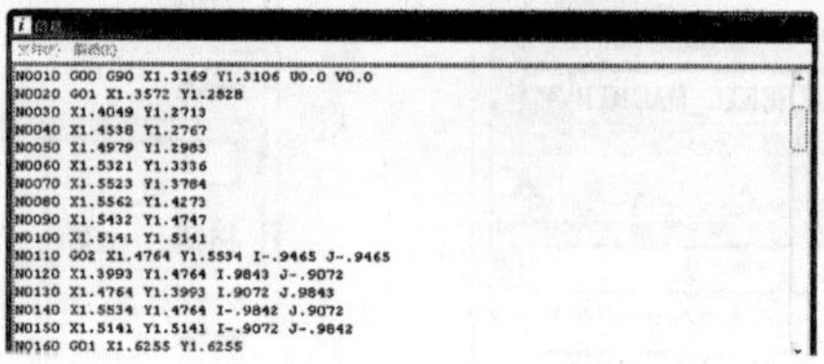

图 8-75　生成程序

思考与练习

1. 试述数控机床的类型。
2. 什么叫插补？什么叫刀补？
3. 何谓对刀点？何谓换刀点？
4. 简述图形交互式自动编程的步骤。
5. 创建如图 8-76 所示四齿零件的三维造型及加工仿真。

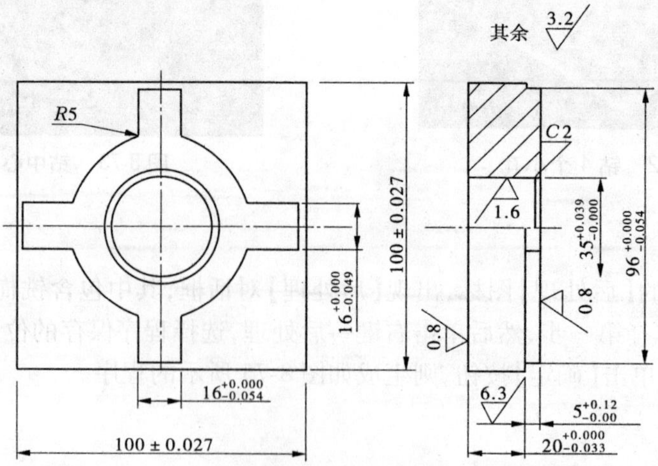

图 8-76　四齿零件

项目9　模型渲染和运动仿真技术及应用

【学习目标】

1. 明确模型渲染和运动仿真的一些基本概念。
2. 掌握赋予模型材料和纹理的基本方法和基本技能。
3. 掌握模型设置光源的基本方法和基本技能。
4. 掌握模型实体显示的基本方法和基本技能。
5. 能用 UG 运动仿真模块制作动画。

【工作任务】

任务一　给螺旋千斤顶装配模型加以渲染

要求对千斤顶三维模型进行模型渲染,以产生良好的视觉效果。首先,制作真实感照片,如图 9-1 所示。然后,设置彩色塑料和苜蓿构造效果,设置金色金属外观,添加背景画面。最后,用标准 Z 聚光灯照射,效果如图 9-2 所示。

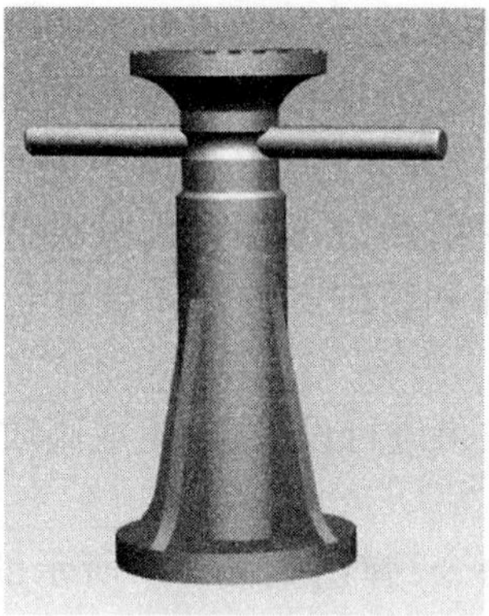
图 9-1　模型的真实感照片

图 9-2　渲染效果

任务二　螺旋千斤顶工作过程运动仿真

螺旋千斤顶机构仿真运动的设计要求:当转动旋转杆时,带动起重螺杆转动,通过底座与起重螺杆间的螺纹配合,驱动旋转杆转动,并带动顶盖向上作螺旋运动,将顶盖上的重物顶起。运动仿真过程如图 9-3 所示。

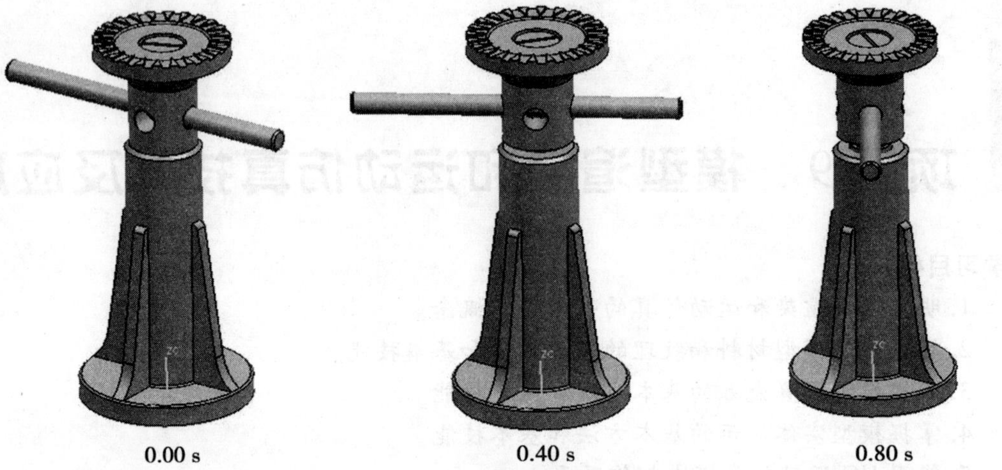

图 9-3 运动仿真过程

【相关基本知识和基本技能】

9.1 模型渲染

9.1.1 渲染功能

UG 渲染功能为工业设计人员提供了一种更有效的表达设计理念的工具。三维模型建成后，利用 UG 渲染模块对三维模型进行渲染和后期处理，使其能够快速实现模型概念化，生成美观、逼真的图像，从而大幅度降低了原型样机成本，加快了产品上市步伐。

UG 渲染模块基于物理原理对真实环境的光照进行模拟，通过考虑光线对眼睛的刺激来计算光线强弱。UG 模型渲染与后期处理设计基于实体和组件的方法来设计合理的外形和显示效果。

本项目主要讲述如何对材料及纹理、灯光效果和视觉效果进行设置，以生成高质量的艺术级图片。

对于 UG NX6 渲染功能，可以执行【工具】→【定制】命令，弹出如图 9-4 所示的【定制】对话框，可以设置 UG NX6 工具栏。

在"工具条"选项卡中选择"可视化"和"可视化形状"复选框，弹出【可视化】工具栏，如图 9-5 所示，以及【可视化形状】工具栏，如图 9-6 所示。这两个工具栏是实现模型渲染功能所必需的。

执行【视图】→【可视化】命令，展开【可视化】子菜单，如图 9-7 所示。

通过【可视化】子菜单、【可视化】工具栏和【可视化形状】工具栏，实现以下模型渲染功能：

(1) 真实着色编辑器。可以在 NX 模型上创作出逼真的视觉效果，包括阴影、反射、照明和材质。

(2) 基本光源。设置灯光基本参数。

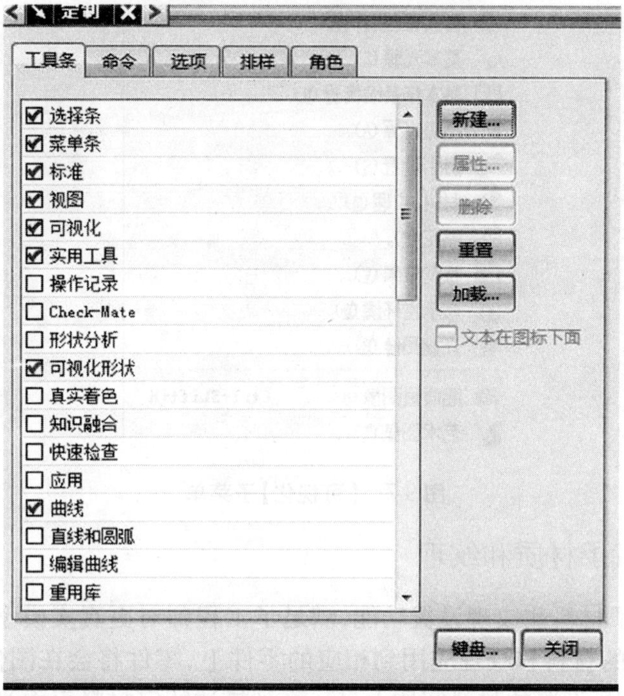

图 9-4 【定制】对话框

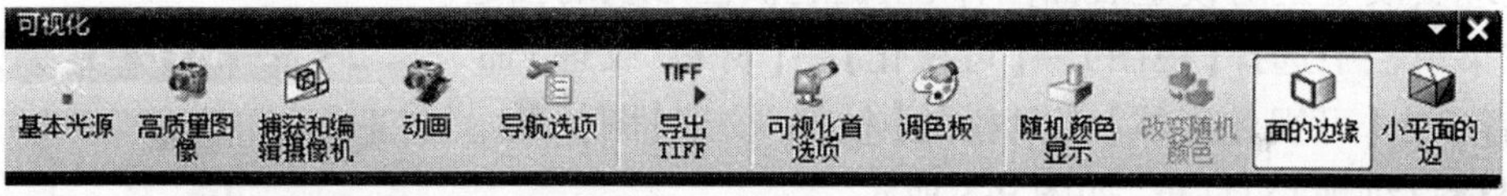

图 9-5 【可视化】工具栏

图 9-6 【可视化形状】工具栏

(3)基本场景编辑器。编辑工作视图场景参数。

(4)高级光源。用于设置灯光的多少,调整灯光的强度和位置参数,并可设置形象化渲染图片的光源。

(5)阴影设置。设置形象化渲染图片的阴影。

(6)材料/纹理。设置模型的材料特性和纹理显示效果。

(7)贴花。将贴花应用于某一体或某一体的面。

(8)视觉效果。设置前景、背景和环境背景的图片。

(9)展示室环境。设置一个环境立方体,定义模型周围立方体面上的图像。

(10)光栅图像。用于将光栅图像(TIFF 格式)输入 UG NX6 造型环境或输出光栅图片。

(11)高质量图像。生成 24 位类似于照片效果的形象化渲染图片。

(12)艺术图像。用于设置形象化渲染图片为卡通、手绘和点刻等艺术图。

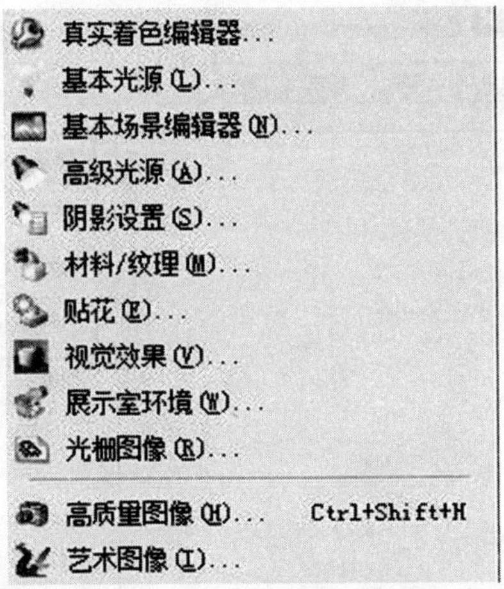

图 9-7　【可视化】子菜单

9.1.2　给模型赋予材质和纹理

UG NX6 提供了材料和纹理设置功能，满足了工程师对更真实模型实体的强烈渴望，此功能可以将指定的材料和纹理应用到相应的零件上，零件将会在图像中表现出特定的视觉效果。在 UG 中，设置的材料实质上是一系列描述特定材料表面光学特性的集合，设置的纹理实质上是对模型表面图样、粗糙起伏性形状的描述。

在菜单栏中选择【视图】→【可视化】→【材料/纹理】命令，或者单击【可视化形状】工具栏的【材料/纹理】图标，弹出【材料/纹理】对话框，如图 9-8 所示。

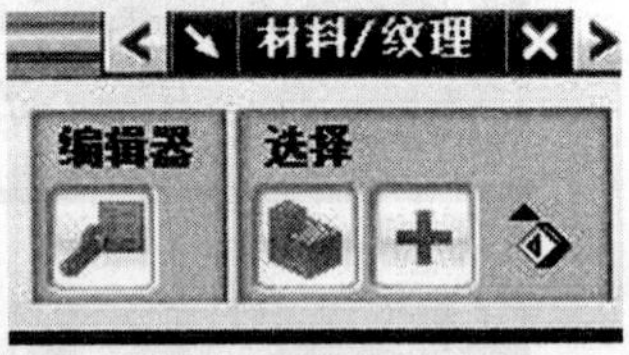

图 9-8　【材料/纹理】对话框

9.1.2.1　材料与纹理类型

在视图左侧资源栏中单击【材料库】图标，弹出【材料库】工具栏。单击图标，使其变成图标，这样【材料库】工具栏就出现在窗口中，如图 9-9 所示，用于设置实体模型的材料和纹理。材料库中提供了多种类型的材料：

(1)金属：用于设置三维实体模型材料为金属，包括铝、弹筒用黄铜、商业用黄铜、海军用黄铜、红铜、a 型青铜、c 型青铜、铬、钴、铜、金、铁铬合金、铁、铅、汞、铜镍合金、镍、钯、铂、银、焊料、不锈钢、钢、锡、钛、钨、锌等多种金属。

(2)图案样式：用于设置三维实体模型材料显示特殊的效果和样式，包括黑白相间的方格样式、绿色发光样式、绿色模糊发光样式、浅绿色发光样式和黑白栅格样式等。

(3)塑料：用于设置三维实体模型材料为彩色塑料，包括蓝色、黑色、青色、绿色、洋红色、抛光、红色、反光蓝色、反光青色、反光红色、反光黄色、透明反光、白色及黄色等塑料。

(4)建筑材料：用于设置三维实体模型材料为建筑用材料，包括蓝色大理石、苜蓿、花岗岩、石灰石、胶合板、抛光的橡木、砂岩和油漆桃红木等。

(5)陶瓷：用于设置三维实体模型材料为陶瓷，包括白陶瓷、粗陶瓷、赤土陶瓷等材料。

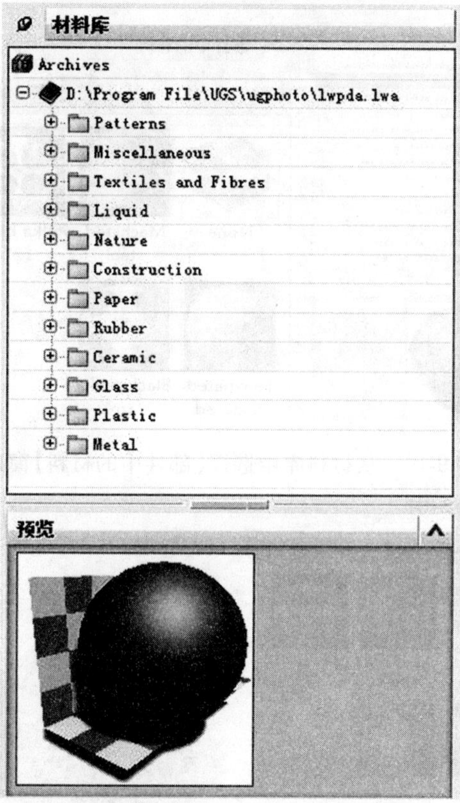

图 9-9 【材料库】工具栏

(6)玻璃:用于设置三维实体模型材料为玻璃,包括透明玻璃、金刚石玻璃、火石玻璃、耐热玻璃、石英玻璃、钠钙玻璃等材料。

材料库中还包括其他材料。

9.1.2.2　**编辑材料与纹理**

在菜单栏中选择【视图】→【可视化】→【材料/纹理】命令,或者单击【可视化形状】工具栏的【材料/纹理】图标,弹出【材料/纹理】对话框。

把某种需要的材料应用到零件上的方法和步骤如下:

(1)将需要的材料从材料库中添加到【部件中的材料】窗口中。在视图左侧资源栏中单击【材料库】图标,弹出【材料库】工具栏。单击图标,使其变成图标,这样【材料库】工具栏就被加到窗口中。单击图标⊞展开每一层,找到需要材料的名称。双击需要材料的名称,该材料就被加到【部件中的材料】窗口中。在绘图窗口的左侧单击【部件中的材料】图标,在打开的窗口中显示出所有从材料库中选择添加的材料,如图 9-10 所示。

(2)把材料应用到零件上。如果要改变零件的材料,从【部件中的材料】窗口中用鼠标将需要的材料拖到零件上,零件模型就会自动更改为新应用的材料,如图 9-11 所示。

如果要除去已应用的材料,只须将【None】图标拖到零件上即可,如图 9-12 所示。

将材料应用到零件上后,【材料/纹理】对话框中的各选项被激活。其中,编辑器功能用来对应用在零件上的材料进行编辑。

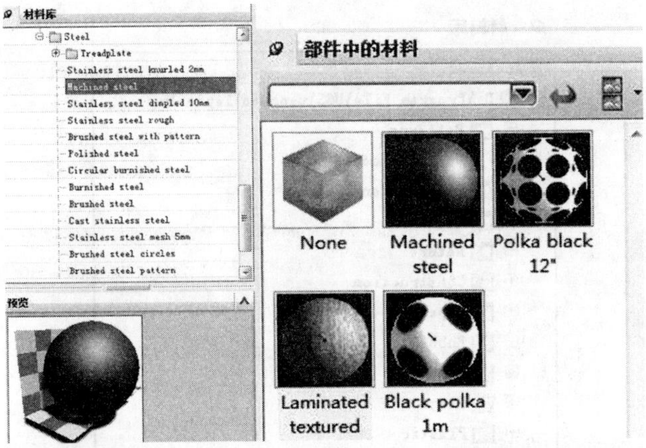

图 9-10　从材料库中选择【部件中的材料】窗口

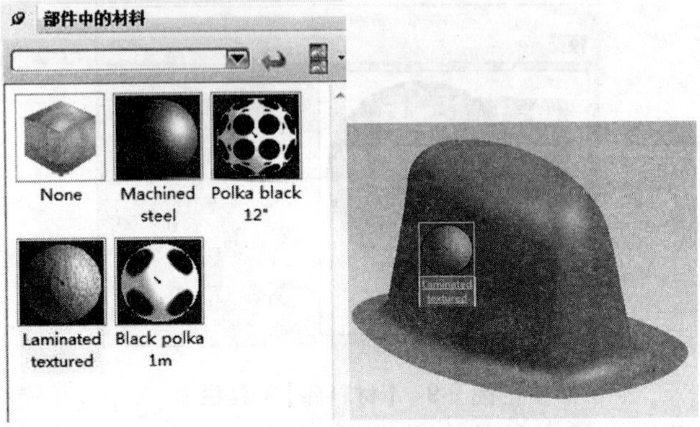

图 9-11　将需要的材料应用到零件上

单击编辑器图标，弹出【材料编辑器】对话框，如图 9-13 所示，可以设置材料的颜色、透明度、背景材料和类型等。

图 9-12　将已应用的材料从零件上除去

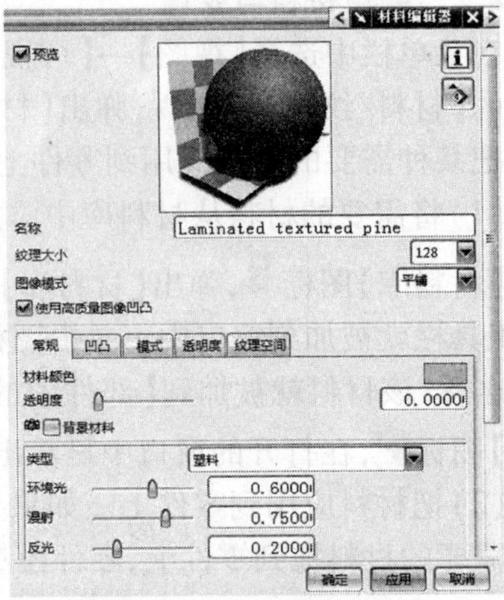

图 9-13　【材料编辑器】对话框

1."常规"选项卡

"常规"选项卡编辑所用材料的通用特性(如颜色),即光照怎样从表面反射的专门特性。

(1)材料颜色:单击右侧的颜色方块,弹出【颜色】对话框,如图 9-14 所示,可以设置或者修改材料的颜色。

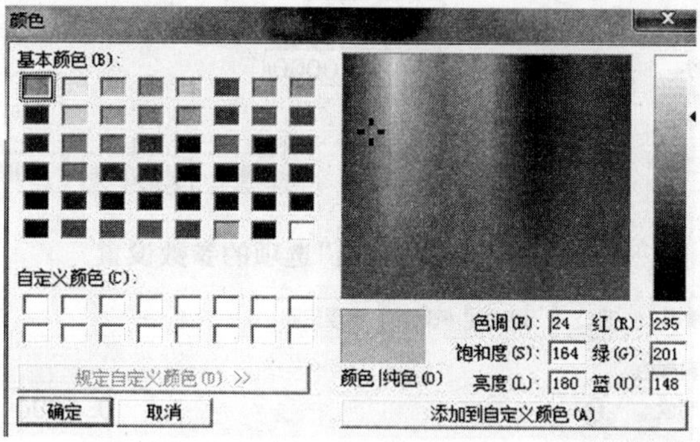

图 9-14　【颜色】对话框

(2)透明度:用来设置零件材料的透明度。可以通过拖动滑块来改变所选材料的透明度,也可在右侧的文本框中输入 0 ~ 1 数值来设置零件材料的透明度。

(3)背景材料:选中该复选框,系统将会以选定的材料作为渲染图像的背景,从而产生特殊的效果。

(4)类型:包括 14 种材料类型。主要类型介绍如下:

①恒定:选择该类型,将忽略所有场景中的光源,仅相当于在亮度值为 1.0 的环境光照射下的效果,零件表面为单色,无亮度变化。此时除材料颜色外,没有其余参数,如图 9-15所示。

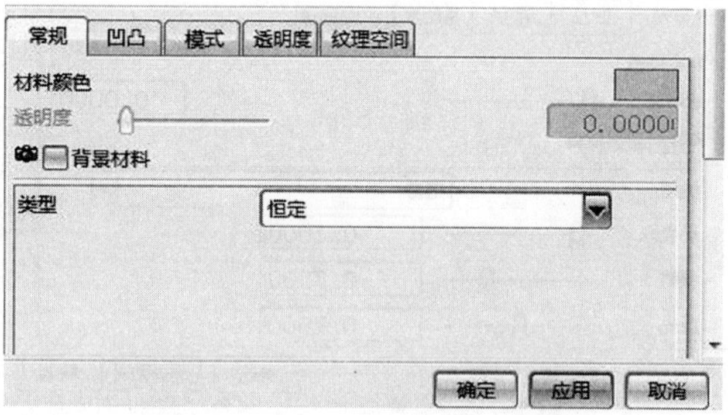

图 9-15　"恒定"选项的参数设置

②无光粗糙:该类型是没有光泽的,适合表面砖块、混凝土和织物类材料。可以设置"材料颜色"、"透明度"和"漫射"等参数,如图 9-16 所示。

③金属:这种类型的材料可以表现出简化的金属反射效果(由于不能形成其他物体的镜像,所以不能逼真地表现金属效果)。可以设置"材料颜色"、"透明度"、"环境光"、"反光"和"粗糙度"等参数,如图 9-17 所示。

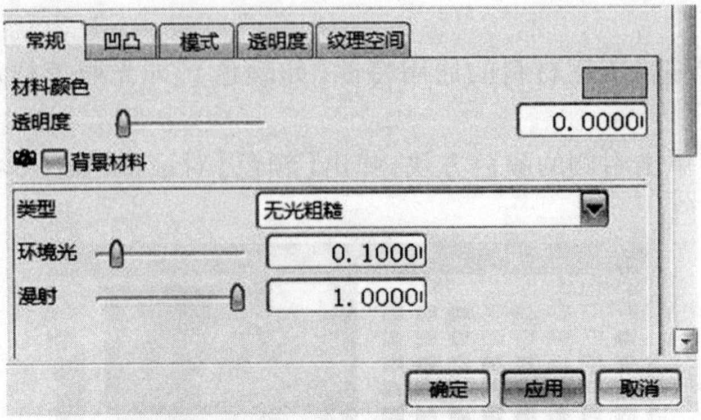

图 9-16　“无光粗糙”选项的参数设置

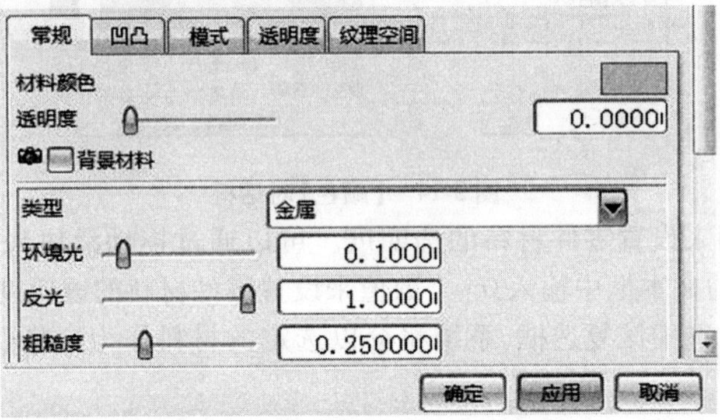

图 9-17　“金属”选项的参数设置

④范奇:该类型能够表现出类似塑料反光的效果,一般应用于表面抛光陶瓷制品等材料。可以设置“材料颜色”、“透明度”、“环境光”、“反光”等参数,如图 9-18 所示。

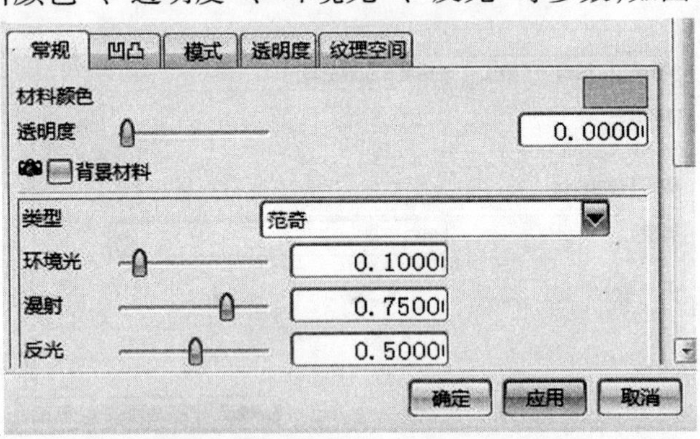

图 9-18　“范奇”选项的参数设置

⑤塑料:该类型可以表现出塑料类的特有性质,一般用于塑料或者油漆等表面材料。可以设置“材料颜色”、“环境光”、“反光”等参数,如图 9-19 所示。

⑥导体:这种类型的材料能够真实地表现金属质感。可以设置“材料颜色”、“环境光”和“反光”等参数,如图 9-20 所示。

⑦绝缘体:通过光线跟踪,该类型可以表现二次反射光的效果,形成其他物体的镜像,

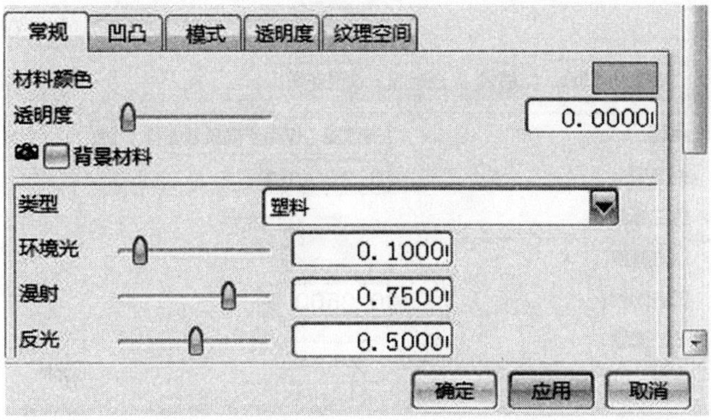

图 9-19　“塑料”选项的参数设置

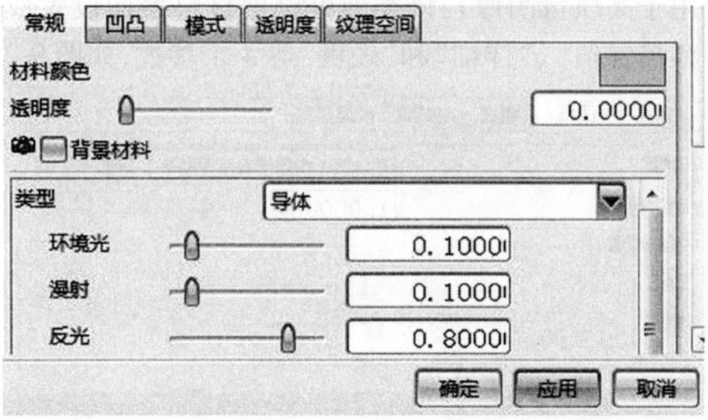

图 9-20　“导体”选项的参数设置

从而真实地表现各种玻璃类材料。可以设置“材料颜色”、“环境光”、“漫射”和“反光”等参数，如图 9-21 所示。

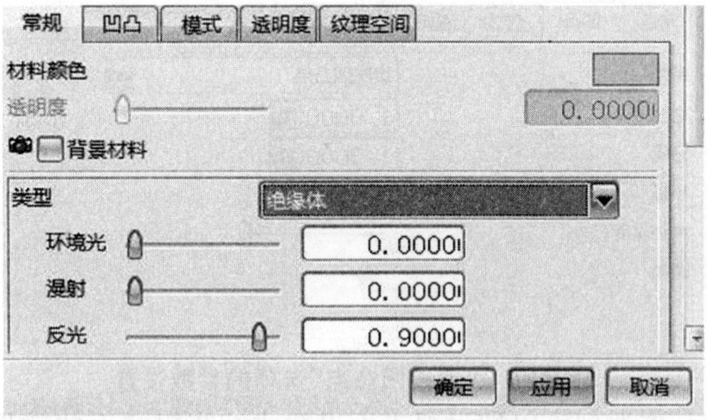

图 9-21　“绝缘体”选项的参数设置

2. “凹凸”选项卡

在本选项卡中，可以设置凹凸的类型及其相应的参数。

在“类型”下拉列表中列出了以下多种类型的零件表面凹凸纹理：

(1) 无：该类型设置材料表面为无纹理效果。没有对应的参数设置。

(2) 铸造面（仅用于高质量图像）：该类型可以把材料表面设置成铸造面的效果。可以设置“刻度尺”、“浇注幅度”、“凹进幅度”、“凹进比例”、“凹进阈值”和“详细”等参数，如图 9-22 所示。

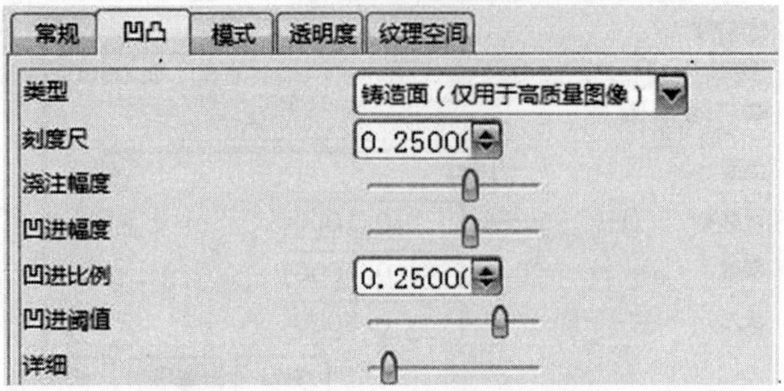

图 9-22　“铸造面”选项的参数设置

(3) 粗糙面(仅用于高质量图像)：该类型可以把材料表面设置成粗糙面的效果。可以设置“刻度尺”、“粗糙幅值”、“详细”和“锐度”等 4 个参数，如图 9-23 所示。

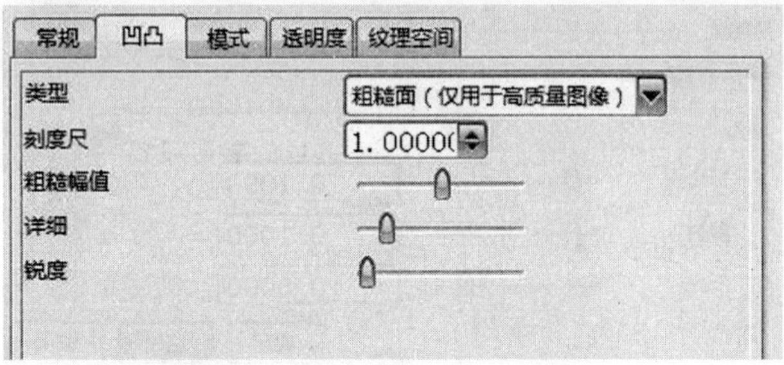

图 9-23　“粗糙面”选项的参数设置

(4) 缠绕凹凸点：该类型可以把材料表面设置成缠绕的凹凸点。可以设置“刻度尺”、“分隔”、“半径”、“中心深度”和“圆角”等参数，如图 9-24 所示。

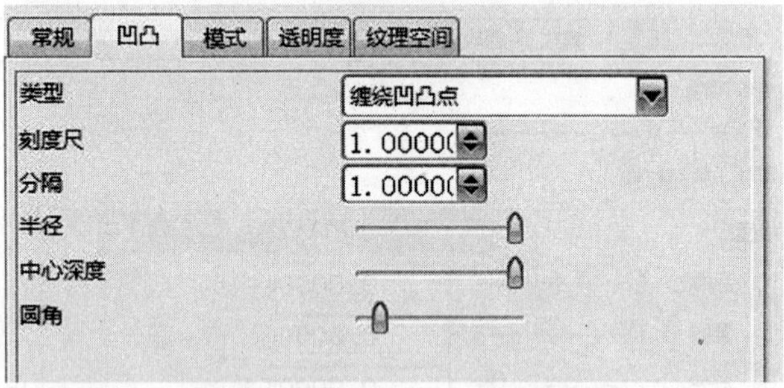

图 9-24　“缠绕凹凸点”选项的参数设置

(5) 缠绕粗糙面：该类型可以把材料表面设置成缠绕粗糙面的效果。可以设置“刻度尺”、“粗糙幅值”、“详细”和“锐度”等参数，如图 9-25 所示。

(6) 缠绕图像：该类型可以把材料表面设置成缠绕图像的效果。可以设置“柔软度”、“幅值”和“图像”等参数，如图 9-26 所示。

(7) 缠绕隆起：该类型可以把材料表面设置成缠绕隆起的效果。可以设置“刻度尺”、“圆角”和“幅值”等参数，如图 9-27 所示。

(8) 缠绕螺纹：该类型可以把材料表面设置成缠绕螺纹的效果。可以设置“刻度尺”、

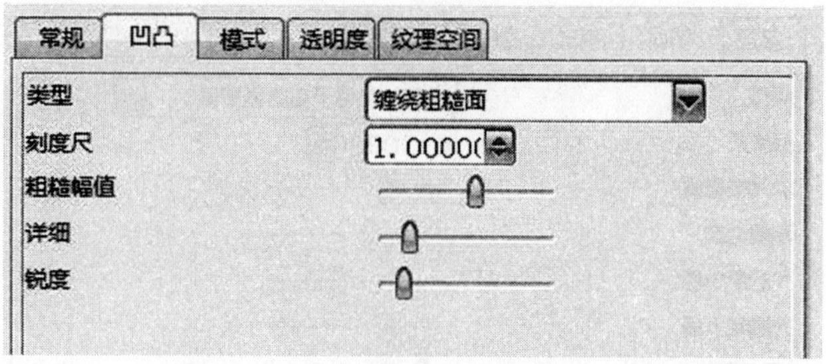

图 9-25 “缠绕粗糙面”选项的参数设置

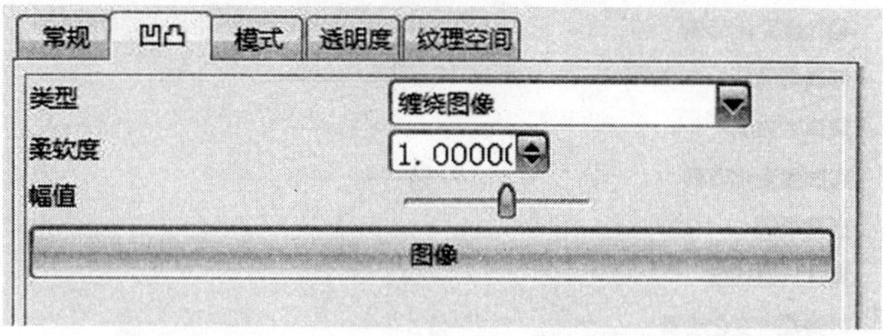

图 9-26 “缠绕图像”选项的参数设置

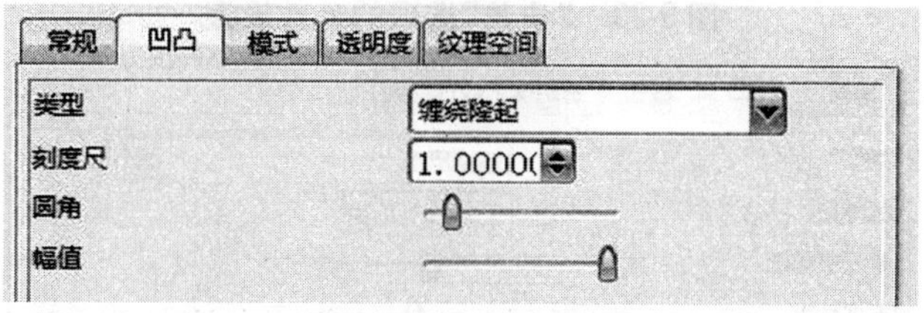

图 9-27 “缠绕隆起”选项的参数设置

“半径”、“圆角”和“幅值”4 个参数，如图 9-28 所示。

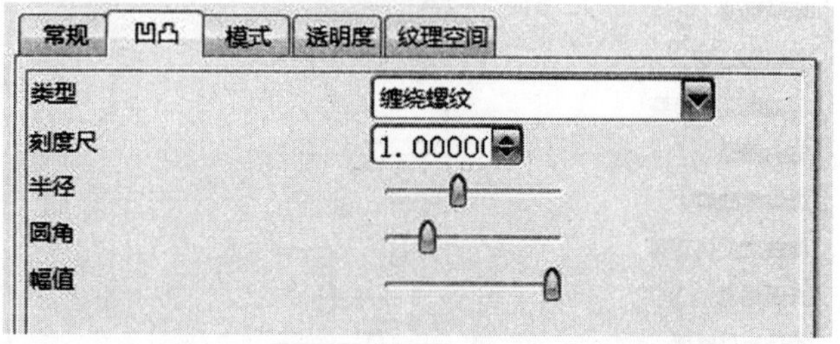

图 9-28 “缠绕螺纹”选项的参数设置

(9)皮革(仅用于高质量图像):该类型可以把材料表面设置成皮革效果。可以设置“刻度尺”、“不规则度”和“粗糙幅值”等参数，如图 9-29 所示。

(10)缠绕皮革:该类型可以把材料表面设置成缠绕皮革的效果，如图 9-30 所示。

3.“模式”选项卡

在本选项卡中，可以设置模式的类型及其对应的参数。

在“类型”下拉列表中列出了以下多种类型的零件表面模式可供选择。

(1)无:该类型把材料表面设置为无图样效果。不需要设置参数。

(2)蓝色大理石(仅用于高质量图像):该类型可以把材料表面设置成蓝色大理石的

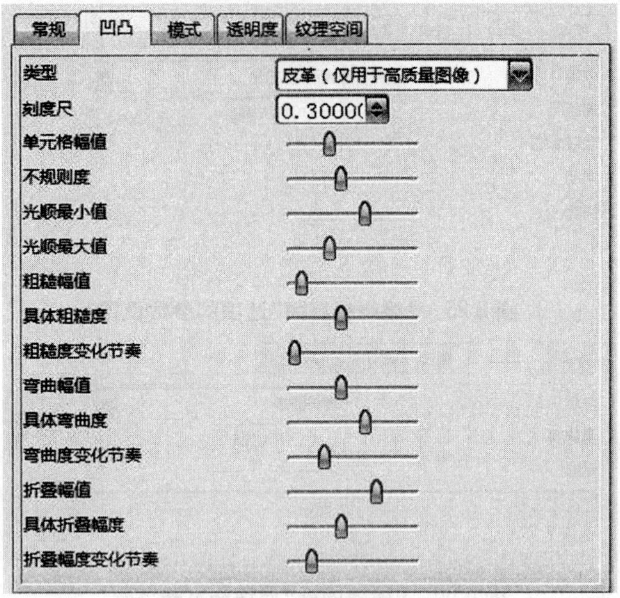

图 9-29　“皮革”选项的参数设置

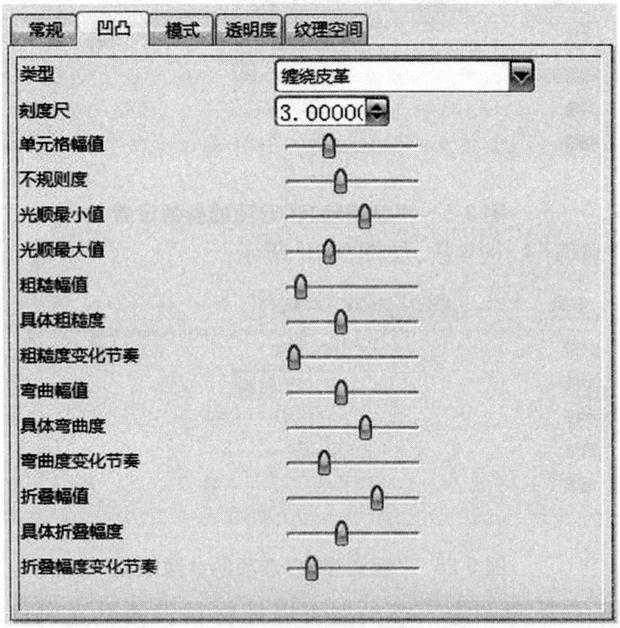

图 9-30　“缠绕皮革”选项的参数设置

效果。

(3)大理石(仅用于高质量图像):该类型可以把材料表面设置成大理石的效果。

(4)铬(仅用于高质量图像):该类型可以把材料表面设置成铬的效果。

(5)缠绕图像:该类型可以把材料表面设置成贴有图像的效果,如图 9-31 所示,可以设置“图像”和“TIFF 图板”两个参数。单击【图像】按钮,弹出【图像文件】对话框,如图 9-32所示,可以选择一种 TIFF 格式的图像作为零件表面的图样;单击【TIFF 图板】按钮，弹出【TIFF 图板】对话框，列出了多种常用的材料纹理图样，如图 9-33 所示。

图 9-31　"缠绕图像"模式的参数设置

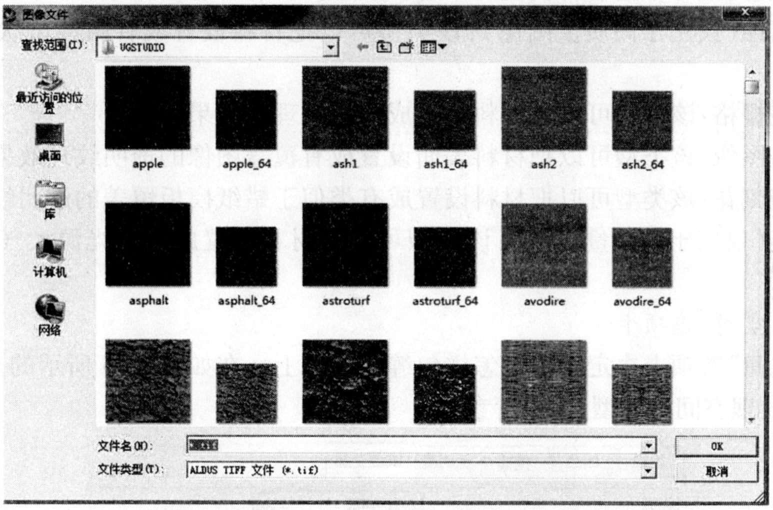

图 9-32　【图像文件】对话框

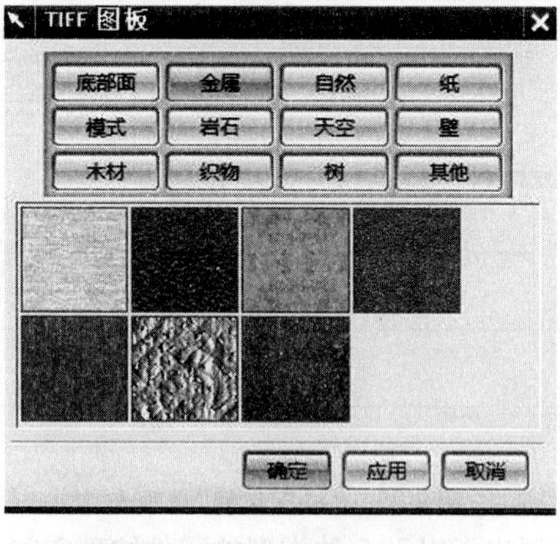

图 9-33　【TIFF 图板】对话框

(6) 缠绕砖：该类型可以把材料表面设置成缠绕砖的效果。

4. "透明度"选项卡

透明度反映对纹理的映射技术。在如图 9-34 所示的选项卡中，可以设置材料透明度的类型及其相应的参数。

在"类型"下拉列表中列出了以下 6 种类型的零件表面透明度：

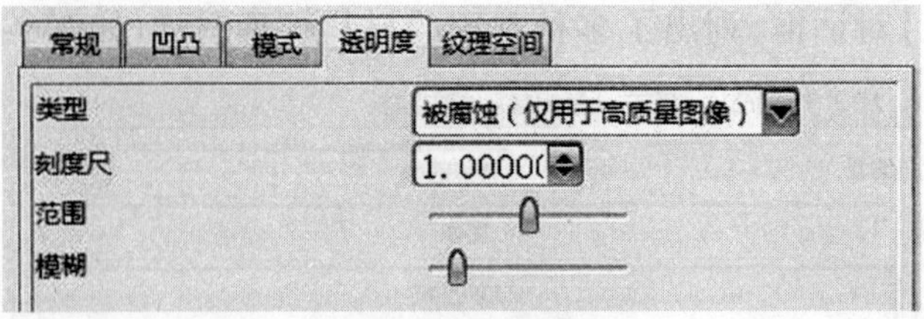

图 9-34　“透明度”选项卡

(1)无:该类型可以把材料设置为不透明效果。没有对应的参数需要设置。

(2)被腐蚀(仅用于高质量图像):该类型可以把材料设置成有腐蚀斑状的透明纹理的效果。

(3)缠绕栅格:该类型可以把材料设置成透明纹理的效果。

(4)缠绕图像:该类型可以把材料表面设置成有覆盖图像的透明纹理效果。

(5)缠绕刻花:该类型可以把材料设置成有类似于蜡纸模板覆盖的透明纹理效果。

(6)辉光(仅用于高质量图像):该类型可以把材料设置成模仿光源大气产生光散射的效果。

5.“纹理空间”选项卡

“纹理空间”选项卡决定了纹理怎样包缠到对象上。在如图 9-35 所示的选项卡中,可以设置材料纹理空间的类型、比例等参数。

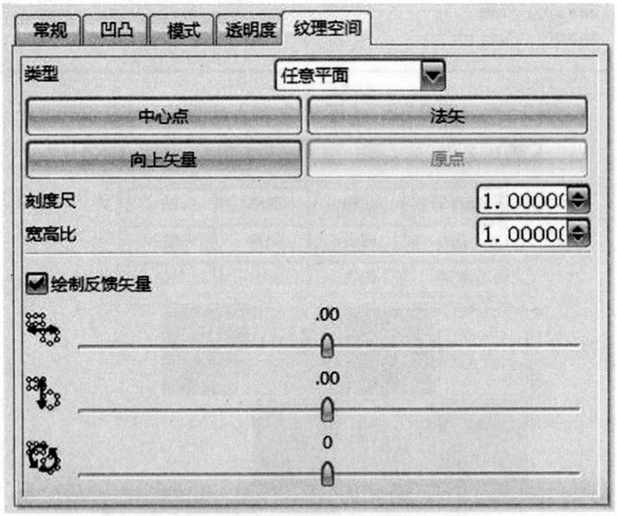

图 9-35　“纹理空间”选项卡

在“类型”下拉列表中列出了以下 5 种类型的零件纹理空间:

(1)任意平面。设置一个投影平面,纹理先分布于这个投影平面上,然后沿这个投影平面的法线方向将纹理投影到零件表面上。可以设置“中心点”、“法矢”、“向上矢量”、“刻度尺”、“宽比高”、“绘制反馈矢量”、“动态水平和垂直位置调节”等参数。

(2)圆柱坐标系:设置纹理的投影面为圆柱面。以一个包围模型的圆柱面作为投影面,纹理先分布在这个圆柱投影面上,然后沿着这个圆柱投影面的法向方向将纹理投影到零件表面上。可以设置“中心点”、“轴方向”、“原点”、“绕轴向的比例”、“沿轴向的比例”、“绘制反馈矢量”、“动态垂直位置调节和动态角度位置调节”等参数。

(3)球坐标系:设置纹理的投影面为球形。以一个包围模型的球面作为投影面,纹理先分布在这个球形投影面上,然后沿着这个球形投影面的法线方向将纹理投影到模型表面上。可以设置“中心点”、“轴方向”、“原点”、“横向比例”、“纵向比例”、“绘制反馈矢量”、“动态垂直位置调节”和“动态角度位置调节”8 个参数。

(4)自动定义 WCS 轴:设置纹理根据当前的工作坐标系来自动进行排列。

(5)UV:根据曲面的 U、V 方向设置纹理的投影面。它提供了一种表面的纹理贴图技术,适合不规律的复杂弯曲形状。可以设置“U 比例”、“V 比例”、“动态水平位置调节”和“动态垂直位置调节”4 个参数。

9.1.3 给模型设置光源

制作艺术化图片时,光源的设置是渲染出理想效果的重要步骤。不同角度、不同强度的灯光体现在模型上,得到的效果千差万别。为了得到各种特效的渲染图像,需要为渲染场景设计各种光源并恰当分布,它直接影响到模型模拟真实感的逼真程度和艺术图像的效果。

UG NX6 使用的灯光效果有两种,一种是基本光源,另一种是高级光源。

9.1.3.1 基本光源

UG NX6 提供的基本光源功能可以简单快捷地设置场景渲染。基本光源有 8 个场景光源,光源在场景中的位置是固定的,适用于一般情况下的光源设置,但是缺乏灵活性,不能够满足特别效果的需要。

执行【视图】→【可视化】→【基本光源】命令,或者单击工具栏中的【基本光源】图标,弹出【基本光源】对话框,如图 9-36 所示。在视图窗口中会显示系统默认的【基本光源】图标。

图 9-36 【基本光源】对话框

在【基本光源】对话框中,可通过拖动滑块来设置光照参数的大小。

(1)场景环境光源:拖动相应滑块可调整系统场景环境光源。

(2)场景左上部光源:拖动相应滑块可调整系统场景从左上部照射的光源。

(3)场景顶部光源:拖动相应滑块可调整系统场景从顶部照射的光源。

(4)场景右上部光源:拖动相应滑块可调整系统场景从右上部照射的光源。

(5)场景正前部光源:拖动相应滑块可调整场景从正前部照射的光源。

(6)场景左下部光源:拖动相应滑块可调整系统场景从左下部照射的光源。

(7)场景底部光源:拖动相应滑块可调整系统场景从底部照射的光源。

(8)场景右下部光源:拖动相应滑块可调整系统场景从右下部照射的光源。

在【基本光源】对话框中,还有另外 3 个选项:

(1)【重置为默认光源】按钮:单击此按钮,系统将已设置的光源设置为系统默认的场景环境光源、场景左上部光源、场景右上部光源 3 种光源,如图 9-37 所示。

(2)【重置为舞台光】按钮:单击此按钮,系统将已设置的光源设置为使用所有基本光源照射,如图 9-38 所示。

图 9-37 显示默认的基本光源

图 9-38 重置为舞台光光源

(3)调光器滑块:拖动滑块,除场景环境光源的光照强度不变外,其他所有的基本光源的光照强度都将发生相应的变化,如图 9-39 所示。

图 9-39 拖动调光器滑块时光照强度发生的变化效果

9.1.3.2 高级光源

UG NX6 提供的高级光源功能可以创建新的光源,并且可以对其进行设置和修改。因此,相对于基本光源来说,高级光源更灵活,能够满足对特别效果的需要。

执行【视图】→【可视化】→【高级光源】命令,或者单击【可视化形状】工具栏中的【高级灯光】按钮,弹出【高级灯光】对话框,如图 9-40 所示。在"颜色"选项中,单击右侧色块,在弹出的颜色窗口中设置光源颜色。

1."开"选项组

"开"选项组中显示了在渲染区内使用的、开启的光源。而系统中默认的已经开启的有场景环境光源、场景左上部光源和场景右上部光源 3 种光源。在该选项组中,选中某一光源按钮,单击图标,这个光源图标就会出现在"关"选项组中,即此光源被关闭。

2."关"选项组

本选项组中显示的是被关闭的光源。系统默认关闭的光源有标准视线光源、标准 Z 点光源、右上方标准平行光、场景顶部光源、场景左下部光源、场景右下部光源、标准 Z 平行光、标准Z聚光、左上方标准平行光、场景正前部光源和场景底部光源11个光源。如果在该选项组中选中某一光源按钮,单击图标,这个光源图标就会出现在“开”选项组中,即此光源被打开。

3.“名称”选项组

选中某一光源时,在“名称”选项组的文本框中将会显示出该光源的名称。

4.“类型”选项组

在“类型”下拉列表中,列出了5种用户自定义的光源类型,有环境光、平行光、眼光源、点光源和聚光灯。

(1)环境光:一种能给所有表面提供均匀照明的一种光源。它没有方向性,不会产生阴影。可设置颜色和光源强度两个参数。

(2)平行光:能发出平行光的一种光源。平行光源一般距离较远,比如太阳光,在高质量图像中能够产生阴影。可设置的参数有颜色、强度、方向和位置。将标准Z平行光打开,光照效果如图9-41所示。

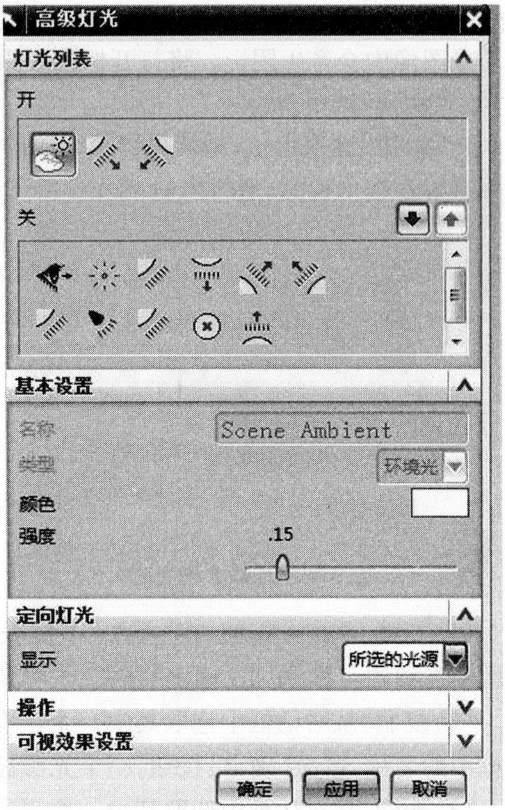

图9-40 【高级灯光】对话框

(3)眼光源:从观察者的位置发出的光,也就是说,光源点在观察者的眼睛处。这样的光源不能产生阴影,可以设置颜色和强度两个参数。

(4)点光源:从一个点向周围所有方向发出强度相同光线的光源。其亮度随距离的变化而变化,在高质量图像中会产生阴影。将标准Z点光源打开,光照效果如图9-42所示。

图9-41 标准Z平行光

图9-42 标准Z点光源

(5)聚光灯:由一个点光源朝一个方向发出的光源,但发出的光被限制在锥形范围内，只有在锥形范围内的对象才会被照亮，同时其亮度随着距离的变化而变化。聚光灯在高质量图像中会产生阴影。将打开标准 Z 聚光灯，光照效果如图 9-43 所示。

5.“操作”选项组

在“操作”选项组中，系统提供了光源的新建、复制、删除、信息、重置为默认光源和重置为舞台光 6 个功能，如图 9-44 所示。

图 9-43　标准 Z 聚光灯

图 9-44　“操作”选项组

(1)新建：单击此按钮，在“类型”下拉表中选择一种光源的类型，在“名称”文本框中输入新光源的名称，单击【确定】按钮，一个新光源就被创建了。

(2)复制：从对话框中选取其中一个已有的光源，单击此按钮，默认或修改“名称”文本框中的名称，单击【确定】按钮，一个光源被复制。

(3)删除：从对话框中选取其中一个已有的用户自定义光源，单击此按钮，该光源被删除。

(4)信息：单击此按钮，在弹出的信息窗口中可以查看所选光源信息，其中包括光源颜色、光源类型、光源强度以及光源位置等。

(5)重置为默认光源：单击此按钮，灯光设置恢复到默认光源状态。

(6)重置为舞台光：单击此按钮，灯光设置恢复到舞台光状态。

9.1.4　给模型设置视觉效果

模型实体的显示离不开视觉效果。用户可以使用 UG NX6 的视觉效果功能，设置前景、背景和特殊效果及基于图像的打光效果(IBL)。

执行【视图】→【可视化】→【视觉效果】命令，或者单击工具栏中的【视觉效果】按钮，弹出【视觉效果】对话框，如图 9-45 所示。

下面说明各项功能的设置。

9.1.4.1　前景

单击【视觉效果】对话框中的【前景】按钮，如图 9-45 所示。

(1)无：该选项为系统默认选项，表示系统前景无显示效果。

(2)雾：该类型的前景产生一种物体在雾中的效果。

9.1.4.2 背景

单击【背景】按钮,【视觉效果】对话框变为如图9-46所示效果。其中,上方的“类型”下拉列表框用于选择背景组合形式,下方的“类型”下拉列表框则用于指定此时的背景类型。

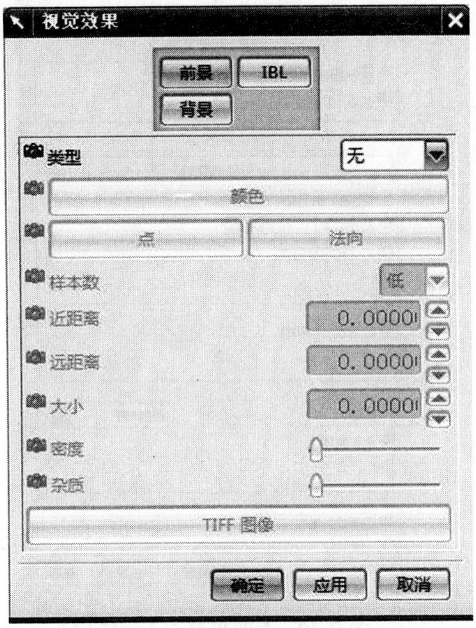

图9-45 【视觉效果】对话框1

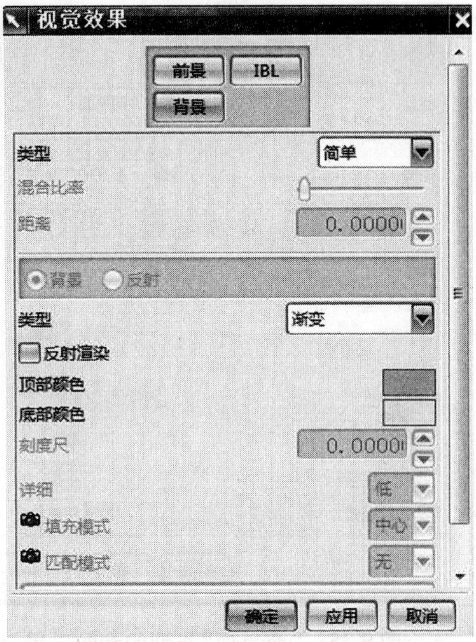

图9-46 【视觉效果】对话框2

(1)简单:可以设置某种单一的背景,选择简单背景组合形式时,在对话框下部的背景类型有5种,分别是无、纯色、云、渐变、用户指定图像。

(2)混合:混合背景是由两个简单的背景按比例合成的。主要设置参数有主线串、次要和混合比率。

(3)光线立方体:主背景放在模型后面,而第二背景放置在观察点的后面,只能通过模型的反射图像才能看到,第二背景在模型上的反射从物理上讲是不准确的。主要设置参数有“背景”和“反射”两项,如图9-47所示。

(4)两平面:主背景放在模型后面,而第二背景放置在观察点的后面,只能通过模型的反射图像才能看到,第二背景在模型上的反射从物理上讲是准确的。主要设置参数有“距离”、“背景”、“反射渲染”和“匹配模式”,如图9-48所示。

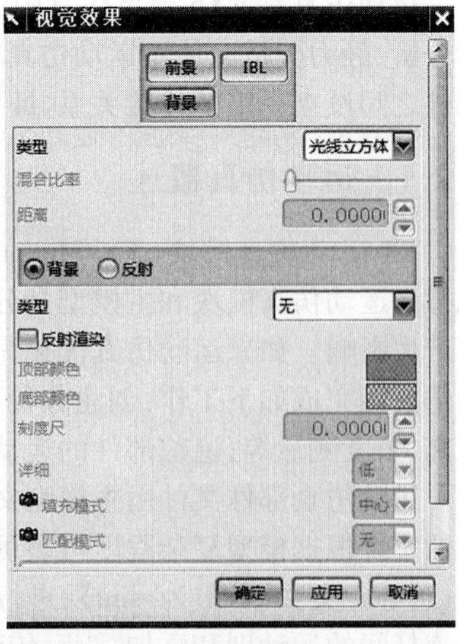

图9-47 “光线立方体”类型的参数设置

9.1.4.3　IBL(特殊效果及基于图像的打光效果)

单击【IBL】按钮,【视觉效果】对话框变为如图 9-49 所示效果,通过此对话框可以设计由照相机的光学系统引起的特殊效果。

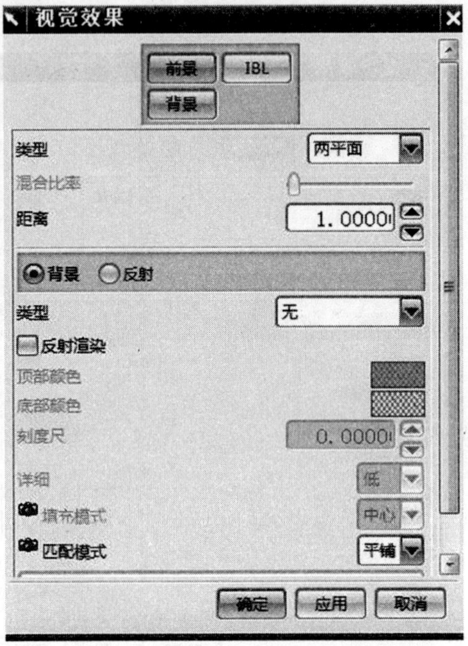

图 9-48　“两平面”类型的参数设置

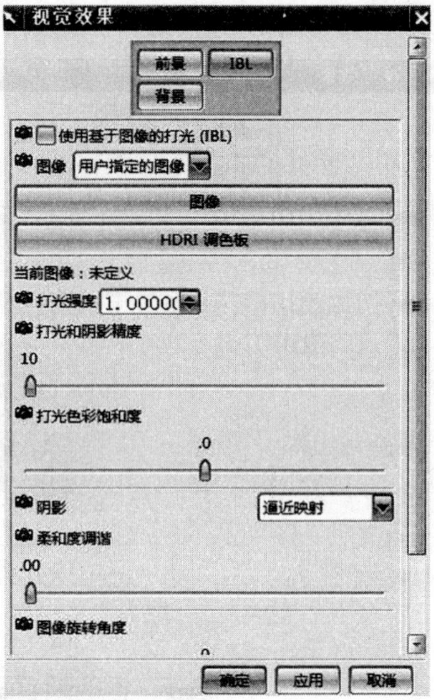

图 9-49　【视觉效果】对话框 3

9.2　运动仿真

运动仿真是 NX6 数字仿真中的一个模块,它能对任何二维或三维机构进行复杂运动学分析、静力分析。使用运动仿真功能赋予模型中各个部件一定的运动学特性,再在各个部件之间设立一定的连接关系,即可建立一个运动仿真模型。

9.2.1　运动仿真概述

NX 运动仿真模块(NX/Motion Simulation)用于建立运动机构模型、分析模型的运动规律。运动仿真模块和主模型是分开保存的,从而可以创建不同的运动仿真,而对主模型不产生影响。如果运动仿真优化完成,可以更新到主模型,完成优化的设计结果。通过运动仿真能完成如下工作:创建各种运动副、传动机构、施加载荷等;进行机构的干涉分析、距离、角度测量等;追踪部件的运动轨迹;输出部件的速度、加速度、位移和力等的图表。

运动仿真部件文件由主模型文件组成,主模型可以是装配文件或单个文件。运动仿真的实现根据模型复杂程度可多可少。实现运动仿真的基本步骤:建立一个运动仿真文件(motion 文件,后缀为.sim);进行运动模型的构建,设置每个组成零部件的连杆特性;设置连杆间的运动副和添加载荷、传动副等;进行运动参数的设置,提交运动仿真模型数据,解算运动仿真;输出运动分析数据。

9.2.2 运动仿真界面

运动仿真界面和建模界面相比有一些变化。运动仿真界面分为4大部分:菜单栏、工具栏、运动导航器和绘图区。各自的作用如下:

菜单栏:包含了11个菜单命令,比如文件、编辑、视图、插入等。菜单栏可以帮助完成UG所有的功能操作。

工具栏:由【基本环境】工具栏、【运动】工具栏和【动画控制】工具栏组成。

运动导航器:以图形树的形式详细地显示各数据,并且可新建、复制、删除运动仿真等命令。

绘图区:用于绘图、显示模型及相关对象。

9.2.3 运动导航器

运动导航器在运动仿真中的地位举足轻重,很多重要的命令或操作只能在运动导航器中实现,例如新建、删除仿真、创建连杆、运动副等。其作用有:新建、复制、删除、保存运动仿真命令;以图形树的形式详细显示各数据;新建连杆、运动副、约束等任何【运动】工具栏的命令;设置运动仿真环境;对运动仿真进行分析,导出动画、图片机构等。运动导航器如图9-50所示。

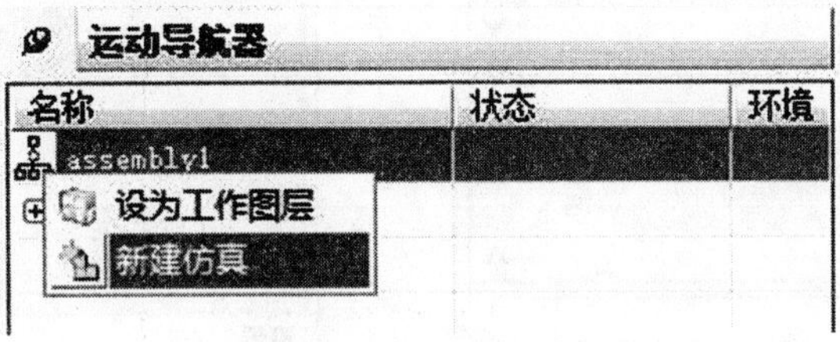

图9-50 运动导航器

9.2.4 【运动】工具栏

【运动】工具栏可以实现运动仿真所有命令的执行,从连杆到运动副的创建等,甚至包括运动分析。如图9-51所示,根据需要【运动】工具栏可以拆分为几个小工具栏。

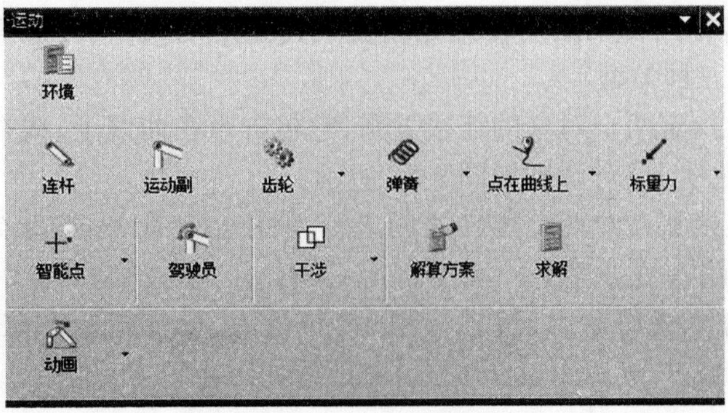

图9-51 【运动】工具栏

【运动】工具栏中常见的命令如下：

(1)连杆：连杆是连杆机构的两端分别与主动件和从动件铰接来传递运动和力的杆件，【连杆】对话框如图 9-52 所示。

(2)运动副：运动副的作用是将机构中的连杆连接在一起，并定义规定的动作，常用的运动副有旋转副、滑动副、圆柱副、螺旋副、球面副、固定的、球面的等。【运动副】对话框如图 9-53 所示。

图 9-52　【连杆】对话框

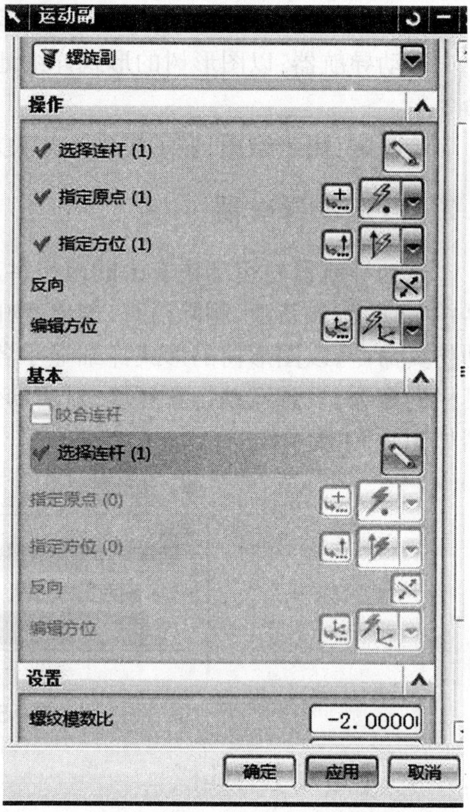

图 9-53　【运动副】对话框

(3)传动副(齿轮)：传动副的作用是改变机构扭矩的大小、转速等。它包含齿轮、齿轮齿条副和线缆副三种类型。

(4)约束：可以指定两个对象的连接关系，它包含点在曲线上、线在线上、点在曲面上三种类型。【点在曲线上】对话框如图 9-54 所示。

(5)连接器：连接器可对两个零件之间进行弹性连接、阻尼连接、定义接触。【弹簧】对话框如图 9-55 所示。

(6)载荷：对物体施加的力，包含标量力、矢量力、标量扭矩和矢量扭矩四种类型。【标量力】对话框如图 9-56 所示，【矢量力】对话框如图 9-57 所示。

图 9-54　【点在曲线上】对话框

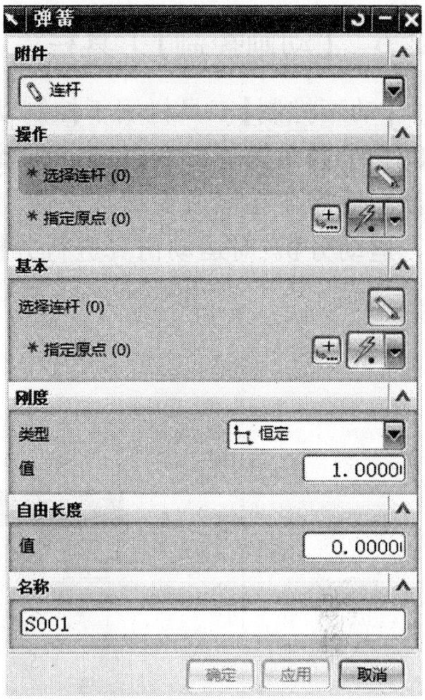

图 9-55　【弹簧】对话框

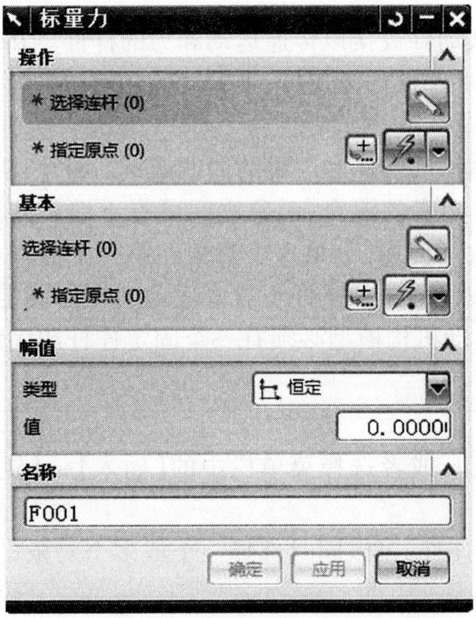

图 9-56　【标量力】对话框

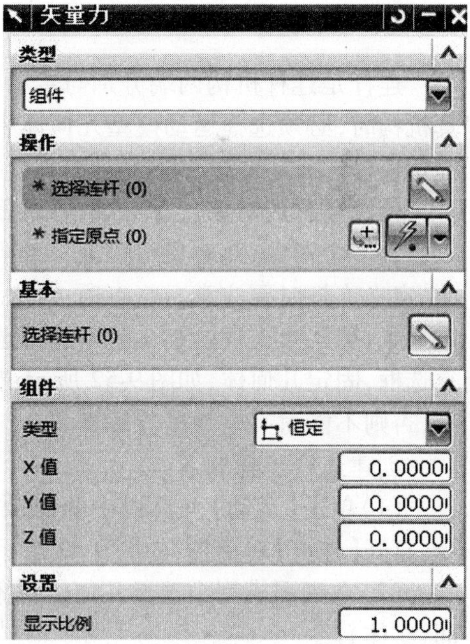

图 9-57　【矢量力】对话框

9.2.5 【动画控制】工具栏

【动画控制】工具栏用于控制动画的播放、暂停、停止等操作，如图 9-58 所示。播放的时间和步数由解算方案决定。在播放动画时，运动导航器和【运动】工具栏等将被锁定，重新激活需要在播放完动画之后。

运动分析：对运动仿真进行分析，如动画输出、图标输出等。

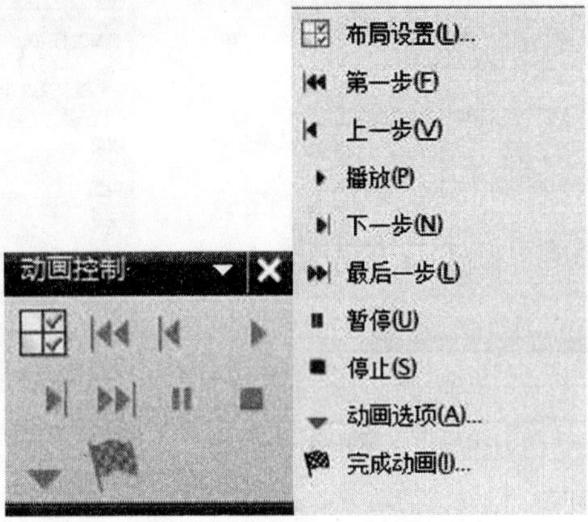

图 9-58 【动画控制】工具栏

9.2.6 创建连杆

连杆是连杆机构两端分别与主动件和从动件铰接以传递运动和力的杆件。在创建仿真机构时，必须选择运动模型几何体中的某一部件作为连杆，不运动的几何体可以设置为固定连杆。

创建连杆的对象包含三维、有质量、有体积的实体和二维的曲线或点。每个连杆均可以包含多个对象，此对象可以是二维与三维元素的混合，对象之间可有干涉和间隙。因此，定义连杆时要注意一些事项：对象不能重复使用，如果这个对象在第一个连杆中已经定义了，第二个连杆的定义就不能再选择该对象；如果连杆不需要运动，勾选“固定连杆”复选框，固定几何体，如图 9-52 所示；整个运动机构模型必须有一个固定连杆或固定运动副，否则不能对其模型进行解算。

创建连杆步骤如下：

（1）单击【运动】工具栏中的【连杆】按钮，或者选择菜单栏中的【插入】→【链接】命令，打开【连杆】对话框，如图 9-52 所示。

（2）在视图模型中选择几何体对象作为连杆，可以同时选择一个或多个对象（点、线、面、实体）。

（3）在“名称”文本框中输入连杆名字，也可以由系统默认名字格式 L001、L002、L003 等。

（4）单击【连杆】对话框中的【确定】按钮，完成连杆的创建。

9.2.7 连杆的质量特性

在三维实体连杆中，几何体有体积、质量，一般没有考虑到质量特性。但是在二维（点、线、片体）连杆中需要精确分析时，比如分析反作用力、动力学分析时等，就必须考虑到质量特性。

质量特性包括质量、质心和惯性矩，在定义连杆的时候可以在相应的文本框输入参数。一般情况下，软件对“质量属性选项”默认为“自动”，如图9-59所示。只有在定义了质量特性后方可进行动力学和静力学分析。

质量特性可以计算物体的反作用力，在实体连杆中可以使用软件自动计算质量特性。如果需要用户自定义质量特性的话，其具体步骤如下：

（1）单击【运动】工具栏中的【连杆】按钮，或选择菜单栏中的【插入】→【链接】命令，打开【连杆】对话框，如图9-60所示。

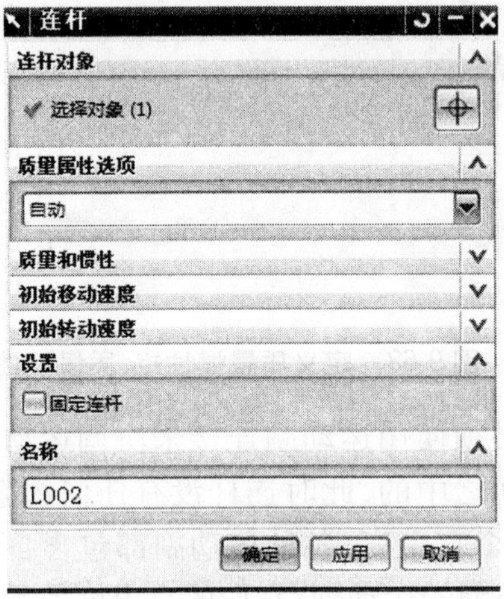

图9-59 【连杆】对话框1

图9-60 【连杆】对话框2

（2）在视图区选择几何体作为连杆。

（3）单击“质量属性选项”下拉列表框，选择“用户定义”。打开“质量和惯性”选项卡，如图9-61所示。

（4）单击【质心】按钮，选择一点作为连杆质心。注意，在精确选择质心时，直线的质心为中点，圆的质心为圆心，比较复杂的曲线及片体一般在几何中心。

（5）选择连杆惯性坐标系，惯性CSYS为可选项。如果没有选择惯性CSYS，则默认为当前的绝对坐标系。坐标系原点在质心点。若需要定义，单击【选择坐标系】图标，打开【CSYS】对话框，定义惯性CSYS，如图9-62所示。

（6）定义质量惯性矩、质量惯性积，在对应的文本框中输入数值即可，如图9-63所示。其中，Ixx、Iyy、Izz必须大于零，Ixy、Ixz、Iyz可以是任意的数值。另外，初始移动速度和初始转动速度为可选项目，可以不定义。

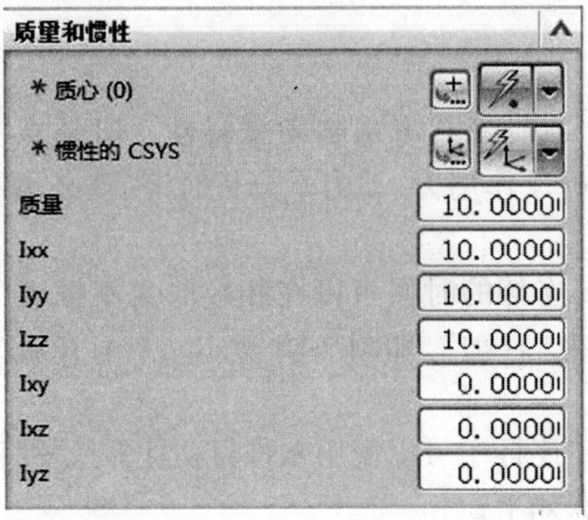

图 9-61 “质量和惯性”选项卡

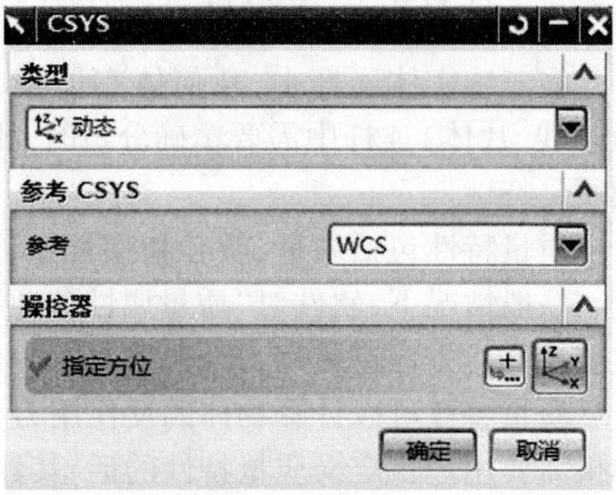

图 9-62 【CSYS】对话框

(7) 在“名称”文本框中可输入自定义连杆的名字，也可以是【连杆】对话框默认的名字，其格式为 L001、L002、L003 等。

(8) 单击【确定】按钮，完成连杆的创建。

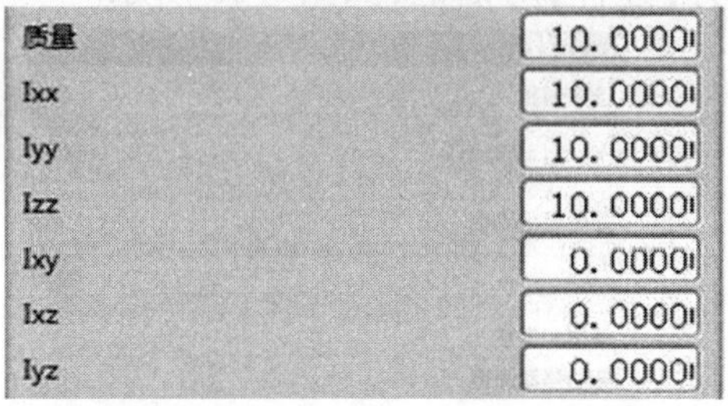

图 9-63 定义质量惯性矩、质量惯性积

9.2.8 运动副

运动副的作用就是将机构中的连杆连在一起，成为一个有机的整体进行运动，而不是表面上的静态连接。为了使机构做规定的动作，必须使用运动副连接来协调运动。在定义运动副之前，机构中的连杆是类似于悬浮在空间之中的，此时连杆没有任何约束，因此它可以沿空间任何方向运动。空间中的物体有 6 个自由度，各种运动副都包含自己约束限制的自由度。NX6 运动仿真模块提供了 15 种类型的运动副，它们的自由度数量各有差异，其中大部分是不能提供驱动的类型。根据是否存在驱动和使用频率分类，包含驱动的有旋转副、滑动副、圆柱副，不包含驱动的有固定副、螺旋副、球面副、平面副、万向节副。不包含驱动不常用的有恒定速度、点重合、共线、共面、方位、平行、垂直。

旋转副：旋转副连接可以实现两个相连构件绕同一轴做相对运动，如图 9-64 所示。

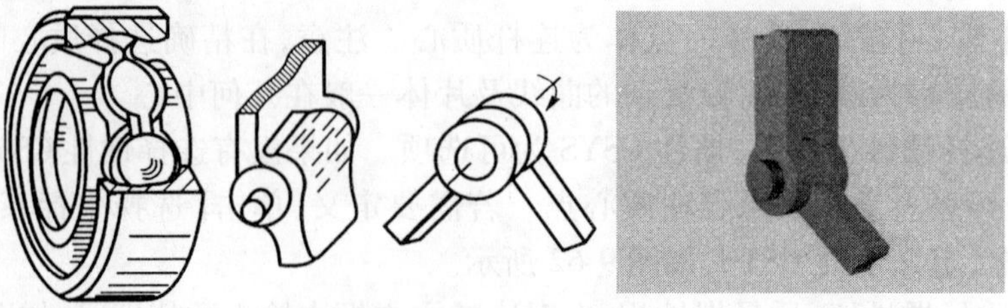

图 9-64 旋转副

滑动副：滑动副连接是两个相连件互相接触并保持着相对滑动，如图 9-65 所示。

圆柱副：圆柱副连接实现了一个部件绕另一个部件（或机架）做相对转动和轴向位移，如图 9-66 所示。

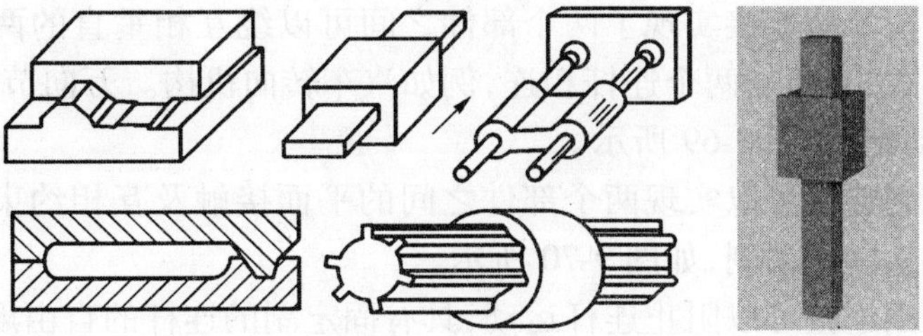

图 9-65　滑动副

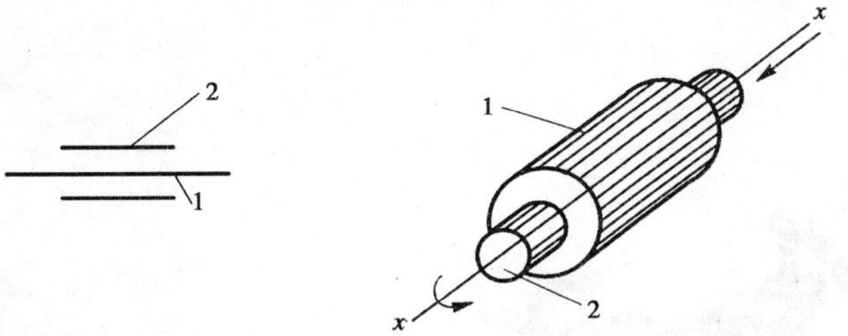

图 9-66　圆柱副

螺旋副：螺旋副连接实现了一个部件绕另一个部件（或机架）做相对的螺旋运动。螺旋副不能定义驱动，只能作为从动运动副，如图 9-67 所示。

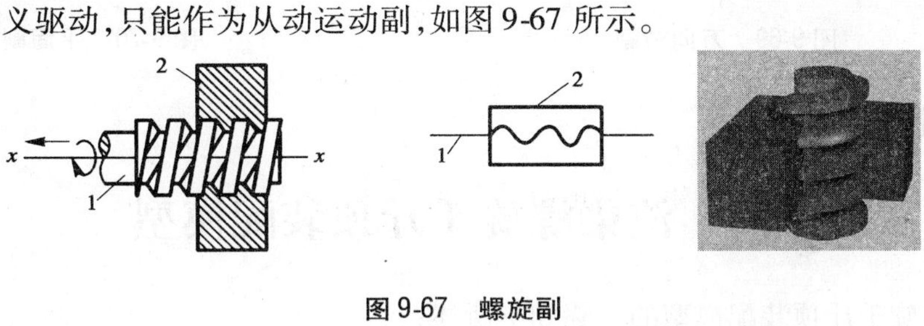

图 9-67　螺旋副

球面副：球面副连接实现了一个部件绕另一个部件（或机架）做相对的各个自由度的运动，它只有一种形式，必须是两个连杆相连。球面副不能定义驱动，只能作为从动运动副，如图 9-68 所示。

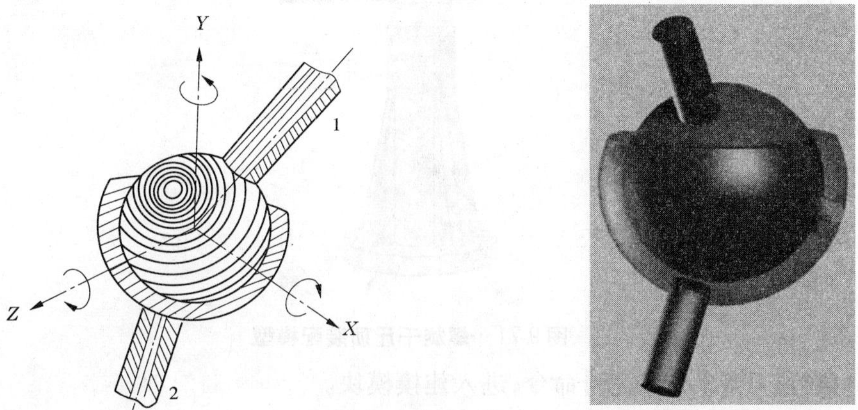

图 9-68　球面副

万向节副:万向节副连接实现了两个部件之间可以绕互相垂直的两根轴做相对的转动,它只有一种形式,必须是两个连杆相连,例如汽车转向机构。万向节副不能定义驱动,只能作为从动运动副,如图 9-69 所示。

平面副:平面副连接可以实现两个部件之间的平面接触及互相约束。平面副不能定义驱动,只能作为从动运动副,如图 9-70 所示。

固定副:固定副连接可以阻止连杆运动,具有固定副的连杆的自由度为零。两个连杆之间的固定副使连杆之间没有相对的运动。

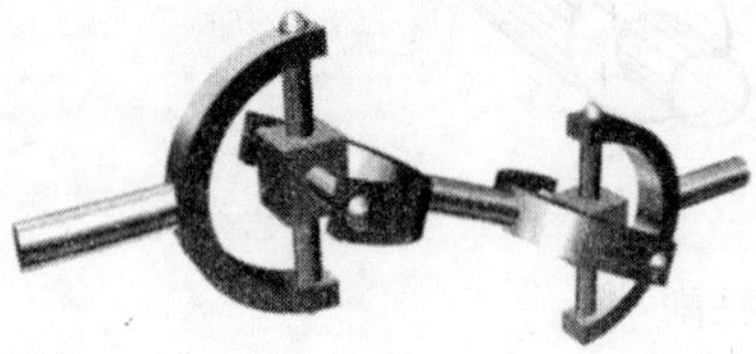

图 9-69 万向节副

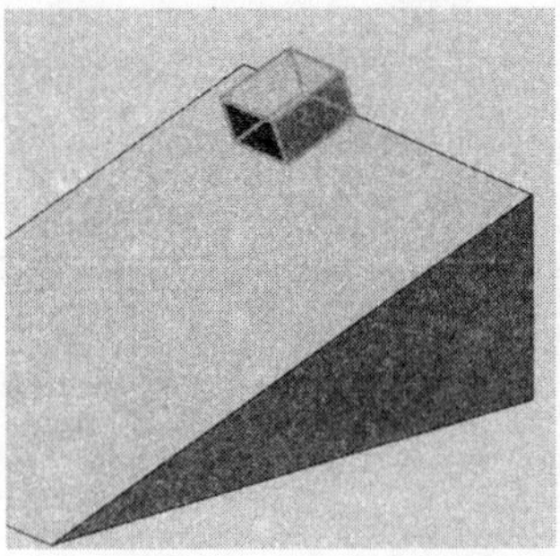

图 9-70 平面副

【任务实施】

9.3 渲染螺旋千斤顶装配模型

渲染螺旋千斤顶装配模型的步骤如下所述:

(1)创建螺旋千斤顶装配模型,打开 prt 部件文件模型,如图 9-71 所示。

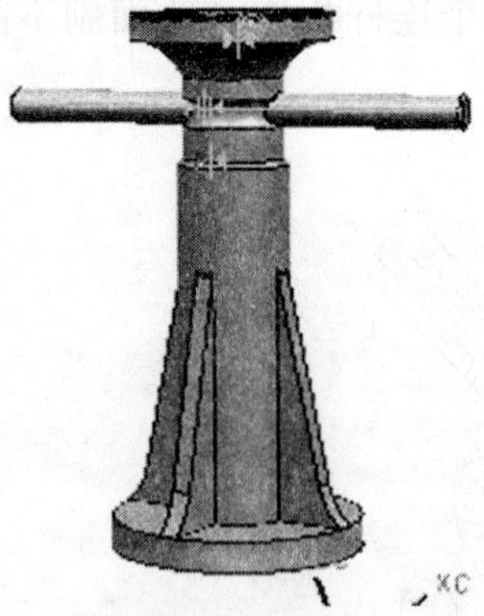

图 9-71 螺旋千斤顶装配模型

(2)执行【开始】→【建模】命令,进入建模模块。

(3)执行【工具】→【定制】命令,弹出【定制】对话框,在“工具条”选项卡中选择“可视化”和“可视化形状”复选框,弹出【可视化】和【可视化形状】工具栏,如图 9-72 所示。

图 9-72 【可视化】和【可视化形状】工具栏

(4)执行【视图】→【可视化】→【高质量图像】命令,或单击【可视化形状】工具栏中的【高质量图像】按钮,弹出【高质量图像】对话框,如图 9-73 所示。

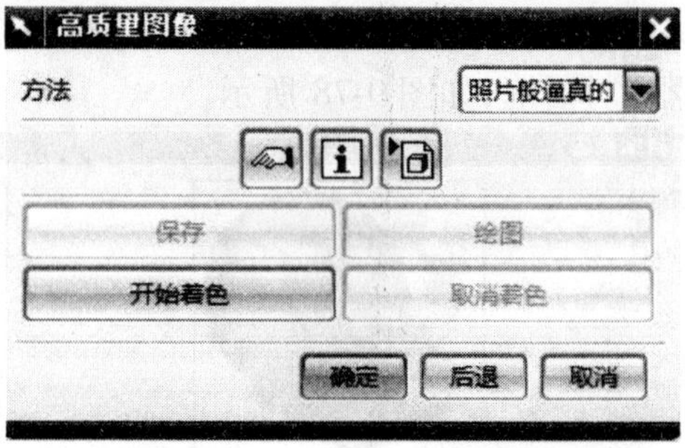

图 9-73 【高质量图像】对话框

(5)在【高质量图像】对话框中的“方法”下拉列表中,选择“照片般逼真的”选项,单击【开始着色】按钮,系统将对模型进行真实感照片处理。单击【保存】按钮,可将真实感照片保存在指定位置。千斤顶模型的真实感照片如图 9-74 所示。

(6)在视图左侧的资源栏中,单击【系统材料】按钮,弹出【系统材料】工具栏,将【系统材料】工具栏固定在视图中显示,如图 9-75 所示。

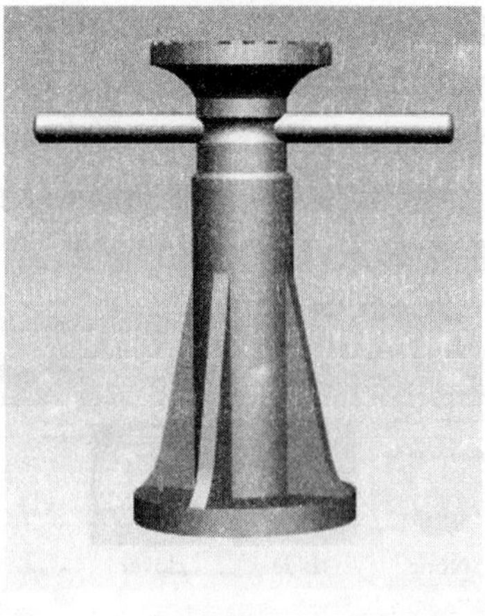

图 9-74 千斤顶模型的真实感照片

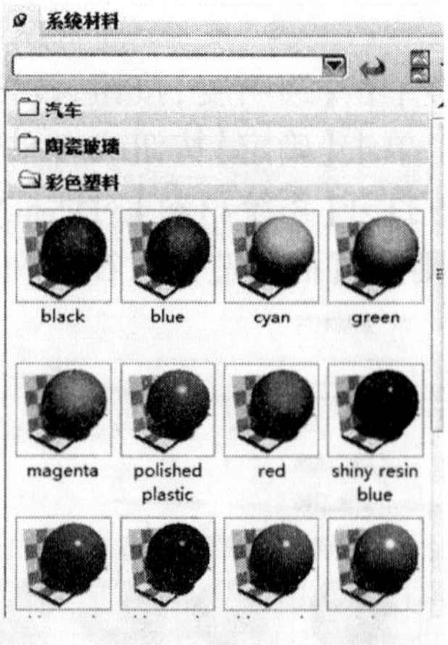

图 9-75 【系统材料】对话框

(7)打开【系统材料】工具栏中的“彩色塑料”选项,如图 9-75 所示。拖动其中的 blue 球到实体模型上,同时该材料也显示在【部件中的材料】工具栏中,如图 9-76 所示。

(8)执行【视图】→【可视化】→【材料/纹理】命令,或单击工具栏中的【材料/纹理】按钮,弹出【材料/纹理】工具栏,如图 9-77 所示。

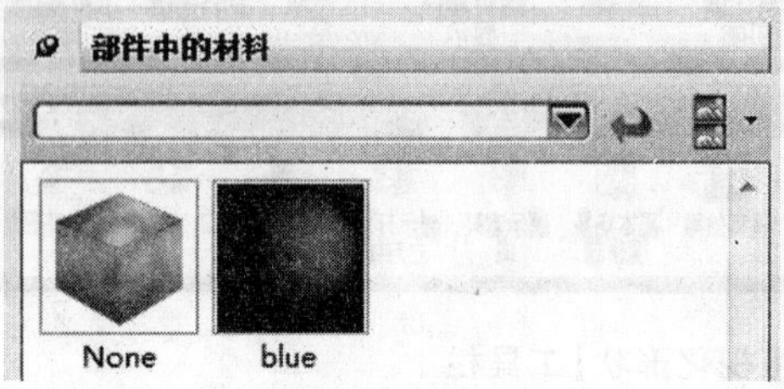

图 9-76　【部件中的材料】对话框

图 9-77　【材料/纹理】工具栏

(9)选择【部件中的材料】工具栏中的 blue 球,单击【材料/纹理】工具栏中的【编辑器】按钮,打开【材料编辑器】对话框,如图 9-78 所示。

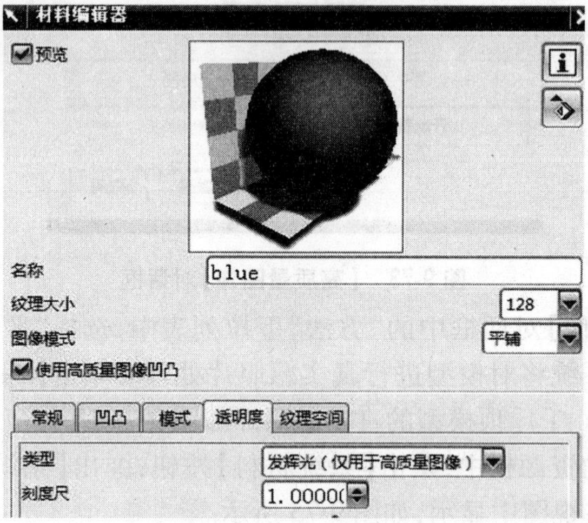

图 9-78　【材料编辑器】对话框

(10)单击【透明度】按钮,设置“类型”为“发辉光”,如图 9-78 所示。

(11)单击【确定】按钮或者单击鼠标中键来完成设置。

(12)打开【系统材料】对话框中的“构造”选项,如图 9-79 所示,拖动 clover 球到实体模型中,则该苜蓿构造同时在【部件中的材料】对话框中显示,如图 9-80 所示。

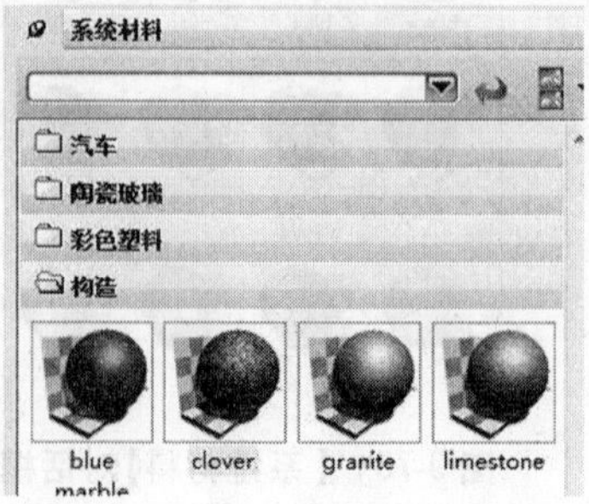

图 9-79　【系统材料】对话框

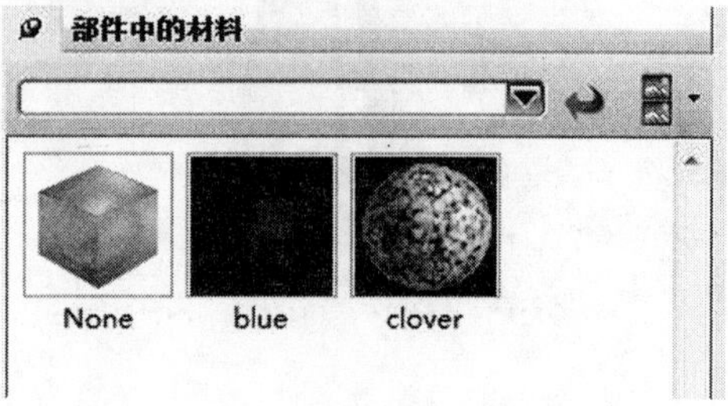

图 9-80　【部件中的材料】对话框

(13)执行【视图】→【可视化】→【材料/纹理】命令,或单击工具栏中的【材料/纹理】按钮,弹出【材料/纹理】工具栏。

(14)选择 clover 球,单击【材料/纹理】工具栏中的【编辑器】按钮,打开【材料编辑器】对话框,如图 9-81 所示。

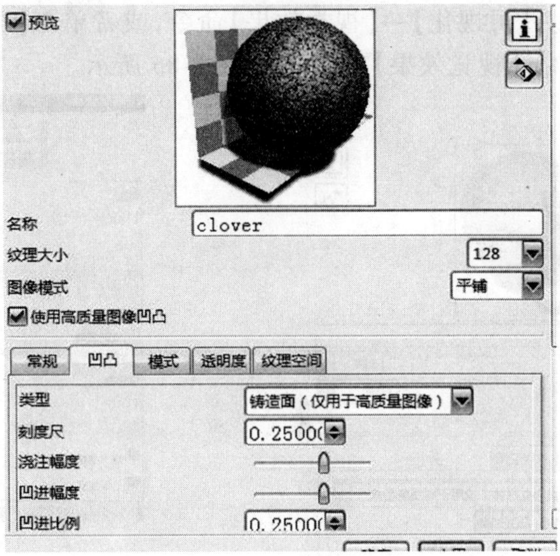

图 9-81 【材料编辑器】对话框

(15)单击【凹凸】按钮,在“类型”下拉列表中选择“铸造面”。

(16)单击【确定】按钮,完成设置。

(17)打开【系统材料】对话栏中的“金属”选项,如图 9-82 所示。拖动 gold 球至实体模型中,则该金属材料同时在【部件中的材料】工具栏中显示,如图 9-83 所示。

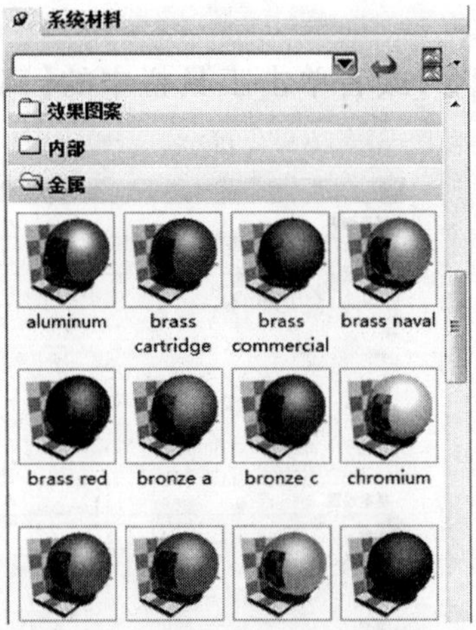

图 9-82 【系统材料】对话框

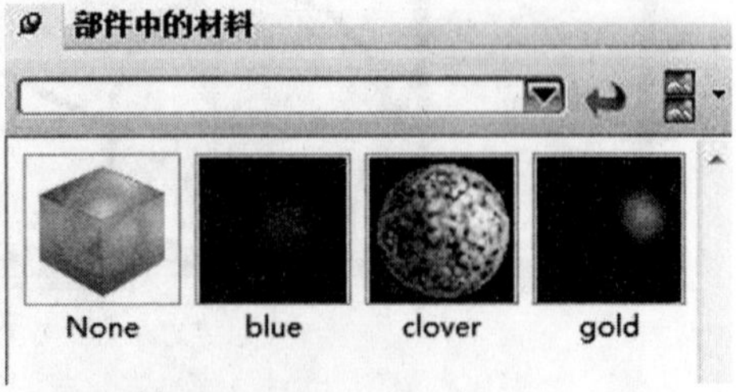

图 9-83 【部件中的材料】对话框

(18)执行【视图】→【可视化】→【材料/纹理】命令,或单击工具栏中的【材料/纹理】按钮,弹出【材料/纹理】工具栏。

(19)选择【部件中的材料】对话框中的 gold 球,并单击【材料/纹理】工具栏中的【编辑器】按钮,打开【材料编辑器】对话框,如图 9-84 所示。

(20)在【材料编辑器】对话框中,单击【模式】按钮,在"类型"下拉列表中选择"实心立方体",并设置比例为 10,单击【确定】按钮。

(21)执行【视图】→【可视化】→【视觉效果】命令,或者单击【可视化形状】工具栏中的【视觉效果】按钮,弹出【视觉效果】对话框,如图 9-85 所示。

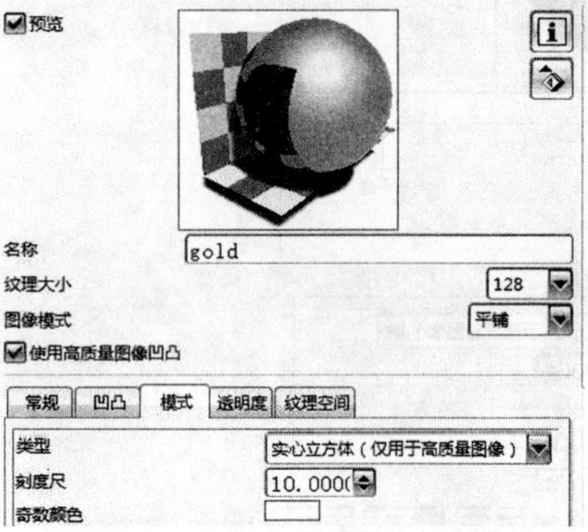

图 9-84　【材料编辑器】对话框

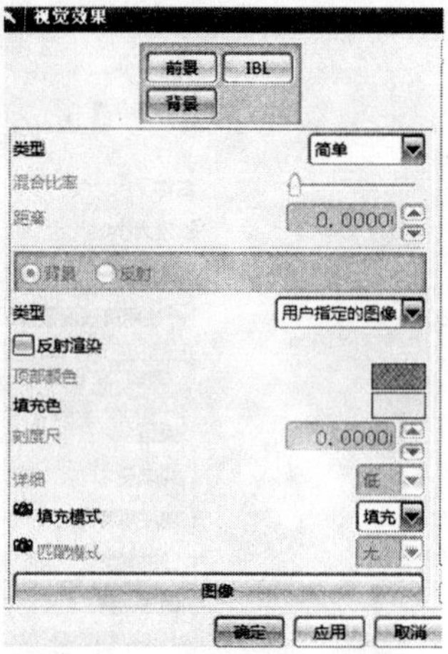

图 9-85　【视觉效果】对话框

(22)单击【视觉效果】对话框中的【背景】按钮,选择"类型"下拉列表中的"用户指定的图像"选项。

(23)单击【图像】按钮,打开【选择背景图片】对话框,选择"…\UGS\NX6.0\UGPHOTO\ug. envirment"目录下的 building－back. tif 图片文件,如图 9-86 所示。

(24)单击【确定】按钮或者鼠标中键,完成设置。

(25)执行【视图】→【可视化】→【高级光源】命令,或者单击工具栏中的【高级灯光】按钮,弹出【高级灯光】对话框,如图 9-87 所示。

图 9-86　背景图片

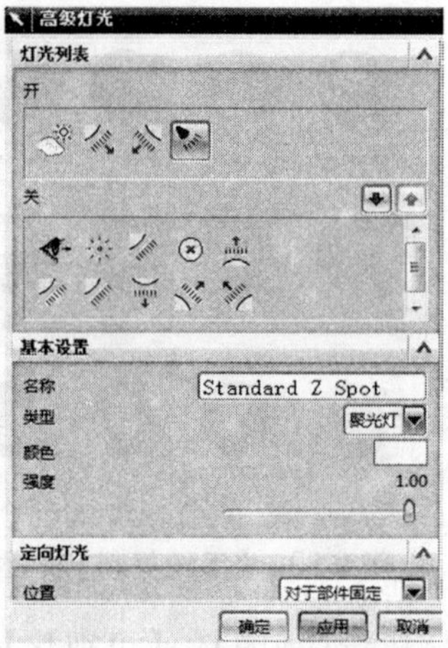

图 9-87　【高级灯光】对话框

(26)单击"关"选项组中的【标准Z聚光灯】图标,单击【打开光源箭头】按钮,则系统的标准Z聚光灯开启。同时,标准Z聚光灯也从"关"选项组中消失,并显示在"开"选项组中。

(27)单击【确定】按钮,光照效果如图9-88所示。

(28)单击【可视化形状】工具栏中的【开始着色】按钮,如图9-89所示,或者单击【视图】→【可视化】→【开始着色】按钮,生成螺旋千斤顶模型渲染效果图,如图9-90所示。

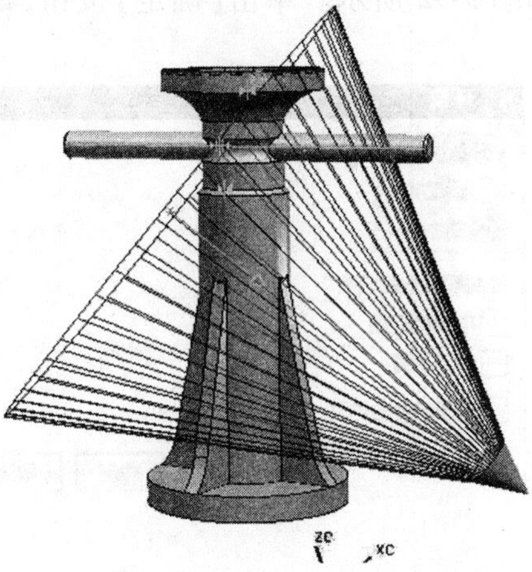

图9-88 灯光照射效果

图9-89 【可视化形状】工具栏

图9-90 模型渲染效果图

(29)执行【文件】→【导出】→【JPEG】命令,弹出【图片文件】对话框,指定图片文件路径,确定文件名,单击【确定】按钮,输出图片到指定路径。

(30)执行【文件】→【保存】命令,保存所做工作。

9.4 螺旋千斤顶工作过程运动仿真

螺旋千斤顶工作过程运动仿真的实施步骤如下所述：

(1)启动 UG NX6，打开螺旋千斤顶的装配模型，如图 9-71 所示。

(2)在【标准】工具栏中选择【开始】按钮，进入运动仿真模块。

(3)单击窗口侧的【运动导航器】按钮，单击鼠标右键，新建仿真，如图 9-91 所示。

(4)新建仿真后，自动打开【环境】对话框，如图 9-92 所示。单击【确定】按钮，默认各个参数，激活【运动】工具栏，如图 9-93 所示。

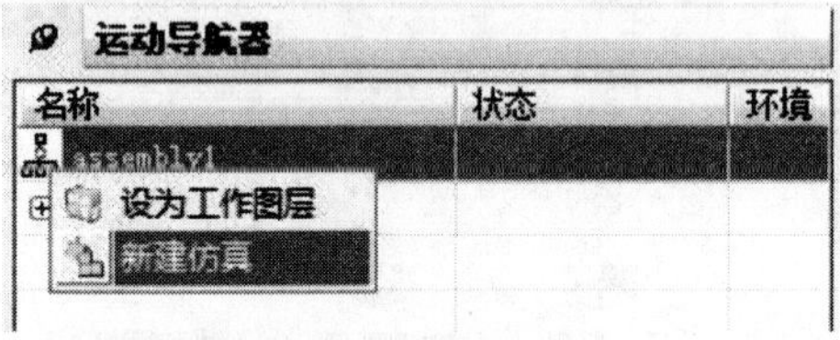

图 9-91　新建仿真

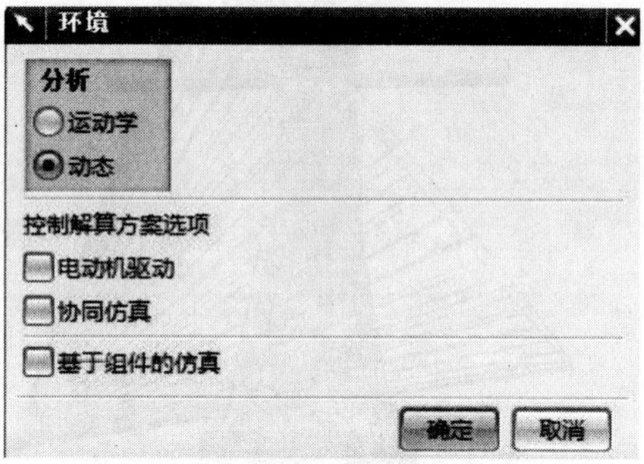

图 9-92　【环境】对话框

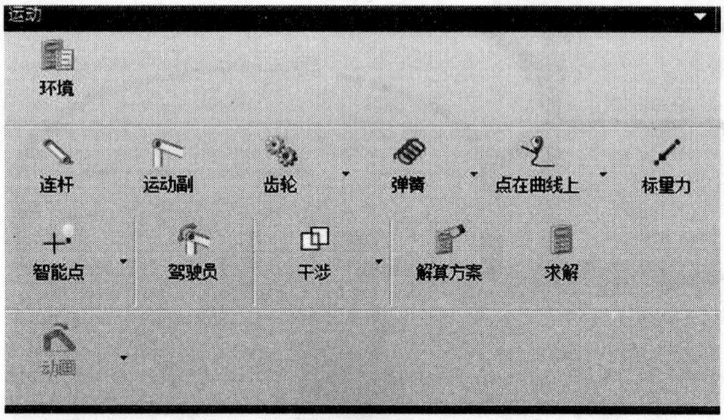

图 9-93　【运动】工具栏

(5)单击【运动】工具栏上的【连杆】按钮，打开【连杆】对话框，连杆参数设置如图 9-94所示。

(6)在视图区选择底座的中心直线为连杆，由于直线没有质量、体积，可以自定义。

(7)单击【质量和惯性】按钮，打开“质量和惯性”选项卡。

(8)单击【质心】按钮，选择底座中心线上一点为原点。

(9)在“质量、Ixx、Iyy、Izz”文本框中输入数值 10，如图 9-95 所示。

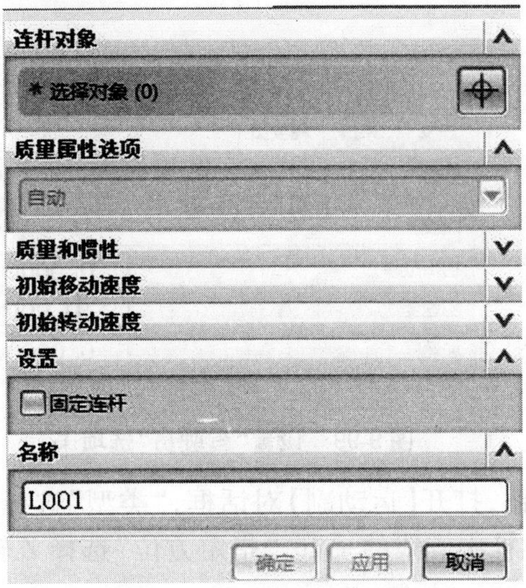

图9-94　连杆参数设置

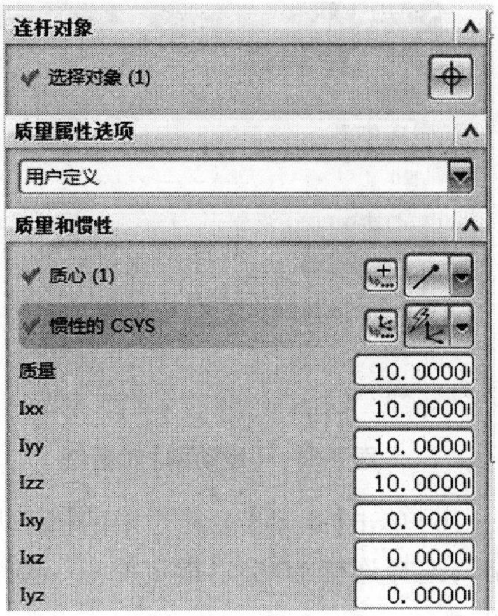

图9-95　设置“质量和惯性”选项卡

(10)单击【应用】按钮,完成连杆 L001 的创建。

(11)创建连杆 L002,在视图区选择起重螺杆、旋转杆、顶盖、螺钉作为连杆 L002 对象,如图 9-96 所示,“质量属性选项”选择“自动”,单击【确定】按钮,完成连杆 L002 的创建,如图 9-97所示。

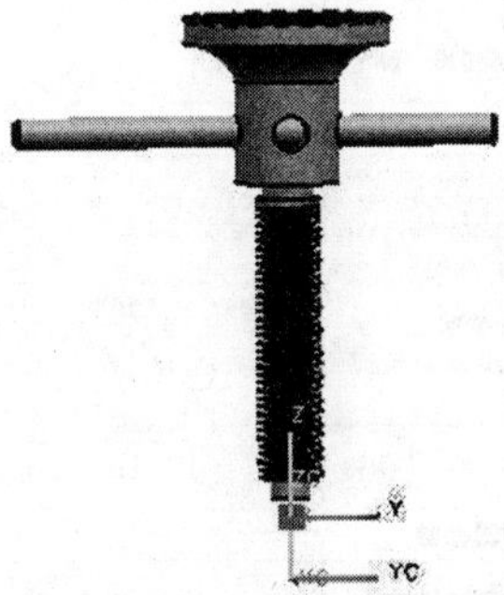

图9-96　选择连杆 L002 对象

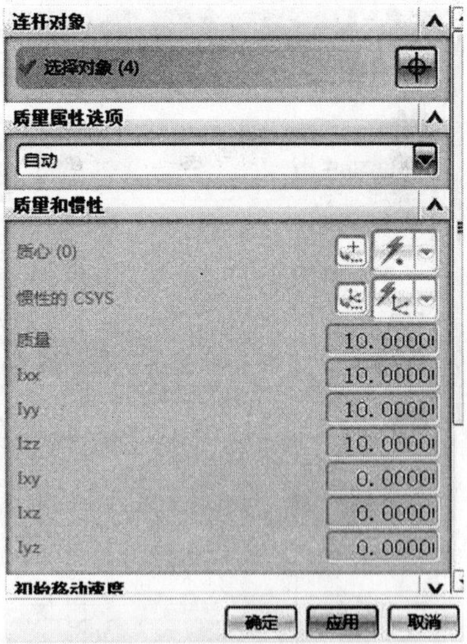

图9-97　创建连杆 L002

(12)单击【运动】工具栏中的【运动副】按钮,打开【运动副】对话框,如图 9-98 所示。

(13)选择连杆 L001,在“类型”下拉列表中选择“滑动副”,“指定原点”为连杆 L001 上的一点,指定方向为 Z 轴正向,如图 9-98 所示。

(14)单击【驾驶员】按钮,在“平移”下拉列表中选择“恒定”,在“初速度”文本框中输入 10,如图 9-99 所示。

(15)单击【应用】按钮,完成滑动副的创建。

图 9-98 【运动副】对话框

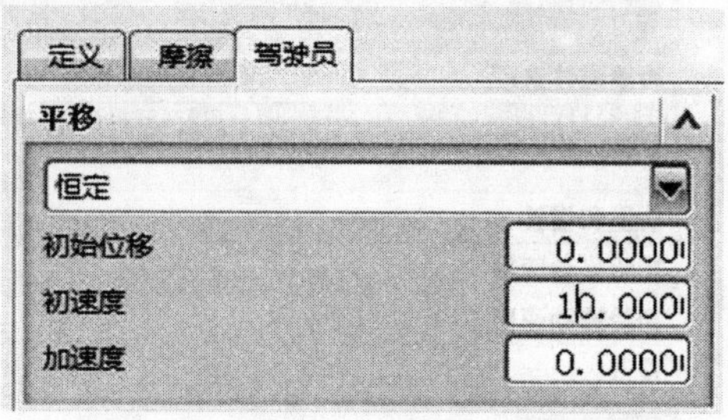

图 9-99 设置"驾驶员"选项卡

（16）单击【运动】工具栏中的【运动副】按钮，打开【运动副】对话框，"类型"选择"螺旋副"，选择连杆 L002，"指定原点"选择起重螺杆中心线的一点，"指定方位"选择 Z 轴正方向。

（17）单击"基本"选项卡中的【选择连杆】按钮，选择连杆 L001，完成咬合连杆的设定。

（18）在"设置"选项卡里"螺纹模数比"文本框输入 -2。

（19）单击【确定】按钮，完成螺旋副的设定，如图 9-100 所示。

（20）单击【运动】工具栏中的【解算方案】按钮，在"时间"文本框中输入 2，在"步数"文本框中输入 100，单击【应用】按钮，关闭【解算方案】对话框，如图 9-101 所示。

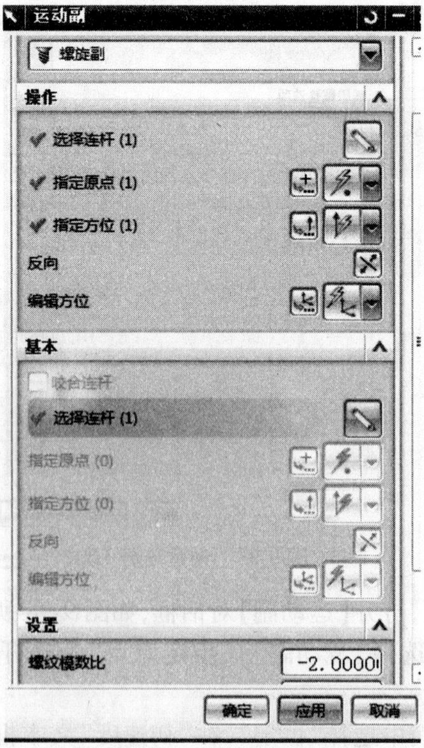

图 9-100 设置螺旋运动副参数

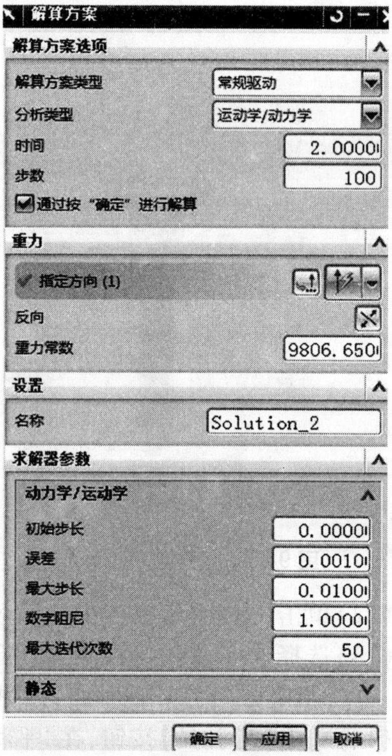

图 9-101 【解算方案】对话框

(21)单击【运动】工具栏中的【求解】按钮，或者勾选“解算方案选项”中的“通过按‘确定’进行解算”，如图9-102所示，单击【确定】按钮，求解当前解算方案的结果。

(22)单击【运动】工具栏中的【动画】按钮，如图9-103所示，单击【播放】按钮，螺旋千斤顶开始做仿真运动。运动仿真过程状态如图9-104所示。

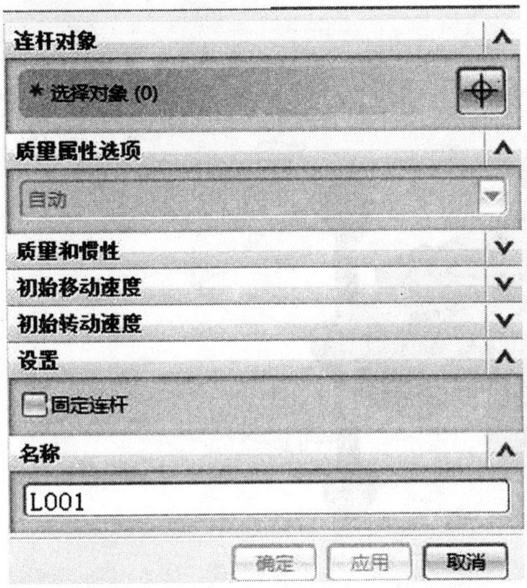

图9-102 勾选“通过按‘确定’进行解算”选项

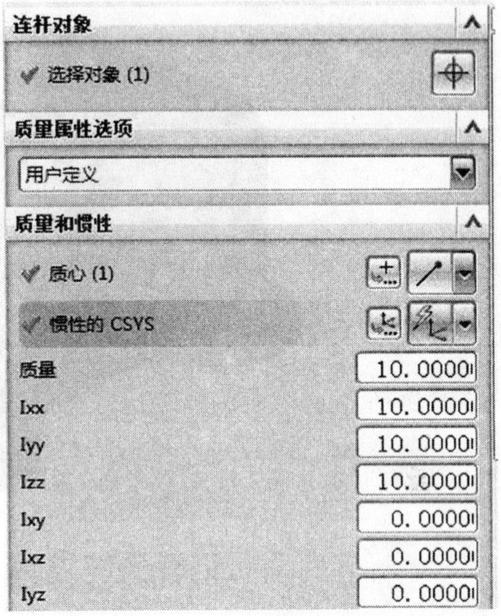

图9-103 【动画】对话框

0.00 s 0.40 s 0.80 s

图9-104 运动仿真过程状态

思考与练习

1. UG NX6的【可视化】子菜单中提供了哪些模型渲染功能？
2. UG NX6提供了哪些材料与纹理？
3. 创建连杆的具体步骤是怎样的？

4. UG NX6 运动仿真模块运动副的类型有哪些？其中不包含驱动的有哪几个？

5. 对如图 9-105 所示的台虎钳模型进行模型渲染，制作真实感照片，设置材质和构造效果，添加渲染背景，最后用标准 Z 聚光灯照射。

6. 对如图 9-105 所示的台虎钳的工作过程进行运动仿真。

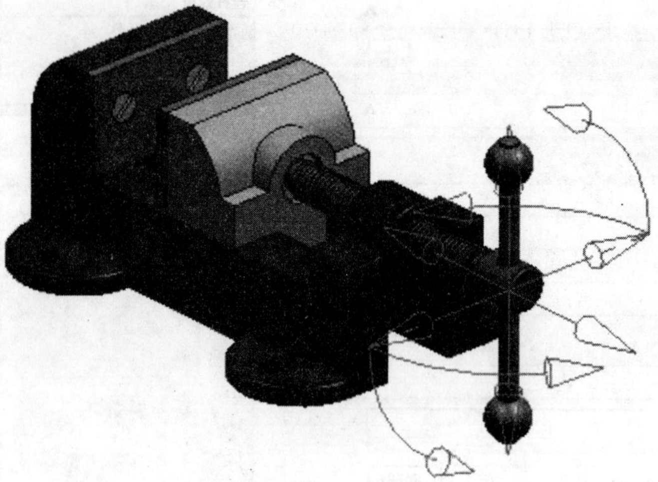

图 9-105　台虎钳

参考文献

[1] CAD/CAM/CAE技术联盟. UG NX8.0从入门到精通[M]. 北京:清华大学出版社,2012.
[2] 陈永辉,李兴发. UG NX6.0中文版实用设计技巧200例[M]. 北京:电子工业出版社,2010.
[3] 云杰漫步多媒体科技CAX设计教研室. UG NX6.0中文版基础教程(CAD/CAM/CAE基础与实践)[M]. 北京:清华大学出版社,2009.
[4] 孟爱英,范伟. CAD/CAM技术应用——UG NX5.0[M]. 北京:清华大学出版社,2009.
[5] 黎震,刘磊. UG NX6.0中文版应用与实例教程[M]. 北京:北京理工大学出版社,2009.
[6] 王磊. UG NX5.0三维建模入门与实例进阶[M]. 北京:清华大学出版社,2008.
[7] 冯如设计在线,赵志鹏,唐玮. UG NX5自学手册——入门提高篇[M]. 北京:人民邮电出版社,2007.
[8] 杜立斌. 精通UG NX4.0[M]. 北京:电子工业出版社,2007.
[9] 黄翔,李迎光. UG应用开发教程与实例精解[M]. 北京:清华大学出版社,2005.
[10] 李国峰,等. UG零件设计实例与技巧[M]. 北京:国防工业出版社,2005.
[11] 宗志坚. CAD/CAM技术[M]. 北京:机械工业出版社,2008.
[12] 方新. 机械CAD/CAM技术[M]. 西安:西安电子科技大学出版社,2004.
[13] 明兴祖,姚建明. 机械CAD/CAM[M]. 北京:化学工业出版社,2003.